[日本文化女子大学服装讲座]

服装造型学

理论篇

主编
●
[日] 三吉满智子
●
著者
●
三吉满智子
●
共著者
●
広川妙子 中本节子
●
协助
●
永福彰子 齐藤嘉代
矶崎明美 大塚洋子
砂长谷由香 柳田佳子
平良木啓子
●
翻译
●
郑嵘 张浩 韩洁羽

国家一级出版社 中国纺织出版社 全国百佳图书出版单位

内 容 提 要

本书是日本服装领域著名学者及教育家三吉满智子及其领导的被服学研究室数十年研究工作的结晶。该书从人体结构及人体测量入手，详细地分析了人体各个部位与服装之间的空间关系与构成原理，并在此基础上分析了利用新文化式原型的相关纸样操作技巧。本书主要包括以下几部分的内容：服装的机能与分类、服装的制作过程、纸样的操作手法与构成要素、针对服装造型的人体测量、原型理论、体型分类与原型修正、上半身原型基础上的款式设计与纸样制作、袖子纸样的构成因素及设计理论、裙子纸样的基本制图、领子纸样的制图原理。该书是到目前为止服装结构研究领域中最深入的专著之一。

本书适合服装设计、制作人员阅读，也可供服装专业院校师生参阅。

图书在版编目（CIP）数据

服装造型学．理论篇 /（日）三吉满智子主编；郑嵘，张浩，韩洁羽翻译．—北京：中国纺织出版社，2006.4（2008.11 重印）

（日本文化女子大学服装讲座）

ISBN 978-7-5064-3706-6

Ⅰ.①服…　Ⅱ.①三…②郑…③张…④韩…　Ⅲ.服装—造型设计　Ⅳ.①TS941.2

中国版本图书馆 CIP 数据核字（2006）第 000608 号

策划编辑：刘　磊　　责任编辑：张伟峰　　责任校对：俞坚沁

责任设计：李　然　　责任印制：何　艳

中国纺织出版社出版发行

地址：北京市朝阳区百子湾东里A407号楼　邮政编码：100124

销售电话：010—67004422　传真：010—87155801

http://www.c-textilep.com

E-mail: faxing@c-textilep.com

中国纺织出版社天猫旗舰店

官方微博http://weibo.com/2119887771

北京通天印刷有限责任公司印刷　各地新华书店经销

2006 年 4 月第 1 版　2008 年 11 月第 3 次印刷

开本：787 × 1092　1/16　印张：21.25

字数：317千字　定价：48.00元

凡购本书，如有缺页、倒页、脱页，由本社图书营销中心调换

不同服装构成形态的设计举例

非成型类服装

半成型类服装

立体成型类服装

照片：日本文化女子大学服装系时装展示会

人体三维测量

图 1：由激光轴和 4 台 CCD 照相机构成的非接触三维人体测量系统全景。

图 2、图 3：测量得出的立体画像，可以选择需要的部位，输出一维和二维的结果。

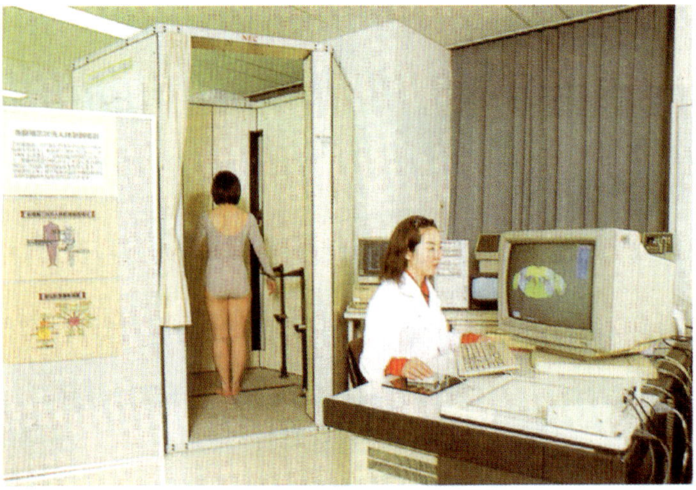

图 1　非接触三维人体测量系统

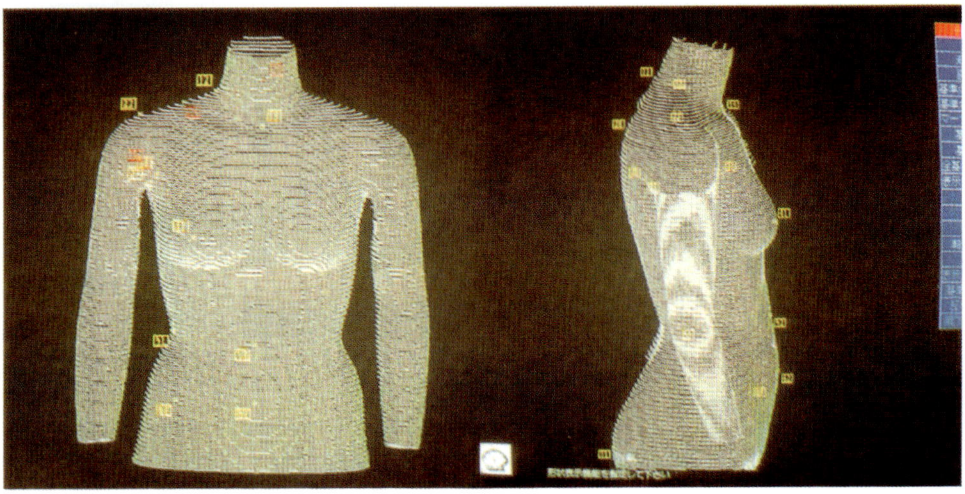

前面　　侧面

图 2　裸体人台的三维人体测量结果（层合图）

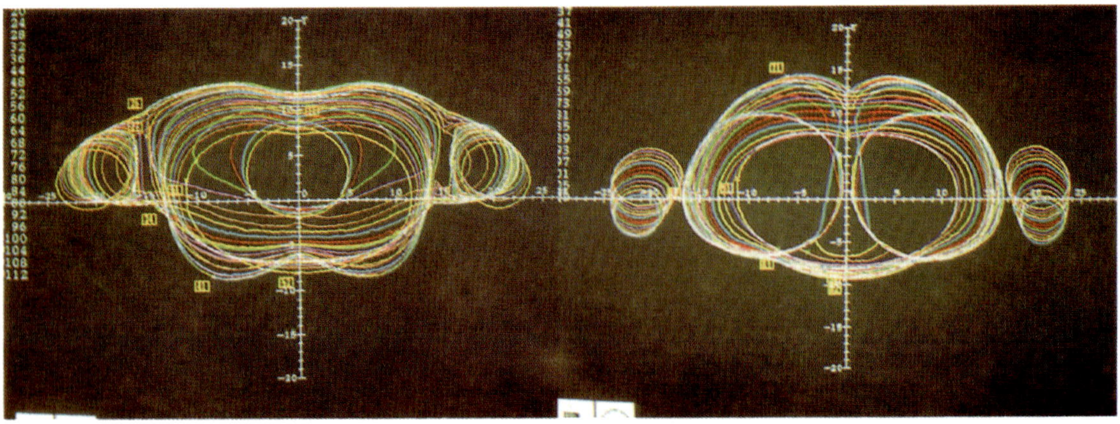

上半身　　下半身

图 3　裸体人台的水平断面重合图

序　言

2000 年，在进入新千年之际，文化女子大学的“家政系”拓展成为“服装系”和“造型系”两个系。同时，在近三年间，经过文化学院全体研究委员会成员的共同努力，文化式原型（成年女子用）根据现代日本人体型的变化，对原型的适体性进行了研究，提出了新原型的修正提案，并于 1999 年 7 月由大沼淳校长对外界公布。

借此契机，我们对旧版的《服装构成学　理论篇》（1985 年第一版）及《服装构成学　技术篇》进行了修改，在此基础上形成了新版《服装造型学　理论篇》和《服装造型学　技术篇 Ⅰ》、《服装造型学　技术篇 Ⅱ》、《服装造型学　技术篇 Ⅲ》。

其中，《服装造型学　理论篇》主要阐述了服装造型学领域中人体与纸样之间的基础理论、应用设计过程中纸样的制作及其原理。这些理论研究，对于现今的计算机时代来说是当务之急，但从目前学术界的现状来看，相关的研究尚存在很多欠缺，因此，在本书中，笔者将以到目前为止的研究结果作为主要内容进行论述。本书以旧版理论篇的内容及主要的理论为基础框架，并在此基础上加入了新原型的制图原理、纸样设计的作图方法与注意点等内容。

同时，在新书修订的过程中，对原书中难以理解的部分附加了说明，并对全书进行了重新规划，加入了新的计测方法、新的计测数据及 JIS 尺寸规格。

此外，本书在内容构成上以旧版本为基础，将原书中第一章 ~ 第七章的内容分配在新书的序言 ~ 第十一章中进行叙述，原书中有关运动机能性的部分和推板等内容将在其后的著述中进行说明。

与旧版本一样，新书希望能对服装造型学的教育与研究以及服装企业有所帮助，并祝愿学术界和产业界有更大的发展。

三吉满智子

2000 年 6 月

目录

插图 矢岛 功 摄影 狩野 弘
长泽幸子 石桥重幸

制图说明

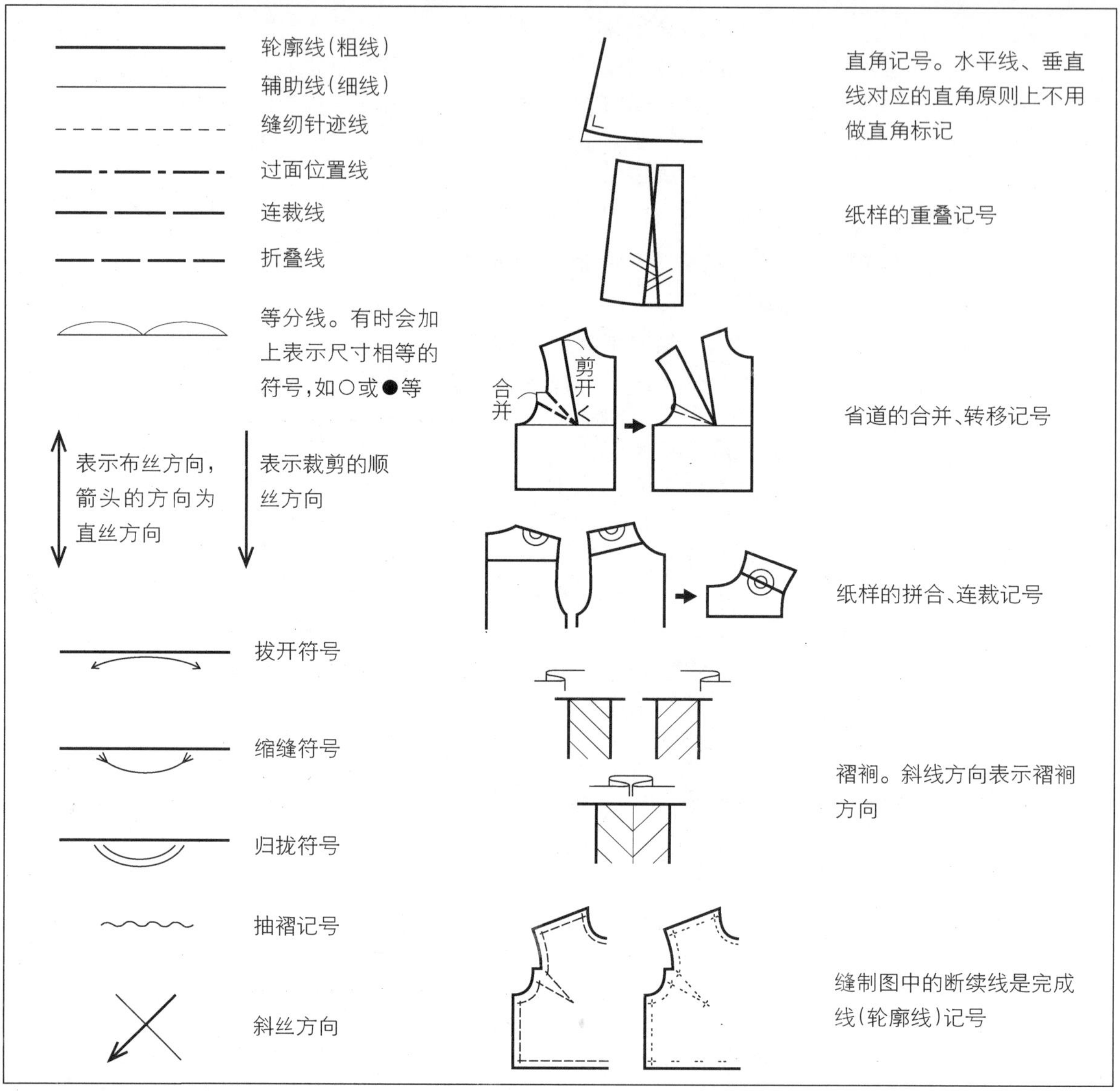

B ——Bust(胸围)的缩写
UB ——Under Bust(乳下围)的缩写
W ——Waist(腰围)的缩写
MH ——Middle Hip(腹围)的缩写
H ——Hip(臀围)的缩写
BL ——Bust Line(胸围线)的缩写
WL ——Waist Line(腰围线)的缩写
MHL——Middle Hip Line(腹围线)的缩写
HL ——Hip Line(臀围线)的缩写

EL ——Elbow Line(肘位线)的缩写
KL ——Knee Line(膝位线)的缩写
BP ——Bust Point(胸点)的缩写
SNP——Side Neck Point(侧颈点)的缩写
FNP——Front Neck Point(前颈点)的缩写
BNP——Back Neck Point(后颈点)的缩写
SP ——Shoulder Point(肩点)的缩写
AH ——Arm Hole(袖窿)的缩写
HS ——Head Size(头围)的缩写

绪论

服装学与服装造型学

1. 服装的历史、制作和生产的发展

在人类发展的漫长历史中，着装经历了最初利用自然界的树叶、树皮、毛皮来覆盖身体不同部分的时期，经历了开发编织技术、用编织物来缠绕包裹身体的阶段。早在数千年前，人类就已经进入了使用直线裁剪、经过缝制构成平面造型服装的时代。

进入中世纪以后，刺绣与蕾丝技术得到了长足的发展，出现了各种各样的豪华装饰，直至13世纪前后，欧洲开始进入了通过曲线裁剪形成立体构成服装的时代。17～18世纪，欧洲各王朝进入了成熟阶段，在一部分阶层中开始出现了所谓的“流行服装”现象。在此之后，“时装”经历了各种外型的变化。第二次世界大战结束后，随着各国政治体制的变革，20世纪的“时装”进入了自由的、不受身份约束的国际化时代。

20世纪以来，新型合成纤维的开发、高分子材料学及天然纤维加工技术的发展使服装材料变得多样化，同时，服装的制作也从家庭缝制阶段进入了批量生产的成衣化阶段。在此过程中，服装业成为社会经济的重要构成要素，成为涵盖了从纤维到服装设计、生产、流通等多元化并存的大产业。

现在，在成衣制作方面，包括纸样设计、推板、裁剪、缝制、产品管理等多个环节都引入了计算机管理系统。因此，对个体生产技术者的经验和感觉进行分析研究使其系统化，并利用计算机软件对服装的舒适性和时尚性进行理论化、系统化的归类是十分必要的。

2. 日本服装的西化与服装学教育的历史

在日本明治初期的教育体制中，“裁缝”就已经成为正式设立的教育科目，当时以教授和服的制作方法为主要内容。其课程的开设是以传授作为家务内容之一的缝制技术为目的，随后尽管加入了围裙、简单的童装等教学内容，但并未对制作背景及人们着装行为的本质进行深入的科学研究。此外，在着装方面，鹿鸣馆时代，即日本建国初期，由于外交的需要，人们开始穿着洋服，但并未得到大面积的普及，最初只有军服、官员的服装及童装开始西化。当时，高等女子学校也未开设洋服裁剪课程，直至进入大正时代才逐步设立了以洋裁为主的裁缝女子学校。文化女子大学的前身——文化裁缝女子学校是在大正8年由并木伊三郎开设的，并于大

正 12 年得到官方的认可。

此后，洋服的穿着逐渐普及，并在第二次世界大战后进入了全面的洋装化时代。

根据战后昭和 23 年学校教育法的规定，新制大学内开设了家政系，可以说从这时起，服装学作为大学教育的学术体系才开始被考虑。当时，裁缝课程包括和服裁・西式裁、服装制作、平面裁剪・立体裁剪等，各大学设立的课程各不相同。此外，学科名称、课程名称也是一改再改，但最终逐步统一为“服装构成学”。

20 世纪 90 年代以来，很多家政系都纷纷改名为生活科学系，同时服装学的很多学科名称也相继撤消或更名。现在，以服装构成学来命名课程的大学已经不多了。

文化女子大学在经历这些变化的过程中，认识到“服装学”是一门跨学科的综合性学科，所以将服装系作为独立的系部分离出来，以利于长期发展。

3. 服装学与服装造型学

进入 20 世纪以来，由于计算机技术的高速发展，科学技术的进步以及学科体系的积累与发展，使得各种新体系的建立迫在眉睫。

在这样的背景下，服装学的研究逐步扩展到以人为中心、人与服装之间相关关系为重点内容的各个领域。

这些领域包括：以历史学、民族学、考古学等哲学体系为前提，研究人体与服装、人与时尚关系的研究范畴；以人的社会着装行为、时装变化与社会环境变化的关系为前提的社会学研究范畴；此外，社会经济中，服装的作用、服装的商业性也是研究的范畴之一。

如果从以上几个角度对服装与时尚进行评价，其中的要素主要包括服装和时装，人的心理、生理与社会形态的动态关联等。此外，“服装造型”的研究包括了服装的造型、生产、新型材料的开发、纺织品设计等多个相关领域，这些对于服装造型研究来说都是必不可少的。

出于以上的考虑，文化女子大学在现有的服装系中设立了服装社会学和服装造型学两个专业。

4. 服装造型学与纸样设计

如前所述，服装造型学的内容是由多个范畴构成的。

在人类社会的漫长历史中，着装对于人类来说必不可少。其目的不仅仅在于为了抵御自然界的寒暑以保护身体，还包括对自身社会存在意义的表现及追求美等最基本的心理需求。

过去，在成人礼、婚礼、葬礼及祭礼等礼仪场合，“如何着装”需要遵从一定的社会习惯，但现在这已完全是个人的行为。同时，对于服装及服饰的制作来说，也已经脱离了手工制作而进入现代化生产阶段。

日本在 20 世纪 60 年代后期逐步推进成衣化生产进程，现在，人们可以直接选购从内衣到外衣的各种服装，因此，对于服装教育来说，需要兼顾单件制作与批量生产等不同的专业领域。

服装造型学的研究范畴包括多个方向，设计造型领域包括纺织品设计（包含针织品）、服装设计、服装造型、时装造型等研究方向，此外还包括与使用素材相关的服装材料学领域、对服装服用性与人体生理关系进行评价的服装卫生学领域、以服装管理为基础的服装管理学等。因此，服装造型学的研究与教育可细分为设计企划、材料、服装造型、生产、着装评价、服装管理等多个领域。在 11 页的图示中，对它们的关联进行了说明。

本书主要对造型领域中的纸样设计进行论述。通常，所谓造型是指设计款式决定后，通过对布料的裁剪、缝制，将设计具体化为“实物”的过程。出于这一考虑，对于纸样设计来说，了解穿着者的体型与尺寸、塑造更完美的比例是十

服装造型学范畴的相关学科

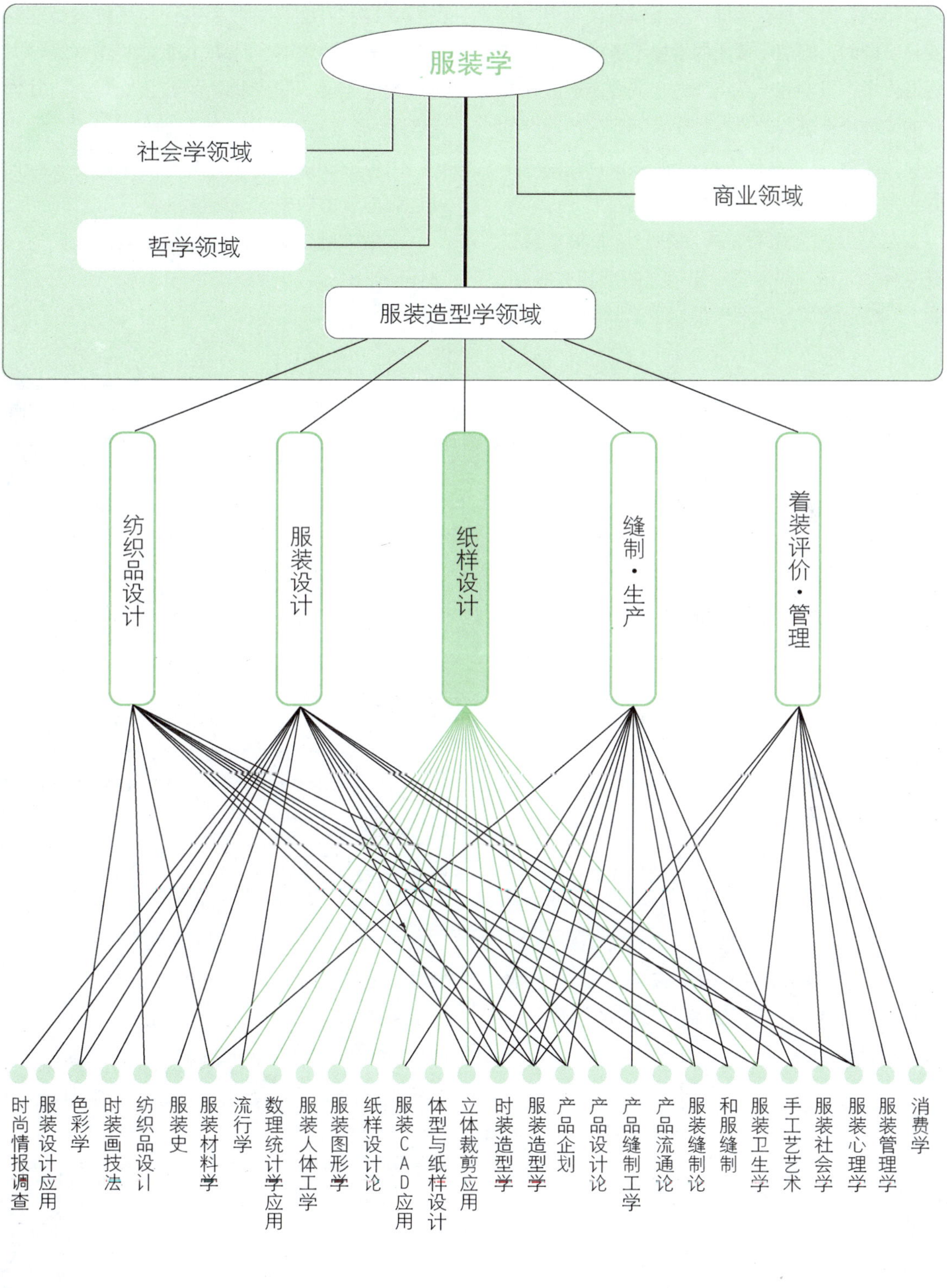

分必要的。

人体是由三维自由曲面构成的，具有复杂的体表结构，尤其是在运动状态下体表会有很大的变化。同时，服装所使用的素材不像纸一样具有保形效果，只要有一点点外力它就会变形。在变化的人体上穿着柔软素材的服装即可完成服装的立体化塑造，从这点来说，对于服装设计的要求不同于家具、建筑等刚性素材的设计。

从另一方面来看，即便是一块面料直接披在身体上，依然可以塑造出漂亮的披挂式服装，因此，对于服装与时装来说，具有非常宽广的塑造空间。

本书涵盖了上述内容，通过服装立体设计图和纸样展开图，对服装设计与纸样设计理论进行了一定的总结。但是，仅仅掌握纸样设计方法还远远不够，了解相关的背景知识并将其综合运用，形成感性认识是十分重要的。

上页的图中列举了与服装造型学、纸样设计理论与技术相关的基础学科。

本书中所使用的基本用语的含义也同时在此作一说明。

服装（clothing）：具有不同穿着目的的、包裹人体各部位所有物品的总称。包括帽子和鞋子。

衣服（clothes）：除去帽子和鞋子以外的服装，主要指包裹人体体干部分的服装。

成衣（clothes or apparel）：衣服的同义词。在日本工业规格（JIS）中，包括“成衣衣料”（L 0103）、“成人女子衣料”（L 4005）等不同规格。另外，有时也指衣服与衣服材料。

衣装、衣裳（costume）：特殊场合下（如民族、历史、地域、仪式等）的特定服装。也包括舞台剧和音乐剧中使用的服装。

服饰（clothing and ornament）：服装与装饰品的总称。

和服（KIMONO、clothes）：有时与衣服的用法相同，有时专指和服及穿着在和服内的长衫。

着装（dressed attire）：指服装的穿着状态。

第一章

服装的功能与分类

关于服装的起源，目前有多种学说，包括环境适应说、装饰说、羞耻说、吸引异性说等，尽管很难有统一的定论，但从某种角度来说，这些学说反映了服装本身的功能。现在，着装已成为与人们生活的各个领域相关的一种文化现象，尽管服装无法全面地反映现代社会中人们的生活，但对于服装来说，其功能十分广泛。

一、服装的功能

服装的功能大致可以划分为三类，即相对于环境的身体保护功能、群体生活中所形成的各种社会及心理功能以及由人体与服装的关系所产生的生活辅助功能。

1. 身体保护功能

针对自然环境及人们生活环境的保护功能。

气候调节功能 对人体及其生活中不适应的自然环境或是人工环境的温度、湿度条件进行调节，从而保持人体生理机能顺畅、生活活动自如的功能。

防护功能 通过抵御外界的物理伤害、化学污染及特殊的光或热，从而保护身体的功能。如宇航服等特殊环境下穿着的服装均具有全面的身体保护功能。

2. 社会及心理功能

以适应人际关系及社会环境为目的的心理方面的服装功能，代表现代生活的多样化和服装时尚的主流，包括礼仪功能、身份标示功能和装饰身体功能。

礼仪功能 通过适合社会礼仪和习惯的着装来表达个人思想和情感的功能。

身份标示功能 利用服装标示着装者的性别、年龄、职业、地位、任务等的功能。

装饰身体功能 服装具有装饰身体，满足人们内在的、对美的需求的功能，是每个人表达人格与思想的一种手段。

服装设计在反映时代风尚的同时，因地域、传统、个性不同会产生不同的灵感，从这一角度来看，社会心理机能具有广泛的多样性。

3. 日常活动辅助功能

在自然及人工环境下，服装能够起到保护身体的作用，但同时服装又是离身体最近的“环境”。对于服装来说，最重要的是不妨碍人体的正常生理机能和运动机能，同时能够提供给身体一定的辅助作用。

在服装材料方面应尽量避免有害物质对人体的侵害，在结构上应避免造成局部或全体的压力，避免服装与体表形成过大的摩擦，即服装应该在物理及生理方面为人体提供活动帮助，让着装的感觉无拘无束、行走自如。

时装可以带给人心理上的满足，但同时由于素材及服装结构的缘故，服装有时会因局部过紧妨碍人体的活动，有时也会因尺寸过大而造成危险或是由于素材使用不当，造成服装内层“小气候”环境恶劣。由于服装是距离人体最近的环境，因此，对于服装的设计来说，需要最大限度地兼顾时尚性、装饰性及生活辅助功能。

出于以上考虑，款式设计与纸样设计的作用、服装材料的功能研究是今后的长期课题。

二、服装的名称与分类

人们依照时间(time)、地点(place)及着装目的(occasion),即 TPO 的不同,选择不同的服装,以适应个人生活和社会生活的需要。服装由于自身的发展或是商业的需要被赋予了各种各样的名称，这些名称并非完全是按照某一体系来归纳的,很多名称都直接来自外来语。尤其是在日本,随时尚同时输入的外来语,由于代表了当时的特殊设计而直接融入日本语并被逐渐固定下来。对于时尚来说,新的设计不断出现会产生层出不穷的新名称,经过时间的沉积,有些名称会被固定下来,而有些会逐渐消失,与服装相关的名称具有相当大的变动性。

日本工业规格《纤维制品用语》JIS L 0215 中将纤维制品分为 12 类，其中 1～9 为服装的分类。如表 1－1 所示。每一分类中都直接包含有多种用品名称，没有下属的中分类和小分类。

从学术的角度来看，关于服装名称的分类并没有明确的定论，本书将服装造型学经常使用的基本名称分为 8 大类，表 1－1～表 1－8 中所列名称尽可能地使用了现在通用的名称。(　)中的名称既非现在的名称，也非一般的通用名称,主要是作为备注名称放入表中。

表 1－1　JIS L 0215 中的纤维制品用语分类

纤维制品用语分类		包含名称用语数目	备　注
1	一般	97	
2	男用外衣	8	
3	女用外衣	41	
4	毛衣・衬衫类	15	
5	婴幼儿服装	19	}衣服（1～9）
6	和服及和服用品	87	和服用品中包括日式袜子、日式衬领等
7	贴身保暖衣	38	}服装（1～12）
8	内衣	38	
9	睡衣	10	
10	帽子	42	
11	手袋	14	
12	袜子	54	

1. 按着装者的不同分类

按着装者的年龄、性别不同，服装分类如表1－2所示。

为了更好地定义服装的尺寸，在1996～1998年期间修改调整后的JIS L 0103和L 4002～L 4005中，是根据身高的增长度来区分着装者的（表1－3），其中婴幼儿的定义是从出生后4周到大约3岁。国际标准化机构（ISO）则将身高104cm以下的男女童定义为婴幼儿。

同时，由于现在的社会已经进入老龄化，所谓老年服与成年服，无论是在衣服尺寸，还是在体型特征、动作特性以及活动幅度上，都存在着差别，将这些因素放入规格中作为参考十分必要。

表1－2　根据着装者的不同，服装分类名称

着装者				通用名称		备注·商业用语
JIS		分类				
新生儿	出生后4周内	婴幼儿	婴儿	新生儿服		从出生后到6个月左右婴儿的服装
				婴儿服		从6个月左右到摘掉尿布这一期间婴儿的服装
婴幼儿	0～3岁		幼儿	根据生长	根据性别	
				幼儿服	男幼儿服 女幼儿服	又细分为刚会走路到3岁左右幼儿、3～7岁幼儿两组，英文的对应名称分别为 toddler 和 children
少男·少女	处于身高增长期的非婴幼儿男女童	少男·少女	小学生	儿童服 学童服	（少男服） （少女服）	以小学生为对象的服装，称为 boy's and girl's clothes 或是 school wear
			初中生	少年服		统称为少年服，又细分为 low teens，teens，high teens
			高中生			在流通领域称为 junior
成人	身高停止生长的男性和女性	成人	成人	（成人服）	男服 女服	在教育界男服通常被称为男装 女服又被称为 ladies，分为 young，miss，missy，mrs，highmrs
			高龄者	（老人服）		

表1－3　针对着装者的不同，JIS 服装尺寸规格

着装者	含义
婴幼儿用	针对婴幼儿的成品服装
少男用	针对除婴幼儿外，身高还未停止发育的男性成品服装
少女用	针对除婴幼儿外，身高还未停止发育的女性成品服装
成年男子用	针对身高已经停止发育的男性成品服装
成年女子用	针对身高已经停止发育的女性成品服装

2. 按覆盖部位的不同分类

按服装覆盖身体部位的不同进行分类（表1－4），通常并没有明确的用法和定义。在本书中通常使用（　）中的名称。业界则较多使用Tops或Bottoms。

表1－4　根据覆盖部位的不同，服装分类的名称

分类・用途	名　称	含义・备注
上半身用	上装 Top （上半身服装）	衬衫、西装等覆盖上半身的服装
下半身用	下装 Bottom （下半身服装）	裙子、裤子等覆盖下半身的服装
全身用	（全身用服装）	连衣裙、大衣、工装裤等覆盖全身的服装

3. 按穿着层次的不同分类

服装在穿着的过程中会出现多层叠加的情况，可以根据不同的里外层次进行分类命名（表1－5）。

表1－5　根据穿着层次的不同，服装分类的名称

分　类	名　称	含义・备注
最外层	外衣 上层服装 表层服装 Outerwear	一般的外衣等
中　层	中层服装 Innerwear	名称通常不固定，一般指穿着在外衣里面的西装背心、衬衫、毛衣等
内　层	内衣 下层服装 内层服装 Underwear	一般的内衣等

4. 按气候的不同分类

由于季节、地域和气象的关系，在不同的冷暖状态下会使用不同的服装(表 1－6、图 1－1)。

表 1－6　根据气候的不同，服装分类的名称

分　类	用　途	名　称	含义 · 备注
季节分类	夏季用	夏　装	夏季针对高温穿着的服装总称
	冬季用	冬　装	冬季穿着的，具有保暖防寒目的的服装总称
	春秋季用	春秋装	春秋季穿着的服装总称
热带、寒带等地域分类	热带用	南方服装 热带服装	热带、亚热带地区穿着的服装总称
	寒带用	北方服装 寒带服装	寒带、寒冷地区穿着的服装总称
	温带用	温带服装	温带地区穿着的服装总称
气象状态分类	防寒用	防 寒 服 耐 寒 服	羽绒服、棉服、短大衣、毛皮大衣、皮裤等
	防暑用	防 暑 服	高温干燥地区，用密闭的长袍覆盖全身；高温多湿地区，裸露的部位较多
	防雨用	(防雨服)	雨衣、雨披等
	防尘用	(防尘服)	防尘外衣等
	防雪用	(防雪服)	滑雪服、夹克等
	防风用	(防风服)	防风服等

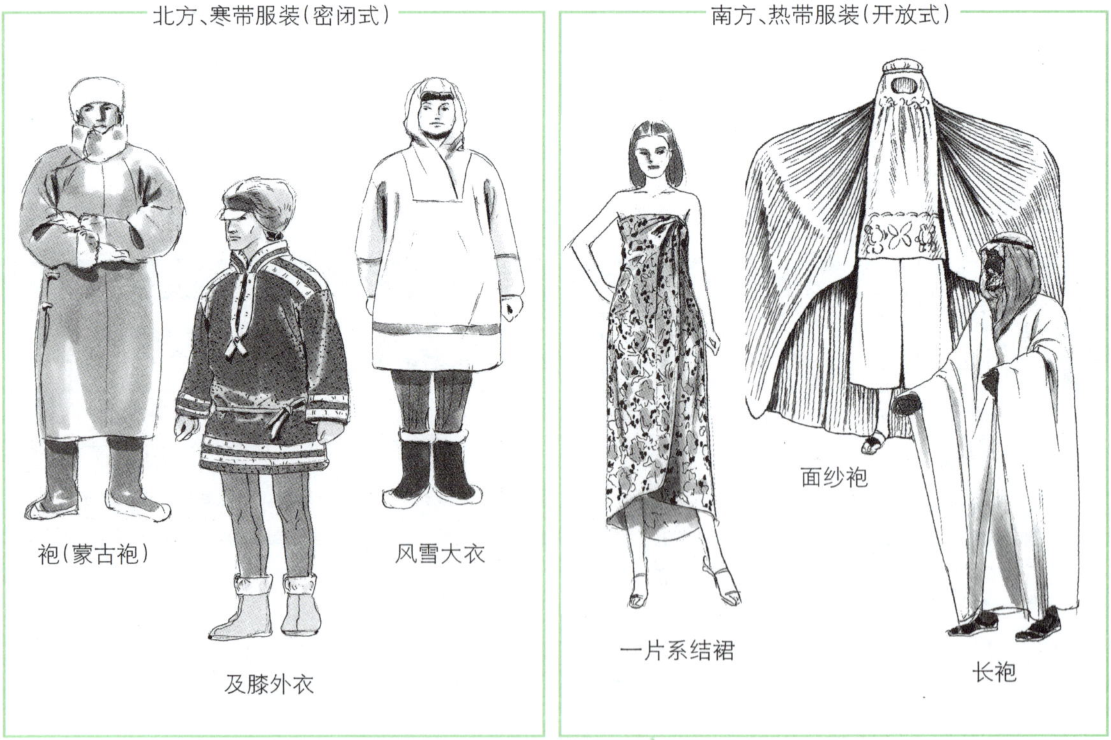

图 1－1　不同密闭程度的服装举例

5. 按构成形态的不同分类

使用平面面料形成立体服装时，由于构成形态、立体程度和成型度的不同，而形成不同的服装类别(表 1－7、图 1－2)。

表 1－7　根据构成形态的不同服装分类名称

分　类	名　称	含义・备注
密闭度的分类(图 1－1)	开放型服装	南方或热带地区，该类服装较多。为了释放热量，多采用直线构成线和平面化的造型，如袈裟、莎丽、斗篷、(阿拉伯)长袖长袍等
	密闭型服装	北方或寒带地区的服装多属此类。出于保暖的考虑，服装的开口部位较少，立体构成形态较多
立体度的分类(图 1－2)	立体构成服装	适合人体形态的立体造型服装
	平面构成服装	直线构成的平面造型服装，如和服、斗篷等
成型度的分类(图 1－2)	非成型服装	构成形态简单的平面服装。直接用圆形或方形的布包裹身体，从肩部垂下，如纱笼、袈裟、莎丽、斗篷、浴巾等
	半成型服装	有一定立体结构构成处理的服装。多为直线构成和平面造型的服装，如和服、长袖长袍(阿拉伯)、女用短上衣(朝鲜)等
	人体型成型服装	接近人体形态，多为曲线构成的立体造型服装。从 17～18 世纪的欧洲服装到现代的套装和连衣裙等

图 1－2　不同立体度、成型度的服装分类举例

6. 按生活用途的不同分类

在日常生活中，不同的穿着目的对应了不同的服装。在此以成年女子的服装名称为例（表1－8）。

表1－8　根据生活用途的不同服装分类名称

分　类	用　途	名　称	含义・备注
日常生活用	日常社会生活用	职业服 学生服 校　服 工作服	上班服装 上学服装 上班穿着的服装或在家劳动时穿着的服装
	休闲生活用	家用便服 逛街服 休闲服 运动服	宽松舒适的服装 上街穿的服装 旅游时穿着的休闲服装等 便于运动和活动的服装
	不同身体状况用	孕妇服 残疾人服 病人服	专供怀孕女性穿着的服装 适应残疾人身体机能的服装 适应病人病状的服装
社交礼仪用	社交用 拜访用 礼仪用	婚礼服 晚礼服 鸡尾酒服 聚会服 午后服	婚礼服饰、丧礼服、一般礼服、访问服、正式访问服、宗教服等
特殊作业用	特殊防护用 特殊环境用	防火服、防毒服、防虫服、防放射服 宇航服、潜水服、极地服	特殊环境下使用的服装
戏剧舞台用	装扮用 假扮用	演戏用服装、舞台服装	戏剧、音乐等舞台穿着服装或是装扮成动物和虚构生物时的装束

7. 按被覆盖形式的不同分类

从服装的分类来看，为了覆盖全身，既有将上半身和下半身连成一体的服装（连身式），也有上半身服装和下半身服装组合穿着的情况（上下分身式）(表1－9、图1－3)。

表1－9　根据被覆盖形式的不同服装分类名称

分　类	名　称	含义·备注
连身式	连衣裙	上半身和下半身连续构成的裙装，包括午后穿的礼服、鸡尾酒服、休闲裙等
	连裤装	上半身和下半身连续构成的裤装。上半身既包括只有前胸构成的情况，也有包括袖子的情况
	其　他	如大衣、连衣裤(儿童)、女用连身内衣等
上下分身式	分身女装	上半身和下半身分别构成的情况，一般采用同一块面料制作上装和裙子，或是外套和裙子。相对于套装来说，材料更柔软
	裙套装	采用同一块面料制作的上衣和裙子，如西装领套装、对襟套装、夹克套装等
	裤套装	套装的下半身为裤子
	分身式套装	上下身各自独立，可分别与其他服装进行组合搭配所形成的两件套服装
三件套式（多种组合）	三件套女西服	马甲、西服和裙子三件构成的女士服装
	三件套男西服	男西服、马甲和裤子三件构成的男士服装
	三件套女大衣	根据不同的着装目的，选用同一面料或是配色面料进行组合设计所形成的三件套服装。多种组合包括连衣裙和西装、连衣裙和大衣、外套、西装和裙子、大衣、外套和裙子等

连身式

图1－3

图 1－3　覆盖形式不同的服装分类举例

8. 按生产方式的不同分类

目前，批量生产的成衣类服装占整个服装业的一半以上，其余的则为适合个人体型和价值观念的单件制作服装，包括自制或定做的服装（表 1－10）。随着三维人体测量技术的普及和生产的计算机化，个体服装有望实现工业化定制生产。

综上所述，可以从不同的角度对服装的名称进行分类。今后随着服装业的发展，服装的种类也会随之扩大，从而产生新的名称。总之，根据应用目的选择服装名称十分重要。

表 1－10　根据生产方式的不同服装分类名称

分　类	名　称	含义・备注
批量生产方式	成衣 高级成衣	成品状态销售的服装的总称
半成衣生产方式	半成衣 选样定做	整件服装中一半部位采用批量生产的方式。如绱袖、袖口及底摆采用假缝的方式，按照穿着者的体型修正后加以完成的服装 选定款式和面料直接定做，不根据穿着者的尺码进行试穿修正
单件定做方式	定做 家庭制作	根据穿着者的体型定做的服装 穿着者自己或家人在家里制作的服装

[参考资料]

1 「繊維製品用語（衣料）JIS L 0215-1984」（財）日本規格協会　1984 年

2 「既製衣料品サイズ及び表示に関する通則　JIS L 0103-1990」（財）日本規格協会　1990 年

3 「少年用衣料のサイズ　JIS L 4002-1997」（財）日本規格協会　1997 年

4 「少女用衣料のサイズ　JIS L 4003-1997」（財）日本規格協会　1997 年

5 「成人男子衣料のサイズ　JIS L 4004-1996」（財）日本規格協会　1996 年

6 「成人女子用衣料のサイズ　JIS L 4005-1997」（財）日本規格協会　1997 年

第二章

服装的制作过程

服装的制作过程通常分为两种：针对某一个体的单件定做和针对某一群体的批量成衣生产。在20世纪90年代，成衣生产的比例逐渐增加，但是由于批量生产的设计不能满足个性化的要求，单件定做也出现了少许的回升趋势。服装制作的发展趋势应该是高度成衣化生产和针对个体的纸样设计并存。在本章中，主要针对现状进行论述。

一、单件制作

单件制作也可以叫做家庭缝制（home made）或定做（order made）。一般来说，其制作过程如表 2－1 所示。

表 2－1　单件服装缝制的过程

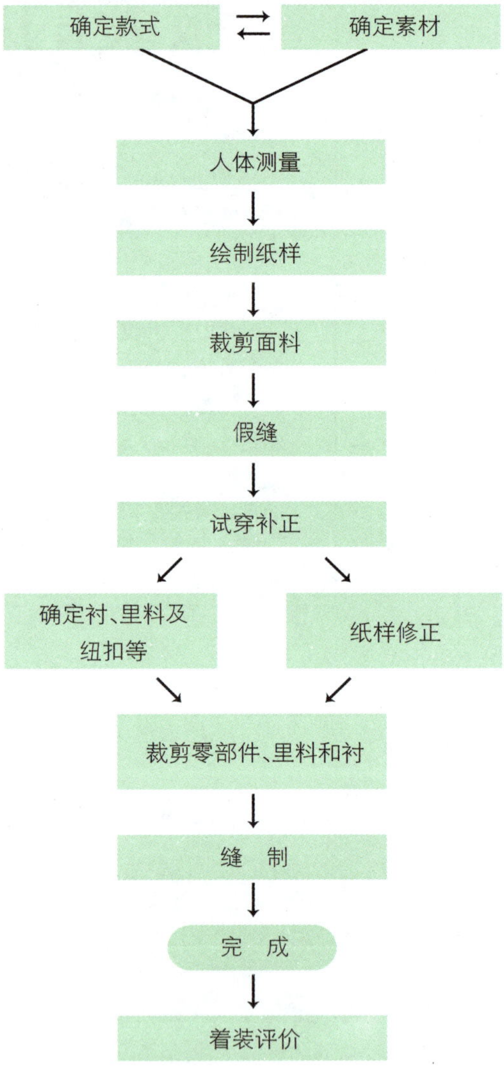

1. 款式与材料的确定

单件制作时，应根据着装者的喜好、体型、职业及生活环境等重要因素来确定款式。此外，与批量生产一样，在设计过程中还应考虑季节、着装目的、年龄、费用、流行趋势等因素，然后再选择材料，确定设计。

选择材料时，在判断面料是否能很好地表现出设计理念的同时，还需要考虑材料的吸湿性、透湿性、通气性、保湿性、重量等对人体生理产生影响的物理特性是否符合着装目的。这些都是所选材料需要满足的基本条件。以上问题也是批量生产时同样需要考虑的。

在单件制作中，确定款式与材料的前后顺序是不固定的。由于面料通常是从市场上购买的，因此，更多情况下是针对购买的材料确定款式。

2. 人体测量

在单件制作中，人体测量也被称为“采寸”，通常指根据服装设计和制作的特点，测量必要的人体尺寸和款式所对应的服装尺寸。测量项目根据纸样制图方法的不同而不同，例如，合体连衣裙中，需要测量的项目包括胸围、腰围、臀围、身高、背肩宽、袖长等人体尺寸以及与这一款式相对应的裙长、七分袖或半袖的袖长等服装尺寸。要想掌握详细的人体体型特征，还需要测量前长、后长、背宽、胸宽以及其他细部尺寸。总之，需要详细了解各部位的尺寸和纸样制图方法之间的关系后，再进行实际测量。

着装者如果不能进行试穿修正，则需要通过照相计测或外轮廓计测等手段掌握其体型特征，或是将人台按照着装者的体型进行补正。

3. 绘制纸样

制作纸样可采用多种方法，如立体裁剪、平面裁剪以及并用法等，可根据制作者各自的擅长技能，选择适合的方法。针对不同的款式来说，立体裁剪比较直观，而平面制图则简便易行。

4. 裁剪、标记

大多数情况下，裁剪是直接在实际面料上进行，但带有褶皱的设计或针对特殊体型制作时，则通常先用坯布裁剪，经过假缝和试穿后，再用修正后的纸样进行实物裁剪。

裁剪前应仔细检查布料，在有瑕疵的地方做上标记，裁剪时注意避开，此外，针对某些面料，需要进行预缩处理。

排料时应充分考虑面料的使用率，对需要假缝后再进行裁剪的零部件（包括领子、过面、口袋、腰带等）应预先留出面料使用量。

对带有不规则图案的面料，应优先考虑花纹和颜色的位置，以便穿着时能显现优美的比例和漂亮的脸庞。这是单件制作的最大优点。

在放缝份时，除了考虑正式缝合时所必需的量外，还需考虑假缝后所需要的修正量和设计过程中未决定因素所对应的修改量。但是应该注意，在领口和袖窿等部位，如果缝份预留得过多则会不便于试穿。过面和口袋等部位以及里料、衬等在试穿修正后再裁剪。

做标记的方法如下：

（1）使用滚轮或刮刀做标记。

（2）将两面用的复写纸放在两块布的中间做记号。

（3）打线钉。

（4）缝线标记。

棉质面料可使用 a、b 两种方法做标记，但使用滚轮时需注意不要损伤布料。羊毛面料适合用打线钉的方法，丝绸布料一般也用该方法，但是使用的线比较细。裁片只有一片的情况下可以采用缝线标记的方法。这些方法在《服装造型学　技术篇 I》中有具体论述。

5. 假缝

为了尽量地表现出服装假缝后的立体感，应在需要的部分烫贴粘合衬（前片衬等），放出适当的缝份，同时应在缝合方法、顺序与设计上多下功夫。另外，除非必要，应尽量避免使用细密针脚，在服装的重力支撑部位，如肩部、腰部，以及在外力作用下面料有可能伸长的部分应尽量贴上细的牵条，其他容易脱散的部分则需要贴较宽的牵条。保持服装的立体效果，这一点在缝制过程中非常重要。

6. 试穿、修正

假缝后的试穿过程按照以下几点进行检查修正：

●纸样与体型是否适合。在尺寸适合度检查的同时，检查纸样与人体形态的匹配度，力求塑造出更加漂亮的体型。

●设计意图是否充分地表现出来。

●设计形态、细节与着装者的个性是否相符，服装是否与生活环境和生活习惯相适应。

●是否符合着装目的，便于活动。

7. 缝制

正式缝制的方法和顺序在单件制作与批量生产中有很多不同之处。单件制作的具体缝制方法请参照《服装造型学　技术篇 I～Ⅲ》。

8. 着装检验

缝制完成后的着装效果是由制作者和着装者共同来检查评价的，这是单件制作的另一特点。具体检查项目如下：

●设计是否与着装目的相吻合，纸样是否与个人体型相匹配。

●是否与着装目的对应的活动范围相符合，是否有不舒服的压迫感。

●是否能使着装者的个性显得更完美、更突出，同时与时尚流行相匹配。

●配饰、鞋、发型、化妆等应该如何搭配才能符合着装目的，并且使其更加完美。

总之，为了使服装达到完美的效果，检验评价着装者与服装是否融为一体，以及评价服装的实用及美观度是非常重要的环节。

二、批量生产

成衣的批量生产系统是根据服装产品的种类和企业的生产规模而定的。一般情况下，服装业的成衣生产流程如表2－2所示。

1. 企划、设计确认

企划阶段是以整个企业的产品特点或基本理念为基础，然后参考各种不同的市场调查结果来进行商品企划。企业的年度目标额决定了各个季节及各个品牌的销售目标额，并由此确定各个品牌的生产产品和数量。此外，在明确每个品牌的特征和概念的同时，还需要决定产品大体上的销售价格（price zone）、目标顾客（target），并根据品牌特征决定各季的使用素材和潮流趋势。

在企划的基础上，各品牌开始创作、研讨、试样，最终确定设计产品。

2. 制板、推板

制板、推板一般是由纸样设计师（在日本一般叫服装式样设计师）来完成的，但有时也可以由款式设计师兼制。纸样制作通常采用平面制图或立体裁剪的手法，而现在平面制图大多利用CAD（Computer Aided Design）系统来完成（图2－1）。

图2－1 计算机辅助纸样设计

单件制作是以个人的人体计测值为基础进行纸样制作，但在批量生产中，则是以日本人全体人体的计测值为基准，考虑地域差异，以各品牌对应的目标顾客的号型和体型特征为依据进行纸样制作。

表 2-2　批量生产流程

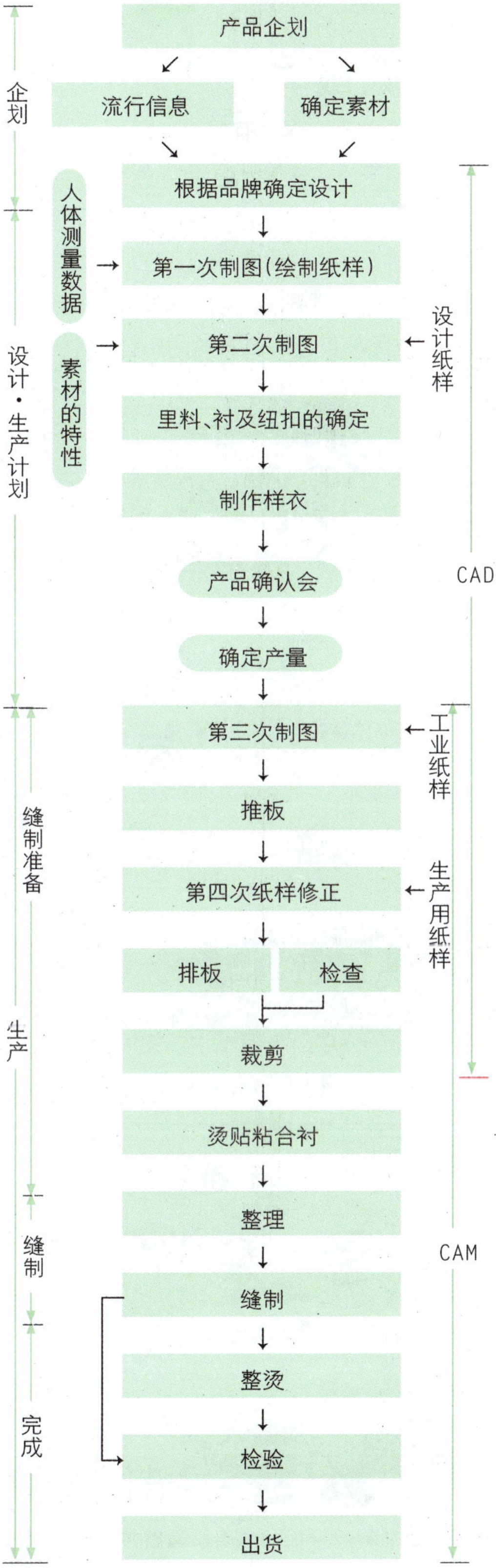

号型是根据日本工业规格(JIS)以及日本人的人体计测数据(1992～1994 年的计测值，34000 人的数据)为基础来表示体型分类和尺码大小，因此可以从中选出产品对应的制作尺码。

各个品牌通常会从中选定中间号型的模特或人台，然后依据模特制作“原型”，进而用来进行平面制图或检查立体裁剪的纸样(图 2-2)。

图 2-2　通过数字化仪修正纸样的坐标值

在保证与生产体系相匹配，并不影响设计效果的情况下，纸样需要经过多次修改：初始纸样、第 2 次的设计纸样、第 3 次的工业纸样再到第 4 次的生产用纸样(图 2-3)。

图 2-3　纸样设计室

批量生产过程中设计纸样的制作方法与单件制作是相同的，但针对工业化批量生产的特点，在纸样的制作过程中，应尽可能地提高缝制效率，并防止错误等，最终形成带缝份的纸样。此外，由于设计纸样是以中间号型为依据制作的，所以还需要以中间号型为基准进行推板。

推板是针对各个号型将基础纸样展开的制作过程。在单件制作中，利用个人的原型制成纸样即可。但是进行批量生产时，首先需从 JIS 号型规格中（参照第五章）挑选出最接近于这个品牌的目标年龄层的平均值来制成基本纸样，然后通过放大或缩小纸样来制成其他号型对应的纸样。

在推板过程中，首先需要确定胸围变化的档差（3cm 或 4cm），再确定其他部位，如领口宽、袖窿深度、省量等对应的变化量，即档差量，然后依据这个规则进行纸样的放大和缩小。图 2－4 是衬衫衣片推板后各规格纸样的重叠图（chart）。目前，工业生产中推板几乎都是在计算机上进行，但也可以用手工制图的方式来完成（图 2－5、图 2－6）。

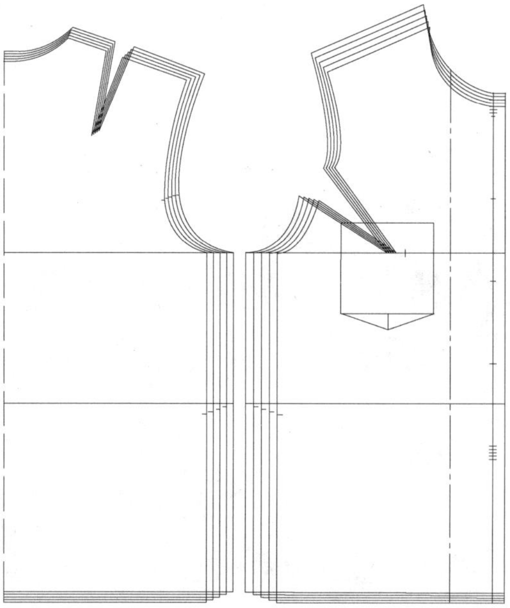

图 2－4　衬衫的推板图

3. 排板、裁剪

排板是指在有限的布幅中，以更经济的纸样放置方式来减少布料的用量，排板在一定程度上左右着服装的成本。目前，工业生产中排板也几乎都是使用计算机来完成。在此过程中，既可以选择系统自动排板，也可以通过手工操作来完成，但需尽可能提高布料的用料率（图 2－7）。

在计算机自动排板的前提下，目前，运用自动裁剪机进行裁剪的情况越来越普及。无论是自动裁剪或手工裁剪，通常都是同时裁剪数件或数十件。另外，利用 X 射线技术也可以进行单件裁剪。

图 2－5　利用直立式绘图仪输出纸样

图 2－6　利用平板式绘图仪输出并切割纸样

4. 配送缝料

配送缝料是将剪裁好的面料、里料、衬以及牵带、拉锁等与缝制线上的流水方式相配合，将其分配到各个生产环节。通常在分配之前需要先压衬。

5. 缝制

对于缝制来说，需要在研究如何提高缝制效率的基础上，决定缝纫机、熨斗数量的配置，并确定其排列顺序（各种机械和操作台的配置）。目前，很多企业使用计算机进行工程分析和管理。

随着自动缝纫设备的开发，很多操作都已经实现机械化，例如，只要把裁片放置到设备上，缝纫机就能自动完成领子缝制、自动开口袋（虽然有一部分工作需要人工辅助）等工作。目前，对于男式衬衫（缝制流水线几乎是一定的）来说，每人每天的平均生产量为 25～26 件左右，女式西装则为 5～6 套左右。这一点与单件生产存在着很大的差异，批量生产追求高效能和高机械化。

6. 整烫

批量缝制过程中的熨烫只针对很少的必要部位，但最终缝制完成后需要整体熨烫。因此，许多企业专门设置成品整烫区。

熨烫机分为平面式熨烫台和立体熨烫机两种。平面式的包括上下两个熨烫平台，可以同时施加热气、蒸汽和压力；立体熨烫机是将服装套在身体状的模型上，利用从中喷出的蒸汽进行整烫。平面式熨烫台中除了完全平面式的以外，还包括大型熨烫机，该机除了可以整烫相对平整的前衣片外，还可以针对胸、腰、臀部的缓和曲面，接近颈部形态的领口曲面等部位进行熨烫。

局部熨烫可以通过熟练的熨烫工操作普通熨斗来完成。

服装制作除了以上两种模式外，还包括小批量生产、跟单定做、半成品服装等多种形式。针对不同的制作形式，在手工和机械制作的配置比率以及整体制作过程等方面，存在着差异。

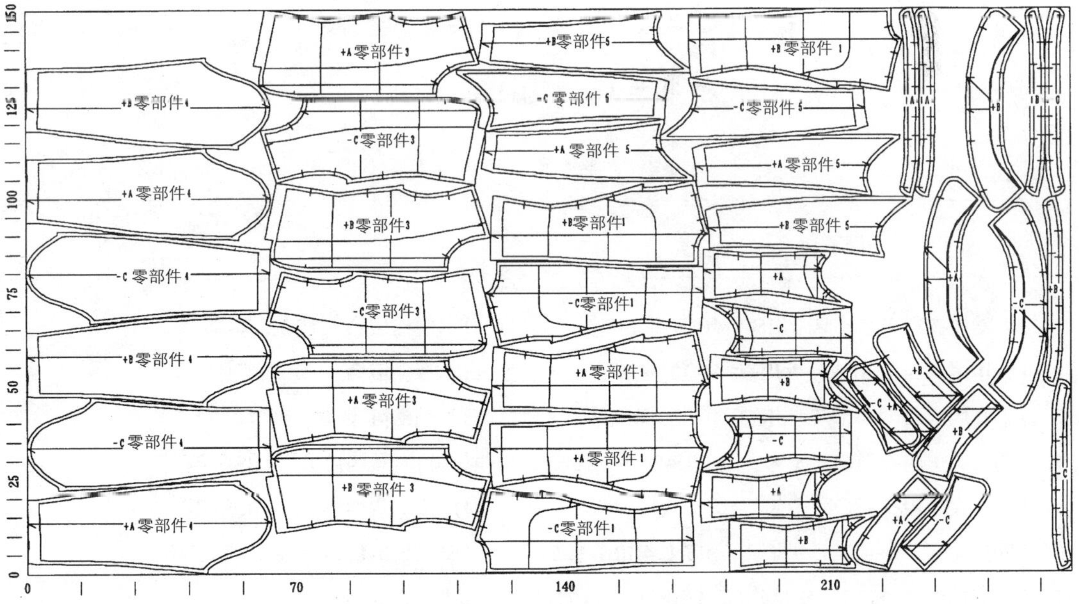

图 2－7　排板图

[参考資料]

1 「乳幼児衣料のサイズ　JIS L 4001-1998」　（財）日本規格協会　1998 年
2 「少年用衣料のサイズ　JIS L 4002-1997」　（財）日本規格協会　1997 年
3 「少女用衣料のサイズ　JIS L 4003-1997」　（財）日本規格協会　1997 年
4 「成人男子用衣料のサイズ　JIS L 4004-1996」　（財）日本規格協会　1996 年
5 「成人女子用衣料のサイズ　JIS L 4005-1997」　（財）日本規格協会　1997 年
6 「ファンデーションのサイズ　JIS L 4006-1998」　（財）日本規格協会　1998 年
7 「靴下類のサイズ　JIS L 4007-1987」　（財）日本規格協会　1987 年

第三章

纸样设计的方法与构成要素

本章主要讨论人体成型服装（即接近人体形态的，具有立体造型的服装）在纸样设计过程中的相关问题，包括纸样的设计方法、款式转化为纸样过程中的构成要素等。

目前，服装界普遍利用服装 CAD 进行纸样设计，这就更需要建立一个理论体系，将与纸样设计相关的各个因素的数据整合在一起。本章将重点讨论该问题。

一、纸样设计的方法

纸样设计的方法包括立体裁剪、平面裁剪以及两者并用等三种。

1. 立体裁剪

1.1 关于立体裁剪

立体裁剪(draping)是利用试用布料、坯布(sheeting,toile)等,直接覆在代替人体的人台(也叫假人、模型架)上,在造型的同时剪掉多余的部分,并用大头针固定,从而使设计具体化的方法。立体裁剪不仅可以实现设计效果图的造型要求,有时在操作过程中,还可以结合面料的风格和物理特性,进行再创作和再设计。

立体裁剪的过程中,可以直接使用成品的布料,但大多数情况下是使用平纹坯布。市场上出售的坯布,根据其薄厚、组织粗密等分为不同的等级,应尽量选择与成品布料效果接近的坯布。

1.2 立体裁剪使用的人台

在制作单件个体衣服时,可以根据着装者的身型选择合适的人台,如果人台与着装者的实际身材有差距,也可以用棉花在人台上进行体型补正。

用于制作单件衣服的人台一般为裸体人台,大多指与人体尺寸相同或者腰围尺寸略小的人台。裸体人台的肩胛骨较明显,臂根的前后腋点突出量略有收敛。因此,在进行立体裁剪时,加入适度的松量非常重要。

图 3－1、图 3－2 为不同种类的裸体人台示意图。

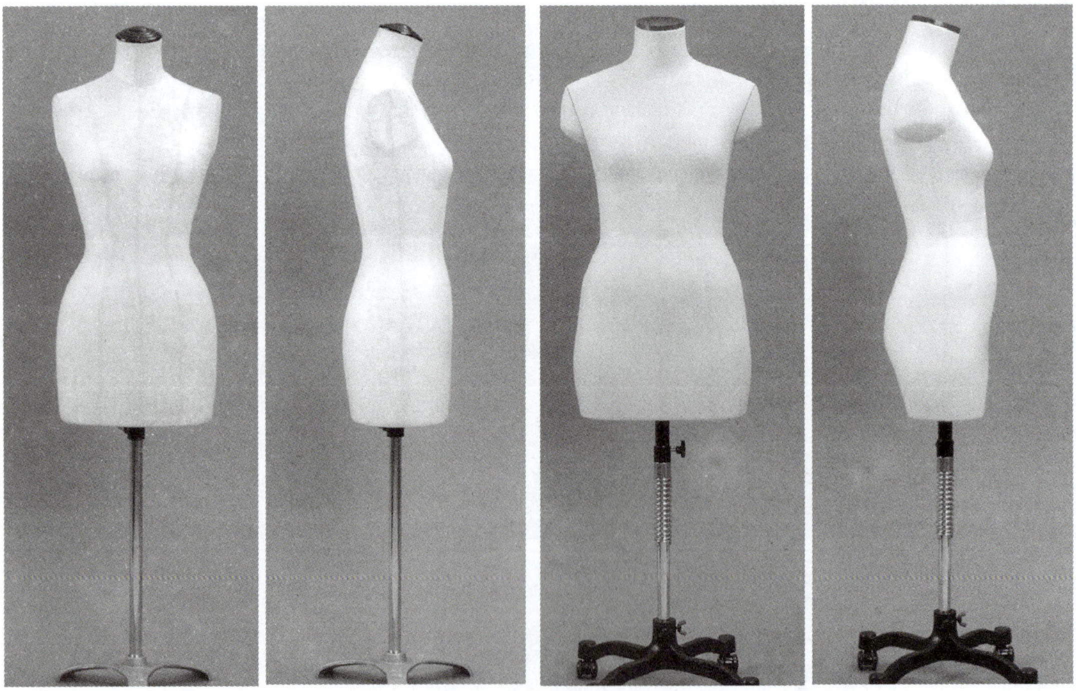

文化型　　　　新文化型

图 3－1　各种女装用的躯干裸体人台

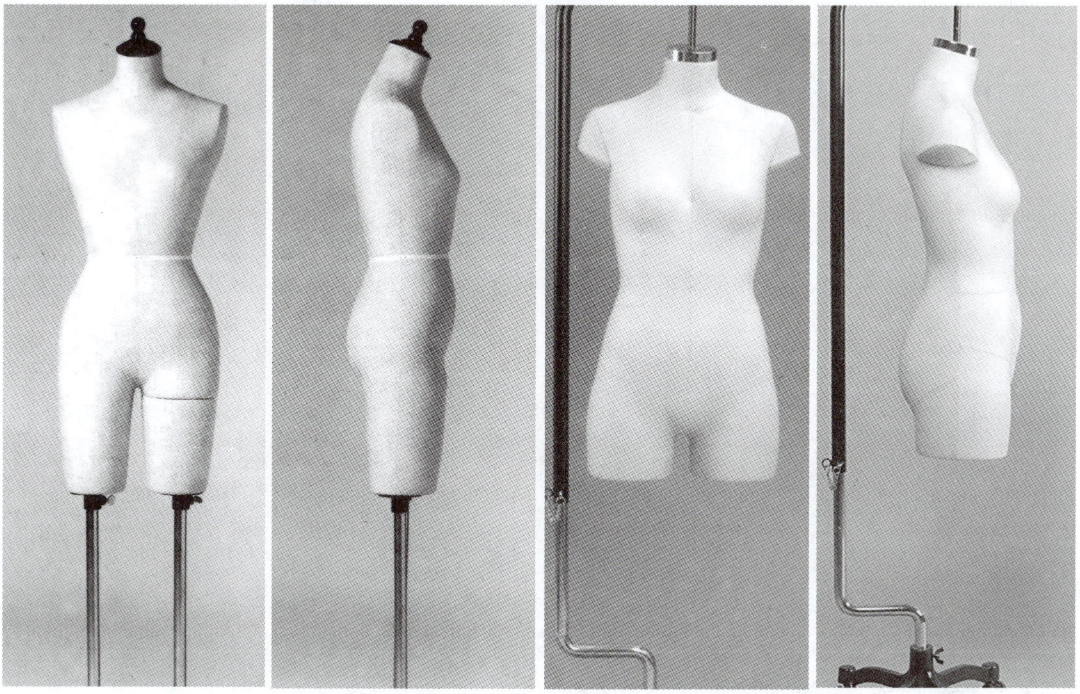

附带下肢的裸体人台　　　　“日本人体测量数据”平均值对应的裸体人台

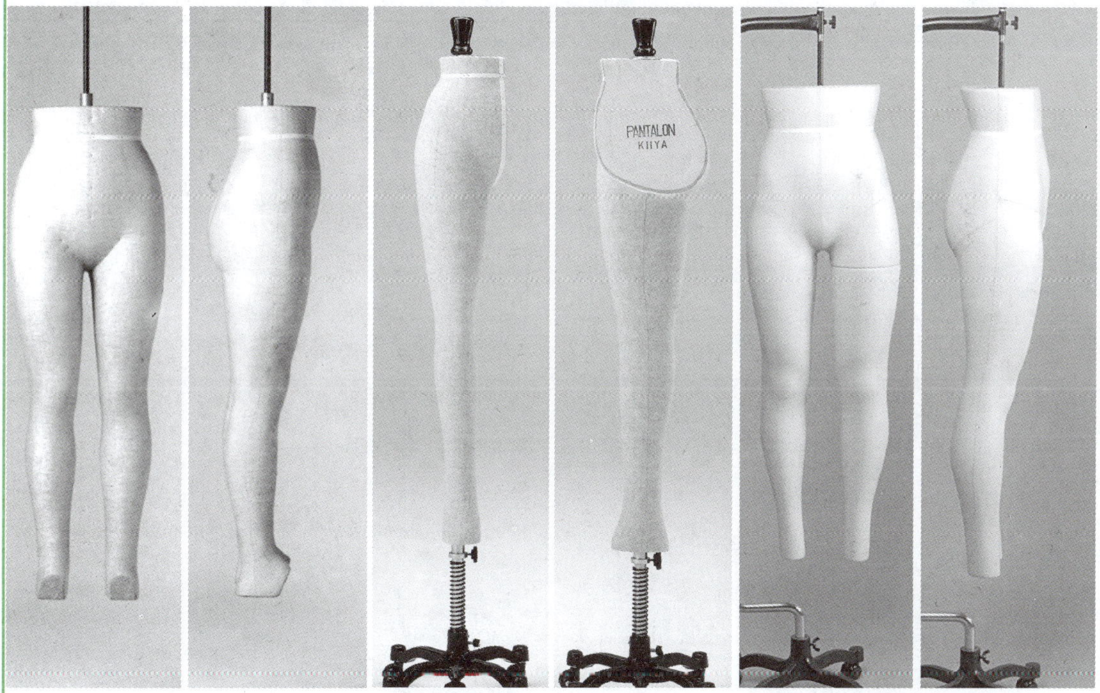

下肢裸体人台　　　　裤装立体裁剪用半身裸体人台　　　　“日本人体测量数据”平均值对应的裸体人台

图 3－2　各种女装用的下肢裸体人台

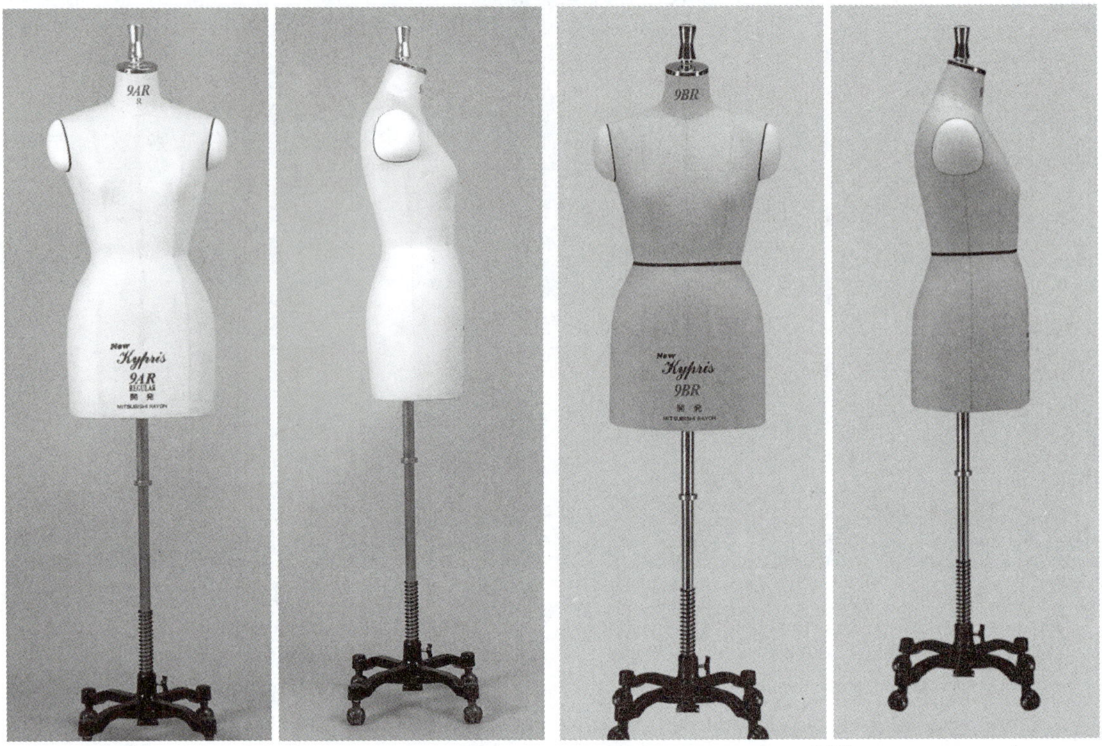

9AR　　　　9BR

图 3-3　女装用加入松量的躯干型工业人台

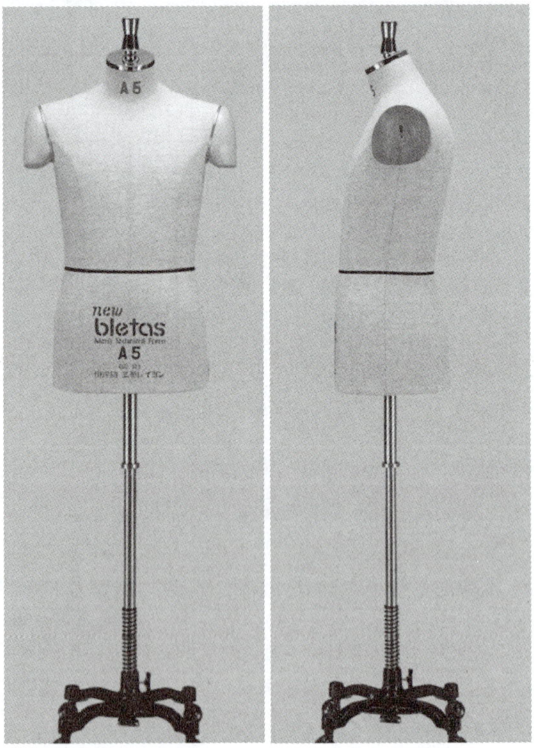

图 3-5　男装用人台

对于批量生产的服装，由于其着装对象为大量不确定的人群，所以成品规格需要与着装者的平均尺寸或者某一号型的平均体型相符合。也就是说，所选择的人台需要与目前施行的日本工业规格(JIS)号型相符合。虽然在市场上有多种人台销售，但是为了制作成衣样品，通常使用工业用的“已加入松量的人台”。图 3-3、图 3-4 为各种工业人台的示意图。

市场上销售的人台在人体形态的特征体现和松量加入等方面存在着微妙的差异。选择人台最恰当的方法是以全国人体计测值和三维体型测量结果为基础，同时根据企业制作的服装种类和目标顾客年龄层的体型特征进行选择。

图 3-5 是一种男装人台，图 3-6 为 6 岁儿童服装用的人台和婴儿装用的人台。

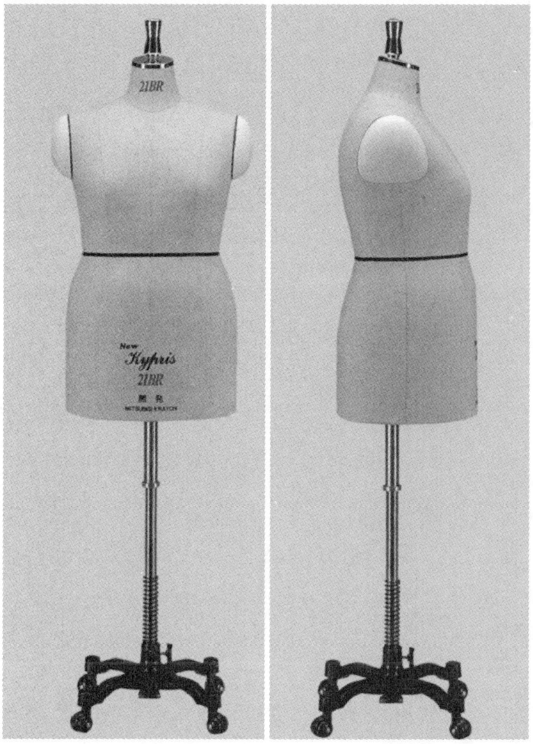

21BR

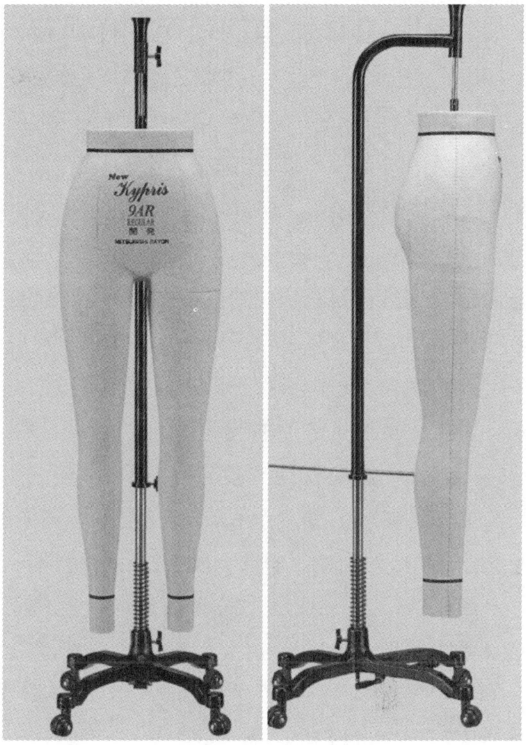

图 3－4　女装用加入松量的下肢工业人台

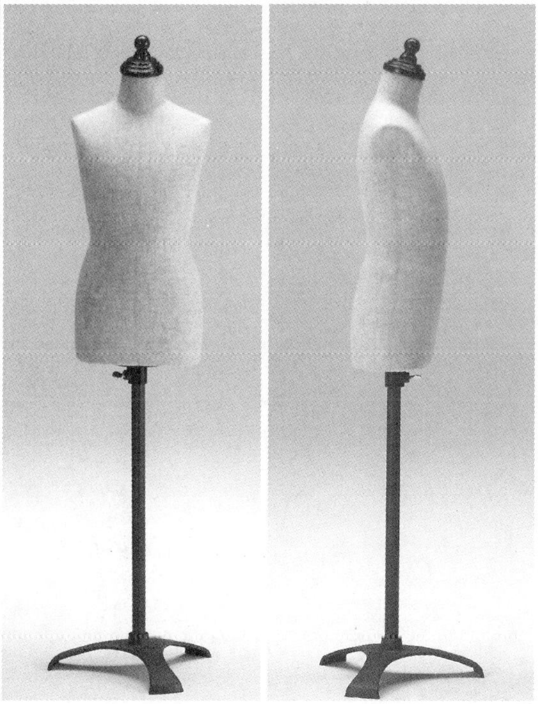

6 岁

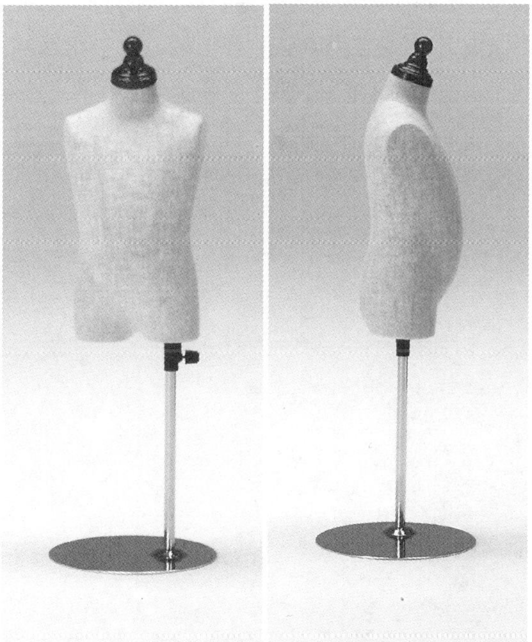

婴儿

图 3－6　童装用躯干裸体人台

照片提供　株式会社キイヤ(图 3－2～图 3－6)

1.3 利用立体裁剪的坯布制作纸样

坯布通过大头针固定成立体造型后，在立裁完成线的位置作标记，拔出大头针后将每一片坯布展开，恢复成平面状态，整理后便可形成纸样。整理过程中，坯布的经、纬纱向分别对应纸样的垂直线和水平线。由于坯布各缝线位置是用大头针固定的，有时会出现不自然的曲线凹凸，因此需要修正所有的缝合线，使其线条流畅，同时保证两块布片缝合时，缝合线的长度一致。

当成品面料比试用的坯布厚，并且两者差别较大时，则需要在立体裁剪得到的纸样上适当追加成品布料的厚度量和增加厚度后所需的松量，以制成对应的纸样（参照《服装造型学 技术篇Ⅱ》、《服装造型学 技术篇Ⅲ》中立体裁剪的具体技巧说明）。

2. 平面制图

平面制图是将已经设计好的服装在想象中立体化，利用预先测量获得的人体计测值，绘制成立体形态对应的平面展开图的方法。平面制图是将想象中的立体形态转化为具体的平面展开图，与直接用布料在人台上边做边确认的立裁相比，其涉及难度较高的图形学计算等方面的内容。但现在普遍使用的“原型”制图法，由于其本身是包裹人体尺寸和形态的最基本的服装，同时很多机构（如学校、杂志等）都在教授其使用方法，因此，相对来说是一种简单易学的纸样制图方法。由于在纸样的设计过程中，既要考虑款式的创造性，又要满足人体的活动要求，因此，充分理解原型的特性并具备预测新造型平面展开图的能力十分必要。综上所述，理解立体及其平面展开图之间的图形学关系，并进一步考虑布料的特性非常重要。本书从第四章开始主要论述平面制图中纸样设计的基础知识、设计理论以及制图方法。

3. 并用法

先利用平面制图的方法绘制基本的纸样并使用坯布裁剪组合，悬垂部位则直接披覆到人台上，通过立裁的方法进行处理。这种将立体裁剪和平面裁剪并用的裁剪模式非常实用有效，常常用于带有垂褶设计的接近平面类造型的款式中（图 3－7）。

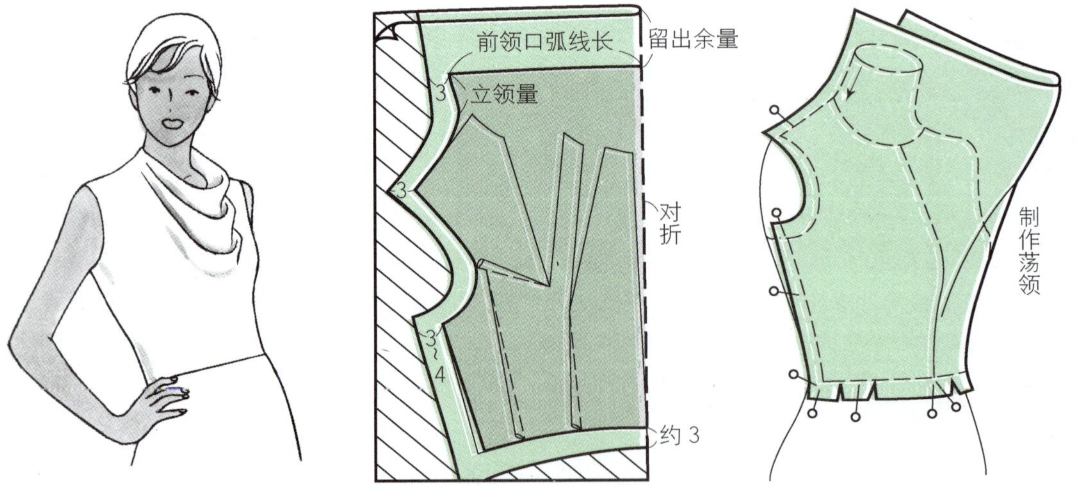

图 3－7　平面制图与立体裁剪并用的情况

无论采用立体裁剪、平面裁剪还是并用式中的哪一种方法，具备充分的纸样设计理论知识和掌握准确的人体计测值都非常重要。此外，在立裁过程中，很容易出现静立状态造型优美但不便于活动的现象；而在平面制图中，则会存在平面纸样与立体造型之间的空间想象差异，所以应特别注意不要出现纸样与款式设计不符的现象。

现在，很多纸样设计都是由计算机辅助绘制。虽然将整个制作纸样设计的思考过程转换到计算机上完成是可以实现的事情，但是，如今的计算机技术在使用上还不能完全自由。目前比较常用的方法是利用以往已经完成的纸样，选择与需要款式类似的纸样部分，将领、袖、衣片从不同的设计中选择出来，加以修正并重新组合起来。但是，虽然计算机有各种各样的制图功能（旋转图形或平行移动等），如果操作者不具备平面制图技能及相关的理论知识，也很难进行制图，所以，理解纸样和人体之间的关系非常重要。

二、纸样设计的要素

首先，我们将复杂的纸样设计理论分为以下四个因素来把握，并根据这四个因素展开讨论。

纸样设计并非单纯的款式设计，它需要考虑设计因素、人体因素、素材因素以及缝制因素等四个要素。

1. 设计因素——立体形态的几何图学说明

服装的纸样设计应与款式相对应。然而，在纸样的设计过程中，单纯地进行绘制显然是不够的，还必须考虑服装穿着到三维人体上的立体形态。

纸样是立体造型设计的平面展开图。因此，构成立体形态的造型及其构成线（缝合线、省道）是纸样设计中最重要的、第一阶段的因素。

为了获得立体形态的平面展开图，其立体构成的数据信息，特别是尺寸信息非常重要。因此，为了了解立体与平面的转换原理，掌握立体与平面展开图之间的图形学构成关系很重要。同时，也有利于判定需要准备哪些必要的人体测量尺寸。

表 3－1　绘制纸样的四个要素

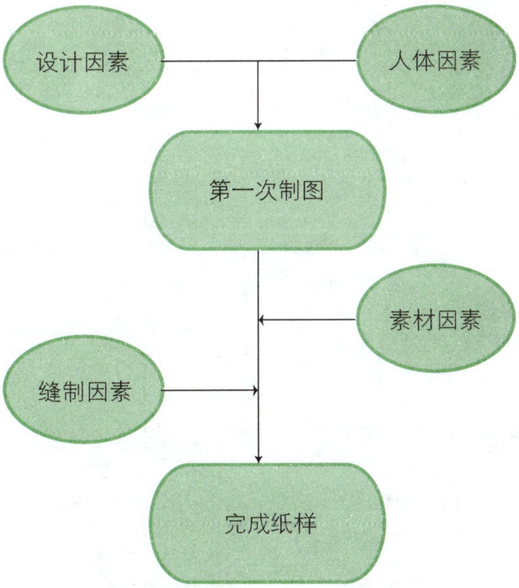

采用图形学的方法来考虑服装的立体造型，首先需要将复杂的曲面造型简单化，然后把它作为容易理解的几何体去考虑。例如图 3－8 所示，可以将褶裙想象成比人体腰围尺寸大的圆柱体，通过抽碎褶来调整腰围尺寸，因此，纸样只要设计为圆柱体的展开图就可以了。中间的喇叭褶裙可考虑为在这个圆柱体的基础上减小上部尺寸，形成上部尺寸大于人体腰围尺寸的圆台。喇叭裙则是减小上部尺寸直至与身体相接触的圆台。从而利用圆台展开方法就可以求出纸样（参照第十章）。

同理，直筒裙的下部可以想象成如图 3－9 所示的圆柱体，而上部则是构成球体一部分的复曲面。

对于圆柱体来说，只要了解其圆周长和高度就可以画出长方形的展开图。

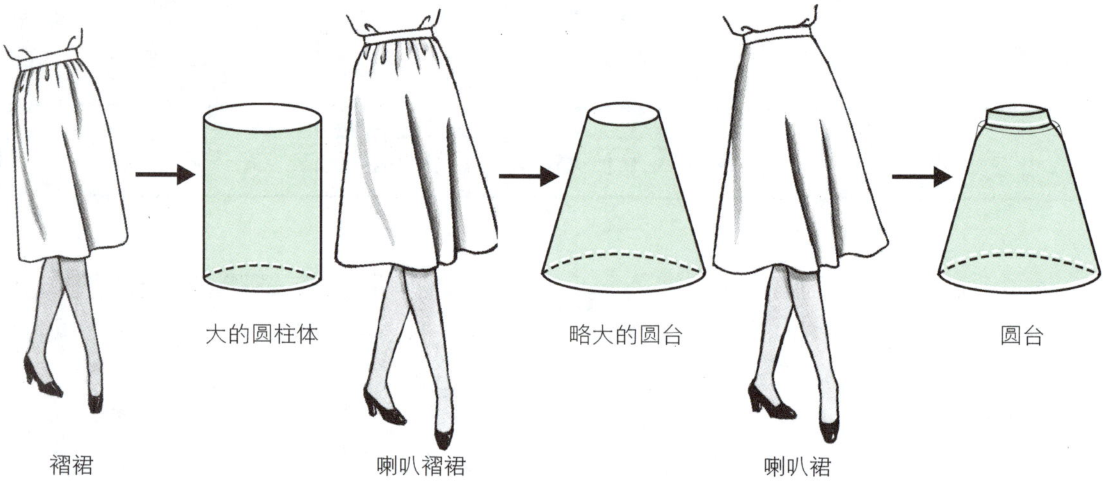

图 3－8　服装的立体形态分类

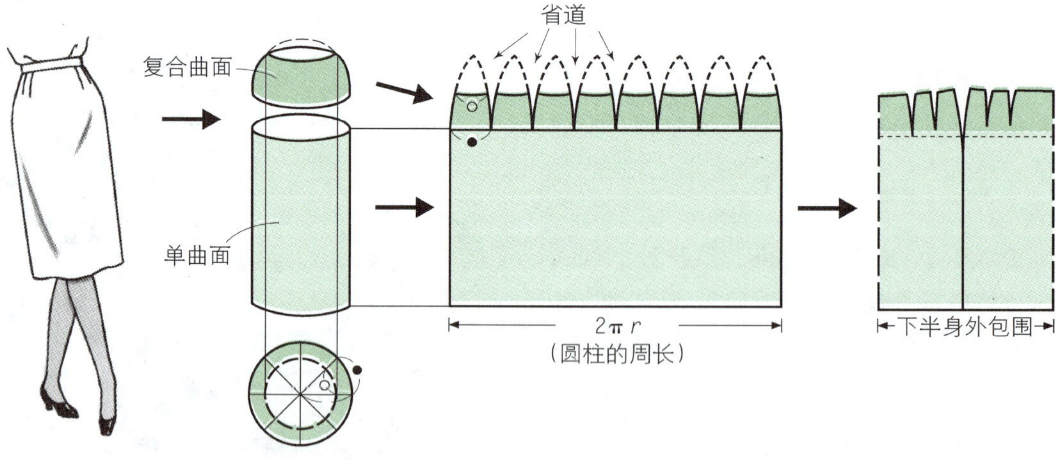

图 3－9　筒裙的简单几何体构成及其平面展开

上部的复曲面部分从理论上来说是无法得到正确的展开图，但可以得到近似于图形学的展开图。如图 3－10 所示，如果用柱面展开法，就可以得到上部加入省道的展开图，即所谓的紧身裙纸样构成。如果（图 3－11）利用环形展开法的话，就可以形成带有横向育克分割线的款式。同时，利用面料变形的特点，可以将裙片分割成几个面以形成复曲面。此外，为了获得纸样的展开图，不仅只是需要立体图，也需要平面投影图（水平断面重合图），以便获得展开图上的必要的实际长度。

穿着服装的人体并不像几何学中的立体那样规则，即便将左右看作是对称的，但前面、侧

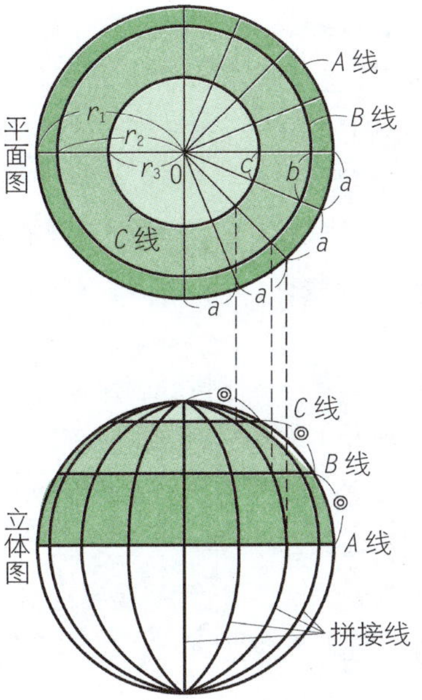

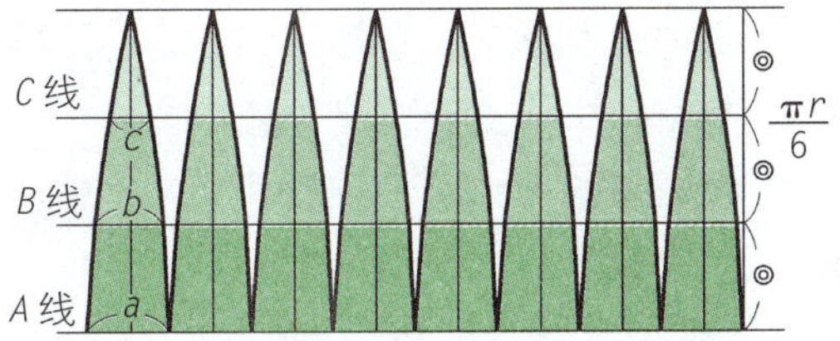

1／4 球体的平面展开图

图 3－10　球体的近似展开（柱面展开法）

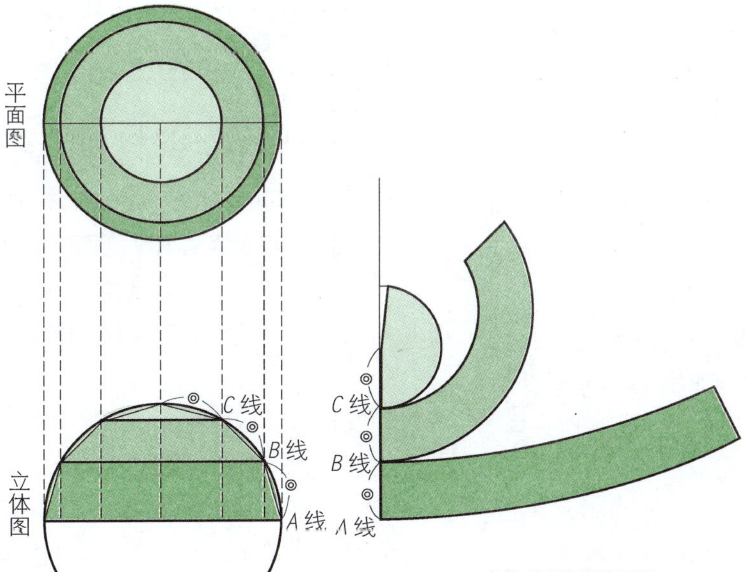

1／4 球体的平面展开图

图 3－11　球体的近似展开（环形展开法）

面、后面的形态仍然存在着很大的差别。因此，仅仅通过尺寸数据来掌握人体形态是不够的，在了解其立体形态（通过照片等勾勒形态）的同时，还必须掌握其平面形态。平面图虽然可以从正上方及正下方拍摄照片获得，但由于通过照片很难得到实际的尺寸，所以，此时需要借助于人体的水平断面重合图，并将假想的服装断面形状标记到断面重合图上，由此求得实长的数值，从而得到理论上的展开图。

在一般的服装平面纸样制图法中通常会省略掉这些图形学的步骤，大多数情况下只强调作为结果的展开图的形态。当然，这样做是一个简便的方法。但是在创造新造型的过程中，不仅要顾及到个体的特殊体态，还需要考虑纸样针对大多数人的平均体型的适合度，在这种情况下，从图形学的角度出发进行设计并掌握必要的人体断面形状信息就非常有效。同样，对于立体裁剪来说，也并非是将坯布随便地覆在人台上进行剪裁，了解设计过程中的立体关联非常重要。

2. 人体因素——一维、二维、三维的数据说明

根据图形学解释的设计因素，我们可以了解在进行纸样设计的过程中需要获得哪些部位的人体数据信息，从而确定人体计测的部位和方法。

绘制服装纸样所需要的人体因素，除了描述人体外形的构成因素外，还包括与人体的运动部位相关的构成要素。也就是说根据骨骼、肌肉、皮肤（含皮下脂肪）的发达程度可以获得人体外形的全部信息，而这些因素也可以直接应用于纸样的设计中。在获得了人体的尺寸（号型因素）、体型的状态（形态因素）等信息后，就可以根据前面所提到的设计因素进行纸样绘制。

号型因素中除了胸围、腰围等围长外，还包括背长和背肩宽等体表实际长度，这些数据都直接与纸样制图过程中的各部分尺寸相关联。此外，身高以及其他高度、厚度、宽度等项目不仅可以帮助我们了解个体的尺寸特征，也是掌握成衣对应的体型分类及其各集团分类中平均体型特征所需要的关键数据。

至于形态因素，如设计项中所述，可以通过从三维的人体形态上获得二维的立体图（正面图、侧面图等）和平面图，从而生成平面展开图，并求得长度的量化数据或是根据激光计测获得三维数据（x，y，z），从中求得必要的信息。

对于单件个体服装的制作来说，可以将每个人的尺寸因素和形态因素加入其纸样的绘制中，但如果是批量生产则需要依据大多数人的平均测量值制作纸样。这里所说的平均值并非单纯指整体的平均值，而是需要根据年龄、性别等不同特征以及数据的分布情况，最大值、最小值的范围、尺寸的组合（例如胸围和臀围的组合）类型及其构成比例等前提，针对计测值进行多角度的统计处理。关于人体计测和数据的统计分析在第四章中进行论述。

3. 材料的物理性能因素

使用不同的材料，衣服的立体感和松量构成的感觉不同，褶裥和波浪褶的效果和分量感也不一样。为了准确地表现设计意图，纸样设计过程中充分考虑材料所具有的物理性质十分重要。

在材料的各种特性中，影响纸样设计的因素主要包括保形性、变形性、可塑性、厚度和重量等。虽然除了厚度、重量以外，其他的特性很难直接量化，但是可以在一系列物理性能测定值的基础上进行综合评价。

面料的保形性是指在不施加任何外力的情

况下，面料自重引起的形态变化，是指平面材料保持平面性和布料的经纱、纬纱之间交叉角度（直角）的能力。保形性差的布料，会产生意想不到的波浪偏移和衣服边缘的不整齐。图3－12是A布料（100%纯棉绒面呢）和B布料（100%涤纶乔其纱）的保形性比较，虽是同样大小的圆形布料，但保形性差的B布料在底摆处产生了不整齐的效果。图3－13是测试构成保形性的其中一个指标——悬垂性的测量装置。将圆形的布料铺在左边的装置上，右侧的圆形绘图纸

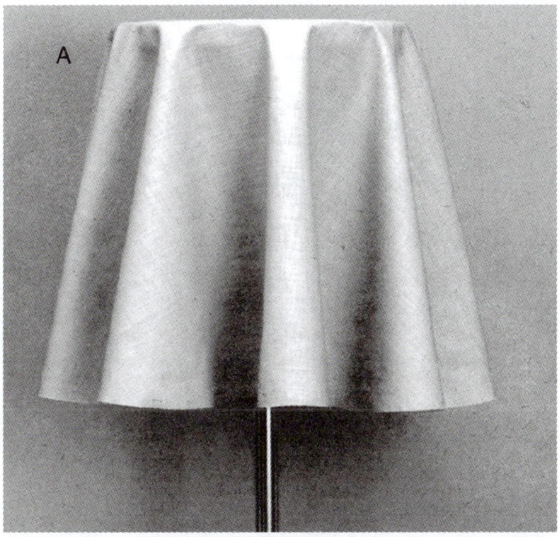

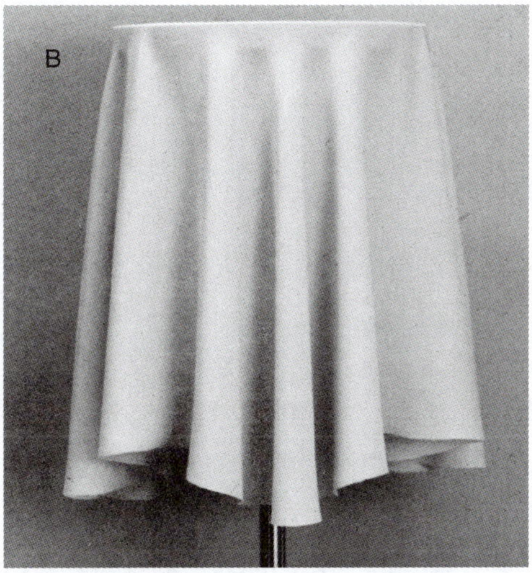

图3－12　面料保形性的差异（同大面料自然下垂状态的比较）

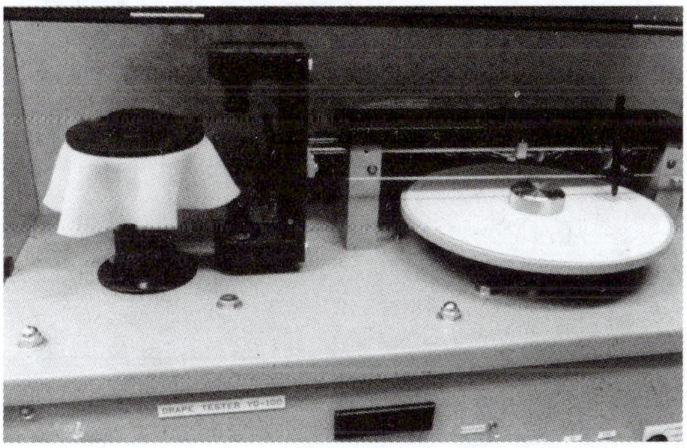

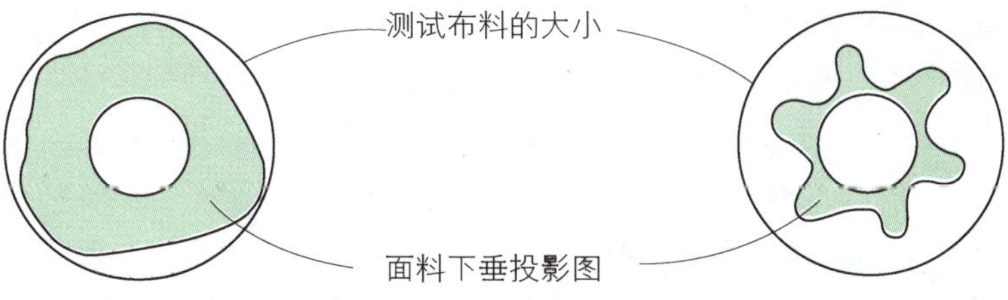

图3－13　根据悬垂仪测试面料的悬垂性

上会记录下垂面料的底部投影状态。与保形性较好的A面料相比，保形性较差的B布料的投影图形面积较小，且出现多个波浪形，可以看出悬垂性较好。

变形性是指在附加外力的情况下面料的变形（坐起弯屈变形——皱褶，剪切变形——纱向的交叉角度变化）能力。布料在具有保形性的同时也具有变形性。例如棉制牛仔布，在不受外力作用时，可以充分地保持稳定，但当用手沿着斜向拉伸布料时，就很容易变形。双层乔其纱等面料也是如此。

可塑性是指用熨斗等熨烫成形的某种形状在施加热、压力、张力的情况下的保持能力。

面料的这些能力可以通过刚软度、悬垂系数、负重时的伸长率及其恢复率、负重时的剪切变形量及其恢复率等物理性能的组合测定进行评价。但是，目前从理论和实验的角度针对这些物理性能和纸样形态之间的关系进行的研究还很少，只有少量的相关论文发表。

材料的物理性能对纸样的具体影响包括：当使用的布料较厚时，需要在纸样的宽度和长度方向中追加厚度量；另外在褶裥和波浪褶的设计中，如果要保持相同的外形，厚面料在纸样处理过程中所需加入的褶裥量相对较少。

当布料同时具备保形性、变形性和可塑性时，通过吃缝和归缩就可以形成曲面形态。如果吃缝量和归缩量已经放入纸样中，但在由于布料无法做吃缝或归缩处理时，就需要通过缝合线、省道或叠褶等形成曲面，款式设计不同时，纸样设计也会明显不同。

此外，喇叭裙在着装时前面、后面、侧面沿重力方向（垂直方向）下垂的布料纱向不同，保形性差的布料会沿某一纱向方向伸长，产生意想不到的波浪偏移，同时底摆边缘也会不归整。为了修正这些不足，必须事先修改纸样，使其适合布料的特性。

如果希望建立这些素材的物理性能（x）和纸样调整量（y）之间的关系式（$y = ax_1 + bx_2 + \cdots + h$），今后还需要做很多的研究。关于素材物理性能和纸样之间的关系在其后的论述中有实验范例说明。

4. 缝制因素

缝制的方法不同，纸样也会不同。由于单件制作和批量生产中的裁剪和缝制方法不同，因此对时间效率和缝制者的技术水平的质量要求也会有所不同。

在单件缝制中，纸样处理时会预先加入吃缝量和归缩量，纸样为净板没有预留缝份，另外通常只绘制表层纸样。而对于批量生产的纸样（工业纸样）来说，通常尽量不加入吃缝量和归缩量，改用省道和接缝来处理，而且在曲线处理中应利于高速缝纫机的缝制，最终纸样会附带缝份和缝合时的对位标记。

此外，对于工业纸样来说，贴边和里领等部位由两层或三层面料构成时，对应的松量、止口的控制量和翻折量等，需要在考虑所用布料的物理性能的基础上，预先在纸样中加出。

将以上四个因素组合起来，就形成了纸样设计的基本理论和技巧。

服装设计并非像精密机械和建筑物那样要求严密和精细，人体是柔软的，同时人体姿势也经常在改变，加工材料也是柔软的，因此，将以上四个因素与图形学理论相结合，形成严密的关系式，并运用到纸样设计中非常困难。这也正是与服装的缝制相比，纸样设计理论体系研究进展缓慢的原因。

计算机三维辅助设计已经普及化。在服装业中，设计和材料经过三维处理在人体上进行仿真试穿，已经成为现实。但是，纸样的三维设计尚未得到充分开发，还有待于今后的研究和发展。同时，将这四个纸样设计因素整合起来形成完整的理论体系也是十分必要的。

[参考资料]

1　三吉满智子、渡部旬子「ギャザー効果と素材・構成技術因子の関係について」
文化女子大学紀要　第 12 集　1981 年

2　渡部旬子、寺垣裕子、三吉满智子「ギャザー分量の最大限界について」
文化女子大学紀要　第 15 集　1984 年

3　三吉满智子、佐藤眞知子「布地による複曲面構成 ーいせこみにおける布地の物性の影響ー」
文化女子大学紀要　第 8 集　1977 年

4　三吉满智子、栃尾礼子「くせとり技術と素材物性の関係」家政学雑誌第 4 号　1981 年

5　三吉满智子「セミフレアスカートの作図について ー人体・デザイン・素材の物性からー」
日本図学会学術講演論文集　1987 年

第四章

以服装造型为目的的人体测量

服装的最初目的是为了包裹身体，由于很多服装的材质柔软，所以依赖于人体形成立体形态。此外，人体具有一定的构造机制，每个个体在高矮、形态上都存在着差异，同时在运动过程中形态也会随之变化。因此，在服装造型学习的过程中，适当了解人体的构造，掌握设计数据与人体测量数值之间的关系，理解人体测量的意义和方法十分重要。

本章将讲述针对服装造型学基础的基本人体构造、人体各部位的名称和人体测量的方法，尤其是与纸样设计相关的测量法。

一、以服装造型为目的的人体测量的意义

从服装与人体之间的关系来看，为了设计出舒适的、具有造型感的服装，了解人体的构造、机能、尺寸和形态十分必要。尤其是在纸样的设计过程中，将人体的尺寸和形态数量化尤为重要。此外，在成衣批量生产的过程中，为了适合大多数的人群，就必须在大量人体测量的基础上，掌握人体的平均值和数据分布情况。

针对服装造型的人体测量包含若干的目的（表 4－1），针对不同的目的，其计测方法和计测项目也不同。

在设计阶段，需要重点了解人体的形态、比例和外形。因此，掌握人体各主要部位的长度（投影长度）*、二维体型特征效果（从照片上获得的人体各个方向上的外轮廓）和人体形态的运动变化十分必要。

在纸样设计阶段，需要掌握与设计相关的各测量部位的体表长度（沿体表的长度—实长*）。此外，为了掌握纸样设计理论，有必要导入图形学的考虑方法，因此需要理解人体的垂直投影图、照相等方式获得的体型图、水平断面及其重合图（参考 100 页的“断面计测法”和 105 页的“三维计测法”）。

＊对于背长来说，投影长度和实长是不同的。

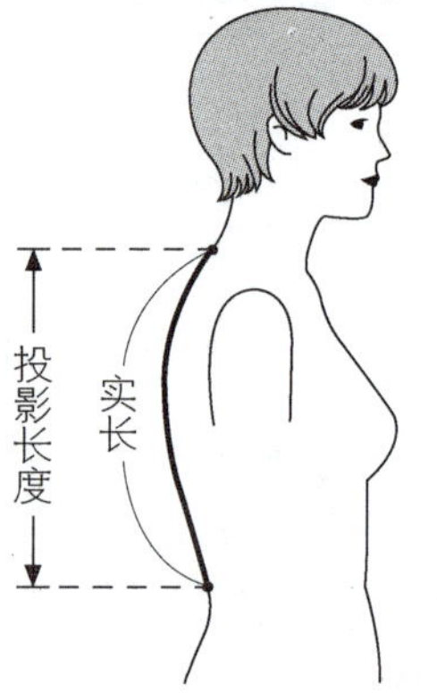

表 4－1　人体测量的目的

测量目的
- 了解人体的尺寸和形态
  - 设计目的
  - 基本数据 ⟩ 人体测量数据
  - 构建纸样制图理论 ⟩ 人体测量数据
  - 获得纸样制图尺寸——作为服装尺寸
- 掌握人体与服装之间的形态关系，以便于服装的着装评价——服装与人体的形态差异和尺寸差异

表 4－2 针对不同设计的测量项目

	设计		立体形态	测量项目（必须适合的部位）	覆盖率
非成型服装	 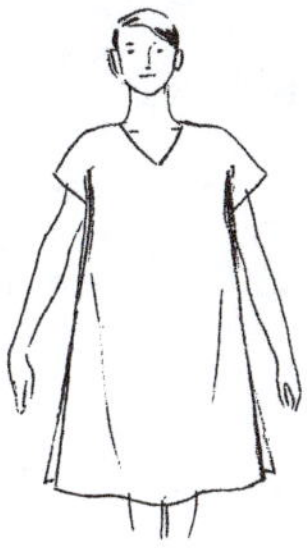	莎丽  斗篷 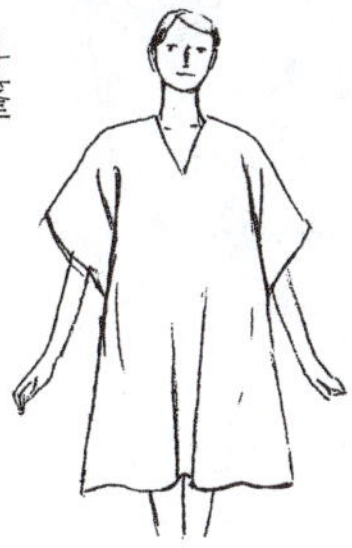	 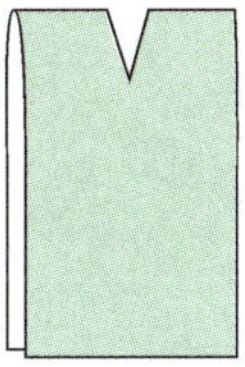	前长与后长的尺寸均衡 头围	大
半成型服装		阿拉伯长袍 	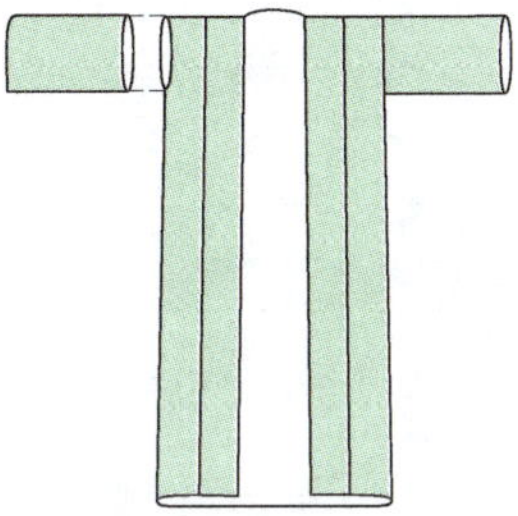	胸围 （背肩宽） （袖长） 衣长	中
人体型成型服装			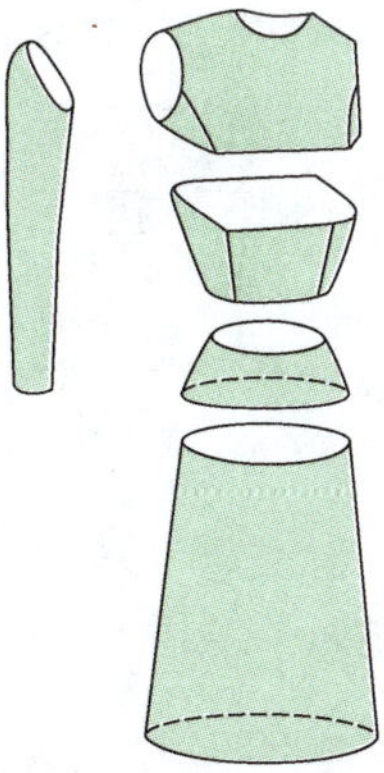	胸围 腰围 臀围 背肩宽 袖长 背长 上臂最大围 颈根围 衣长 前长与后长的尺寸均衡	小

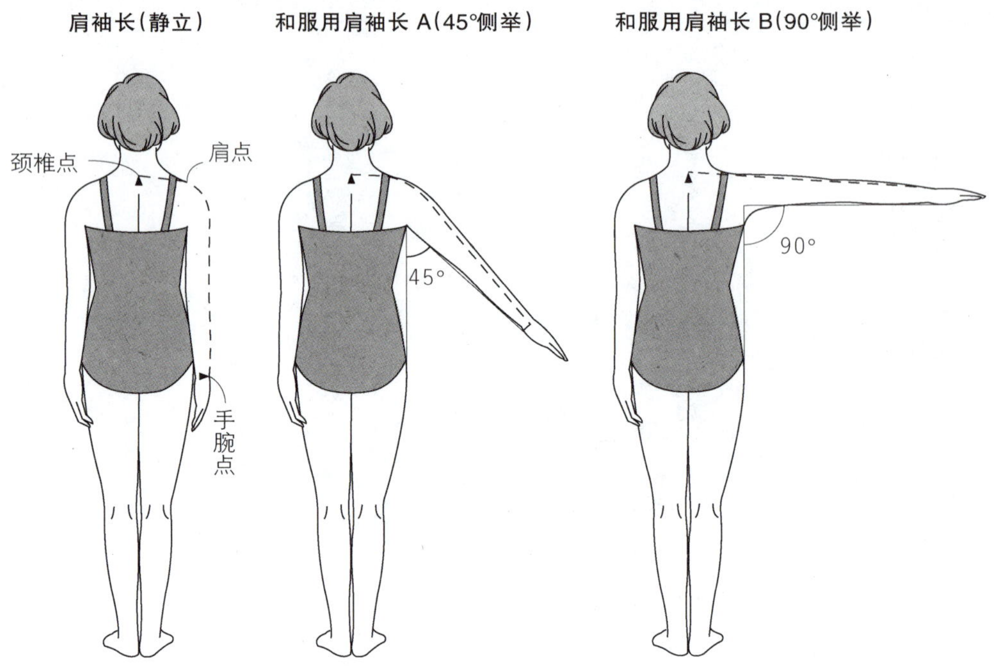

图 4－1　和服用肩袖长测量的三种姿势

此外，无论是款式设计还是纸样设计，都必须了解人体在静立状态和运动状态下的形态差异。

对于人体测量，如果每个人都用各自的计测方法随意进行测量，数据的可利用度会非常低。因此，最好是在解剖学、体表解剖学、人类学、服装人体工学等相关内容的基础上，针对测量基准点、测量项目、测量器具的使用和测量手法制定共通的定义和方法。在设计针对服装造型的独特测量点和测量项目时，需要利用这些共通的体表测量点进行定义。

对于服装造型用人体测量，在掌握人体测量数据（如胸围、背长、背肩宽等）的基础上，不仅可以根据款式设计需要追加适合的松量，也可以从人体数据上取得服装所需要的尺寸（如裙长）。在实际人体测量之前制定适当的计测项目十分必要。

表 4－2 指出了人体测量值与款式设计和纸样设计之间的基本关系。

对于莎丽等非成型类服装，几乎不需要人体测量数据，所使用的面料通常具有传统的限定尺寸，在穿着的过程中会自然形成服装。对于斗篷类等套头服装，为了保证头部可以从开口处钻出，头围的尺寸必须掌握。

对于和服等半成型类服装，由于在穿着中衣身和袖子是连通的，所以并不需要测量太多的尺寸，一般情况下测量肩袖长、身高（衣长）、胸围等即可。

对于肩袖长，如果是针对人体尺寸的测量通常在上肢自然下垂的情况下进行，但也可以如图 4－1 所示，在手臂侧举的状态下测量和服袖所需的肩袖长。制作者可以采用 A、B 中的任何一种方法，但两者之间存在着明显的差异。表 4－3 为不同计测姿势下的 3 种测量结果，在人体计测实施的过程中，针对不同计测姿势进行研究十分必要。

对于合身性较强的人体型成型服装来说，除了表 4－2 中所列举的胸围、腰围及其他需要测量的项目外，为了绘制适合于个体的纸样，了解胸部的形态、胸围与腰围的位置关系（腰部的前倾效果等）、腰部与臀部的形态及位置关系等多项人体因素十分重要，这时仅仅采用皮尺进行测量显然是不够的。

此时所需的人体计测的重点是在了解人体的结构、形态和运动机能的基础上，选择计测姿势，确定正确的计测点和适当的计测项目，使用合适的计测设备。

表 4－3　不同计测姿势下的右背肩宽、肩袖长的数据差异

单位：cm

名称	计测姿势	平均值	标准差
右背肩宽	静立	20.4	0.90
	45° 侧举	18.7	0.94
	90° 侧举	16.0	0.84
肩袖长	静立	71.2	2.63
	45° 侧举	67.4	2.58
	90° 侧举	63.5	2.48

注　$n = 110$ 名

二、人体的结构

人体的形态存在着巨大的个体差异，但从结构上来说，都具有一定的构造机制。

为了制作适合人体形态，同时便于运动的服装，了解人体的诸多构成要素十分必要。

在本节中将概略地介绍与人体计测和人体运动相关的骨骼、肌肉和皮肤的有关内容。在第三节中则侧重于服装造型学所需的人体计测方法的论述。

1. 人体方位的相关用语（图 4－2～图 4－4）

一般情况下，为了表示物体的方位，通常会使用上下、前后等位置关系用语。对于人体及其姿态来说，单用物理上的上下、前后等用语来表示人体的部位并不适合，此时需要用到解剖学中针对人体方位用语的定义和服装造型学中正确表示人体部位的位置术语。在此情况下，人体站立的地面（测量面）被规定为是水平的，方位使用中的基本用语定义如下所示：

垂直（vertical）：人体直立状态下的上下方向。

垂直（纵断）面：与地面（测量面）呈直角的面。

上方：人体直立状态下的垂直上方。

下方：人体直立状态下的垂直下方。

水平（horizontal）：与地面（测量面）平行的方向。

水平（横断）面：与垂直面呈直角，与地面（测量面）平行的面。

正中线（median line）：从人体外观上看，通过左右中心的线。前面为前正中线，后面为后正中线。

正中面（正中矢状面）：将人体左右等分的面，只存在一个正中面。

矢状（sagitai）：经过人体的前后，与地面（测量面）平行的方向。

矢状面：与正中面平行，与地面（测量面）垂直的面，存在无数个。

前头（额）（frontal）：与前额平行，经过人体的左右，与地面（测量面）平行的方向。

前头面：与前额平行的面，与矢状面呈直角的面。

前面：人体的脸部、咽喉、胸腹、膝盖头等对应的面。

后面：人体的颈部、臀部、膝盖窝等对应的面。

内侧：靠近正中的方向。

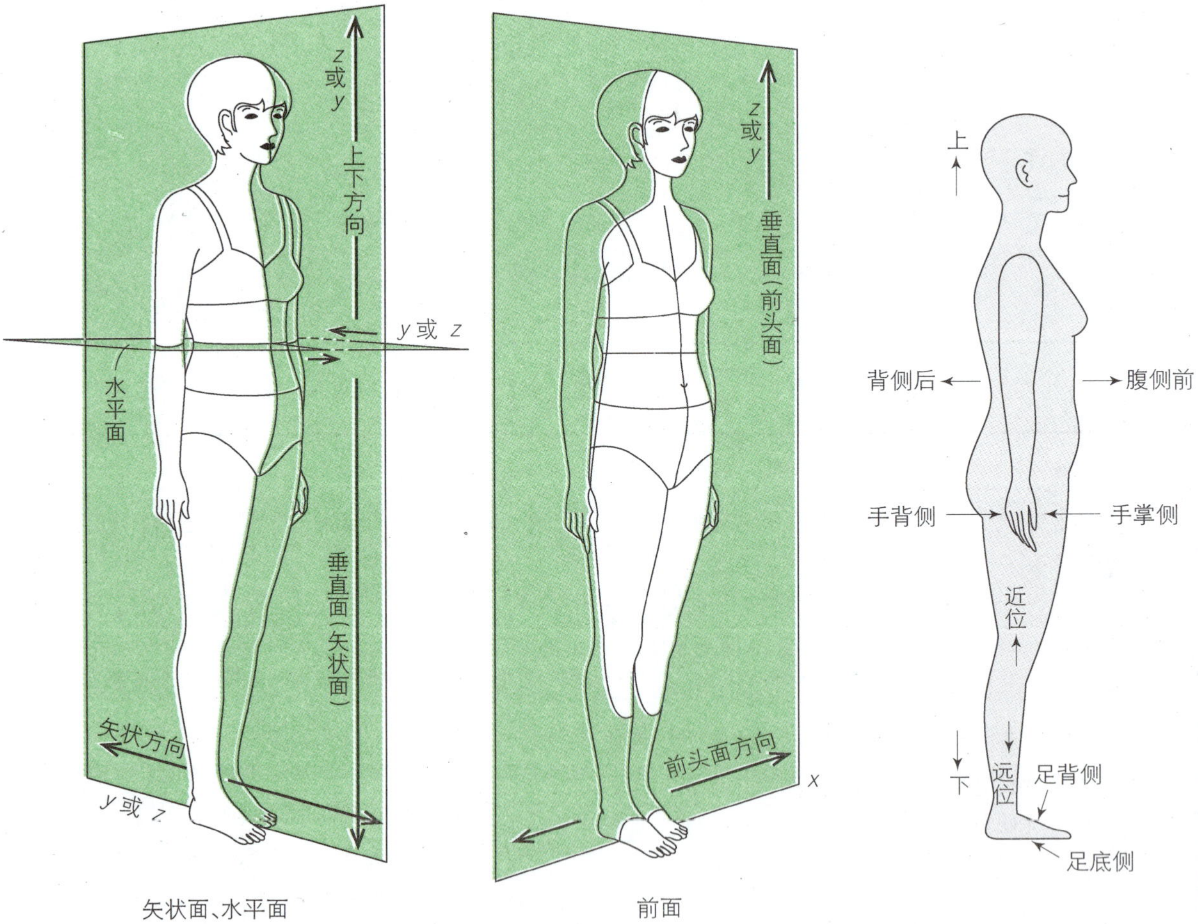

图4－2 人体的方位（立位图1）

外侧：远离正中的方向。

上、下方又称为头方和尾方。当人体处于横卧状态时，头的方向称为上方，足底的方向称为下方。对于上、下肢来说，一般不用上方和下方来表示，靠近根部的位置称为近位，远离根部（指端或趾端）则为远位。

以内外用语来描述上肢时，在手掌朝前的状态下，内侧为尺侧，外侧为桡侧；与此类似，对于下肢来说，内侧是胫侧，外侧则是腓侧。

对于肌肉的位置，靠近体表的称为浅层，靠近内部的称为深层。

服装造型学中也许未必会用到如此多的术语，但在观察站立人体的方位时或是表示人体的运动方向时，通常会用到前面、前侧面、侧面、后侧面和后面等方位名称（图 4－4）。

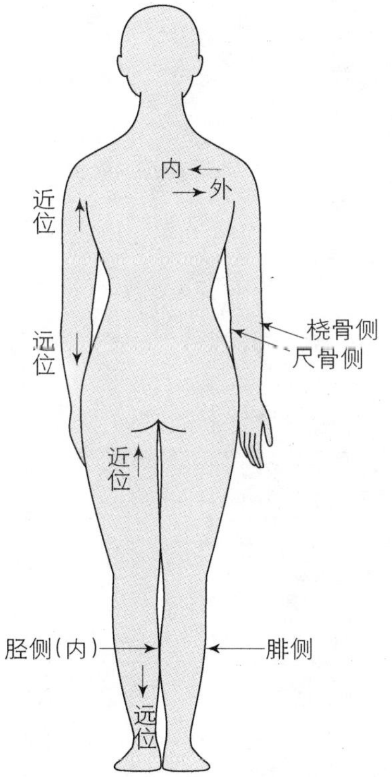

图 4－3　人体的方位（立体图 2）

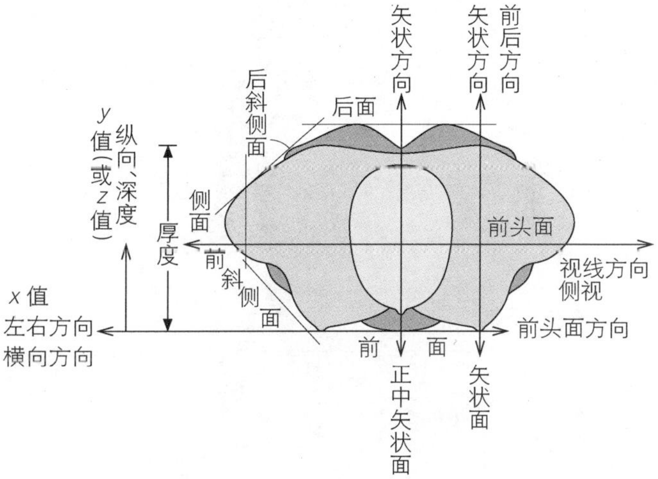

图 4－4　人体的方位（平面图）

2. 体表区域与名称(图 4－5、图 4－6)

人体可以被划分为若干个区域，图 4－5 为解剖学的区域划分，图 4－6 则是服装造型学和服装人体工学中使用的体表区域。此外，在图中还包括了腹股沟、臀沟及其他一些在体表区域划分中很有特点，同时在计测过程中会使用到的部位名称。

解剖学的区域划分是以骨骼和肌肉的构成来决定体表划分线的。而对于服装来说，由于人体的外形因素更为重要，因此在区域的划分上更侧重于服装造型学的形态区分，同时还需考虑如何有利于服装结构线的形成等问题。

2.1 体干部

在解剖学中，包括头、颈、胸、腹、臀在内的部位被称为体干部，而对于服装造型学来说，则

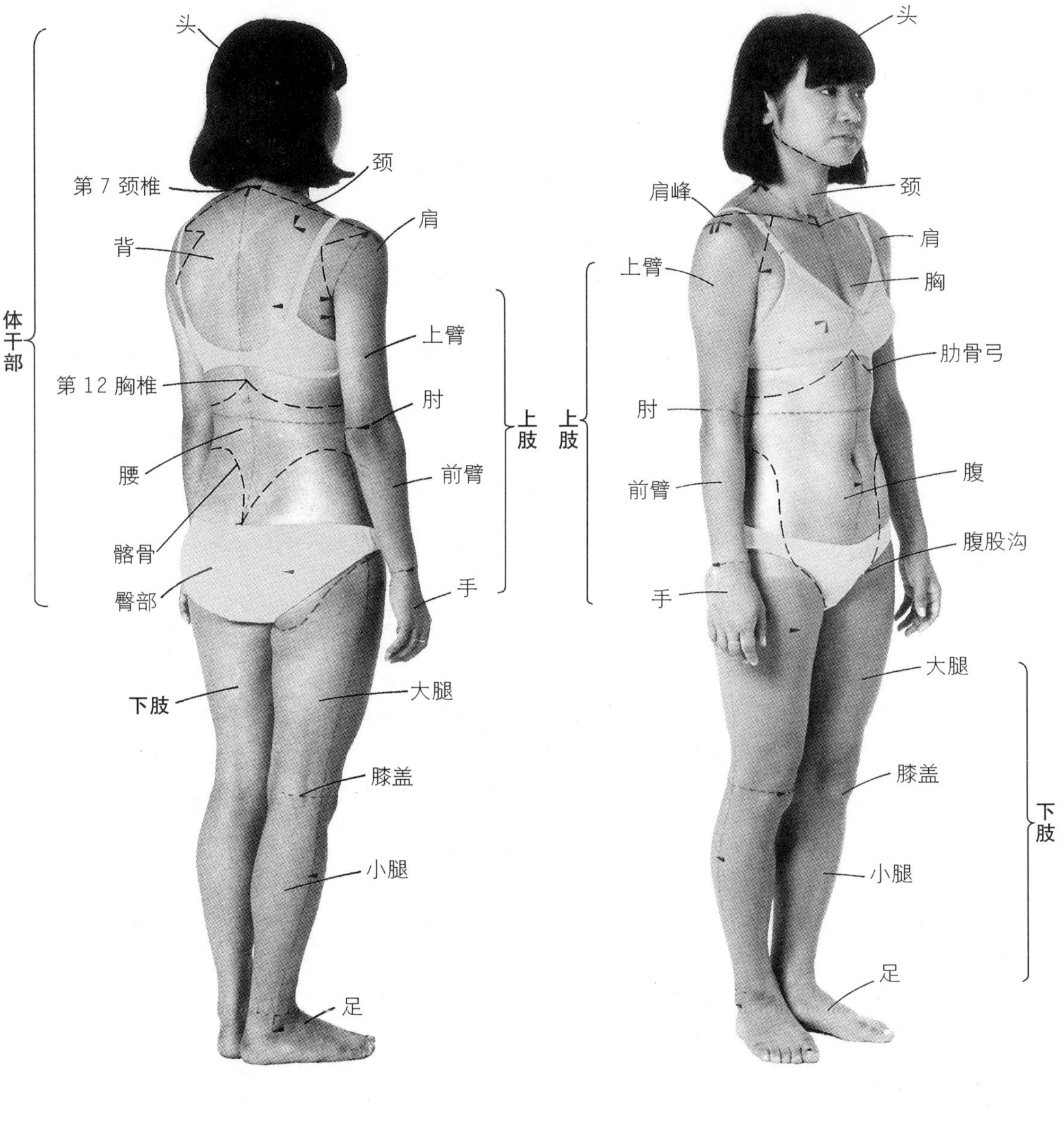

图 4－5　解剖学的体表区分

仅仅是将躯干称为体干部，不包括头部和颈部。服装造型学中所指的躯干又被分为胸部、腹部、臀部三个部分。其中，胸部包括了上肢的一部分，即上肢带；同时，臀部也包含了下肢的一部分，即下肢带，两者都属于体干部的范畴。体干部的肋骨弓与髂骨之间最细的部位则是腰部(WL)。

2.2 体肢部

服装造型学中的上肢部包括从臂根线到手部的区域。臂根线是指经过肩峰点、前腋点、后腋点和腋窝的圆顺曲线，这条线将体干与上肢区分开来。图 4－7 为腋窝部的图示。上肢包括从肘部向上的上臂、从肘部向下的前臂及手部。下肢部包括从大腿根线向下的部分。大腿根线是指经过腹股沟、大转子和臀沟等部位的圆顺曲线，同时将躯干与下肢区分开来。下肢又被分为膝以上的大腿部、从膝盖到脚踝的小腿部及踝关节向下的足部。

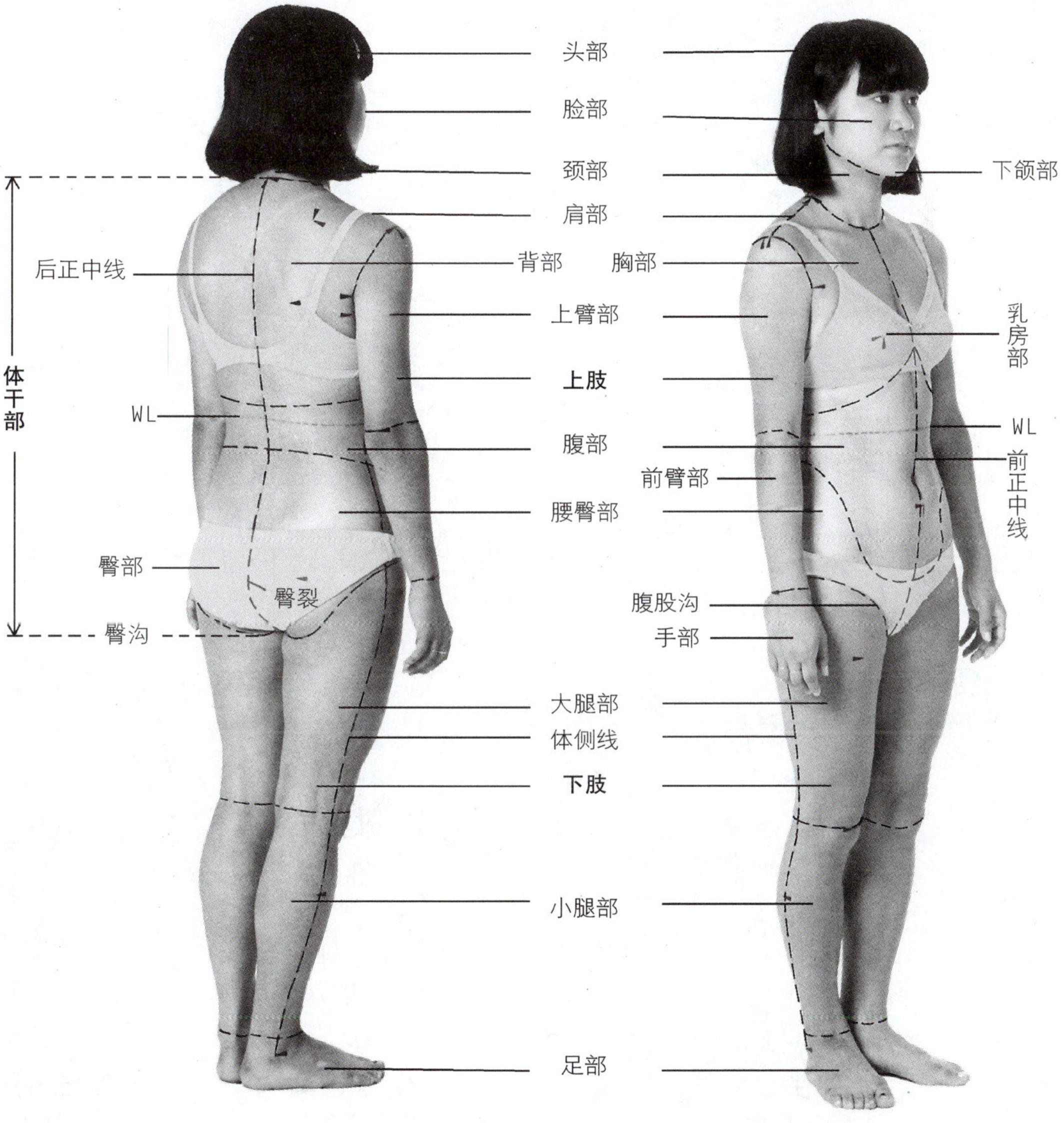

图 4－6 服装造型学的体表区分

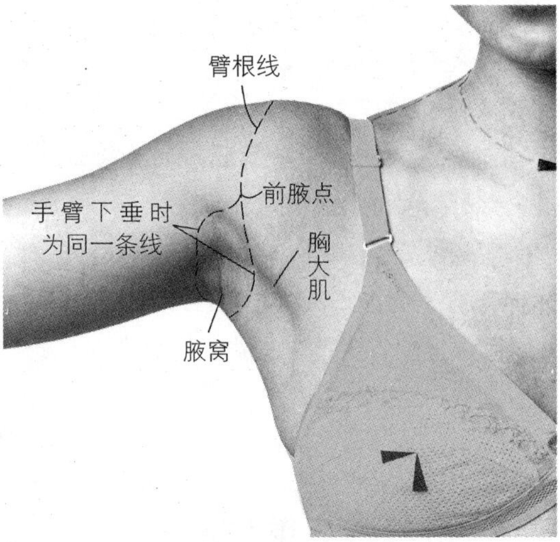

图 4－7　腋窝部

3. 骨骼(图 4－8)

软质的内脏、肌肉和皮肤构成了人体的一半，骨骼则起到固定这些柔软组织的作用，同时保持人体形态。

骨骼由 200 余块骨头按照一定的顺序组合构成。骨的材质非常坚硬，其本身不会变形。骨与骨之间的连接部位包含了可动的和不可动的部分，可动的连接部位称为关节，其作用是保证人体的运动。

一般情况下，骨的连接部位的周围存在着被称为“头”、“颗”或“结”的半球状突起，此外

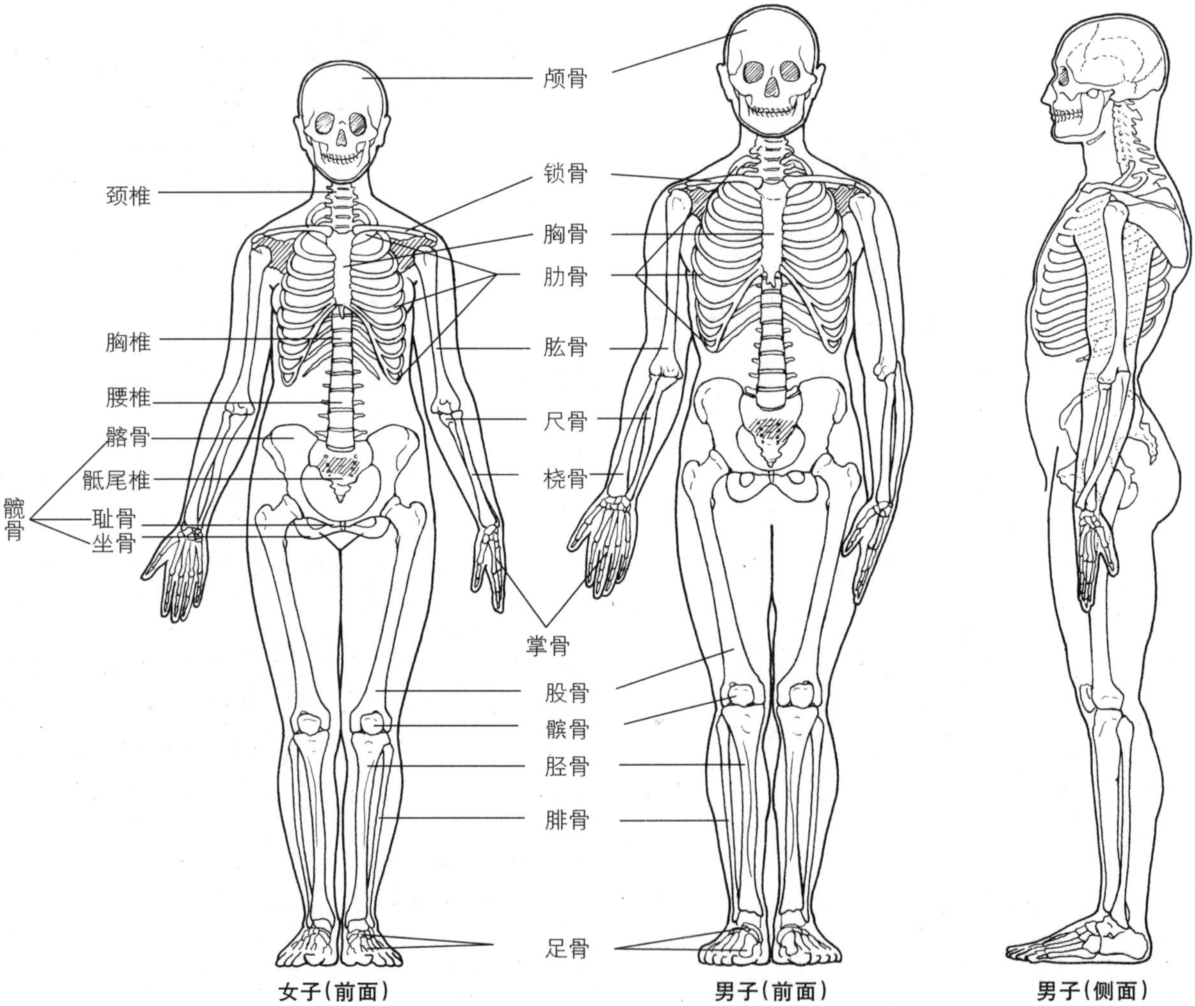

图 4－8　骨骼的名称

像脊柱和肩胛骨等部位也包括了被称为棘突的棘状(或其他近似形状)突起，这些部位在体表可以很容易的触摸到。因此，在人体计测的过程中，通常会以这些部位作为计测的基准点。

骨骼的主要名称如图 4－8 所示。

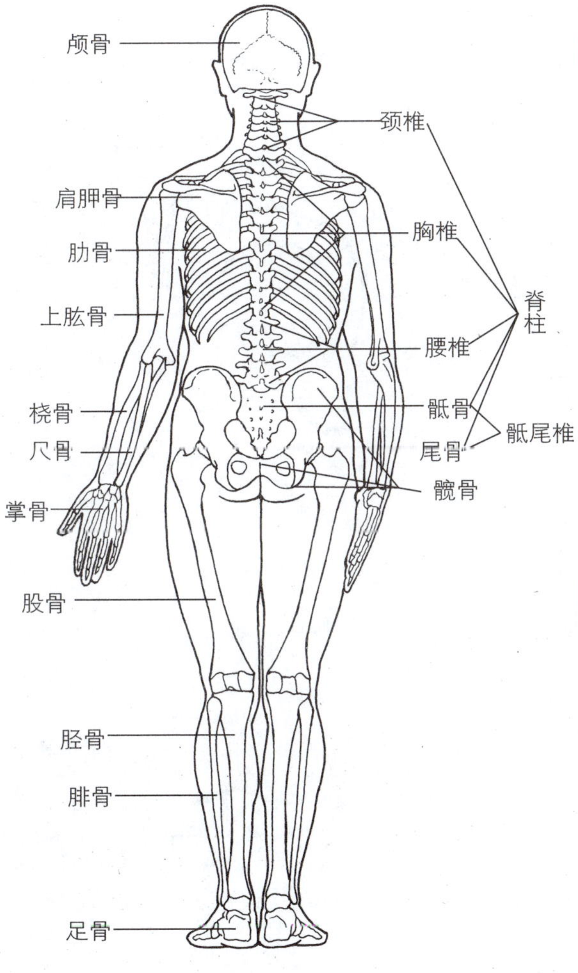

男子(后面)

3.1 体干部骨骼

解剖学的体干部骨骼包括颅骨、脊柱和胸廓等各部位的骨。

脊柱并非是 1 块骨头，它由 7 块颈椎、12 块胸椎、5 块腰椎和骶尾椎等 20 余块骨头通过关节和椎间圆板连接而成，形成了人体独特的 S 形曲线。胸椎上附着了 12 根肋骨，与胸骨相连接形成胸廓。骶骨的左右则为髋骨（也称为骨盆)。胸椎可以略微活动，骶尾椎基本不可动，颈椎和腰椎则能够在较大的范围内活动。

肩胛骨和锁骨位于体干部内，在解剖学上属于上肢带的骨骼；同样，髂骨是位于体干部内，属于下肢带的骨骼。髋骨包括了形成骨盆的髂骨、前方的耻骨和下方的坐骨。

3.2 上肢骨骼

上肢在解剖学中被称为自由上肢，由上臂的肱骨，前臂的桡骨和尺骨构成。当手掌朝前、手臂下垂时，桡骨和尺骨处于并列状态。手则由 8 块手根骨、5 块中手骨、14 块指骨，共计 17 块骨头构成，通过关节的连接，手可以做比较复杂的动作。

3.3 下肢骨骼

下肢在解剖学中被称为自由下肢，由大腿部的股骨，小腿的胫骨、腓骨及足骨构成。足骨又包括了 7 根足跟骨、5 块中足骨和 14 块足趾骨。此外，在膝位还有保护膝关节的髌骨。

4. 关节（图 4－9、图 4－10）

人体的运动遵循一定的结构规律，其中，骨骼、肌肉和皮肤是与运动相关的运动器官。

运动是依赖于骨骼的可动连接部分——关节进行的。

如图 4－9 所示，关节由相对的骨头所构成，凸型（关节头）和凹型（关节窝）的骨形成光滑的曲面，其间是滑液，从而使摩擦系数为零，使运动得以进行。

骨与骨相对的关节面存在着若干种形态，其形状和肌肉的附着方式决定了关节的运动区域。

关节头为球状的关节（球窝关节、杵臼关节），如肩关节、股关节等可以实现多轴性的运动。

关节头为椭圆状的关节（椭圆关节）以及关节头和关节窝之间的结合面类似于马背和马鞍形状的关节（鞍状关节），此类关节不可以进行回转运动，但可以进行二轴方向的运动。手腕关节为椭圆关节，拇指的根部则是鞍关节。

手指、脚趾、肘部和膝盖等部位只能做单方向的屈伸运动，被称为一轴性运动关节（屈戌关节）。

人体的主要关节如图 4－10 所示。

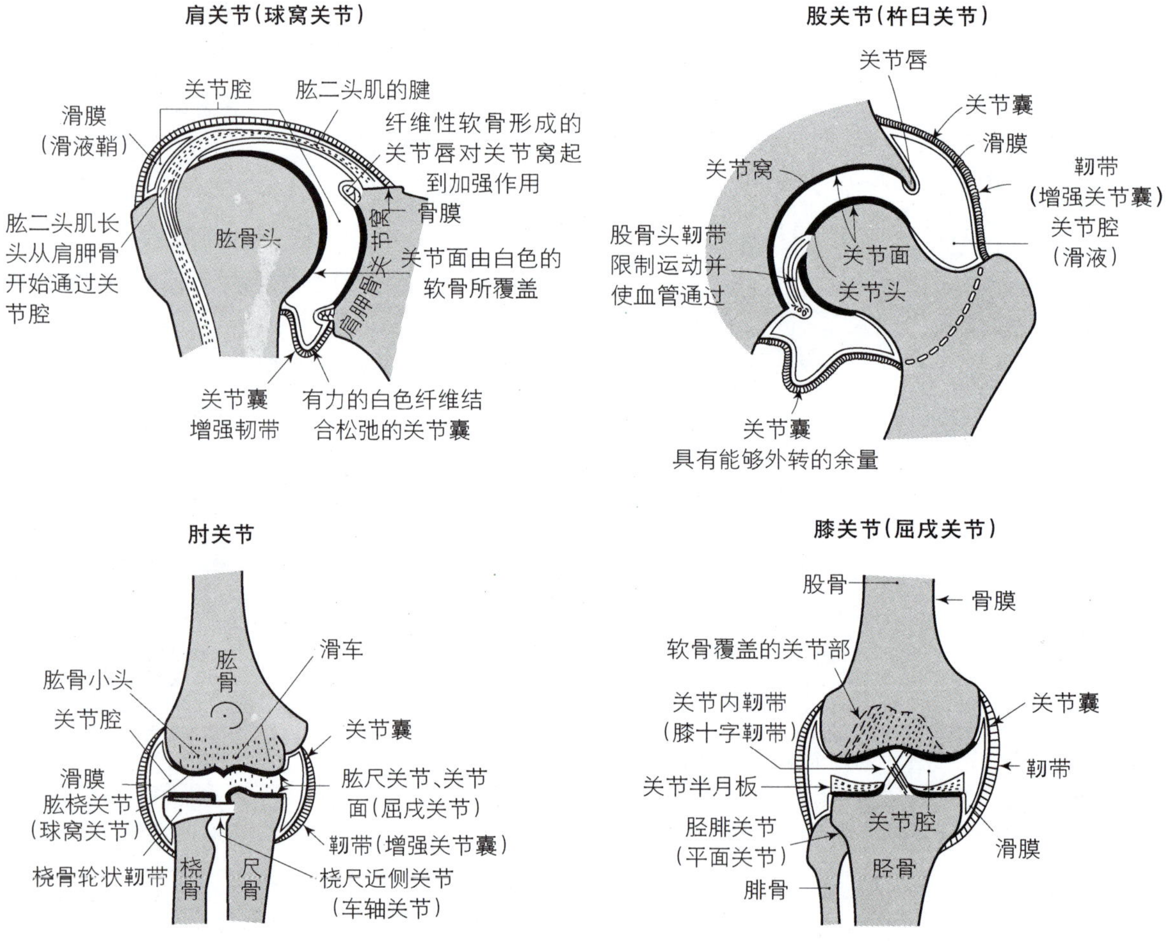

图 4－9　关节的构造

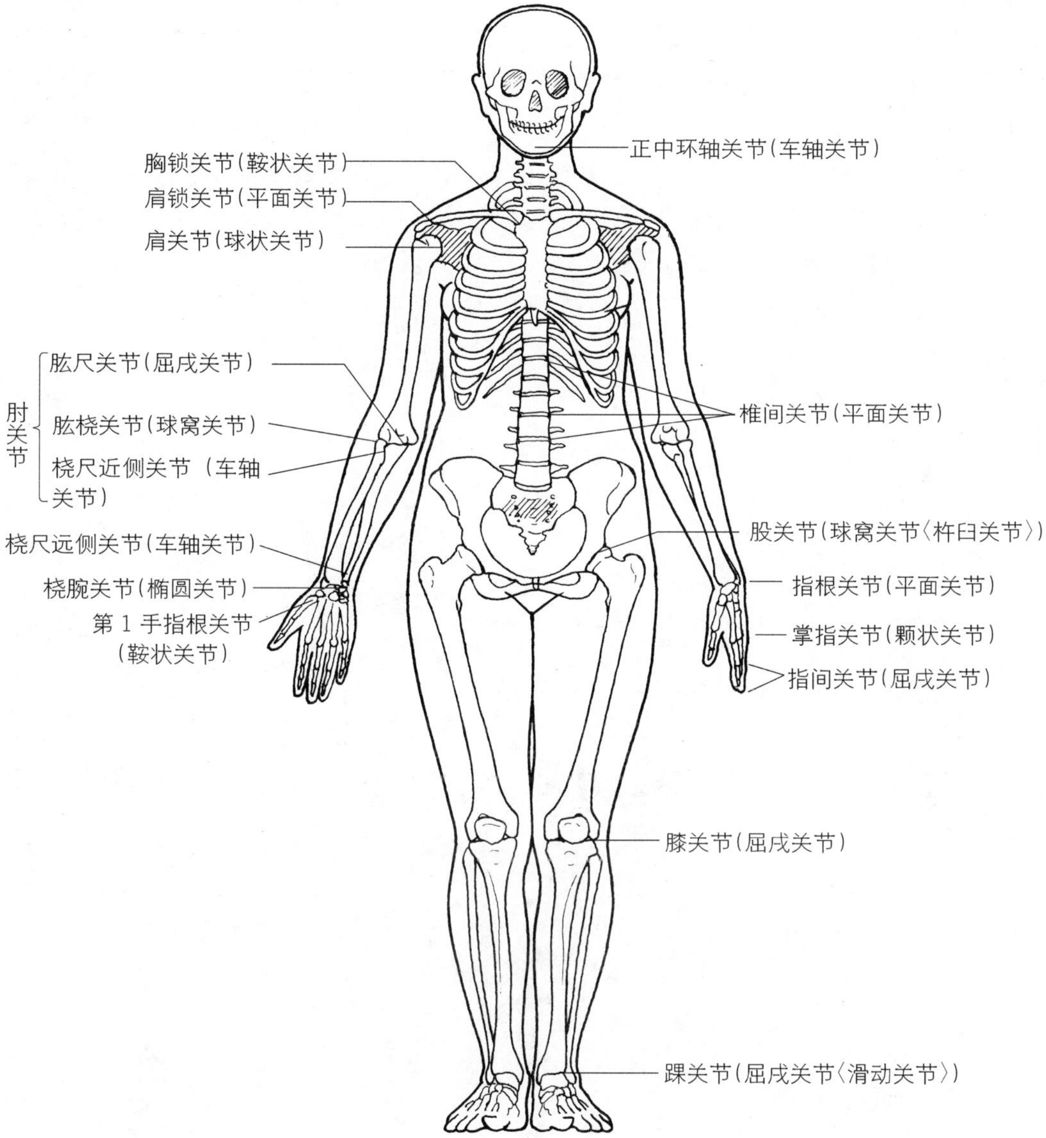
正中环轴关节（车轴关节）
胸锁关节（鞍状关节）
肩锁关节（平面关节）
肩关节（球状关节）
肘关节
肱尺关节（屈戌关节）
肱桡关节（球窝关节）
桡尺近侧关节（车轴关节）
椎间关节（平面关节）
股关节（球窝关节〈杵臼关节〉）
桡尺远侧关节（车轴关节）
桡腕关节（椭圆关节）
第1手指根关节（鞍状关节）
指根关节（平面关节）
掌指关节（颗状关节）
指间关节（屈戌关节）
膝关节（屈戌关节）
踝关节（屈戌关节〈滑动关节〉）

图 4－10　主要的关节

5. 肌肉（图 4－11～图 4－16）

肌肉是构成人体立体曲面形态的主要要素。

肌肉又分为随骨骼运动的肌肉和随内脏运动的肌肉。日常意识所控制的身体运动是由骨骼肌来完成的，肌肉接收到来自大脑的微弱电波刺激后开始收缩运动，随着肌肉的能动收缩，骨骼开始运动。

图 4－11 是骨骼肌的模式图。肌肉附着在 2～3 个骨头之间，靠近身体中心部（体干部）的一方被称为起始端，反向则为停止端。很多肌肉的附着部为强劲坚硬的肌腱。

体干部的浅层肌肉名称如图 4－12～图 4－16 所示。在下面的内容中，概略介绍与人体测量有关的部分肌肉。

5.1 颈部的肌肉（图 4－12、图 4－13）

胸锁乳突肌：颈部的浅层肌肉，在体表显现明显。胸锁乳突肌的起始点位于胸骨上端与锁骨的中心处，止于颅骨耳后的乳突位。在该肌肉运动时，下颌会伸向前方，此外，左、右一侧的肌肉运动时，头会转向反向侧。另外，在提重物的过程中，不仅仅是上肢，上肢带骨骼也会受到影响，此时，左、右侧的胸锁乳突肌会强力收缩，从而使颈部变粗。

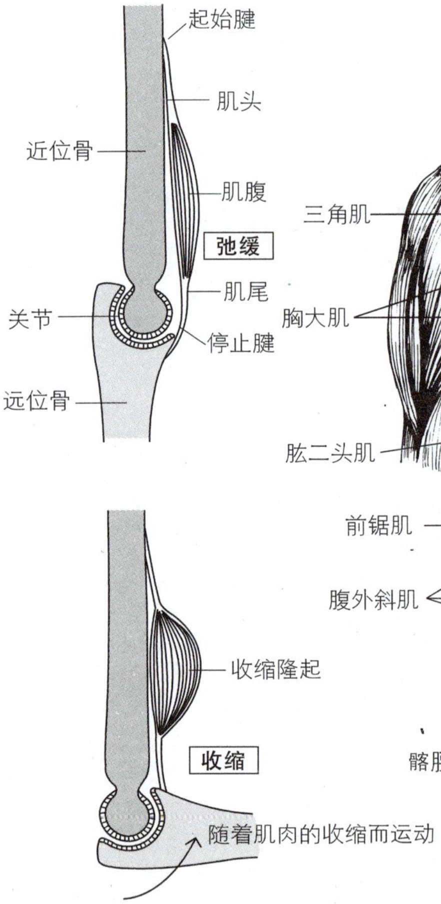

图 4－11　肌肉的附着方式（模式图）

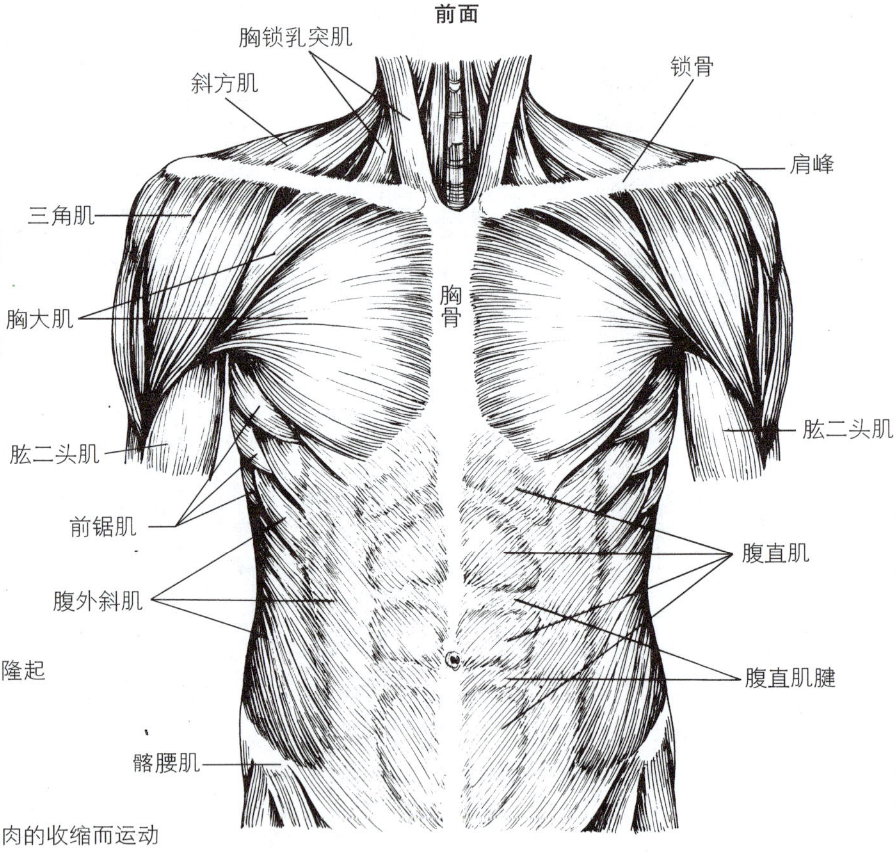

图 4－12　体干部肌肉的名称

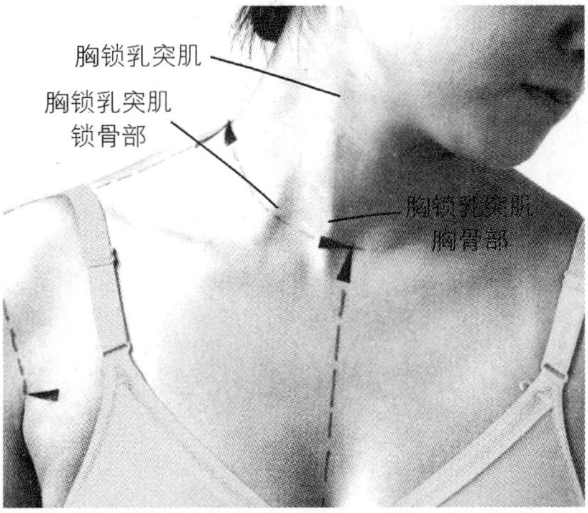

图 4－13　胸锁乳突肌

5.2　体干部的肌肉

●前面的肌肉(图 4－12)

胸大肌：作为乳房的基底、大面积覆盖胸部的肌肉，起于锁骨、胸骨及肋骨，停于肱骨。当手臂上举时，肌肉处于并列状态，而当手臂下垂时，肌肉在腋窝的前端会呈现交叉状态，形成大的肌肉束，是标记计测点时的目标之一。

当胸大肌收缩时，上举的手臂向下并向内运动，最终到达腋窝前壁(图 4－7)。

后面

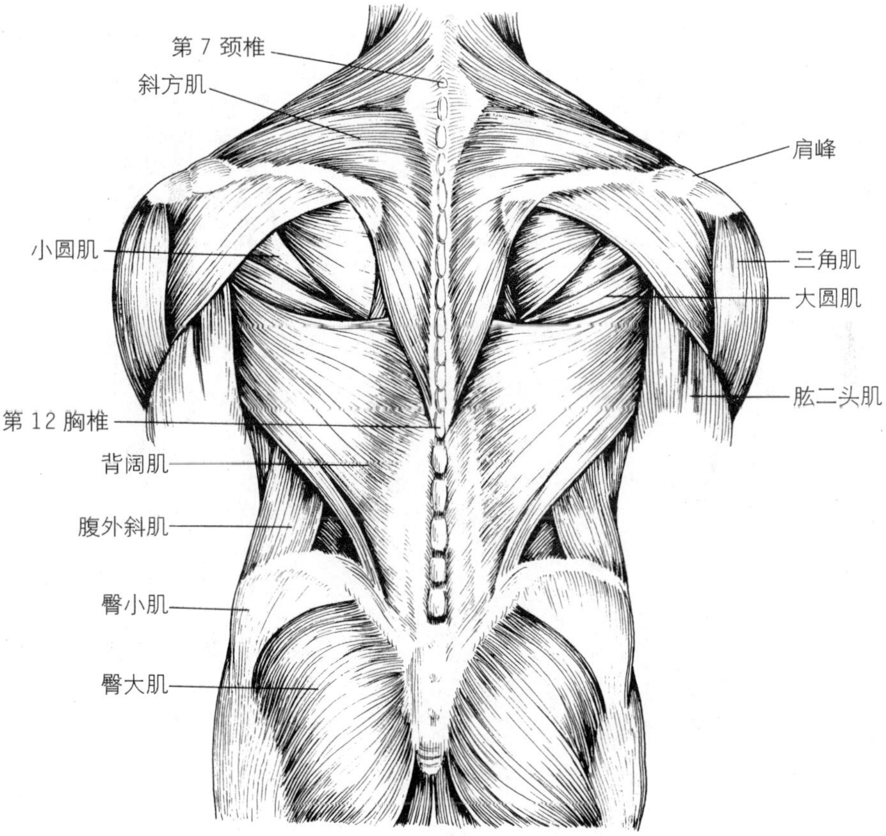

腹直肌：覆盖在腹部前面的肌肉，附着在肋骨和耻骨之间。腹直肌的运动构成了体干部的前屈。

腹外斜肌：始于前面的肋骨并向斜下方延伸，形成了包裹腹直肌的腹直肌鞘。作为构成侧腹形态的肌肉，当左、右的腹外斜肌同时运动时，身体前屈；当一侧的肌肉运动时，脊柱随运动方一侧弯曲，向另一侧扭转。

●**背面的肌肉**（图 4－12）

斜方肌：从肩部过渡到背部的最浅层的、大的薄型肌肉，始于颅骨的后中下端、颈椎及胸椎，止于肩胛骨的肩胛棘及锁骨外侧 1／2 的位置，从体表看到的肩倾斜就是通过斜方肌来塑形的。随着斜方肌的运动，锁骨外侧端和肩峰部同时向上、向内移动。即斜方肌参与了肩部的上下、头部的后倾及胸部扩张等运动。

背阔肌：其起始位置包括了从第 8 胸椎开始向下的脊柱和髂骨，逐渐向两侧斜向延伸至肱骨。背阔肌可以控制上肢的上举、内转和上臂的后撤运动。当上肢下垂时，腋窝的后壁是最下方的肌肉。

臀大肌：在解剖学范畴内是属于下肢的肌肉，是构成臀部形态的大的肌肉。在上抬的下肢恢复原位的过程中，后臀肌肉上升，形成伸展运动。

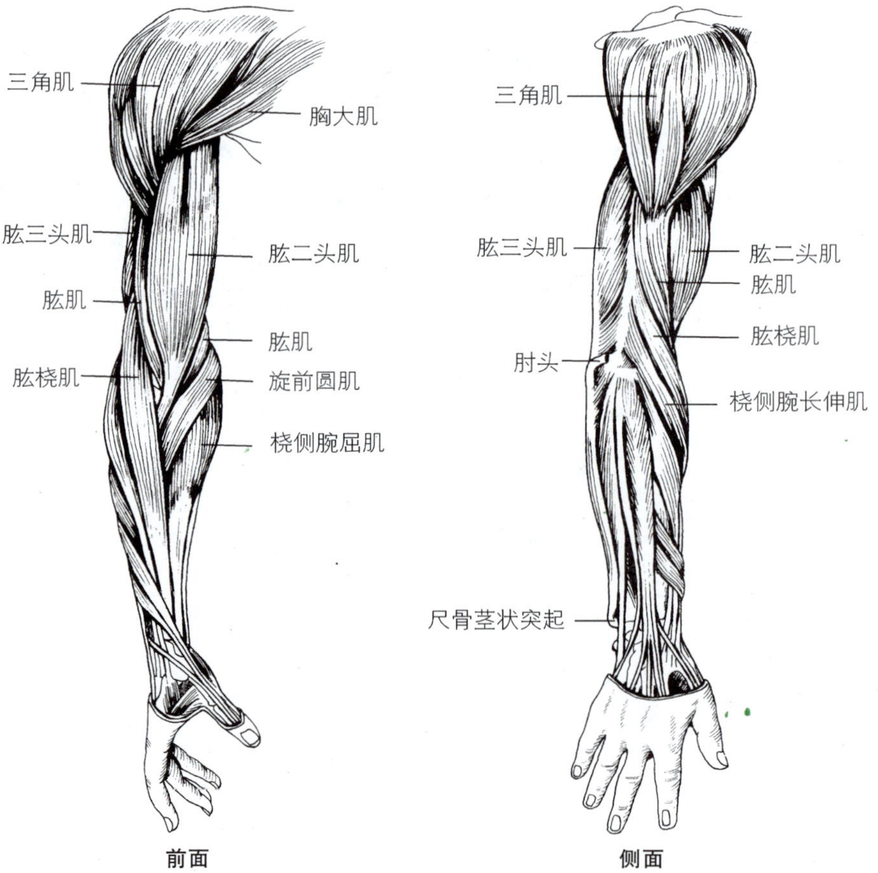

图 4－14　上肢肌肉的名称

5.3　上肢的肌肉(图 4－12、图 4－14)

●上臂的肌肉

三角肌：从锁骨外侧和肩胛棘开始至上臂外侧的肌肉。作为控制上臂向体侧方向上抬(外转)的肌肉，当其前部主要运动时，手臂向前方内旋，当其后部主要运动时，手臂向后方外旋。

肱二头肌：上臂前面的肌肉，分为长头和短头两种，从肩胛骨开始至前臂上部的桡骨和腱膜处停止。

当肱二头肌运动时，肘部开始弯曲(屈曲)，肌肉也随之膨胀隆起。

肱三头肌：上臂后面的肌肉，起始于肩胛骨和上臂上部的 3 个位置，停止于尺骨的肘头。肱三头肌控制弯曲肘部的伸展。

●前臂的肌肉

对于前臂来说，从上部开始至手掌、指骨止，分布了非常多的肌肉。这些肌肉有效地控制着手腕、手掌与手指的运动。

5.4　下肢的肌肉(图 4－15、图 4－16)

●大腿的肌肉

股四头肌：大腿前部非常大的肌肉。起始点为髋骨和股骨上部的 4 个位置，终止点为髌骨

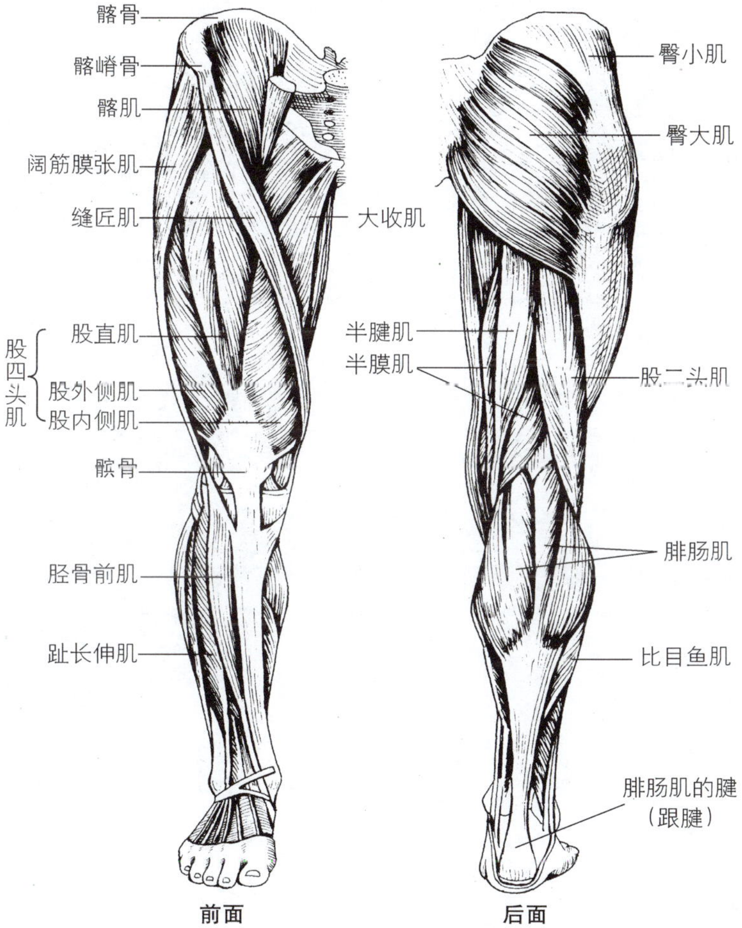

图 4－15　下肢肌肉的名称

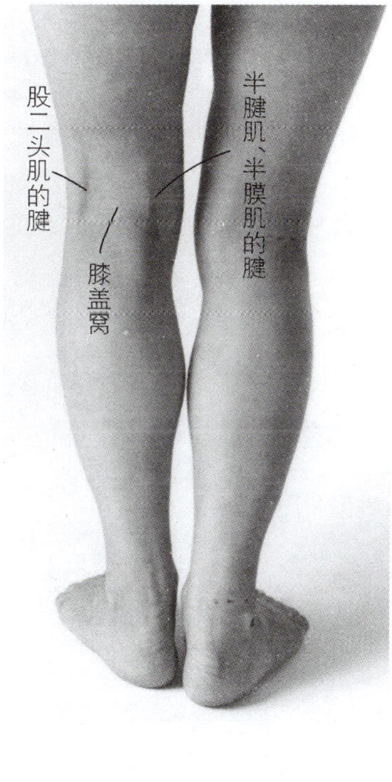

图 4－16　膝盖窝

及胫骨前上部。股四头肌主要控制弯曲膝盖的伸展及股关节的弯曲运动(屈曲)。

股二头肌:大腿部后面的外侧肌肉,控制膝盖的弯曲运动(屈曲)和股关节的伸展运动。

半腱肌、半膜肌:都是位于大腿后部的内侧肌肉,与股二头肌一样,控制膝盖的弯曲运动(屈曲)和股关节的伸展运动。从体表观察,当股二头肌、半腱肌和半膜肌一起控制膝盖弯曲时,膝盖后面的两侧肌腱开始突起,形成膝盖窝(图4－16)。

●小腿的肌肉

小腿部肌肉的主要作用是控制脚踝的运动并参与足部的运动。

腿肚的形态是依赖于小腿三头肌(腓肠肌和比目鱼肌)以及远端的、附着在跟骨上的跟腱形成的。这些肌肉控制了足跟(足尖伸展,足底弯曲)的上提运动。

此外,脚踝的弯曲运动主要是通过前胫骨肌来实现的。

6. 皮肤

皮肤是包裹骨骼、肌肉和内脏,位于身体最外层与外界环境相接触的器官,它柔软、具有感知及其他各种生理机能。皮肤分为表皮、真皮和皮下脂肪三个部分。皮下脂肪层的厚度在身体各个部分并非完全相同,同时,年龄与性别也会造成脂肪的厚度差异。一般情况下,女性脂肪较男性脂肪厚,成人的较小孩的厚。

对于身体各个部位来说,通常在乳房、臀部、大腿等部位脂肪分布较多,手掌和足底等部位则相对较少。

皮下脂肪与其下层的肌肉膜、骨膜之间,一般是通过疏松的组织结合在一起,但也有一些部位是通过较硬的组织结合,如肩峰点、大转子点和腹股沟等处。

皮肤自身的弹性、下层的可移动性以及体表的皱纹和沟纹,保证了皮肤可以不受限制地随身体而运动。在运动中,皱纹支持皮肤的伸展,沟纹则适应于皮肤的弯曲,从而保证了皮肤的折叠。

三、以服装造型为目的的人体测量方法

在这部分内容中，主要论述与服装设计和纸样设计相关的人体测量方法。

1. 人体测量的基本姿势与着装（图 4－17）

人体的基本测量数据是以静立状态下的计测值为准。静立时的姿势又被称作"立位正常姿势"，是指头部的耳、眼保持水平，后脚跟并拢的自然立位姿势（图 4－17），手臂自然下垂，手掌朝向身体一侧。而解剖学上的基本姿势则是手掌朝向正前方。

耳、眼水平是指从侧面看，头部自然向前时，耳珠点和眼窝点的连线保持水平。偶尔也会出现眼睛的位置略微偏离的情况，但基本都会呈该状态。

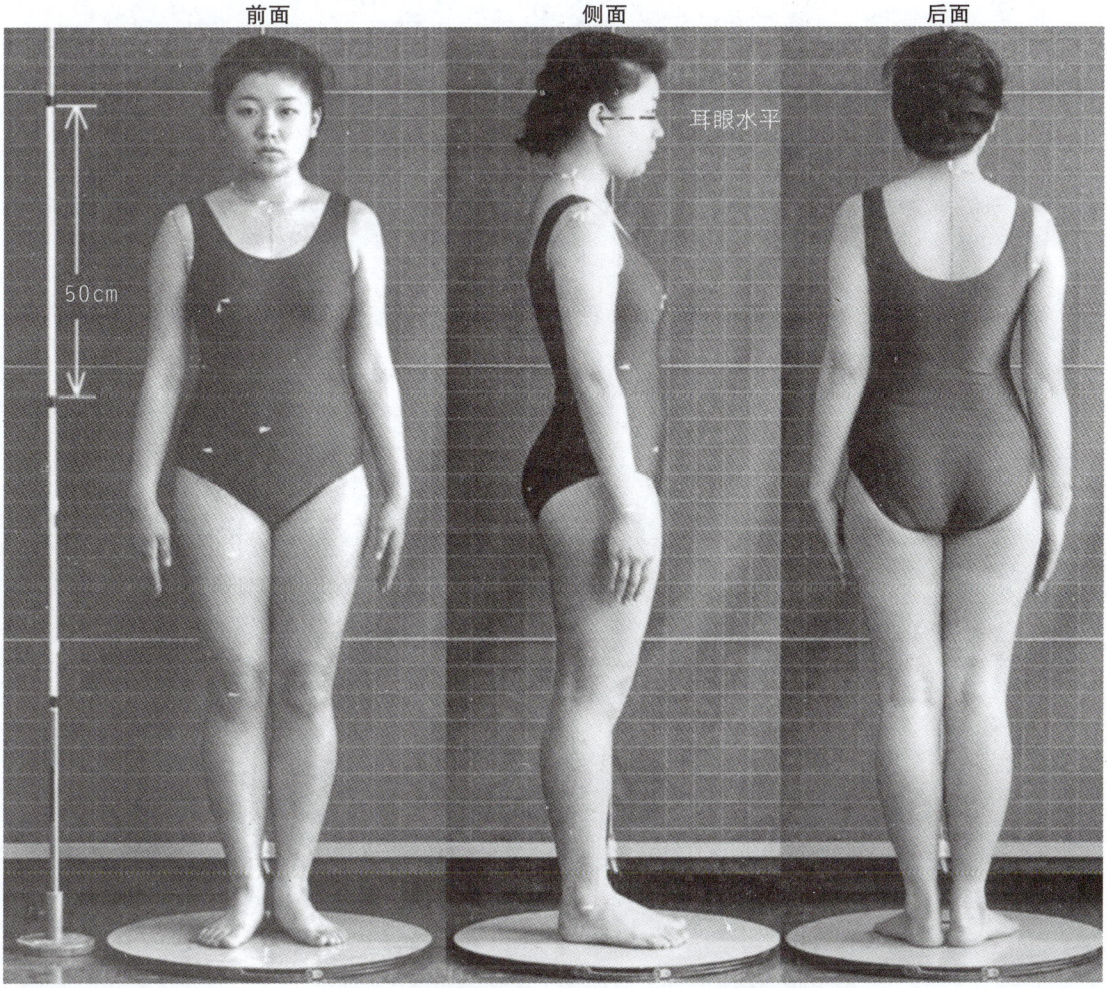

图 4－17　测量的基本姿势（立位正常姿势）

除了这一基本姿势外，也可以根据需要采用其他运动姿势进行人体测量。

根据计测值的使用目的可以选择不同的着装状态。如果为了获得人体本身的数据，通常选择裸体测量；如果是用于外衣类的计测，在不妨碍测量的情况下，可以选择穿着文胸、内裤或轻型的腹带；在对测量数据要求不是十分严格的情况下，也可以穿着形体服。

2. 计测点、计测基准线(图4－18、图4－19、表4－4、表4－5)

由于体表是柔软的，同时人体又是非静止性的，所以，在测量的过程中，要想完全排除误差十分困难。因此，为了尽可能地获得正确的测量值，需要在人体上正确标记计测点和计测基准线后再进行测量。

服装造型的过程是通过平面的面料包裹人体的过程，因此可以参照以下几点原则设定计测点和计测基准线。

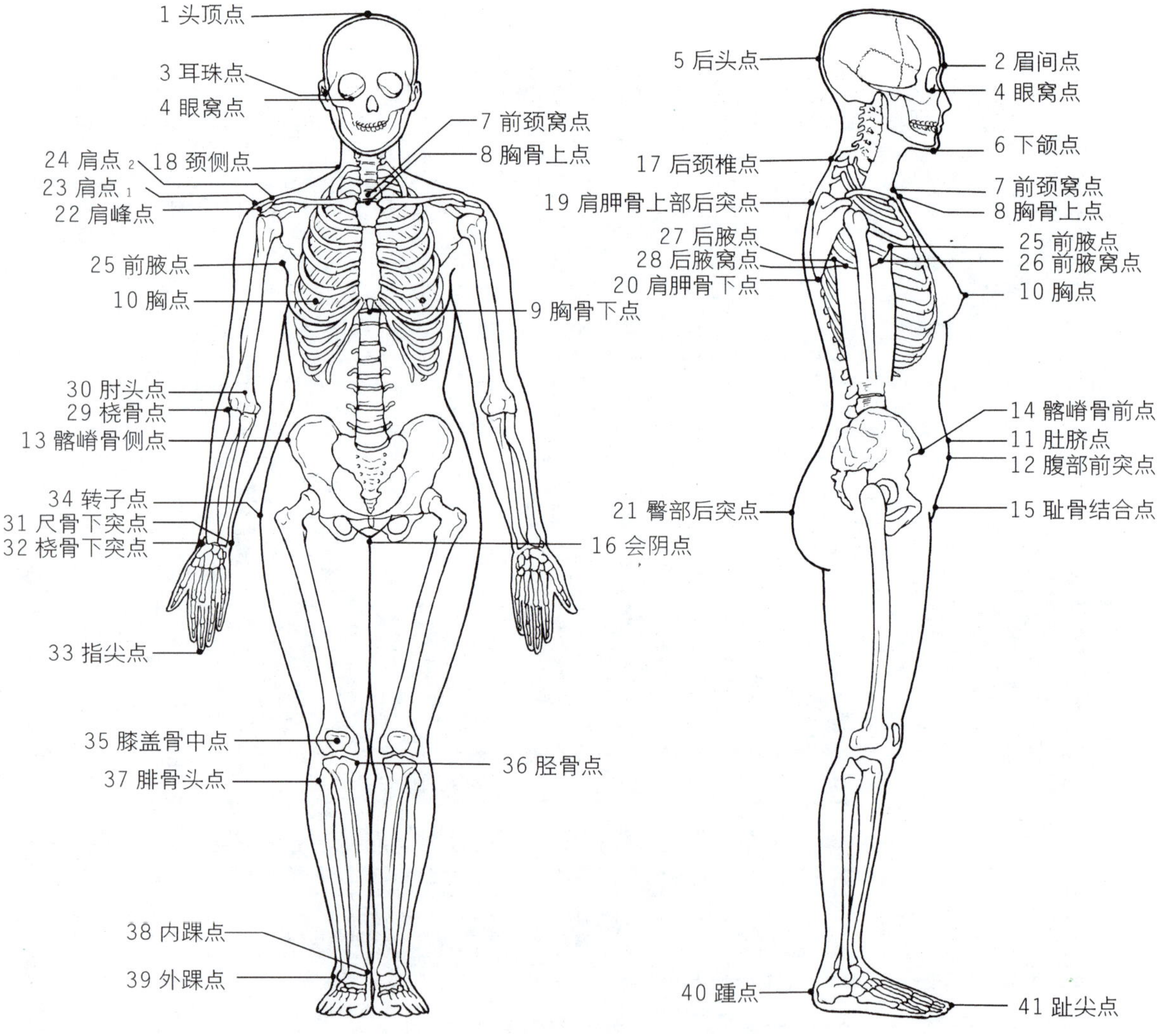

图4－18 计测点

表 4－4　计测点

部位	NO.	计测点的名称：名称	计测点的名称：服装造型学上的名称	定义	解剖学上的名称
头部	1	头顶点		头顶正中矢状面的最高点	vertex(v)
	2	眉间点		正中矢状面上鼻根和眉毛之间，从侧面看最突出的点	glabella(g)
	3	耳珠点		耳轮廓基部耳软骨上缘靠近侧面头皮的点	tragion(t)
	4	眼窝点		眼窝下缘最下方的点	orbitale(or)
	5	后头点		头后部正中矢状面上最突出的点	opistocranion(op)
	6	下颌点		下颚下缘正中矢状面上最下方的点	gnathion(gn)
躯干前面	7	前颈窝点	Front Neck Point (FNP)	胸骨端上部连接左右锁骨的直线与正中矢状面的交点	fossa jugularis point (fj)
	8	胸骨上点		胸骨上缘与正中矢状面的交点	suprasternale(sst)
	9	胸骨下点		胸骨的剑状突起与正中矢状面的交点	substernale(sust)
	10	胸点	Bust Point(BP)	乳头的中点	thelion(th)
	11	肚脐点		肚脐轮廓的中点	omphalion(om)
	12	腹部前突点		正中矢状面上腹部在前方最突出的点	
	13	髂嵴骨侧点		髂嵴骨最外侧的突出点	iliocristale(ic)
	14	髂嵴骨前点		髂嵴骨在体前侧最下端的点	iliospinale(is)
	15	耻骨结合点		耻骨结合的上缘与正中矢状面的交点	symphysion(sy)
	16	会阴点		左、右坐骨的最下缘连线与正中矢状面的交点	perineum point(pe)
躯干后面	17	后颈椎点	Back Neck Point (BNP)	第七颈椎突出点	cervicale(c)
	18	颈侧点	Side Neck Point (SNP)	颈部外侧三角斜方肌前端，前颈窝点与后颈椎点的连线与肩棱线的交点	lateral neck root point(nr)
	19	肩胛骨上部后突点		肩胛内侧部的体表突出点	
	20	肩胛骨下点		肩胛骨下角最下端的点	angulus inferior scapulae point (ais)
	21	臀部后突点		臀部后方最突出的点	
躯干侧·斜侧面	22	肩峰点		肩胛骨的肩峰外侧最突出的点	acromion(a)
	23	肩点$_1$(SP_1)	Shoulder Point (SP)	肩棱线与臂根线的交点	
	24	肩点$_2$(SP_2)		肩棱线与肩部接触线的外侧端点	
	25	前腋点		前腋窝裂缝上端的点	
	26	前腋窝点		腋窝前壁上胸大肌最下缘的点	axillaris anterior
	27	后腋点		后腋窝裂缝上端的点	
	28	后腋窝点		腋窝后壁上背阔肌最下缘的点，臂根线的最下缘	axillaris posterior
上肢	29	桡骨点		桡骨头上缘最上端的点	radiale(r)
	30	肘头点		尺骨肘头的肘窝相对侧最突出的点	olecranon(ol)
	31	桡骨下突点		桡骨茎状突起的最下端的点	stylion(styr)
	32	尺骨下突点		尺骨茎状突起的最下端的点	stylion ulnare (styu)
	33	指尖点		中指前端最下方的点	dactylion(da)
下肢	34	转子点		大腿骨大转子最上缘的点	trochanterion(tro)
	35	膝盖骨中点		膝盖骨上缘与下缘连线的中点	patella center(pc)
	36	胫骨点		胫骨内侧上缘的最高点	tibiale(ti)
	37	腓骨头点		腓骨头最外侧的突出点	caput fibulae point (cf)
	38	内踝点		胫骨内侧最下缘的点	sphyrion(sph)
	39	外踝点		腓骨外侧最下缘的点	malleolus fibulae (mf)
	40	踵点		踵骨隆起的后方突出点	pternion(pte)
	41	趾尖点		距离踵点最远的脚趾尖点	acropodion(ap)

①体表分界线及其设定点。

②人体前后、左右及其他各方位上的特征突出点。

③人体各部位最大围长部位的对应点及线。

④服装各支撑部位的点和线（腰围、手腕、肩部等）。

⑤为了便于与其他测量方法（人体解剖学和人类学）进行比较所设定的基本测量对应的点和线以及与服装的必要测量部位相关的点和线。

常用的主要计测点如表 4－4 和图 4－18 所示。可以从中选出必要的点，也可根据需要设定新的计测点。对于新的计测点，首先需要给定明确的定义。

主要的计测基准线如图 4－19 和表 4－5 所示。

计测基准线可以根据需要进行取舍，其他的一些体表区域分界线，如膝围线、脚腕围线等以及身体形态突出部位对应的大腿前突位水平线、大腿最大围位水平线等，都可以根据需要进行增减。

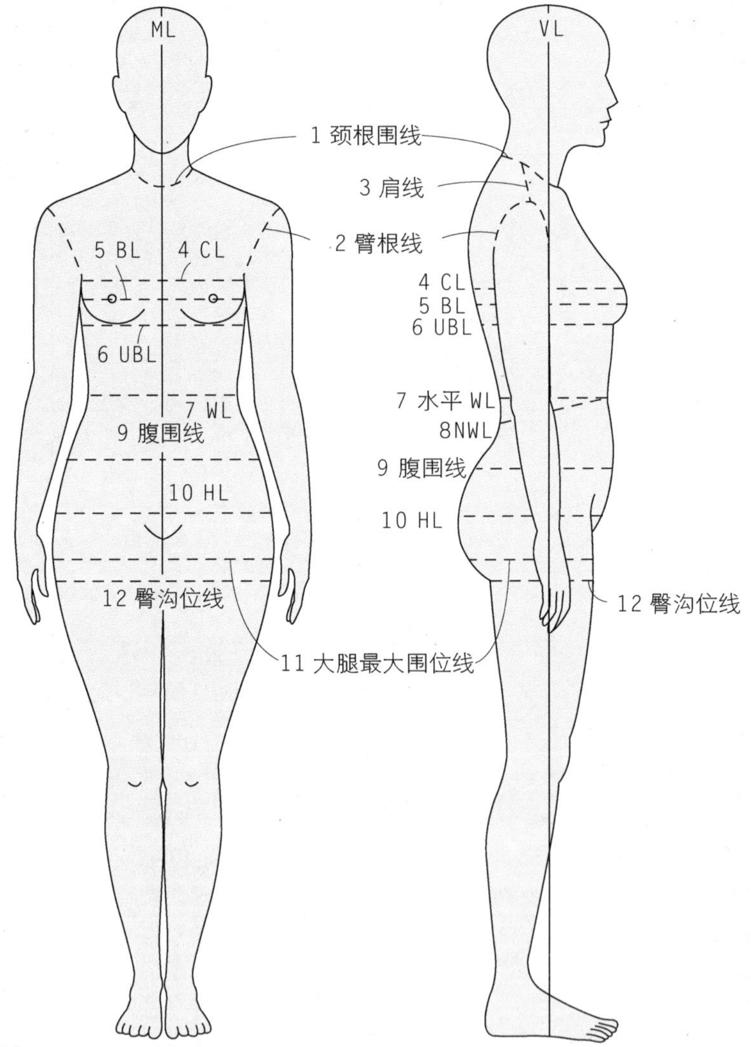

图 4－19　计测的基准线

表 4－5　计测基准线

NO.	计测基准线的名称		定　义
1	颈根围线	Neck Base Line	通过后颈椎点、颈侧点和前颈窝点的圆顺曲线
2	臂根线	Arm Scye Line	通过肩峰点、肩点、前腋窝点、后腋窝点的圆顺曲线
3	肩线	Shoulder Line	连接颈侧点(SNP)与肩点的线
4	腋窝水平线	Chest Line(CL)	通过右后腋窝点的水平线
5	胸围线	Bust Line(BL)	通过右乳头点的水平线
6	乳下围线	Under Bust Line(UBL)	通过右乳房下缘的水平线
7	水平腰围线	Waist Line(WL)	从正前方看，通过右体侧最凹位置的水平线
8	腰围线	Waist Line(NWL)	腰带的自然着装位置线(自然腰线)
9	腹围线	Middle Hip Line(MHL)	通过腹部前突点的水平线
10	臀围线	Hip Line(HL)	通过右臀部后突点的水平线
11	大腿最大围位线		从正前方看，通过右大腿侧最突出位置的水平线
12	臀沟位线		通过右臀沟位下端的水平线

颈根部和肩部是服装造型的主要区域，但由于没有明确的骨骼点作为参照，所以在确定计测点时比较困难。尤其是颈侧点(SNP)，在标定的过程中，首先需要确认斜方肌前端在颈侧向头后部延伸的位置，绘制完成颈根围线后还需从侧面观察与肩线的吻合程度。服装的肩线通常设定在比肩棱线略微偏前的位置，但对于测量所需的颈侧点来说，则需要参照照相计测的图形学内容，尽可能地将其设定在肩棱线附近。颈侧点的具体确定原则如下：观察者的视线与被测量者的肩棱线高度相吻合，从侧面观察时，比肩棱线略微偏前些，从正面观察时，刚好落在肩部轮廓线与颈部立起的交接处。

臂根线经过肩峰点，与肩棱线的交点即为肩点。

臂根线区域的具体计测点和基准点如图 4－21 的上半身和上臂部的石膏模型所示。从人体上直接观察臂根的形态非常困难，但是通

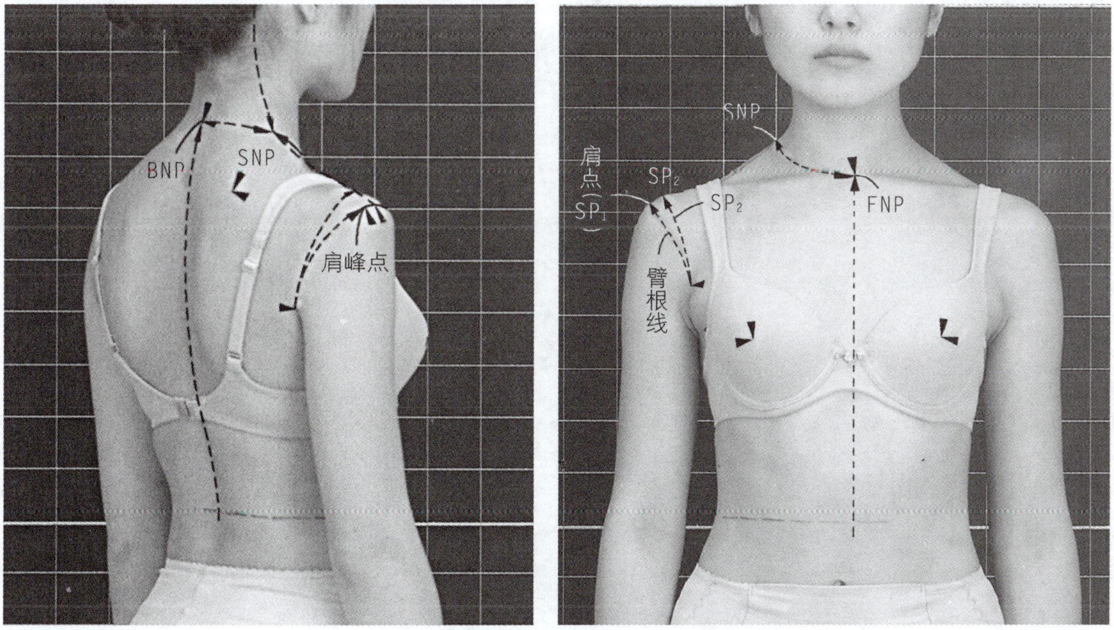

图 4－20　颈侧点(SNP)的位置

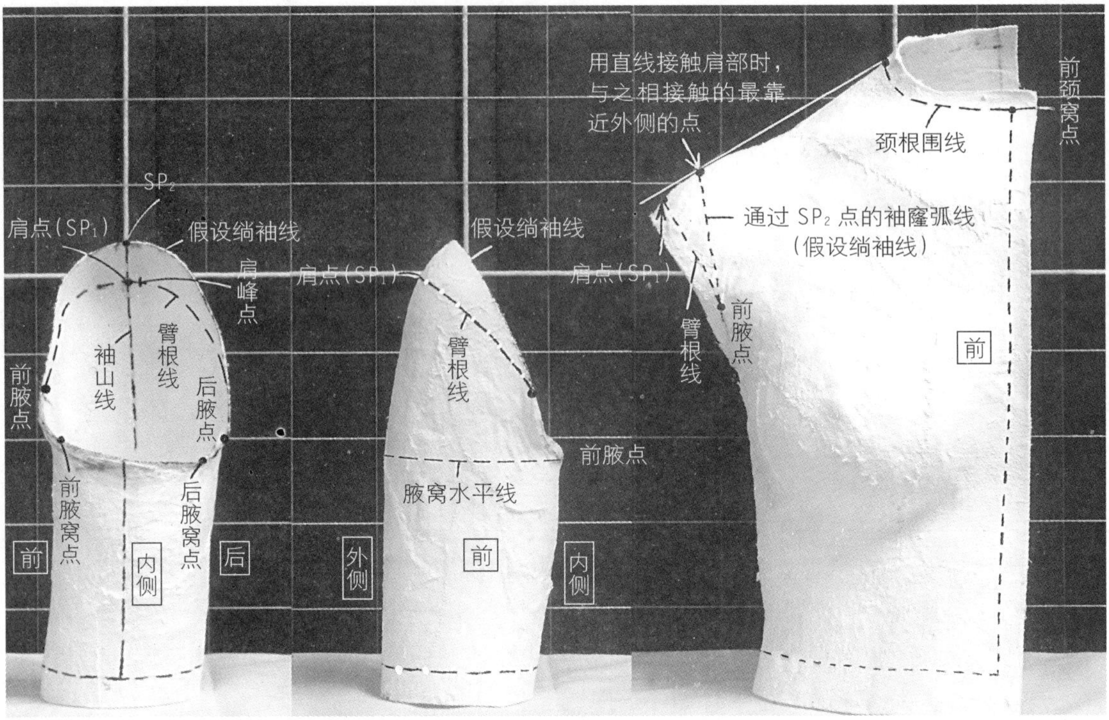

图 4－21　计测点（臂根区域）

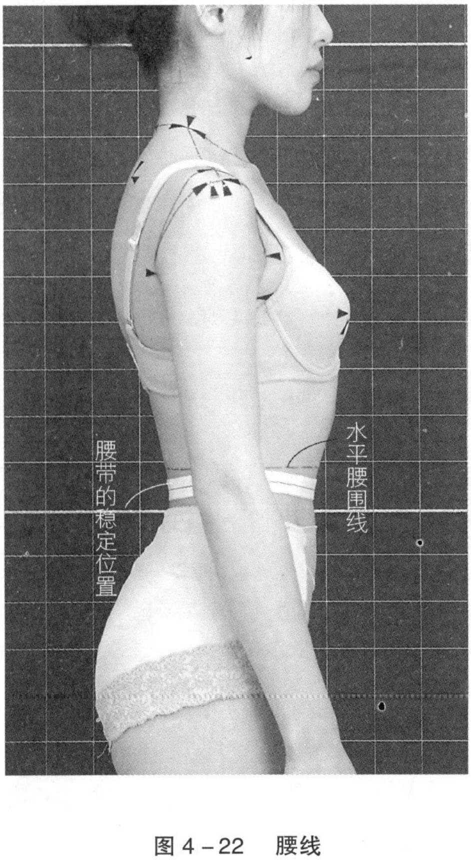

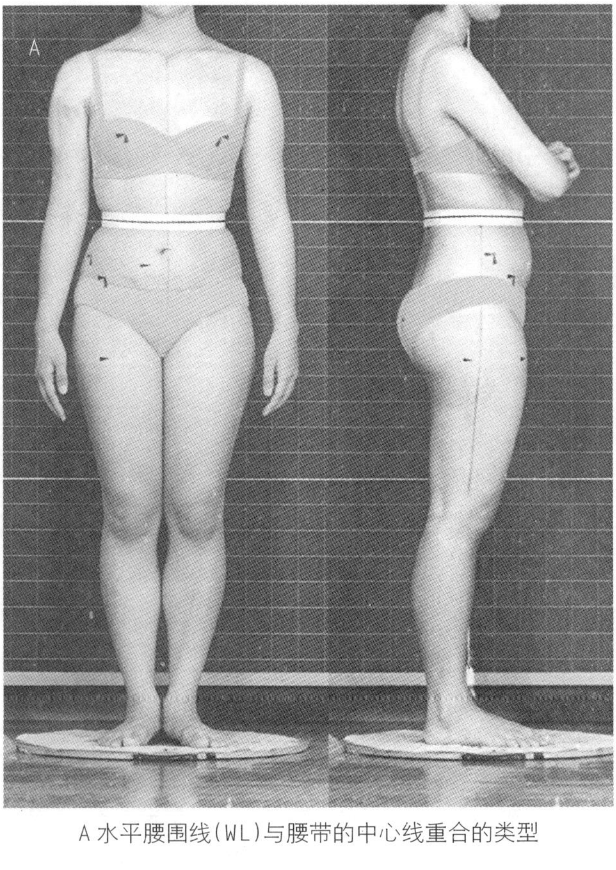

A 水平腰围线(WL)与腰带的中心线重合的类型

图 4－22　腰线

过这样的石膏模型就可以很清晰地了解臂根的形态。

躯干部的基准线，如胸围线（BL）、腰围线（WL）等是以水平为原则设定的。但对于腰围线来说，除了经过体侧最凹位置的水平腰线外，还包括腰带着装过程中针对不同个体的腰带稳定位置，以下称腰带稳定位置或自然腰线。与从正前方观察得到的体侧最凹位置相比，腰带稳定位置略低的人较多。此外，腰带的着装状态并不一定是水平的，存在着侧面前高后低等不同情况，对于日本人来说，前高后低的情况较多。图4－23为水平腰线与腰带稳定位置的四种不同构成状态。对于肥胖体来说，由于髂嵴骨上部的脂肪较厚，体侧线的最凹位置会相对上升，从而造成背长减短的倾向。

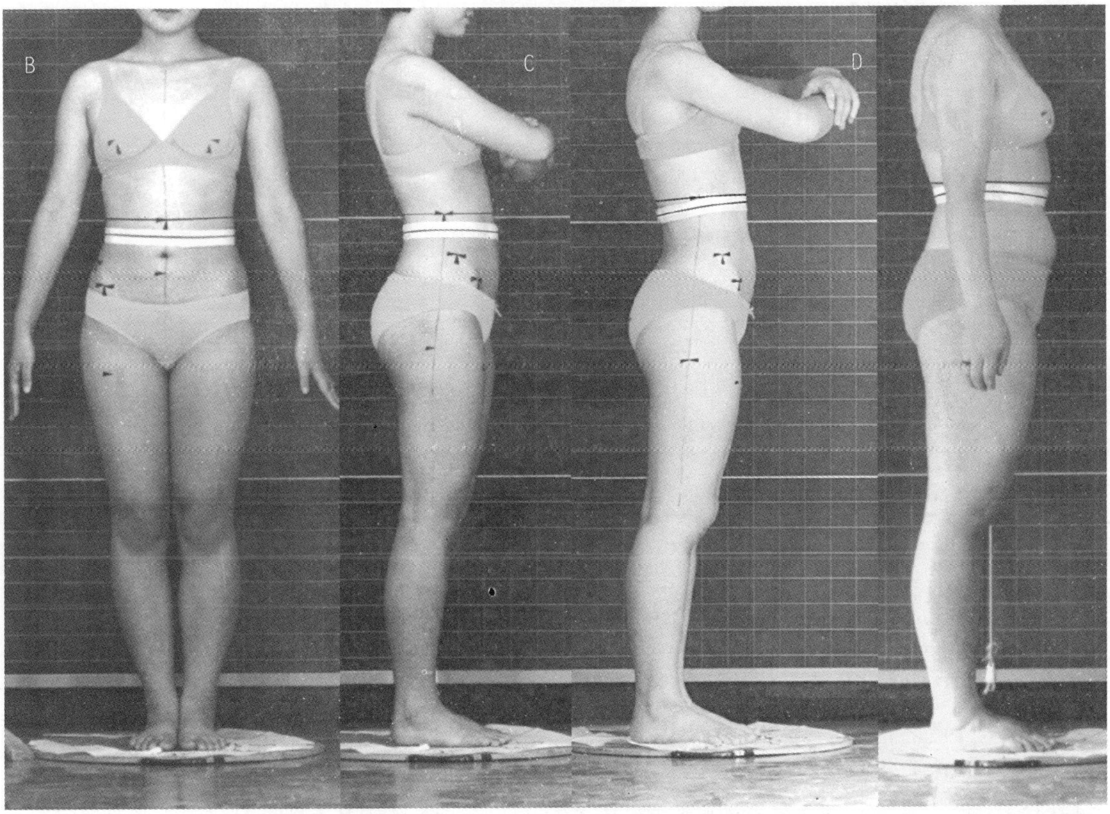

B 与水平腰围线相比，腰带的稳定位置偏低的类型

C 腰带稳定形态前高后低的情况

D 腰带在体侧上弧，上端与水平腰围线保持一致的情况

图4－23　腰带的穿着位置

3. 测量的种类（表4－6）

测量过程中使用的工具不同，所得到的测量值的性质也会有所不同。

人体计测中最常使用的是“长度”测量，一般用身高、胸围、背长等一维“长度”数据来表示。通过这些数据可以判断人体的尺寸和胖瘦，同时也可以得到绘制纸样的具体数值。“长度”数据包括投影长和实长两种不同性质的长度。

身高属于投影长度，背长则属于实长的范围。

表4－6　以服装造型为目的的人体测量法

计测方法分类	计测方法	获得的数值、图形	测量设备、材料
一维计测法	马丁计测法（手工测量法）	①投影长：高度（高径） 前后宽（矢状径、厚度） 左右宽（幅宽、厚度） 长度	身高计测器 杆状计测器 触角计测器 滑动计测器 直尺
		②实长 ③实长近似值：周长、长度、宽	卷尺（皮尺）
	参照马丁测量数据	④指数	马丁计测器
二维计测法	角度计测法	⑤体表角度	角度计测器（人体） 量角器（照片、外轮廓图）
	断面计测法	⑥水平断面图	断面计测仪（水平型）
		⑦垂直断面图	断面计测仪（垂直型）
	照相计测法	⑧照片（垂直体型图）	200mm以上的望远相机及配套设备
	外轮廓计测法	⑨1/10轮廓缩图（垂直体型图）	外轮廓计测仪
	从三维计测展开	⑩体表展开图	（麻布、石膏包带、和纸）
三维计测法	断面计测法	⑪水平体型图（水平断面重合图）	水平断面图
		⑫垂直体型图（垂直断面重合图）	垂直断面图
	莫尔计测法	⑬莫尔照片垂直体型图	莫尔照相机或莫尔摄影装置
	立体裁剪法	⑭立体裁剪形成的紧身衣（其平面展开图）	坯布或非织造布
	石膏包带法	⑮雌型体型像（其平面展开图）	石膏包带
	硅胶法		硅胶
	和纸复制法		云龙纸
	石膏法	⑯体型石膏像（雄型）	石膏包带雌型、硅胶雌型、藻酸雌型
	光计测法 （激光） （红外线）	⑰水平、垂直断面图及其重合图 ⑱一维、二维、三维坐标值及其计测数据 ⑲外轮廓图	非接触三维人体计测装置
	立体照相法		

注　雄型为石膏像的外表面反映真实人体。雌型为石膏像的内表面反映真实人体。

实长包含了体表的要素。如在测量胸围时，皮尺不经过体表的凹部，而是通过直线连接突出部去测量，严格地说，得到的数据是实长的近似值。正确地了解这些差别并加以应用十分重要。

□:接触测量 ■:非接触测量

测量项目举例
身高、后颈椎点高等
BL 位厚、BL 位矢状径厚等
BL 位宽、WL 位宽等
上肢长、下肢长等
胸围、腰围等
背长、袖长、总长等
背肩宽、胸宽等
头盖指数、头身指数、扁平率等
肩倾斜角度、臀部倾斜角度等
BL 位水平断面图、WL 位水平断面图等
正中断面图、乳头位纵断面图等
前面图、侧面图、后面图等
上半身体表展开图、上肢体表展开图等
上半身水平体型图、下半身水平体型图等
静立状态前面图、运动状态前面图等
上半身紧身衣、连体紧身衣等
静立时上半身像、上肢运动时上半身像
静立时上肢像、上肢运动时上肢像
静立状态、运动状态体表展开图等
躯干部石膏像等
多项目

对于“形态”的把握，可以通过二维和三维的计测方法来实现。

表 4－6 列举了目前针对服装造型所使用的人体测量方法、测量设备及相关的测量项目。

以下针对各种计测方法及其测量结果应用进行论述。

4. 马丁计测法（手工测量法）

马丁计测法是人类学者马丁（Rudolf Martin）在人类教科书（1928 年）中提出的测量方法，是目前国际通用的一种测量方法。

4.1　马丁计测器及其使用

马丁计测器如图 4－24 所示，包括一系列的配套计测器，通常会配合皮脂厚度计测器和体重计测器进行使用，有时也会用到角度计测器。

各配套计测器的特征及其简要的使用方法如下所述。

高度计测器（anthropometer）：测量从基准面向上的高度（图 4－25）。用手握住计测棒并使其与基准面保持垂直，将滑动直尺的前端与计测点相对合，从计测棒上读取数值。为了使计测棒保持垂直，辅助测量者需要站在计测者视线的垂直方位上，从两个方位上都确保计测棒垂直很重要。此外，目前市场上也有通过电脑控制的身高计测仪。

杆状计测器（large sliding caliper）：将身高计测器的一部分拔出，插入两根滑动直尺形成的计测器，用来测量厚度、横宽和长度。

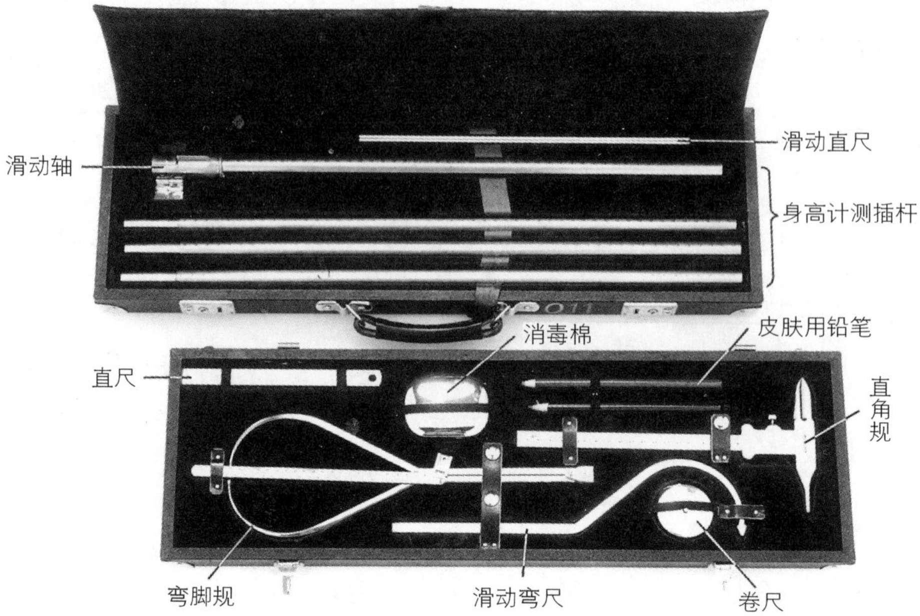

图 4－24　马丁计测器

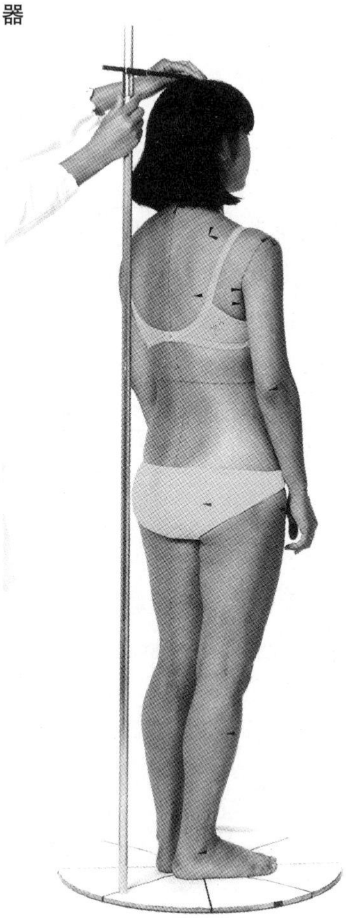

图 4－25　利用高度计测器测量

图 4－26、图 4－27 为杆状计测器的使用图示。

触角计测器（spreading caliper）：包括两种，一种是将杆状计测器的滑动直尺换成触角状的尺子（图 4－28），另一种则称作圆规尺（图 4－29）。触角计测器适合测量如胸部正中矢状径等需要跨越体表突出部位测量的项目。测量时用手指托住触角的前端，让前端适度地接触体表，不要过度压迫被测量者。

滑动计测器（sliding caliper）：用来测量尺寸较小部位的长度及其他投影长。与杆状计测器的性质相同（图 4－30）。

直尺（scale，measure）：15cm 的钢直尺，适合测量十分细小部位的尺寸（图 4－31）。

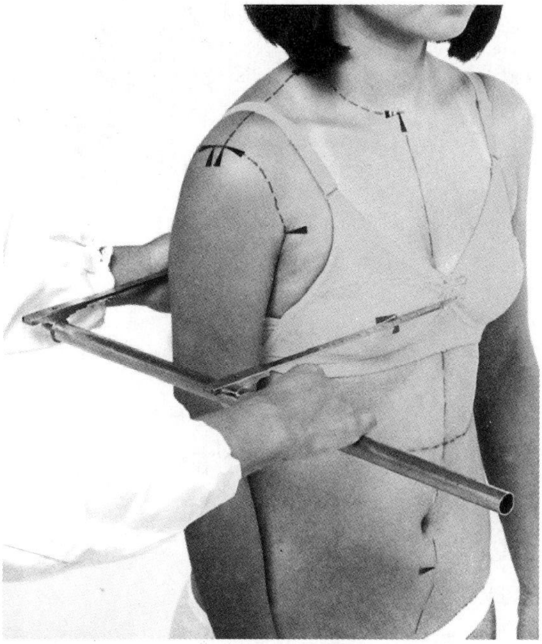

图 4－26　杆状水平计测器的厚度测量

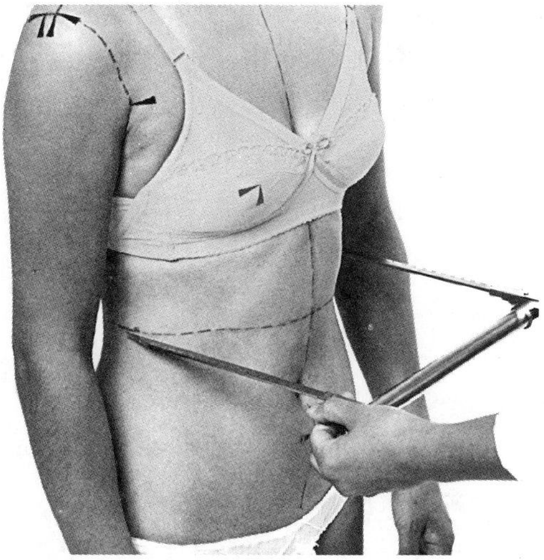

图 4－27　杆状水平计测器的宽度测量

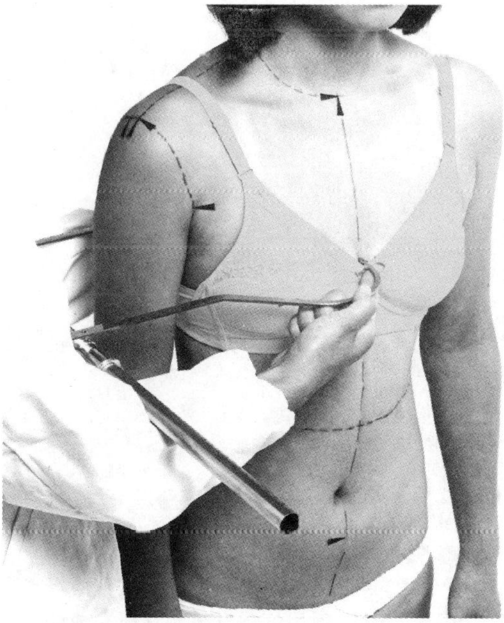

图 4－28　利用触角计测器测量胸部正中矢状径

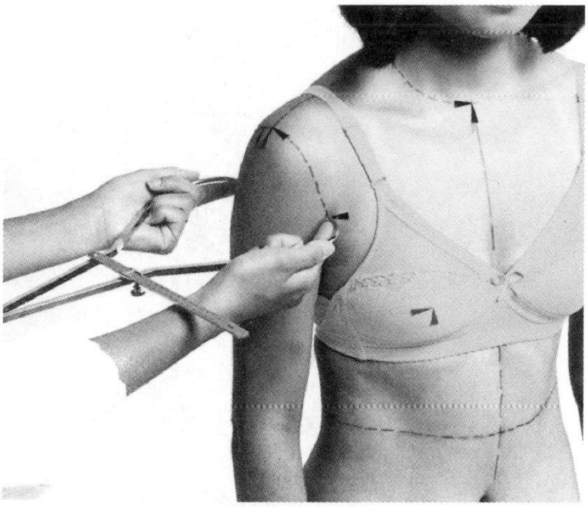

图 4－29　利用触角计测器测量臂根厚度

卷尺(measure，band mass)：带状的尺子，用于测量体表实长。在马丁计测器的套装中，卷尺为宽 0.7cm、厚 0.15cm 的钢制尺子。但是对于测量柔软的身体，尤其是女性身体来说，由于自身的弹性作用，钢卷尺很难贴合身体，容易造成压迫体表或从体表浮起等情况，同时在接触身体时会有冰冷感，因此，目前在人体测量的过程中多使用 0.7cm 宽的皮尺。

表 4－7 为 7 名测量人员分别利用皮尺和钢卷尺测量同一个被计测者所获得的数据。结果显示，用钢卷尺所测得的数据普遍偏小(样本检验显示两种计测器之间存在着显著性差异)。这主要是因为钢卷尺在测量的过程中会沿着柔软的体表凹陷进去而造成的。

皮尺则很容易和体表贴合，但若使用旧的皮尺，测量前一定要参照钢尺刻度核对其尺寸的准确度，这点十分重要。

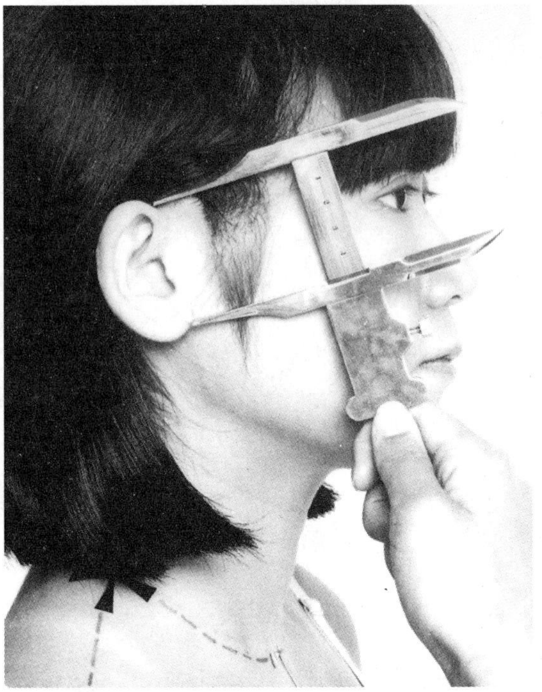

图 4－30　利用滑动计测器进行计测

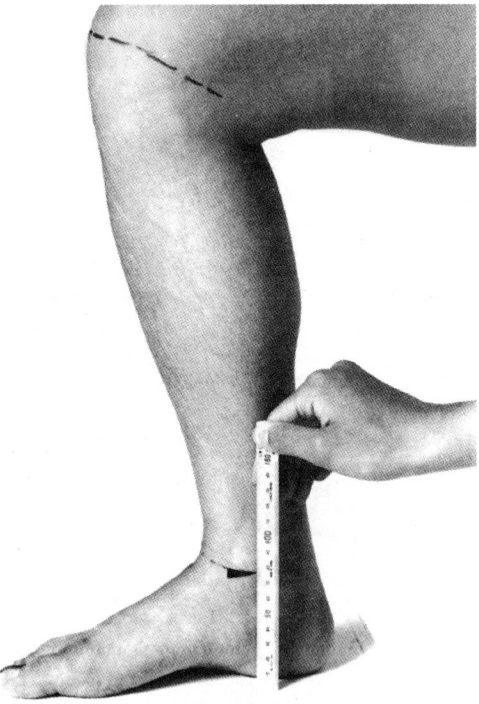

图 4－31　利用直尺测量内脚踝的高度

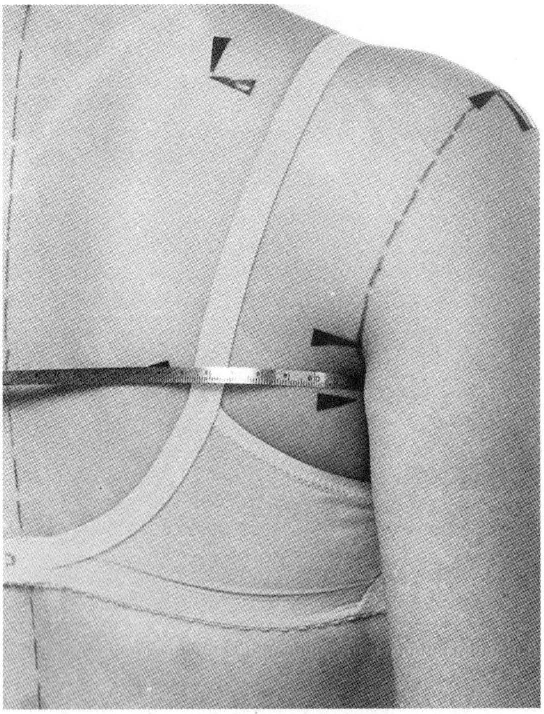

图 4－32　利用钢制卷尺测量所造成的不服帖和凹陷

胸围的测量，并不经过体表的凹部，而是通过连接胸点的突出部进行测量，严格地说，所测值并非是实长，但对于服装纸样的基本尺寸要求来说，这样的测量方式更适合。

胸围、腰围和臀围在测量的过程中需要保持水平(图4－33)。但是对于全身来说，人体的上半身在腰部偏前，因此在测量胸围和腰围时，皮尺很容易与体轴呈垂直状态，在体后部呈下落状态(图4－34)。同样经过胸点进行测量，水平和后倾状态的测量值会有所区别，水平测量的数值偏大。表4－8为5名测量人员通过上述两种方法，分别针对2名被测量者，采用两种卷尺进行计测所获得的数据平均值。水平测量的数据约大4cm，这是正确的胸围尺寸。在穿着较紧文胸的情况下，水平测量和后倾测量的数值差有时会扩大到7cm。腰围一般来说也需要保持水平测量，同样地也很容易出现皮尺后倾的状况。但是对于腰围来说，如果是针对裙子设计的腰围测量，后倾的腰围是适合的；如果是针对

表4－7　不同测量人员、计测器所对应的计测值差异

单位:cm

计测器 / 测量人员	皮　尺	钢卷尺
A	83.9	82.2
B	82.9	82.0
C	82.0	81.7
D	83.0	82.8
E	82.7	82.1
F	83.0	81.6
G	82.2	81.9
平均值	82.96	82.04
标准差	0.53	0.37

表4－8　不同胸围计测法所对应的计测值差异

单位:cm

计测方法 / 计测器	A（自然的）	B（水平的）	差
皮　尺	78.6	83.0	4.4
钢卷尺	78.1	82.0	3.9

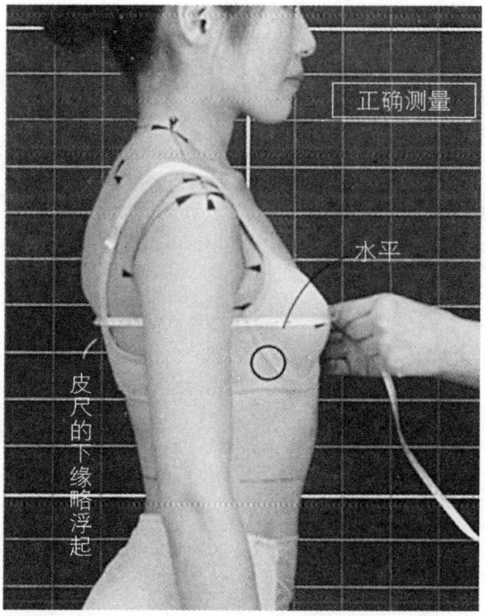

图4－33　胸围的正确测量(胸围线水平)

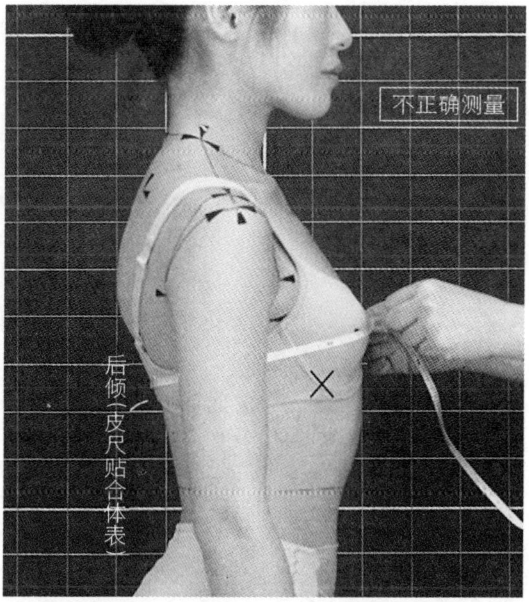

图4－34　不正确的胸围测量(皮尺后倾)

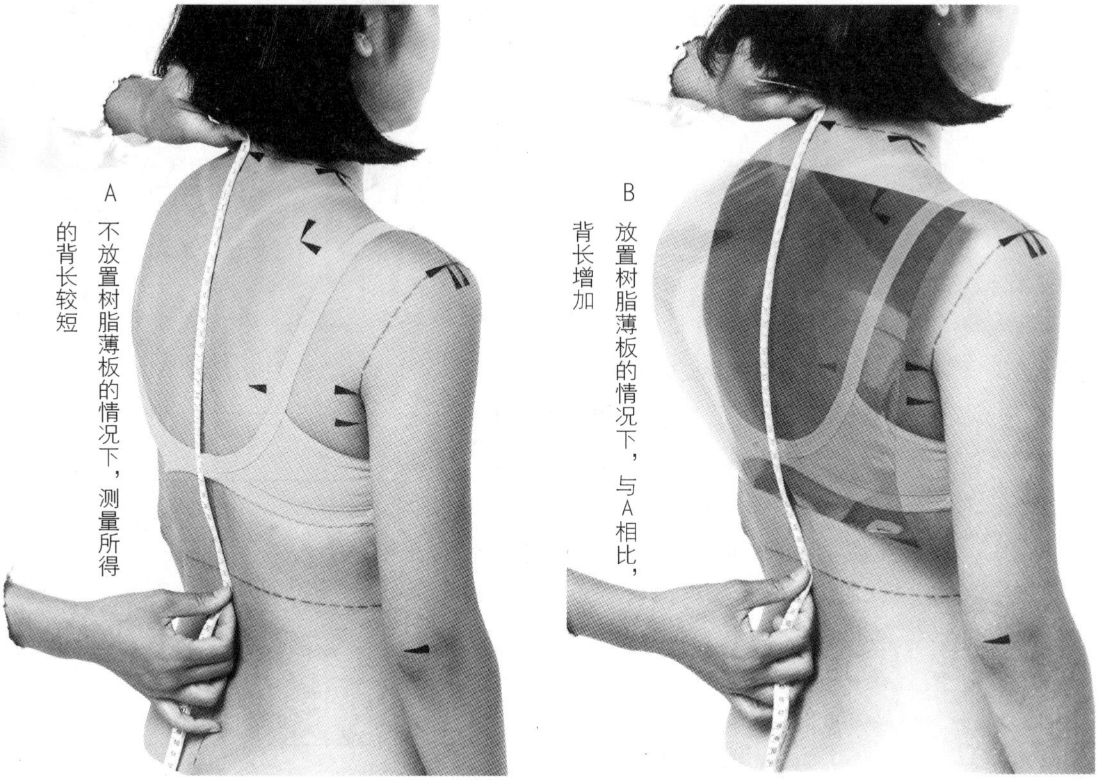

图 4－35　背长的测量

西服和连衣裙等的设计，则需要使用水平测量腰围。

为了便于绘制纸样，在测量项目中有时不仅仅需测量体表实长，还需要将附近的突出点考虑进来整体进行测量。如图 4－35 的背长测量和图 4－36 的臀围测量，就是用一张柔软的树脂薄板贴着在体表的突出部位进行测量。

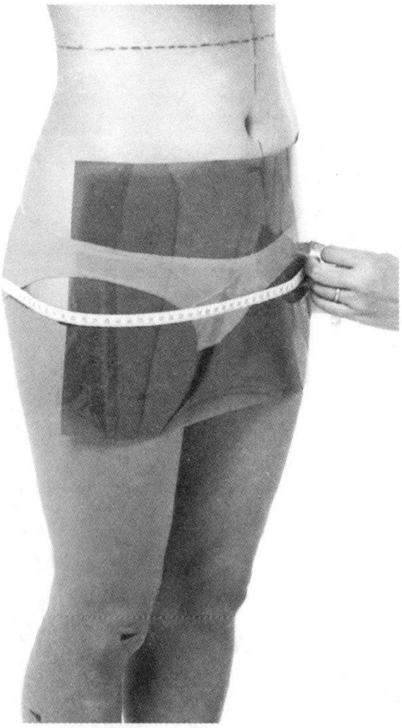

图 4－36　臀围的测量

此外，在测量部分长度项目（如前长、SNP～BP）时，如果将皮尺使劲按在体表的计测点上，容易造成体表错位而影响测量数据。图 4－37、图 4－38 显示了在测量 SNP～BP、前长和后长等项目时，在肩部颈侧点处的皮尺握法，需要将皮尺稍稍离开身体，用手指接触身体，将皮尺的零位对合计测点，注意不要挤压计测点，以防止体表变形。在测量后长时，由于需要通过肩胛骨上部后突点，不可能一次完成测量过程，需要如图 4－38 ①、②所示，依次握皮尺来完成整体测量。

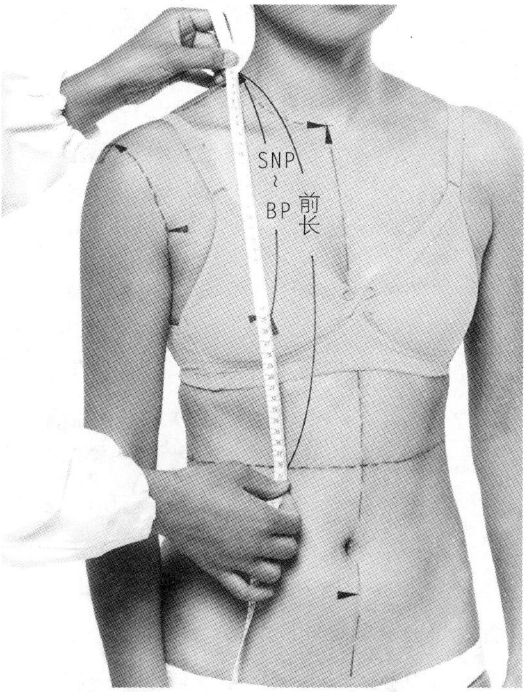

图 4－37　SNP～BP、前长的测量

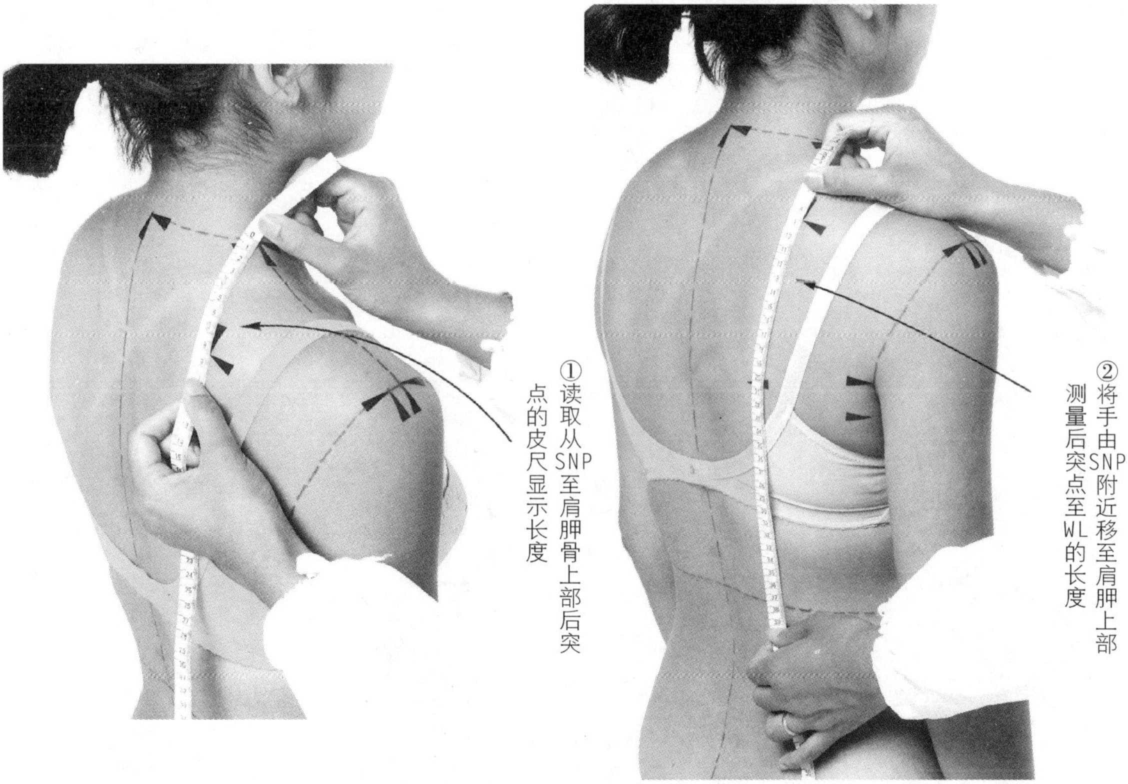

图 4－38　后长的测量

图 4 − 39 为肩袖长和袖长的测量示意图。

在测量胸宽时，如果将皮尺的表面完全贴合体表，则会如图 4 − 40 所示在中间出现向上的弧度，从而造成在纸样绘制过程中使用不正确的测量数据。正确的做法如图 4 − 41 所示，皮尺的上端略微浮起，下端呈水平测量状态。采用后者测量获得的数据较大。

皮脂厚度计测器（skinfold caliper）：该计测器并不属于马丁计测器的范围，但现在一般会将其与马丁计测器同时使用。皮脂厚度计测器用于测量皮肤的厚度（包含皮下脂肪），通过仪器上的发条调整，可以施加 100KPa 的压力。如图 4 − 42 所示，用手指捏住皮脂，在间隔 1cm 处用皮脂厚度计测器夹住皮脂，停 2s 后读取数据。该数据的 1 /2 为包含了皮下脂肪的皮肤厚度。通常的测量部位包括上臂部的后面、背部肩胛骨下角部等，根据不同的目的，有时也会测量腹部。

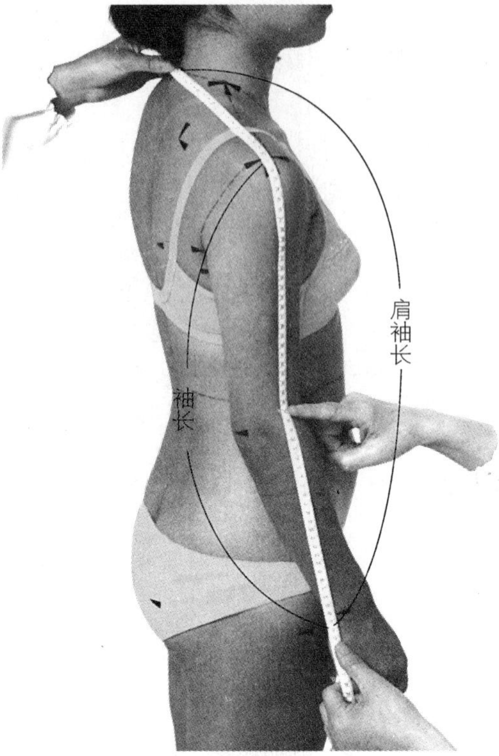

图 4 − 39　肩袖长、袖长的测量

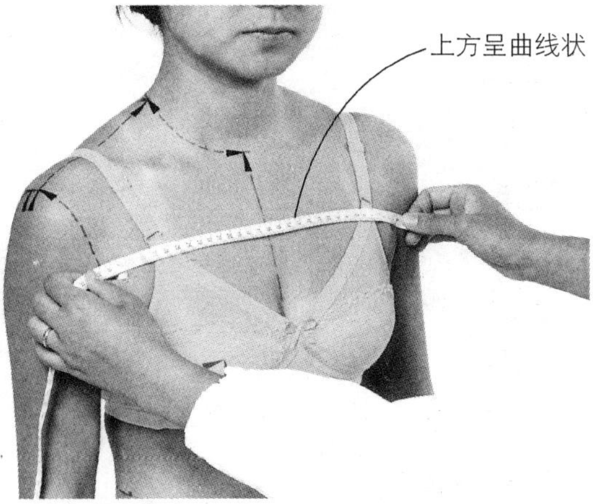

图 4 − 40　不正确的胸宽测量

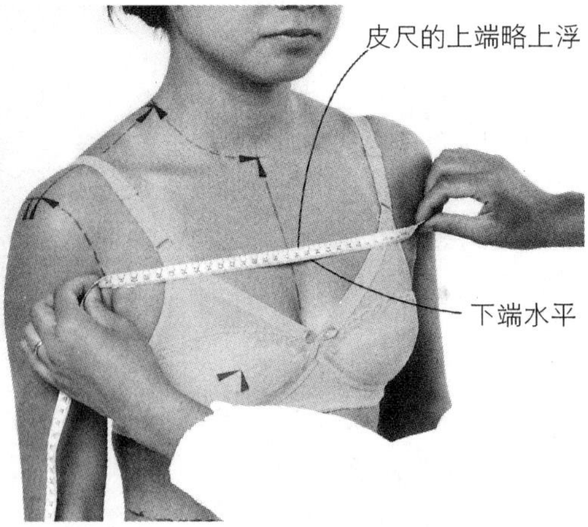

图 4 − 41　正确的胸宽测量

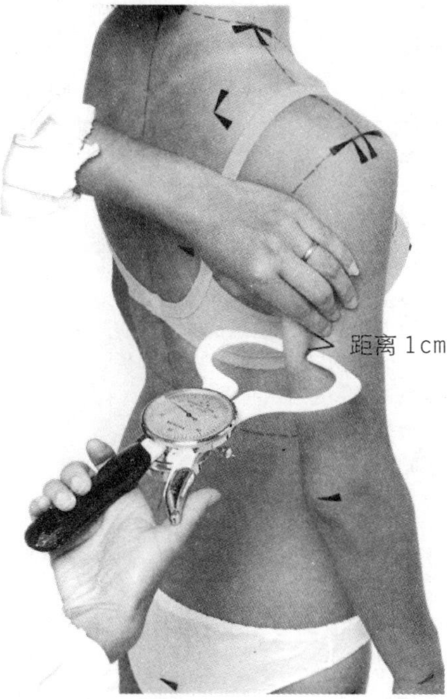

图 4－42　皮脂厚度的测量

4.2　计测项目

针对人体形态的人体测量项目与以制作服装为前提的必要测量项目不同，明确测量目的，确定合适的测量项目十分重要。

马丁计测法对应的分类人体计测项目如表 4－9 所示。

表 4－10－1、表 4－10－2 为详细的人体计测项目和说明。

图 4－43 为各计测项目的部位示意图。可以根据不同的需要从中选择适合的计测项目，也可以根据需要追加必要的测量项。

图 4－44 显示了以上半身原型（短寸式原型）制图为前提的详细测量部位。对于长度测量来说，除了有针对人体计测的背长、腰长外，也有针对服装尺寸的长度测量项，包括裙长、衣长等。此外，在考虑服装的时尚要素时，不要拘泥于人体的计测值，这一点十分重要。

表 4－9　马丁计测项目的分类与定义

分类	项目	细分	定义	说明
投影长	高度		从测量面向上的高度……垂直计测	
投影长	前后宽	厚度	身体前后方向上的厚度 计测器与身体的接触点不一定在同一个矢状面上	水平，与矢状面保持平行测量
投影长	前后宽	矢状径	计测点在同一矢状方向上的厚度 在正中线上的计测称为正中矢状径	水平，与矢状面保持平行测量
投影长	左右宽	水平宽度	身体左右方向上的水平宽度	水平，与前头面保持平行测量
投影长	左右宽	间距	点到点之间的水平间隔	水平，与前头面保持平行测量
投影长	长度		两点之间的直线距离	不限制水平或垂直
实长	长度		纵向上两点之间的体表长度：人体尺寸对应的长度（背长、肩袖长等）；服装尺寸对应的长度（裙长、裤长、衬裙长等）	体表实长 体表实长的近似值 （又称凸体表长、凸周围长）
实长	斜长		斜向连接被定义的两点之间所测得的体表长度	体表实长 体表实长的近似值 （又称凸体表长、凸周围长）
实长	宽度		横向上两点之间的体表长度	体表实长 体表实长的近似值 （又称凸体表长、凸周围长）
实长	围长		身体上的周围长	
实长	外包围 外包长		臀围、背长等部位不能用皮尺直接进行测量时，通过附加树脂薄板等辅助工具，将体表突出部位的突出量包含其中测得的周长和体表长度	

表 4－10－1　测量项目

计测量项目		计　测　器	备　　　　注
高度（垂直投影长）	①身高	高度计测器	从测量面到头顶点的高度
	②后颈椎点高	高度计测器	从测量面到后颈椎点(BNP)的高度
	③前颈窝点高	高度计测器	从测量面到前颈窝点(FNP)的高度
	④肩点高	高度计测器	从测量面到肩点(SP)的高度
	⑤后腋窝点高	高度计测器	从测量面到后腋窝点(CL)的高度
	⑥乳头点高	高度计测器	从测量面到乳头点(BP)的高度
	⑦乳房下缘位高	高度计测器	从测量面到乳房下边缘位(UBL)的高度
	⑧ WL 位高	高度计测器	从测量面到 WL 位的高度
	⑨肚脐点高	高度计测器	从测量面到肚脐点的高度
	⑩腹部前突点位高	高度计测器	从测量面到腹部前突点的高度
	⑪髂嵴骨前点高	高度计测器	从测量面到髂嵴骨前突点的高度
	⑫臀部后突点位高	高度计测器	从测量面到臀部后突点的高度
	⑬大腿最大幅位高	高度计测器	从测量面到大腿最大幅位的高度
	⑭下裆位高	高度计测器	从测量面到下裆位的高度
	⑮膝盖中点高	高度计测器	从测量面到膝盖骨中点的高度
	⑯外脚踝高	高度计测器或直尺	从测量面到外脚踝点的高度
	⑰全头高	高度计测器或杆状计测器	下颌点至头顶点的高度
	其他	高度计测器	从测量面到任何必要部位的高度
左右宽度（水平投影长）	⑱颈根宽	杆状计测器	左、右颈侧点(SNP)之间的距离
	⑲肩点间幅	杆状计测器	肩点之间的水平距离
	⑳前腋点位宽	杆状计测器	左、右前腋点之间的距离
	㉑后腋点位宽	杆状计测器	左、右后腋点之间的距离
	㉒乳点间隔	杆状计测器	左、右乳头点之间的距离
	㉓乳点位宽	杆状计测器	在乳点水平位置上测量的躯体水平宽度
	㉔乳房下缘位宽	杆状计测器	在乳房下边缘位置上测量的躯体水平宽度
	㉕ WL 位宽	杆状计测器	WL 位置上测量的躯体水平宽度
	㉖腹部前突点位宽	杆状计测器	腹部前突点位上测量的躯体水平宽度
	㉗臀部后突点位宽	杆状计测器	臀部后突点位上测量的躯体水平宽度
	㉘大腿最大幅位宽	杆状计测器	大腿最大幅位上测量的躯体水平宽度
	其他	杆状计测器	必要部位的两点水平距离
前后厚度（水平投影长）	㉙颈根厚	杆状计测器	后颈椎点(BNP)到前颈窝点(FNP)之间的前后距离
	㉚臂根厚	杆状计测器	前腋点至后腋点之间的前后距离
	㉛乳头点位正中矢状径厚	触角计测器	乳头点(BP)位正中矢状径的前后水平距离
	㉜乳头点位厚度	杆状计测器	乳头点(BP)位的前后水平距离
	㉝乳房下缘位厚	杆状计测器	乳房下缘(UBL)位的前后水平距离
	㉞ WL 位厚	杆状计测器	WL 位的前后水平距离
	㉟腹部前突点位厚	杆状计测器	腹部前突点位的前后水平距离
	㊱臀部后突点位厚	杆状计测器	臀部后突点位(HL)的前后水平距离
	㊲大腿最大幅位厚	杆状计测器	大腿最大幅位的前后水平距离
	其他	杆状计测器	必要部位的前后水平距离
角度	㊳肩倾斜度(右、左)	角度计测器	
	㊴臀部倾斜度(右、左)	角度计测器	
	其他	角度计测器	必要部位的角度

表 4-10-2　测量项目

计测量项目		计　测　器	备　　注
围长(水平实长)	㊵颈根围	卷尺	经过后颈点(BNP)、颈侧点(SNP)、前颈窝点(FNP)的围长
	㊶臂根围	卷尺	经过肩点(SP_1)、前腋点、后腋窝点和后腋点的围长
	㊷ CL 围	卷尺	经后腋窝点的水平围长
	㊸上臂最大围	卷尺	后腋窝点位对应的上臂部水平围长
	㊹ BL 围	卷尺	经过乳头点(BP)的水平围长:Bust(B)
	㊺ UBL 围	卷尺	经过乳房下边缘位(UBL)的水平围长
	㊻ WL 围(水平)	卷尺	经过 WL(A)的水平围长:Waist(W)
	㊼ WL 围(自然)	卷尺	经过 WL(B)与体轴垂直的围长
	㊽ MHL 围	卷尺	经过腹部前突点的水平围长
	㊾ HL 围	卷尺	经过臀部后突点的水平围长:Hip(H)(加树脂薄垫板,包含了腹突量的外包围长度)
	㊿大腿最大幅位围	卷尺	经过大腿最大幅位的水平围长
	(51)膝盖中点围	卷尺	经过膝盖中点的水平围长
	(52)脚腕围	卷尺	小腿最细位置的水平围长
	(53)手腕围	卷尺	经过尺骨突点,与前腕轴呈直角的围长
	其他	卷尺	必要部位的围长
实长	(54)背长	卷尺	从后颈点(BNP)至后正中 WL 的实长(后背加放垫板,包含了左右肩胛骨的突出量)
	(55)后长	卷尺	从颈侧点(SNP)经肩胛骨后突点垂直向下至 WL 的实长
	(56)颈侧点~肩胛骨上部后突点	卷尺	从颈侧点(SNP)至肩胛骨后突点的体表实长
	(57)后肩点斜长	卷尺	从肩点(SP)经肩胛骨点突点至后正中 WL 的实长
	(58)后肩点长	卷尺	从肩点(SP)经后腋点垂直向下至 WL 的体表实长
	(59)侧长	卷尺	从后腋窝点垂直向下至 WL 的体表实长
	(60)前中心长	卷尺	从前颈窝点(FNP)至前正中 WL 的体表实长(加放垫板,包含了左右乳房的突出量)
	(61)乳点侧长	卷尺	颈侧点(SNP)至乳头点(BP)的实长
	(62)前长	卷尺	从颈侧点(SNP)经乳头点(BP)垂直向下至 WL 的实长
	(63) FNP~BP	卷尺	前颈窝点(FNP)至乳头点(BP)的实长
	(64)前肩点斜长	卷尺	从肩点(SP)经乳头点(BP)至前正中 WL 的实长
	(65)前肩点长	卷尺	从肩点(SP)经前腋点垂直向下至 WL 的体表实长
	(66)背肩宽	卷尺	从后颈点(BNP)至肩点(SP)的体表实长
	(67)背宽	卷尺	右后腋点至左后腋点的体表实长
	(68)肩宽	卷尺	颈侧点(SNP)至肩点(SP)的体表实长
	(69)胸肩宽	卷尺	从前颈窝点(FNP)至肩点(SP)的体表实长
	(70)胸宽	卷尺	右前腋点至左前腋点的体表实长
	(71)前后上裆长	卷尺	从前正中 WL 经耻骨上缘点、后臀裂至后正中 WL 的实长
	(72)袖山高	卷尺	肩点(SP)至 CL 位对应在手臂外侧位的实长
	(73)肘长	卷尺	肩点(SP)至肘头点的实长
	(74)袖长	卷尺	从肩点(SP)至尺骨突点的体表实长
	(75)袖窿长	卷尺	从肩点(SP_2)经前腋点、后腋点至肩点(SP_2)的围长
	(76)膝长	卷尺	从 WL 侧点至膝盖中点位的实长
	(77)水平 WL 前中心~测量面	卷尺	从水平 WL 前中心点至测量面的实长
	(78)水平 WL 侧~测量面	卷尺	从水平 WL 侧点至测量面的实长
	(79)水平 WL 后中心~测量面	卷尺	从水平 WL 后中心点至测量面的实长
	(80)腰长(前中心腰长)	卷尺	从 WL 前中心点经腹部前突点至 HL 的实长(在腹部前突点位放置树脂薄垫板,从前突点垂直量至 HL)
	(81)腰长(侧腰长)	卷尺	WL 侧点至 HL 的实长
	(82)腰长(后中心腰长)	卷尺	WL 后中心点至 HL 的实长
	上臂皮下脂肪厚度	皮脂厚度计测器	
	背部皮下脂肪厚度	皮脂厚度计测器	
	体重	体重计测器	
	其他		

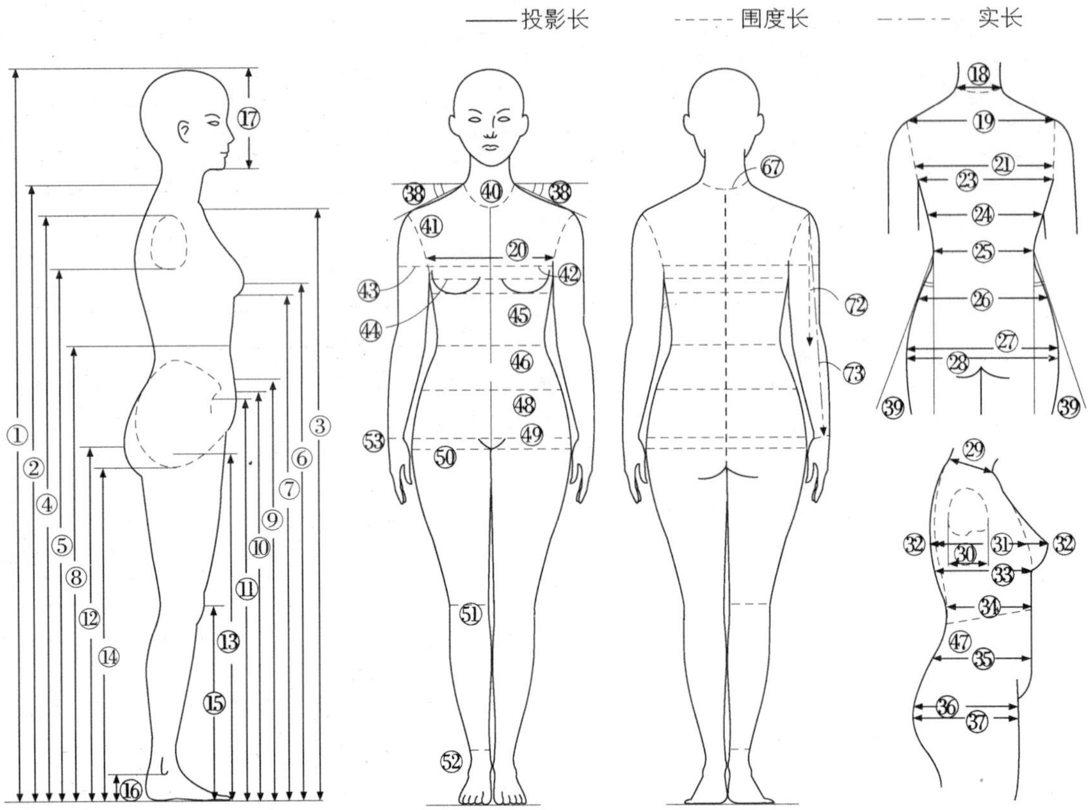

图 4－43　测量项目

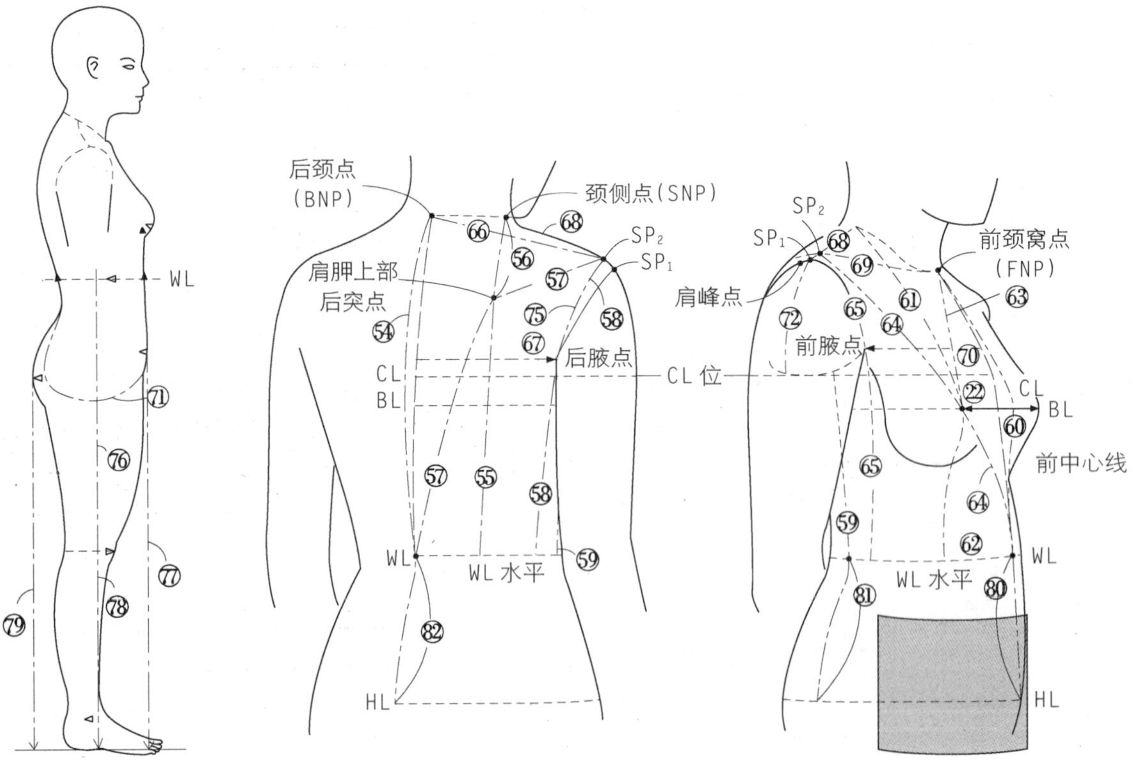

图 4－44　实长(上半身)的测量举例(精细采寸)

4.3 计测结果与应用

对于计测结果有多种应用方法。

●了解个体的体格与比例。

计测数据可以显示一个人的身体尺寸大小，根据计测值之间的比率与指数，可以了解个体的比例与体型，同时也可以将这些数据作为确定个人服装尺寸的重要资料。

●作为个体服装纸样的参考数据。

●作为制定成衣生产中体型分类与尺寸规格的参考资料。

在集合了一定人数的计测值的基础上，可以针对数据进行统计分析，获得平均值和标准差，在此基础上也有可能进行体型分类。例如，成人女子用 JIS 服装号型规格就是在约 1 万名日本人的人体测量数据（1992～1994 年）基础上生成的。此外，根据平均值基础上形成的体型分类结果，就可以找到个体体型特征的对应位置。

●作为成衣纸样制作的参考资料。

JIS 服装号型规格除了标记出必要的人体尺寸（包括身高、胸围、腰围、臀围等）外，也包含了与纸样绘制相关的多个必要部位的体表实长值，从中可以查到日本人的人体测量数据。但仍有一些纸样绘制所必需的计测值并未包含其中，虽然很多研究者和企业都会根据需要自行实施人体测量，但未必能够达到灵活应用的状态，因此还是希望国家可以建立一个系统，持续地公开发表与服装设计相关的人体测量数据。

●通过众多项目、众多人数的人体计测数据，就可以了解各计测项目之间的关系（相关系数），从而在实际测量过程中，通过选择尽可能少的测量项目来反映人体的形态。

此外，也可以用统计的方法利用相关系数获得项目之间的一元线性回归方程，通过已有项目的计测值去推断其他项目的测量值。

●长期对某一个体进行跟踪测量，就可以获得其体格和体型的年龄变化资料（纵向调查）。此外，如果在一定时期内针对一定量的样本进行人体测量（横向调查），则可掌握样本整体（如日本人）伴随年龄变化的体格差异。参照这一思路实施全国性的人体测量，就有望实现统计数据的公开发表。

5. 数据统计分析举例

表 4－11－1～表 4－11－2 概要地列举了基本的统计处理用语、公式及其含义。目前，市场上有多种数据处理软件，因此在充分理解统计含义的基础上，选择适当的软件以提高统计分析的效率。

马丁计测结果的统计分析图表举例如下所示。

表 4－12 为在 1992～1994 年实施计测，1996～1997 年公布的日本人的人体测量数据基础上选出的 18～24 岁的计测结果。表 4－13 是文化女子大学 19～20 岁年龄段的同一项目的人体测量结果（1998 年，125 名）。

图 4－45、图 4－46 为日本人的人体测量数据平均值基础上的示意图。结果显示男子在 18 岁、女子在 16 岁以后就基本停止生长。对于女子的围长项目来说，从 20 多岁的后半段开始至 60 多岁呈增长趋势，由此可以判断出中老年人的体型特征。从图中既可以观察同一时期体型的横向变化，也可以推断出体型随时间的纵向变化。这时的图示用折线来表示较适合。

图 4－47 为日本全国过去三次人体测量中，成年女性主要计测项目的平均值比较。1994 年的计测结果显示，在身高上有明显的增高。对于围长项目来说，在 1994 年的测量数据中，中老年的数据比以往有所增加，但年轻人的数据变化不大。

表 4－11－1　统计分析用语举例

基本统计用语		含义与计算公式
平均值($\bar{x}$)	Average	显示计测值总体分布的中心位置 $\bar{x}=\dfrac{\sum x_i}{n}$　　n 为数据的个数
标准差 (S) (σ)	Standard Deviation	表示数据的分散程度。相对于平均值来说，标准差越大说明数据越分散；相反，标准差越小说明数据越集中 $S=\sqrt{\sum(x_i-\bar{x})^2/n}$　　＊ n 有时会被替换为 $n-1$
变异系数 ($C.V$)	Coefficient of Variance	标准差与平均值的比值。当数据的单位不同时，可以用这一统计量来表示相对于平均值来说数据的相对分布趋势 $C.V=S/\bar{x}$　　＊也可以乘以 100 后用百分率%来表示
中位数($\tilde{x}$)	Median	将数据按大小顺序排列后，奇数位的中间值即为中位数；当数据总数为偶数时，取中间两个数据的平均值作为中位数
频数	Percentile	将 n 个数据按照从最小到最大的顺序排列，将数据分组后形成百分率(频率)，某一频率以下的数据个数称为 i% 的数据，50% 位置的数据称为中位数，25%、75% 位置的数据则称为第 1 四分位数和第 3 四分位数
直方图	Histogram	将数据的存在范围分割成若干个区域，并将每一个区域内所包含的数据个数按比例形成柱状（长方形）图，从而能够观察数据的总体特征 直方图的目的： • 观察数据的总体分布状态 • 观察数据的分布中心和分散程度 • 观察数据的异常值和不符合规律的值 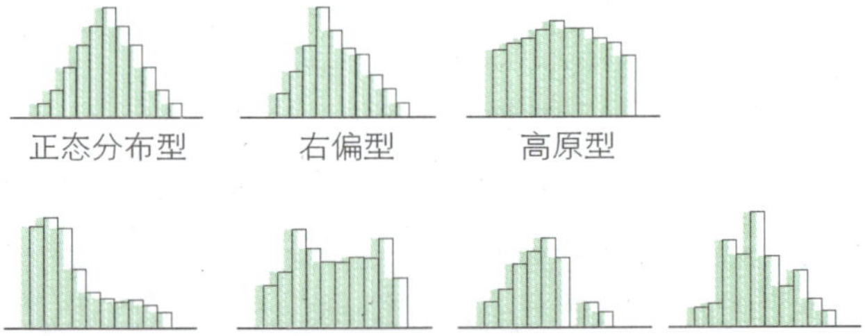

《正态分布图与平均值、标准偏差的关系》

正态分布图：自然事物出现时的分布状态

$$f(x)=\frac{1}{\sigma\sqrt{2\pi}}e^{-\frac{(x-\mu)^2}{2\sigma^2}}$$

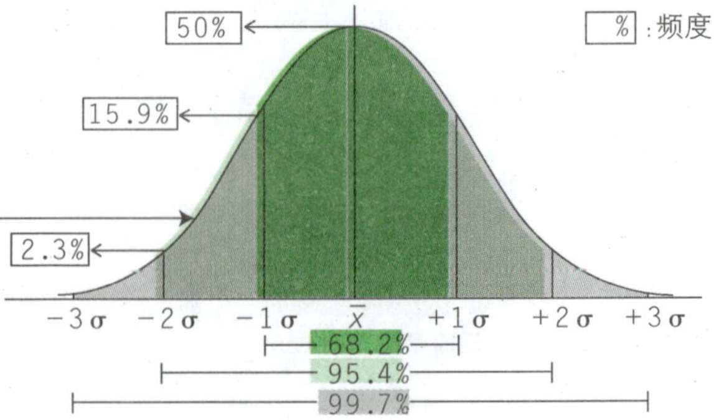

表 4－11－2　统计分析用语举例

<table>
<tr><th colspan="2">基本统计用语</th><th>含义与计算公式</th></tr>
<tr><td>相关系数
(r)

散点图</td><td>Correlation
Coefficient</td><td>表示两个变量之间的关系，关系的强弱用相关系数(r)表示。r 的数值在 $-1 \sim 1$ 之间变化，绝对值接近 1 时，表明相关度很高

$$r = \sqrt{\frac{V_{xy}}{S_x \cdot S_y}} = \frac{\sum_{i=1}^{n}(x_i - \bar{x})(y_i - \bar{y})}{\sqrt{\sum_{i=1}^{n}(x_i - \bar{x})^2 \cdot \sum(y_i - \bar{y})^2}}$$ (V 为共分散)

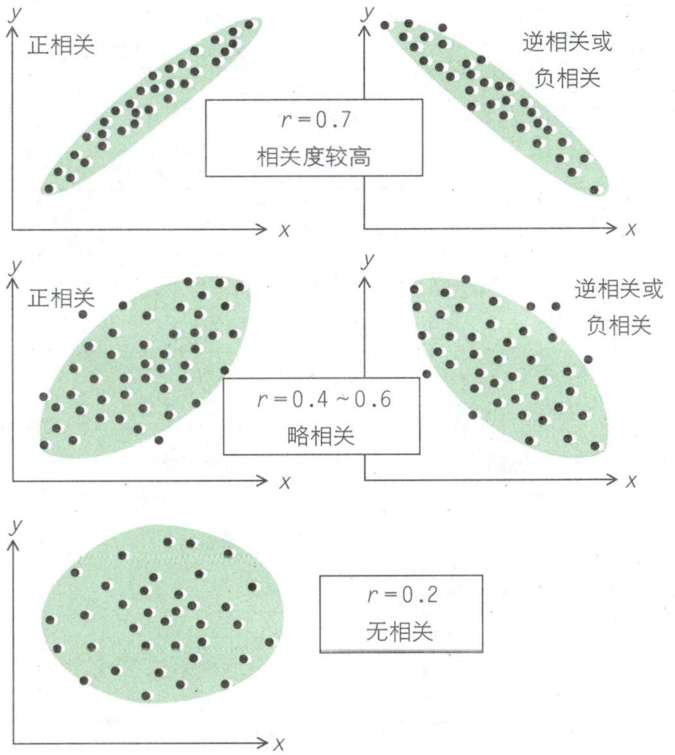
</td></tr>
<tr><td>一元线性回归式</td><td>Regression
Equation</td><td>当两个变量 x 与 y 存在着一定的关系时，可以通过线性公式（关系式)，利用 x(自变量)的数值推断 y(因变量)的值。这一关系式又称为回归式

$y = ax + b$　　$a = r \cdot \frac{Sy}{Sx}$　　$b = \bar{y} - a\bar{x}$

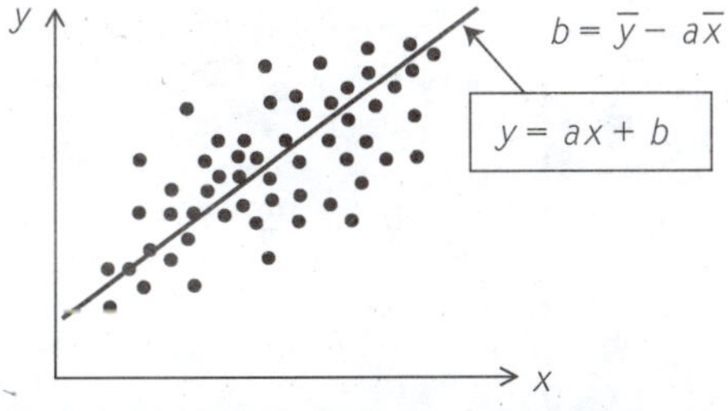
</td></tr>
<tr><td>多元变量分析</td><td>multivariate
analysis</td><td>因子分析、主成分分析、判别分析、聚类分析等</td></tr>
</table>

表 4－12 日本人的人体测量结果举例

单位：cm

年龄 \ 项目		身高	体重	胸围	腰围	臀围	上臂最大围	背肩宽	袖长	背长（投影长）	总长	人数（人）
18 岁	$\overline{x}$	158.10	53.30	83.01	65.47	91.84	26.00	39.46	52.41	37.81	133.40	约 600
	σ	5.40	7.50	6.16	5.37	5.48	2.65	2.23	2.52	2.05	5.00	
19 岁	$\overline{x}$	157.70	52.00	82.36	64.30	91.07	25.78	39.33	51.87	37.73	133.10	约 1160
	σ	5.20	6.60	5.64	4.79	4.90	2.38	2.29	2.49	2.13	4.90	
20～24 岁	$\overline{x}$	158.20	51.40	82.00	63.85	90.67	25.26	38.96	51.92	37.82	133.20	约 2900
	σ	5.4	6.80	5.72	5.15	5.00	2.44	2.33	2.47	2.12	5.10	

注 $\overline{x}$—平均值；α—标准差。

资料来源：1994 年日本人间生活工学研究中心数据

表 4－13 文化女子大学人体测量结果举例（1998 年）

单位：cm

年龄 \ 项目		身高	体重	胸围	腰围	臀围	上臂最大围	袖窿围（SP_2）	右大腿最大围	脚腕围	背长①（WL 水平）	人数（人）
19～21 岁	$\overline{x}$	158.22	51.04	83.94	64.91	91.13	26.80	37.51	53.43	20.96	36.37	125
	σ	5.82	6.61	5.67	5.25	5.28	2.43	2.89	3.98	1.30	1.87	

注 $\overline{x}$—平均值；σ—标准差。

①背长的数据与全国测量数据相比偏小，这是因为测量背长时所设定的腰线为水平腰线，即从前面看，通过人体右侧最凹进位置的水平线（全国测量数据是以腰带位置为准进行测量的）。

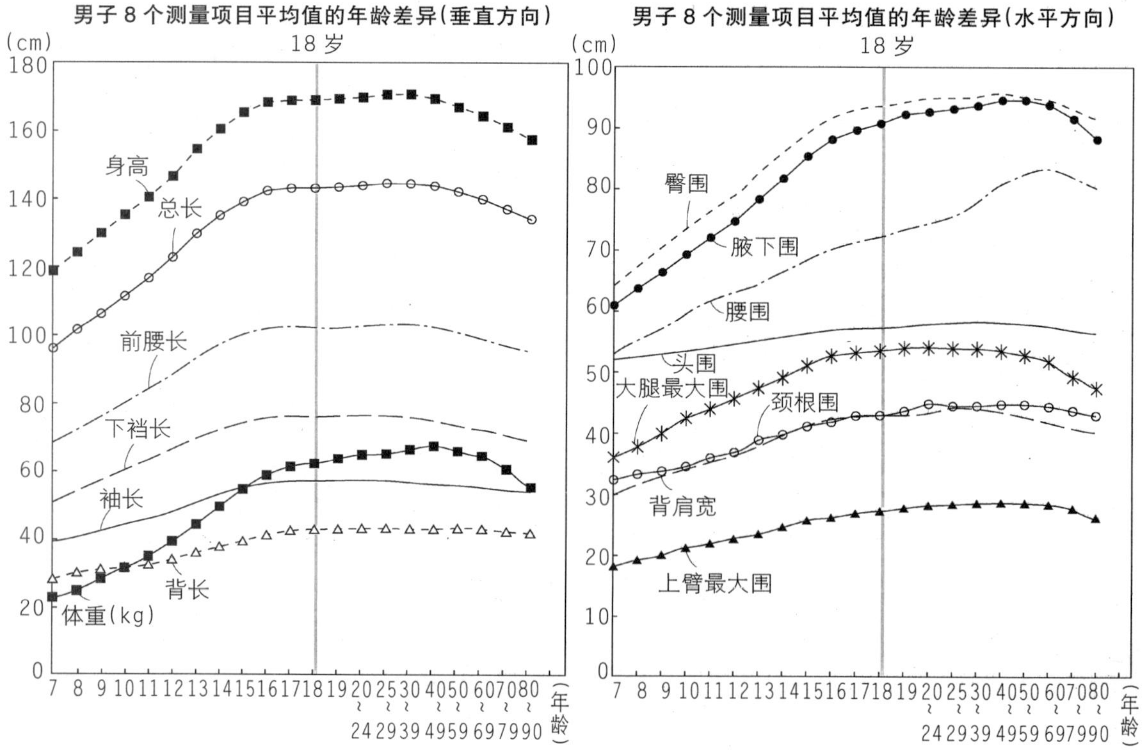

图 4－45 1992～1994 年日本人的人体测量结果（男子）

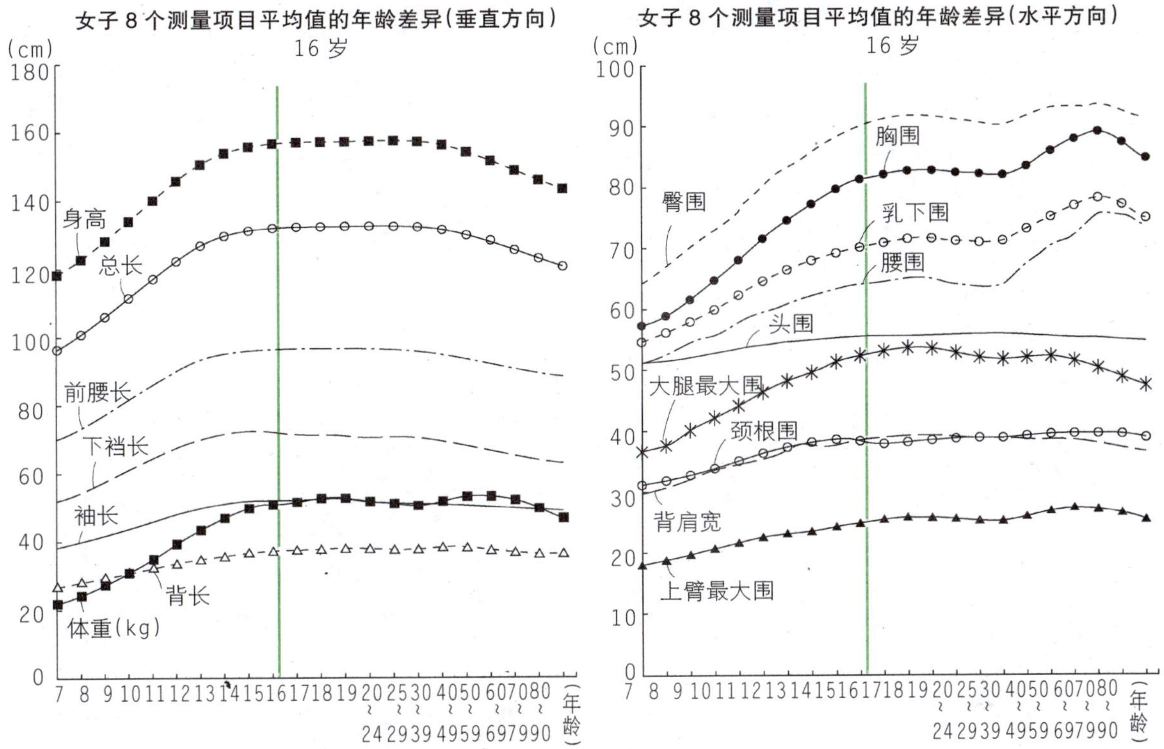

图 4－46　1992～1994 年日本人的人体测量结果（女子）

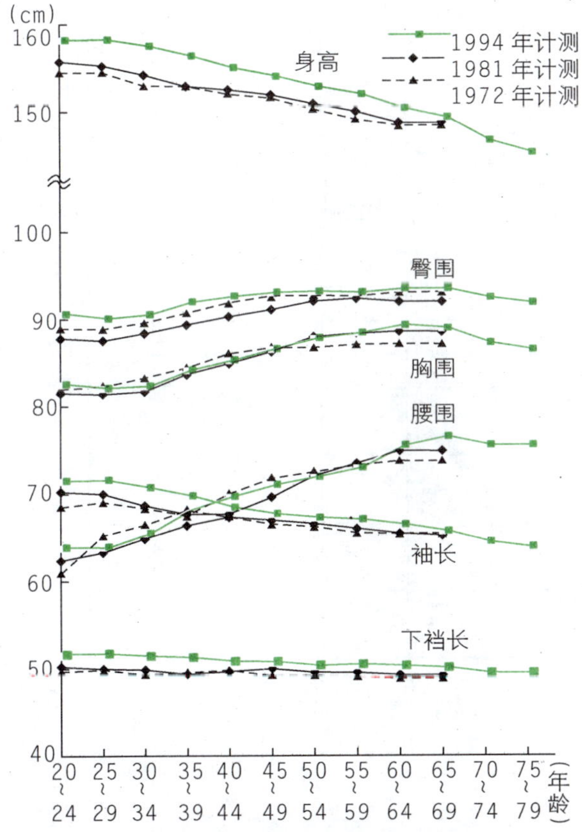

图 4－47　日本人体格变化的比较（成年女子）

表 4－14～表 4－16 为 1992～1994 年人体测量中，关东地区 397 名青年女性测量结果的 JIS 尺码示意图，图中用不同大小的黑点表示针对不同的身高（第 1 项目）和胸围（第 2 项目），腰围、臀围和袖长（第 3 项目）的不同三维分布状态。表中的虚线显示了第 2、第 3 项目的平均值的位置。在各个表的右上角显示了三个项目之间的相关系数。

表 4－14　腰围的分布(3～4cm 间隔)

身高与腰围的相关系数:0.185

胸围与腰围的相关系数:0.839

总体均值

身高平均 159.26cm　胸围平均 83.96cm　腰围平均 64.37cm　•1 人　●5 人　⬤10 人

身高(cm)	胸围(cm)	腰围(cm)	58～59.5	61～62.5	64～65.5	67～68.5	70～71.5	73～74.5	76～78.5	80～82.5	总计人数
170 ↑ 162.1						65.58					
	100								••		2
	96						•	•••	•	••	7
	92					•••	••	•••	••		10
	89				•	●••••	••••	••			16
	86	85.04		••••	●••	●••••	•••	•			24
	83		•••	●•••	⬤	••	•				34
	80		••	⬤•	●•	••					21
	77		••••	●••	••		•				14
	74										
162 ↑ 154.1					64.09						
	104									•	1
	100							•	••	••	5
	96						•••	••	••	••	9
	92					•	●	•			7
	89			••	••	●•	••	•••	•		16
	86			●••••	●••••	●••	••••	••			31
	83	83.76	••••	⬤⬤	⬤⬤	●••	•				54
	80		⬤•	⬤●••	⬤•	••					42
	77		⬤••	⬤•	●•						29
	74		●	•							6
154 ↑ 146.1					63.19						
	96							•	• •		3
	92						•	•	•		3
	89			•	•	••••	••				8
	86			••	••••	•••	•				10
	83	82.62		••	●••	••					11
	80		•••	●••	••						12
	77		●••	••••		•					11
	74		●••••								9
146 ↑ 138.1				59.75							
	86				•						1
	83										
	80	81.75	•								1
	77										
	74										

▭:第 1 项目(身高)
▭:第 2 项目(胸围)
▭:第 3 项目(腰围)

1992～1994 年关东地区青年女子计测 397 名

表 4－15 臀围的分布(2cm 间隔)

身高与臀围的相关系数:0.344

胸围与臀围的相关系数:0.718

总体均值

身高平均 159.26cm　胸围平均 83.96cm　臀围平均 91.99cm

•1 人　●5 人　⬤10 人

身高(cm)	胸围(cm)	臀围(cm)	81～82	83～84	85～86	87～88	89～90	91～92	93～94	95～96	97～98	99～100	101～102	103～104	105～106	107～108	109～110	合计人数
										94.13								
	100												••					2
170	96										••	••	•		•		•	7
	92								•		•••	•••	•••					10
↑	89									••••	●	●		••				16
	86	85.04					•	••	●••	●	●•	•	••					24
162.1	83					•	●••••	●••	●•	●•	••••	•						34
	80					•••	••••	••••	●•••	••								21
	77			•	•	•••	●	••••										14
	74																	
								91.49										
	104													•				1
	100								••		••				•		•	6
162	96									•	••	••	•••	•	•			10
	92								•	•		•••	•	•				7
↑	89		•				•	•	••••	•••	•••	•	•	•				16
	86					●	●•	••••	⬤•	••••			•					31
154.1	83	83.76			•••	•••	⬤⬤•	⬤●	●•••	••	••							54
	80			••	•	●	⬤•••	⬤	●•••	••	•							42
	77			•••	••••	●•	●•••	●••	•									29
	74		•		••	••	•											6
							89.77											
	96											•	•		•			3
154	92						•				•		•					3
	89					•	•	••	•••		•							8
↑	86				•	••		•••	••	••								10
	83	82.62				••	•••	•••	••	•								11
146.1	80				••	••••	••	••	•									11
	77			••	•••		●•											11
	74		••	••	•	••••												9
146					85.50													
	86					•												1
↑	83																	
	80	81.75		•														1
	77																	
138.1	74																	

▬:第 1 项目(身高)
▭:第 2 项目(胸围)
▭:第 3 项目(臀围)

1992～1994 年关东地区青年女子计测 397 名

表 4－16　袖长的分布（1cm 间隔）

身高与袖长的相关系数：0.755

胸围与袖长的相关系数：0.233

总体均值

身高平均 159.26cm　胸围平均 83.96cm　袖长平均 51.56cm　　•1 人　●5 人　●10 人

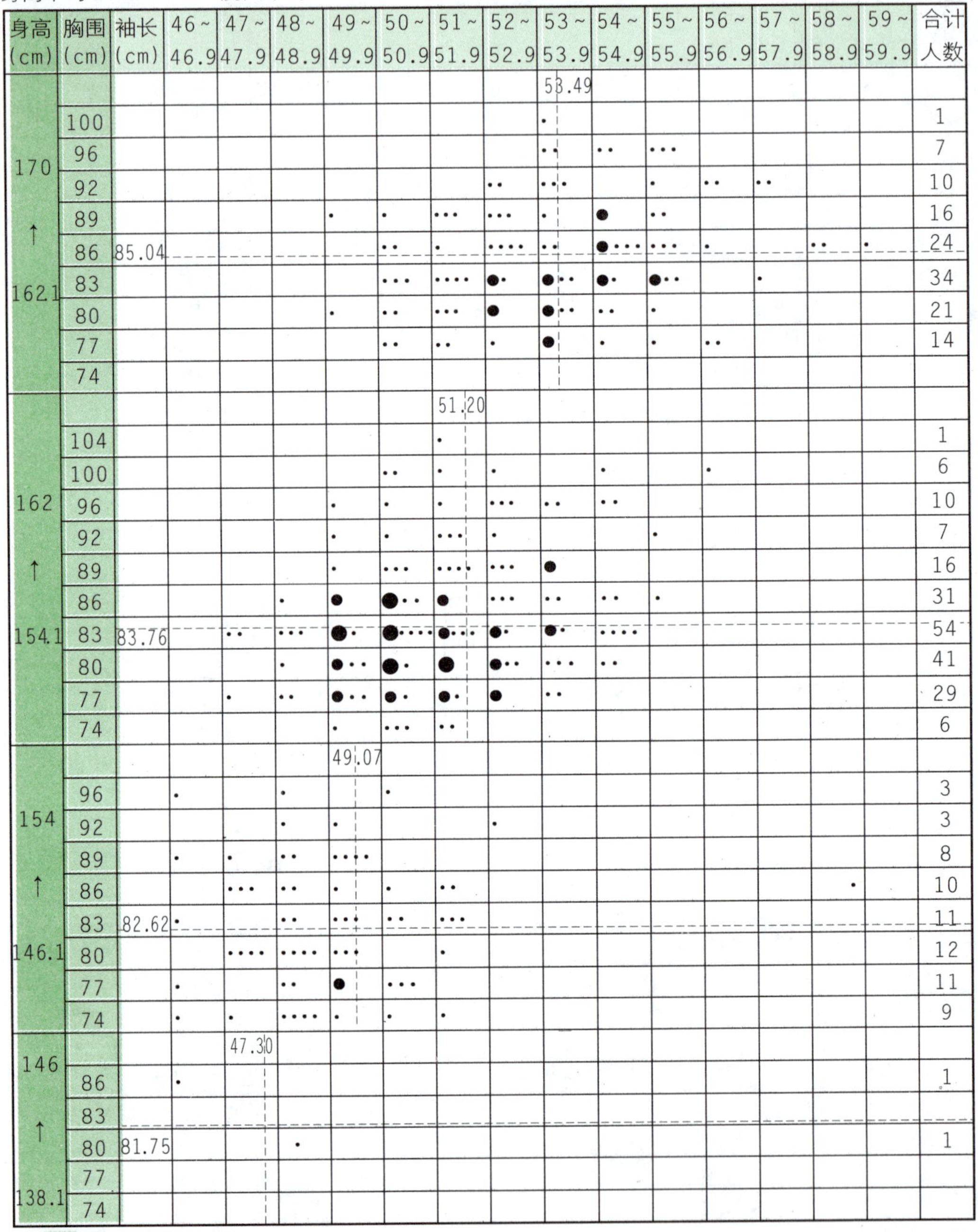

1992～1994 年关东地区青年女子计测 397 名

▭：第 1 项目（身高）
▭：第 2 项目（胸围）
▭：第 3 项目（袖长）

通过以上各表可以了解人群尺寸的分布情况，如三维分布表 4 －14 所示，对于身高处于 154.1 ~162cm 的人群来说，胸围为 84cm、腰围为 64cm，即属于 9AR 的人在 397 个样本中占 21 名(5.3%)。

因此，根据人群分布状态的统计分析结果，就可以了解人群与纸样绘制的关系。例如，在制作胸围为 83cm 的服装时，通过查表可设计腰围放入松量的多少，并可了解服装可以覆盖人群的比率。JIS 服装号型规格就是在研究了全国一维计测结果的分布状态和平均值的基础上形成的。服装号型规格将在第五章中进行论述。

此外，在表 4 －14 中，对于任何一个身高区域段来说，黑色圆点的分布呈现出由左下向右上过渡的状态，这说明随着胸围数值的增加，腰围随之加大的人数较多。从分布上看，胸围与腰围存在着一定的相关关系，而 0.839 的高相关系数也证明了这一点。

但是，从各个身高段的数据分布来看，当腰围处于 58 ~80cm 之间时，并未出现随着身高增加腰围逐渐加大的趋势，这说明身高与腰围之间的相关关系较低，相关系数仅为 0.185。

表 4 －15 是臀围的分布情况，随着胸围数值的增加，臀围平均值的位置（虚线）呈逐步加大的趋势，同时，对于各个身高段内的臀围数据分布，身高较高的区域段内，臀围也呈逐步增加的趋势。相对于身高与腰围仅 0.19 的相关系数来说，身高与臀围的相关系数达到 0.344，因此也不可以说两者之间完全没有关联。0.344 这一数据与 1980 年前后日本人体格调查的结果相同。考虑到以上这些情况，JIS 服装号型规格中体现了身高尺寸与臀围的对应关系，同等胸围的情况下，当身高较高时，臀围的设定数据也随之加大。

观察表 4 －16 中的袖长分布数据，随着身高的增加，平均值的位置（虚线）也明显地向大数据的方向移动，同时，数据显示了身高与袖长之间 0.755 的高相关系数。但是，观察各个身高段内黑色圆点的分布状态，可见随着胸围的增加，袖长并未出现随之加大的分布状态，即并未出现腰围和臀围分布表中圆点斜向流动的状态。由此可知，胸围与袖长之间不存在相关关系。

6. 二维计测法

作为立体的人体，为了获得与设计相关的人体影像与纸样理论相关的必要信息，除了从人体上直接获得一维的长度数据外，通过二维的人体轮廓获得体表角度和断面（截面）形态也非常必要。

二维计测方法如表 4 －6 所示，直接测量（接触测量）包括通过角度计测器直接从人体量取体表角度及通过断面计测仪等装置获得垂直或水平断面形态等。间接测量（非接触测量）则包括激光扫描测量、照相测量和外轮廓照相测量等，通过投影长及角度计测使各部位的位置关系数量化。

此外，通过三维计测还可以直接输出二维的外轮廓及断面图形。

6.1 角度计测器对应的体表角度测量

角度计测器分为多种，图 4－48 为其中的一种。由于是接触体表直接测量，因此，测量时不要用力将计测仪压向柔软的体表，只要轻轻接触就可以。数据的读取有显示垂直方向夹角的，也有显示水平方向夹角的，需要结合测量目的进行换算。

6.2 照相计测

从纸样的制图理论来看，图形学的手法十分有效，在此过程中需要用到正确的人体立面图（立位图）及俯视图（断面重合图）。照片就是通过立面投影图（立面图）来获得人体的形态。

照相计测通常使用照相机来完成拍摄，在日本，外轮廓照相仪使用的比较多。图 4－49 为外轮廓照相摄影机的示意图，图 4－50 为通过这一仪器拍摄的一张外轮廓照片。外轮廓照相仪为负片成像，约 30s 即可输出照片，非常便利。

无论是使用照相机还是外轮廓照相仪进行拍照，照片都是通过镜头的焦点所获得的人体影像，是透视图而并非正投影图。图 4－51 为人眼在观察物体形态时所获得的透视图，从透视图上很难获得各部位的正确尺寸。为了显示物体正确的形态和尺寸大小，需要正投影图。虽然对于观察人体来说透视图足够了，但对于研究纸样的图形学构成来说，正投影图是必要的。因此在照片拍摄的过程中需要注意到以下几点。

6.2.1 摄影条件

●拍摄距离

拍摄距离越近，所拍人体图像的透视变形就会越强，当照相距离较远时，就可以获得近似于正投影图的人体图。对于照相测量来说，至少需 10m 以上的距离，并使用 150～200mm 的望远镜头。

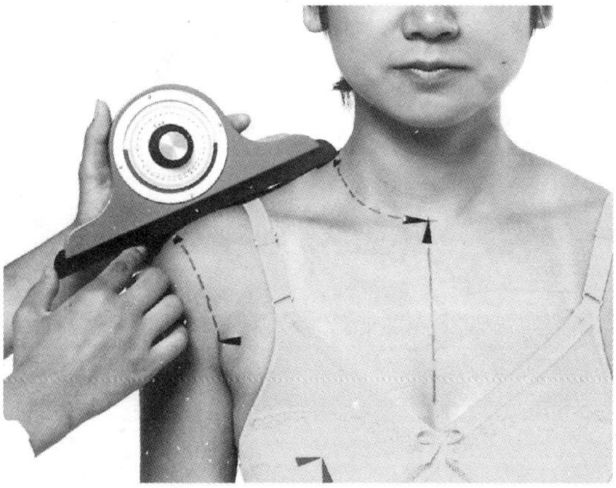

图 4－48　利用角度计测器进行测量

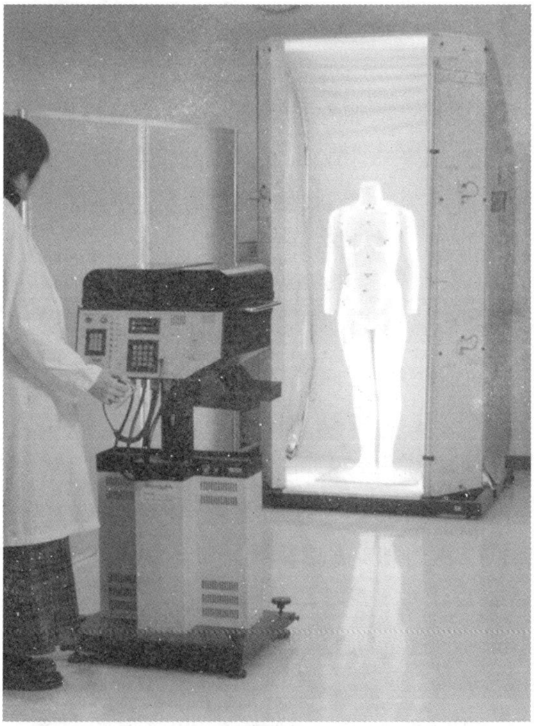

图 4－49　外轮廓照相仪

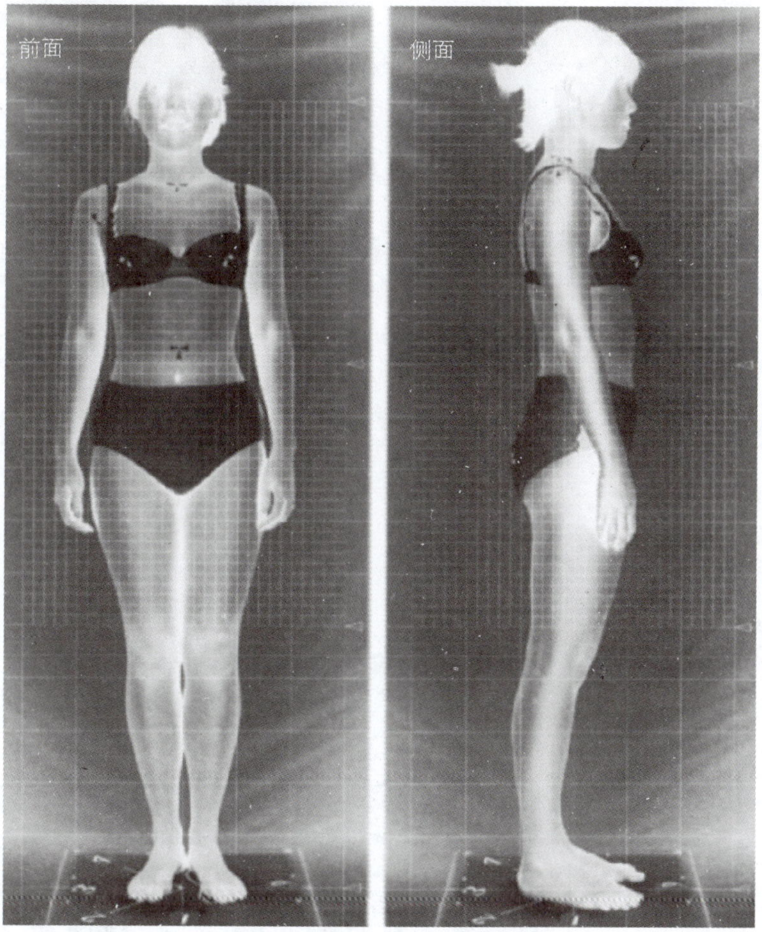

图 4－50　外轮廓照相仪的计测结果举例

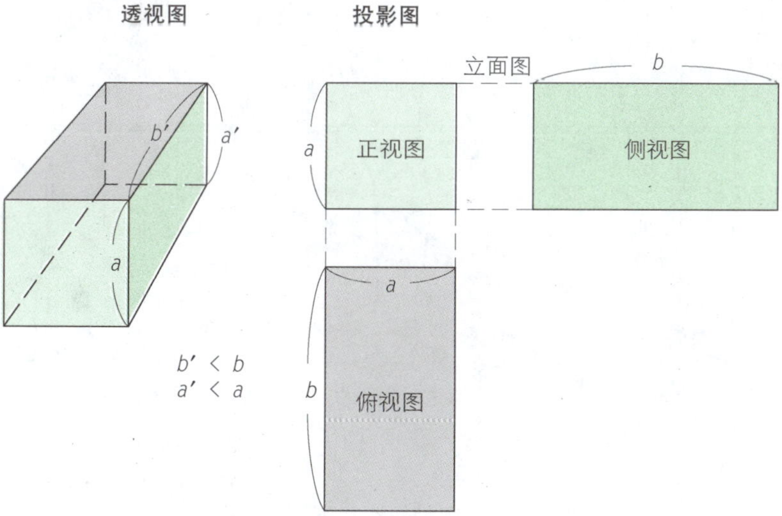

图 4－51　长方体的投影图与透视图的区别

外轮廓照相仪是拍摄后获得 1 /10 的缩比照片的装置，照相机与被摄体——人体之间的设定距离为 264cm。由于距离太近，很难得到正投影图，因此，在利用外轮廓照相仪所拍得的照片进行计测时，需要注意的是只有在靠近镜头高度（90.5cm）区域内的计测值是正确的，肩部等部位的计测值并不准确。

图 4 －52 为照相距离分别为 2m 和 5m 时所拍照片的差异比较图，可以看出在肩部附近差别尤其明显。

●镜头中心高度的考虑

人体的垂直方向上较长，从透视规律来说，高于照相机镜头中心的部分接近仰视图，低于照相机镜头中心的部分接近俯视图。因此，为了获得正确的图形，将照相机的镜头高度设于需要拍摄的物体的高度十分重要。这样照相距离及镜头高度的误差影响会随之减少。照相机的镜头高度与被计测对象及计测部位的正确设置关系如表 4 －17 所示。此外，在莫尔照相机的使用过程中也需要考虑到相同的问题。

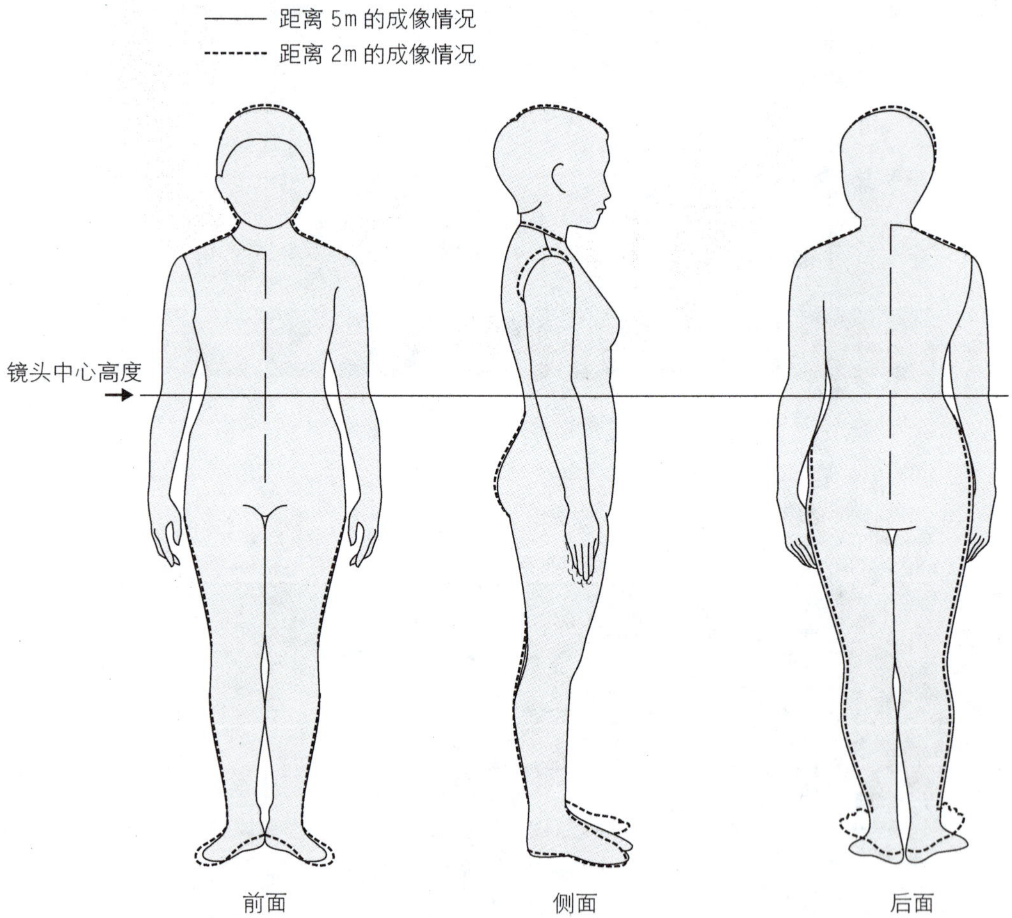

图 4 －52　不同摄影距离的影像差异

表 4－17　人体照相计测中相机镜头中心高度的设定

摄影对象的部位	镜头中心高度
以全身为对象的情况	身高的 1 /2 或腰围线高
以上半身全体为对象的情况	胸围线高
以肩部、颈部为对象的情况	前颈窝点高、颈侧点高或两者之间
以下半身全体为对象的情况	臀围线高

●镜头面的角度

由于需要获得正投影图，因此需要通过三脚架来固定相机，使其镜头面保持垂直。

●照片内的刻度标记

为了便于照片缩率的计算，在拍摄照片的过程中，需要事先放置一定长度的尺子或是在拍摄的同一画面内记录水平和垂直的基准线。例如可以在被摄人体的后方放置方格网或是在其横向垂直放置 50～100cm 长的标尺，这样在拍摄过程中可以同时记录。

6.2.2　摄影结果的利用

摄影结果可以应用到以下几个方面。

①通过照片观察人体形态。

②将照片按一定的比例放大计算后，测量厚度、宽度和高度等项目，通过这些测量值，再获得人体的比例及显示人体体型特征的指数（如头身指数、扁平率等）。

③测量体表角度。

图 4－53 为体表角度计测项目的举例示意图。利用这些项目对 200 名被测者进行侧面的体表角度测量并进行数据的分析处理，各部位的数据都落在平均范围内的被测者的外轮廓图如图 4－54 所示。具体的分析方法是针对 20～21 岁被测者的所有体表数据实施主因素分析，根据身高分类获得各体型的体表角度数据的平均值。此外，利用相同的数据资料进行体表局部分析，图 4－55、图 4－56 是将其中两个主要因素中负荷量分别为大、中、小的被测者抽取出来的图示。通过数据分析可知这些前面、后面、上半身和下半身的体表角度数据之间不存在相互关联（例如，胸前上角大的人，臀突上角也较大，类似的相关非常低）。这说明人体的复杂性很难用单纯的因素进行说明。

图 4－57 是平均肩倾斜、溜肩和平肩的示意图，是将相机的镜头中心高度设定在前颈窝点所拍摄的照片。即便是将相机的镜头中心高度设定在计测部位的高度，由于个体在肩部的厚度、肩点的前后方向上存在着差异，因此，从前、后照片上所获得的测量值依然存在着一些差别。

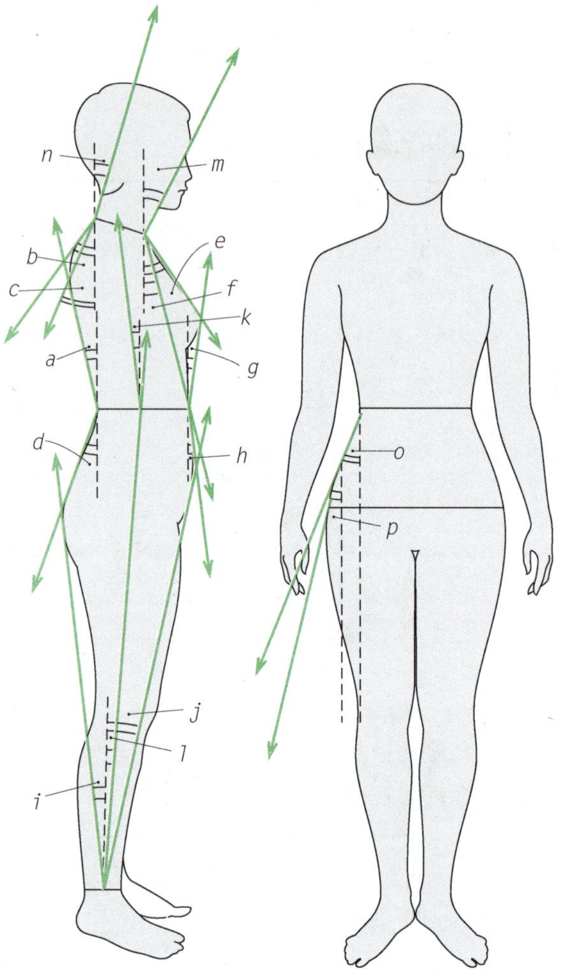

图 4－53　外轮廓照片上的体表角度计测部位

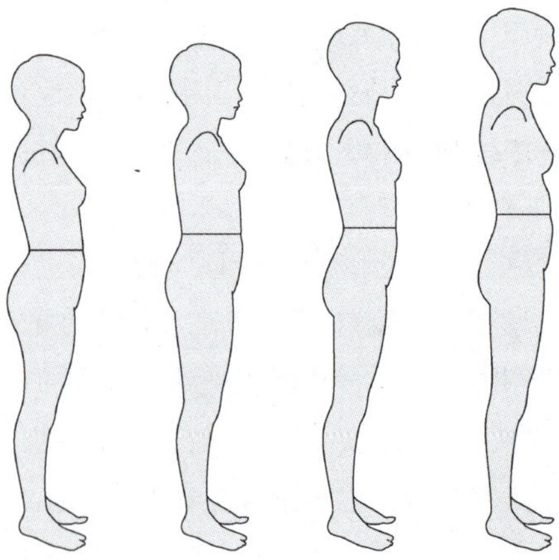

图 4－54　不同身高段的体表角度平均轮廓图

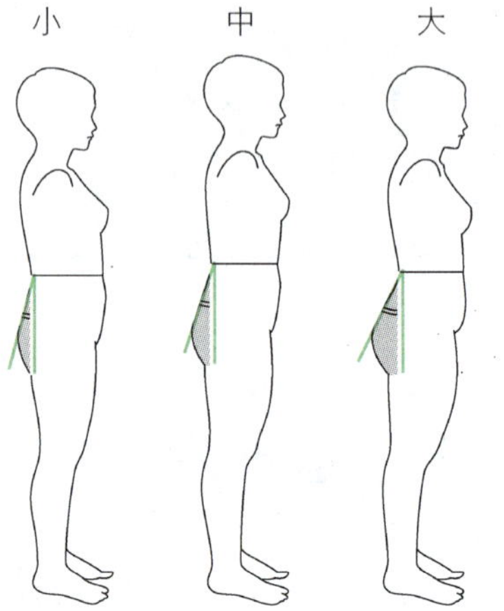

图 4－55　臀部倾斜角度（*d*）的大、中、小

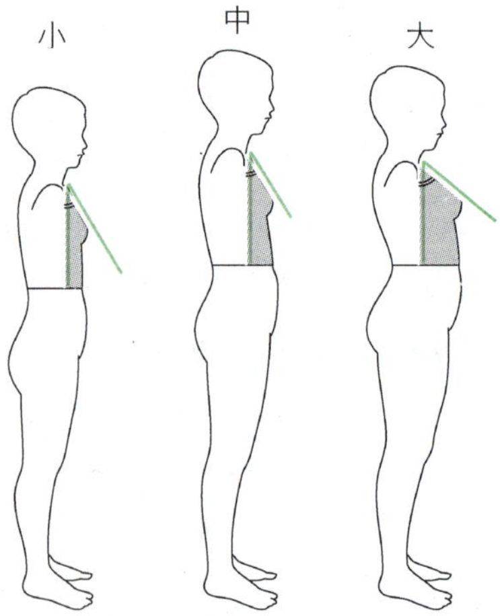

图 4－56　胸部上部倾斜角度（*e*）的大、中、小

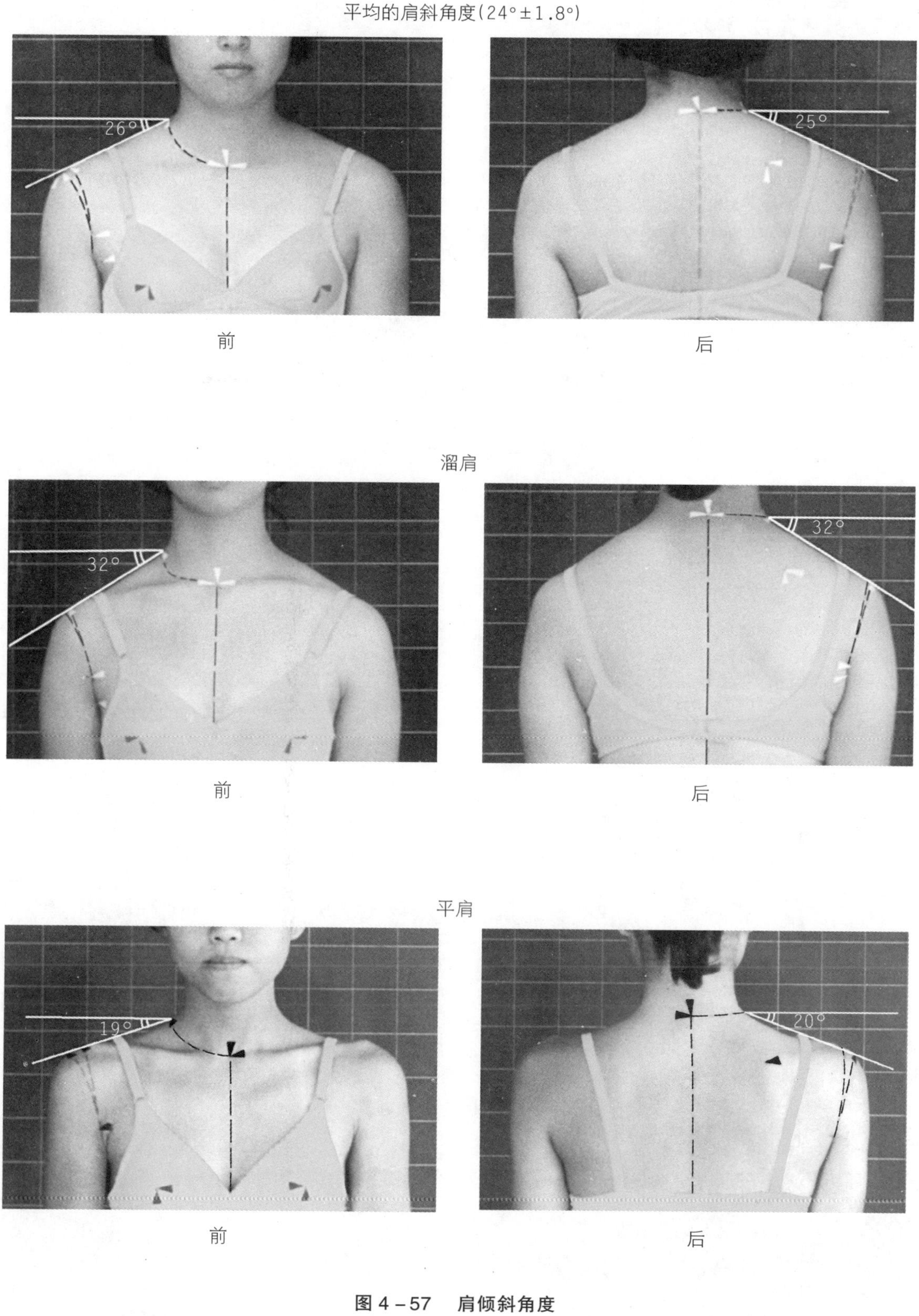

图 4－57　肩倾斜角度

6.3 断面计测法

人体的垂直断面图和水平断面图可以通过以下方法获得：断面计测仪、红外线断面计测机的截面计测、从三维计测中输出断面等。由于各种方法所获得的断面属于同一种性质的图形，在此以断面计测仪对应的水平断面计测法为例，针对获得的断面的测量及其应用进行说明。

6.3.1 断面计测仪计测法

断面计测仪是通过前、后移动水平排列的细滑动棒，使其接触身体并记录断面形态。滑动棒的排列方式分为水平并排和垂直并排两种。图 4－58 和图 4－59 为文化女子大学服装系所使用的断面计测仪，是根据教学需要进行的改良设备，目前市场上也有以红外线代替滑动棒的同类产品在销售。

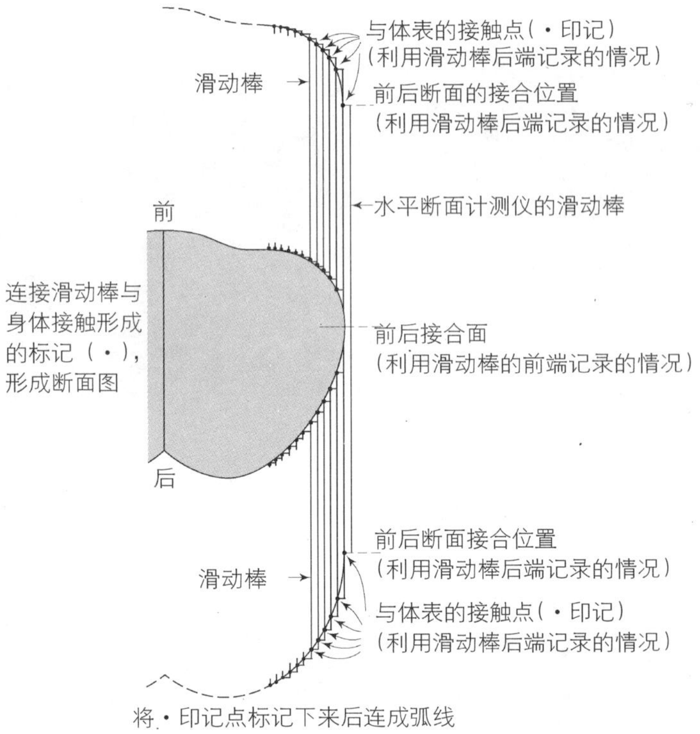

图 4－60 通过水平断面计测仪获取横断面形态（HL）

图 4－58 水平断面计测仪

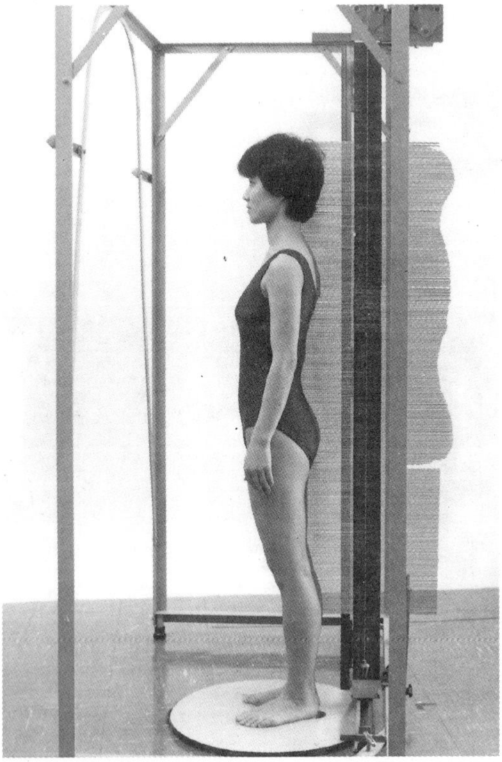

图 4－59 垂直断面计测仪

水平断面计测的测量顺序如下所示。

①在人体体表标记计测点（根据所需断面的部位决定）、前正中线（FML）、后正中线（BML）及体侧垂直线（VL）等计测基准线。

②将滑动棒调整到计测点的高度，使滑动棒轻轻接触身体后截取断面形态。

③将滑动棒所显示的断面形状在纸上描绘下来，同时在纸上标记出前后正中线（FML、BML）和体表垂直线（VL）的位置。在利用滑动棒的后端记录形态时，前、后形态需分别记录（图4－60）。

④计测完成后，将前、后的断面合成为一个。

垂直型断面计测仪的操作顺序与此相同，只是计测点和形态拓取中所设定的基准线有所不同。可以间隔较密地对计测部位进行测量，但如果是通过累加断面来制作人台的话，通常间隔1～2cm截取断面形态就可以了，在这种情况下，通过三维计测装置可以获得精度较高的断面图。图4－61为人体各突出部位及腰围等服装支撑部位的断面截取结果的举例。

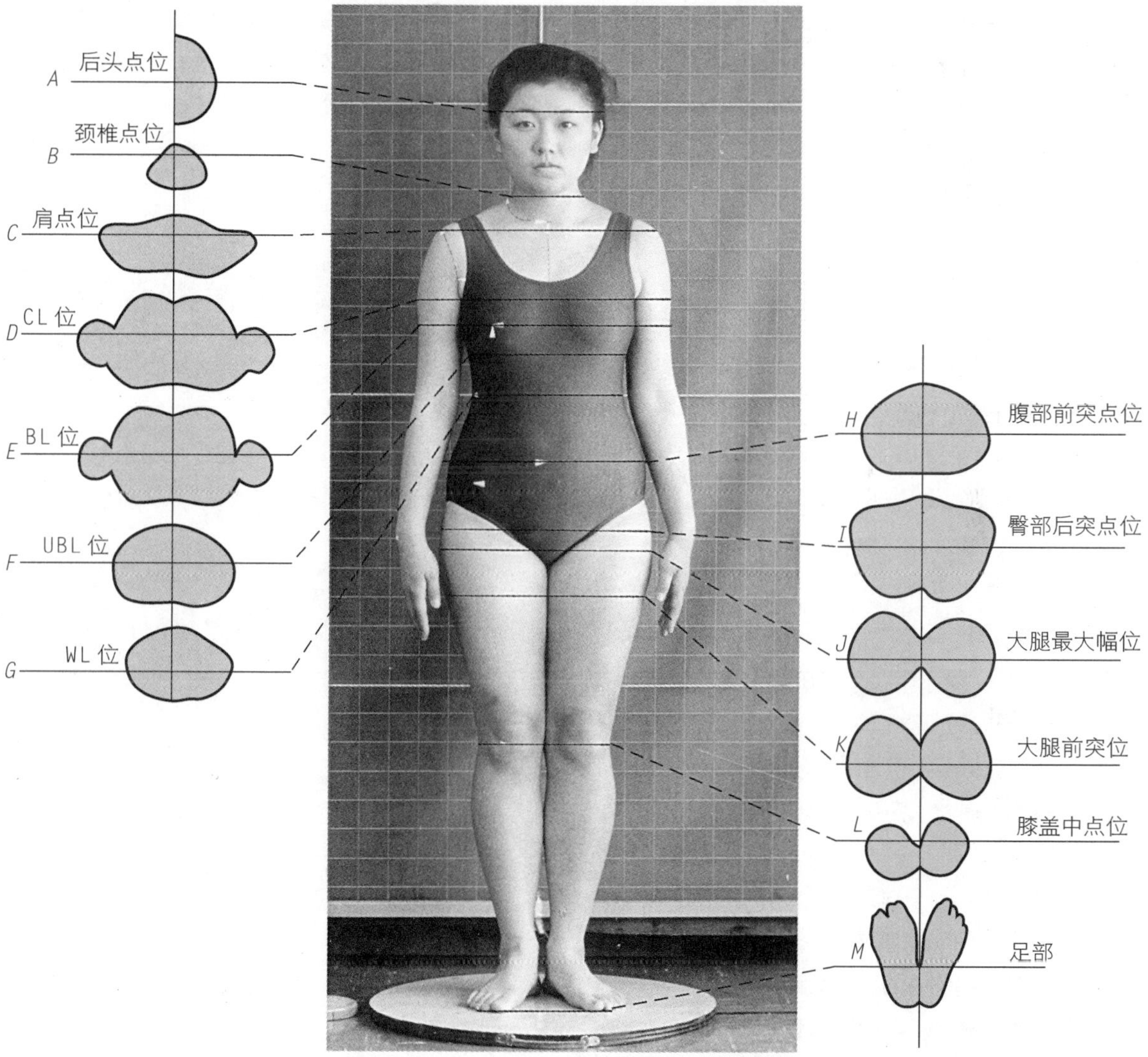

图4－61　水平断面的截取部位及断面形状

6.3.2　三维计测装置对应的断面计测法

在以下内容中所使用的断面图是通过文化女子大学三维计测装置所获得的人体扫描数据，将间隔 4mm 的点（X，Y）连接起来，形成断面图形并直接输出。输出结果与图 4－61 相同。

6.3.3　结果的利用

计测结果可以进行多种利用。

①观察断面形态。

②从断面图上量取周长、矢状径、厚度和宽度等数据，并利用这些数值计算扁平率等。

③获得断面的平均图形，从而了解人体的平均断面形态（该部分内容将在断面图形平均图的获得方法中具体说明）。

④将各部位的断面图重合起来形成人体的平面图，从而获得三维的观察资料（在断面的重合方法中具体说明）。

⑤从断面重合图上获得绘制纸样所需的人体尺寸并求出腰省量。该部分内容将在三维计测的内容中进行具体说明。

●断面图形平均图的获得方法

图 4－62 是 30 名 20～22 岁女性的平均断面图，是利用圆弧的方法获得的。除此之外，还有其他若干种方法可以获得断面的平均图。图 4－63 是将扁平率分成三类后，所得到的各类别的平均图，从图中可知，各类别之间的横宽差别不大，主要在厚度上存在着明显的差异。由此可知周长尺寸较大的人，主要是因为身体较厚造成的。从扁平率与周长的相关系数来看，与胸围的相关系数为－0.69，与腰围的相关系数为－0.54。

对于不同的个体来说，通过正中线分割的左、右两侧断面的面积未必相等，同时断面有时会出现偏斜和扭曲的情况。因此，在计算各断面的平均图形时，尽可能地将正中线调整在左、右分割面积近似的位置上，同时将扭转的断面调正十分必要。

●断面的重合方法

断面的重合方法如图 4－64 所示。在重合的过程中，将各断面上标记的前、后正中线（中心线）与图中的垂直线相对合，将在侧面标记的垂直线（VL）与图中的水平线对合。垂直线代表了人体的矢状方向，水平线代表了人体的前头面（冠状面）方向。多数人体都会略微有些歪，如图中所示，前正中线虽然与垂直线重合，但后正中线却有些偏离，当然重合在同一条线上的情况也很多。

当人体标记的正中线在断面图中与垂直线无法正确对合时，需要参照立位图对应的个人照片，确认各断面采取位置之间的前后、左右关系。重合图是人体断面的正投影图，通过这一图形可以很好地显示个体的体型特征。在三维测量中，这些重合图可以直接输出。

图 4－65 是将图 4－61 中所显示的各个计测部位的断面重合在一起的两个例子。A 例为全身重合图，与臀围相比，肩胛骨更突出于后方，因此臀围线被遮挡住。B 例则是肥胖体的举例。

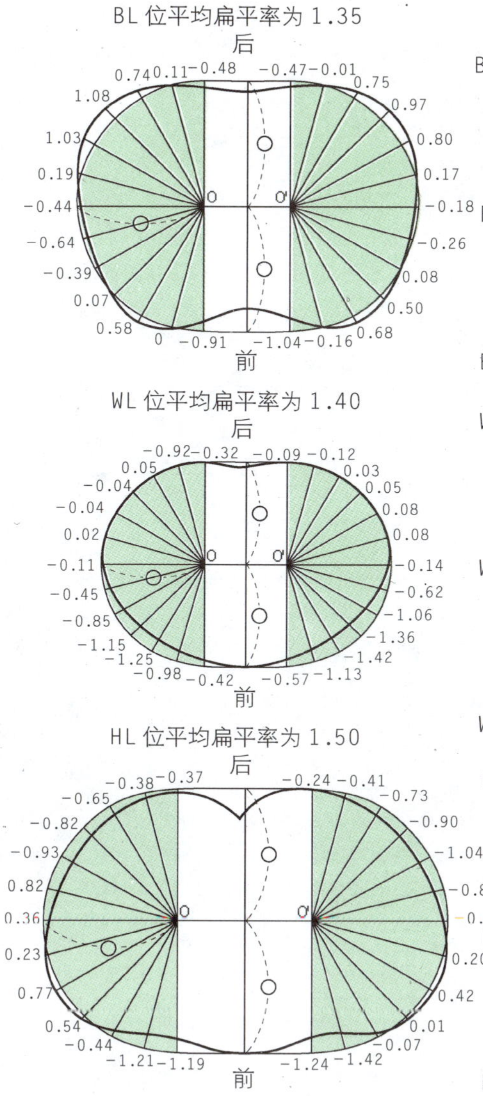

图 4-62　主要横断面平均图的制作示意图

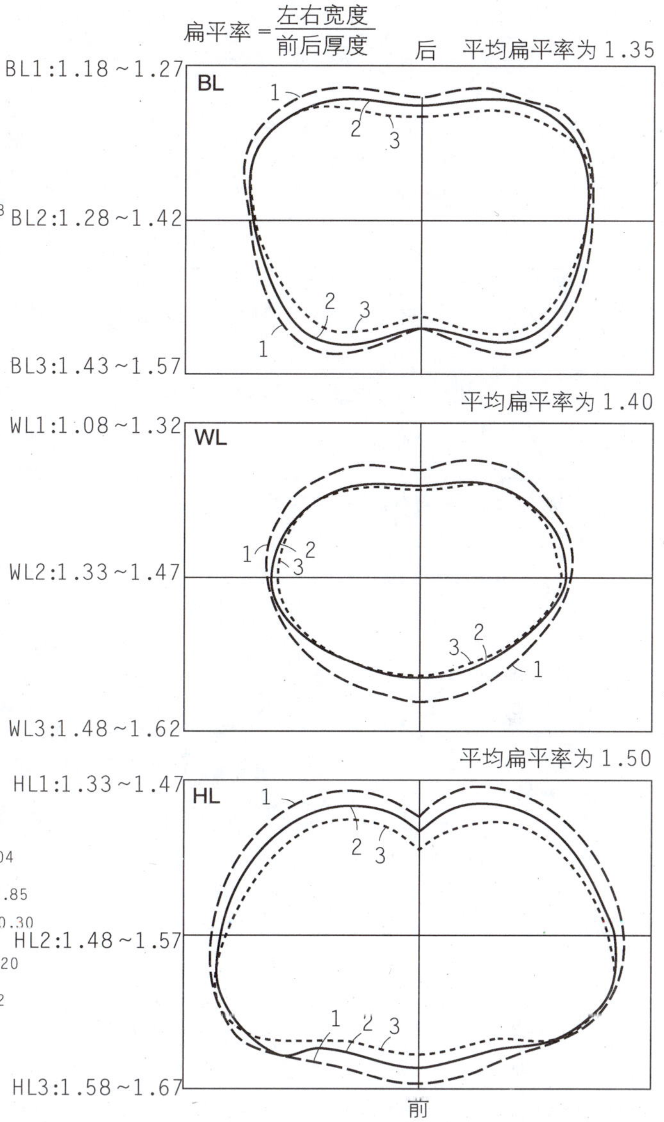

图 4-63　扁平率对应的横断面形态分类

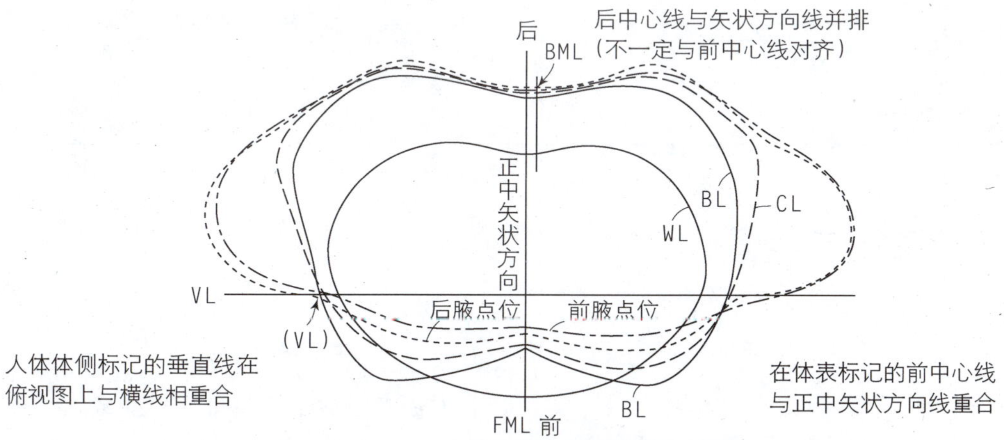

图 4-64　水平断面重合图的方法（上半身示意图）

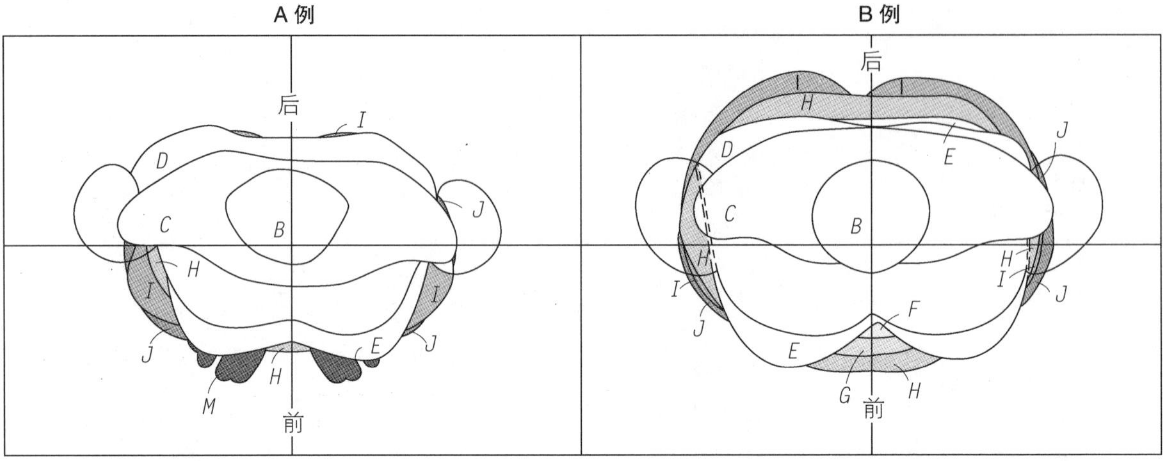

全身（头部除外）的水平断面重合图（俯视图）

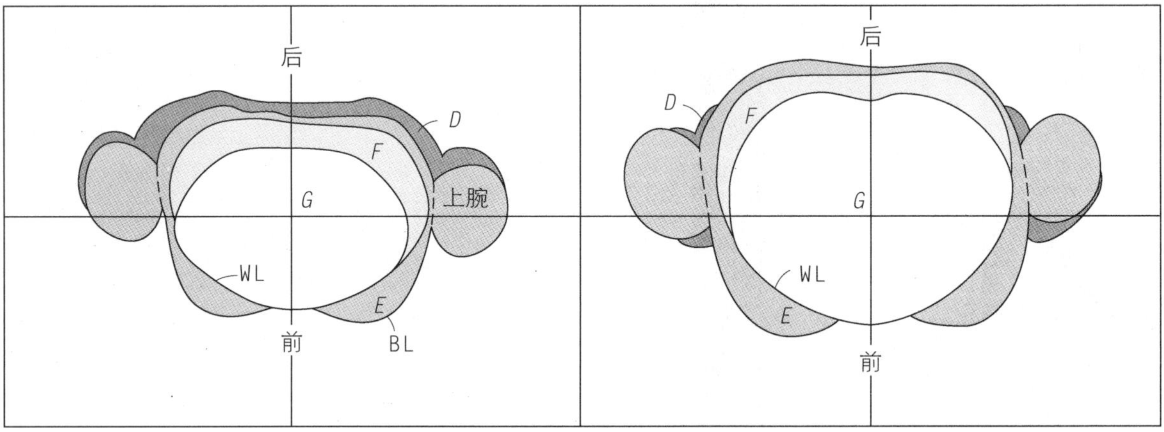

上半身（仰视图）

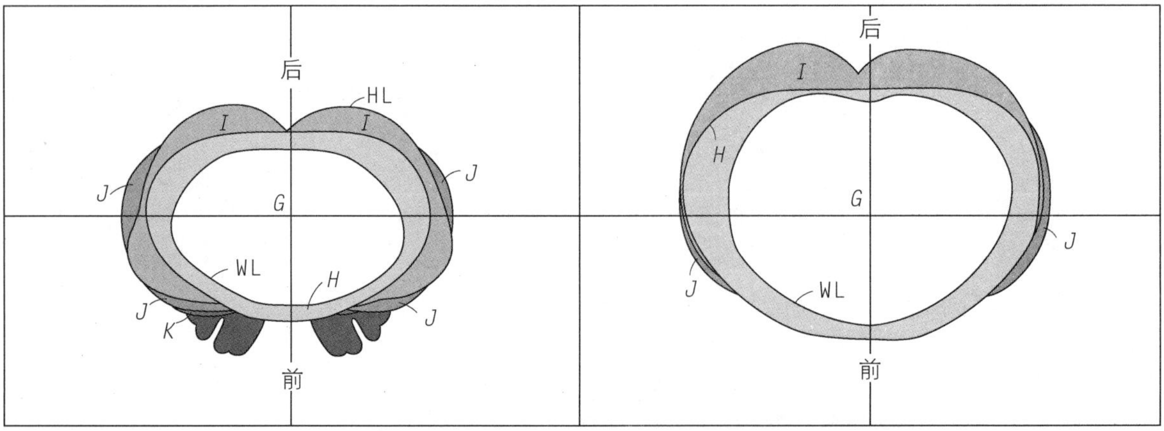

下半身（俯视图）

B:BNP　*C*:肩峰点位　*D*:CL　*E*:BL　*F*:UBL
G:WL　*H*:腹部前突点位　*I*:HL　*J*:大腿最大围位

图 4－65　人体的水平断面重合图

7. 三维计测法

作为具有三维立体形态的人体，为了把握其立体形态，可以通过石膏包带或其他材料等将其造型拷贝下来；此外，为了获得人体的三维数据，也可以通过莫尔条纹或激光等三维计测方法来实现，或是利用两台照相机所形成的立体照相计测法来完成。前面提到的利用断面计测仪获得水平断面重合图的方法为二维计测方式，但如果将这些断面图重合起来，就可以获得三维的数据资料。

所谓三维数据是指包含了 *X*、*Y*、*Z* 三维坐标值的数据，通过这一数据可以求得距离、面积、断面形状和矢量值等信息。目前，该方法通过与计算机的结合使用，取得了飞跃式的进步，在实用性方面获得了长足的发展。预计在不久的将来就可以实现通过三维采取的人体数据获得二维的体表展开图，从而生成服装纸样的自动化系统。

7.1 通过立体裁剪法获得体型及其结果应用

●A 方法

将坯布上的直纱与横纱设定为平面展开图

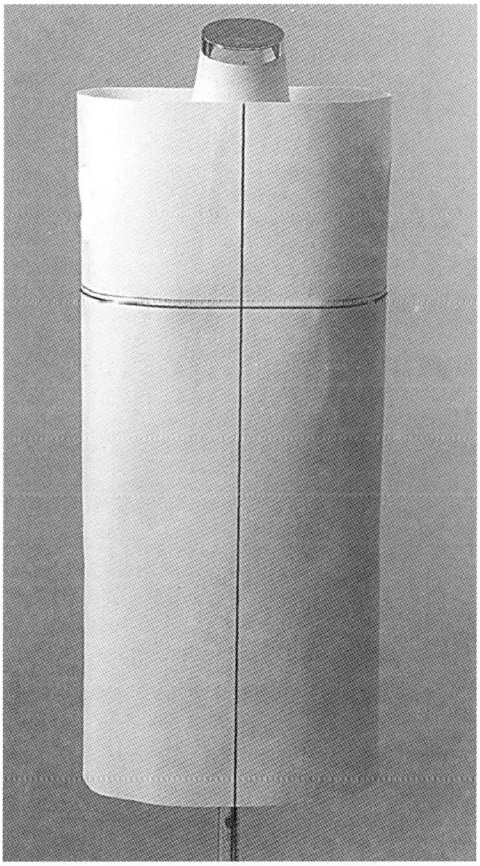

图 4－66　筒状包裹人体躯干部位

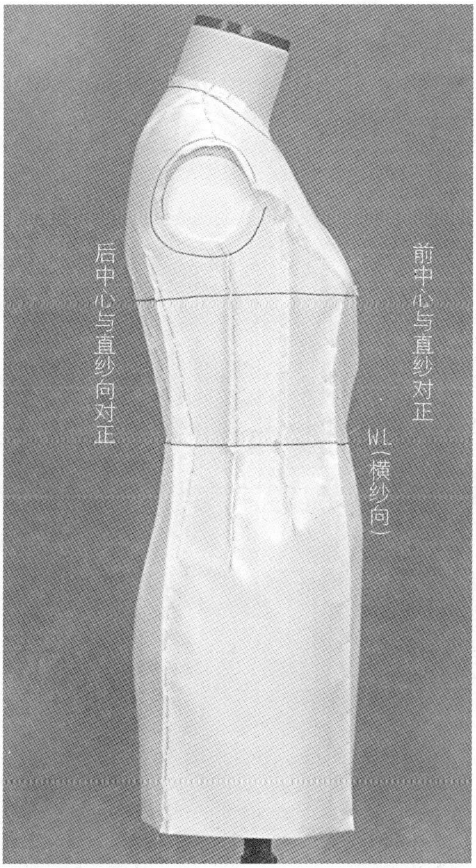

图 4－67　紧身衣的贴体取样(A 方法)

上的水平线和垂直（X、Y）线，用坯布柱状包裹人体（图 4－66），空隙部分作为省道收掉，使坯布贴合身体从而获得人体形态。在该过程中最重要的是设定立体状态与平面展开图上的共用基准线为坯布的纱向线，即先行考虑纱向的经过方向与平面纸样作图的关系，以便于完成平面展开图向纸样的过渡。

以图 4－67 上半身和下半身连在一起的一片式紧身衣为例，由于其中腰围为横纱方向、前后中心线为直纱方向，因此省道的中心线会经过直纱方向。对于下半身造型来说，省道分别延伸向前、侧、后三个方位的突出部位，由突出点向下则呈裙状的垂直面。由于腰线保持水平，所以当视线朝向各个部位的曲率中心时，可以发现省道与省道之间的直纱呈垂直贴合的状态。

在紧身衣的立体裁剪过程中，下半身呈现裙子的状态，同时也得到了包裹人体的三维立体复写品。

紧身衣展开图（图 4－68）上的身幅、省量构成等与通过理论的方法计算水平断面重合图上的外包围所获得的省量是一致的（图 4－84～图 4－87）。但是对于实际操作来说，面料的厚度不同，省道的个数也会存在着差异，同时紧身衣的形成过程是将人体的复曲面部分在可能的范围内尽量单曲面化包裹的过程，因此多少会出现不服帖的状态。尽管省量的分配关系不会改变，但是相对于理论计算来说，坯布的外包围和腰围会略大些（右半身约大 0.3～0.5cm）。

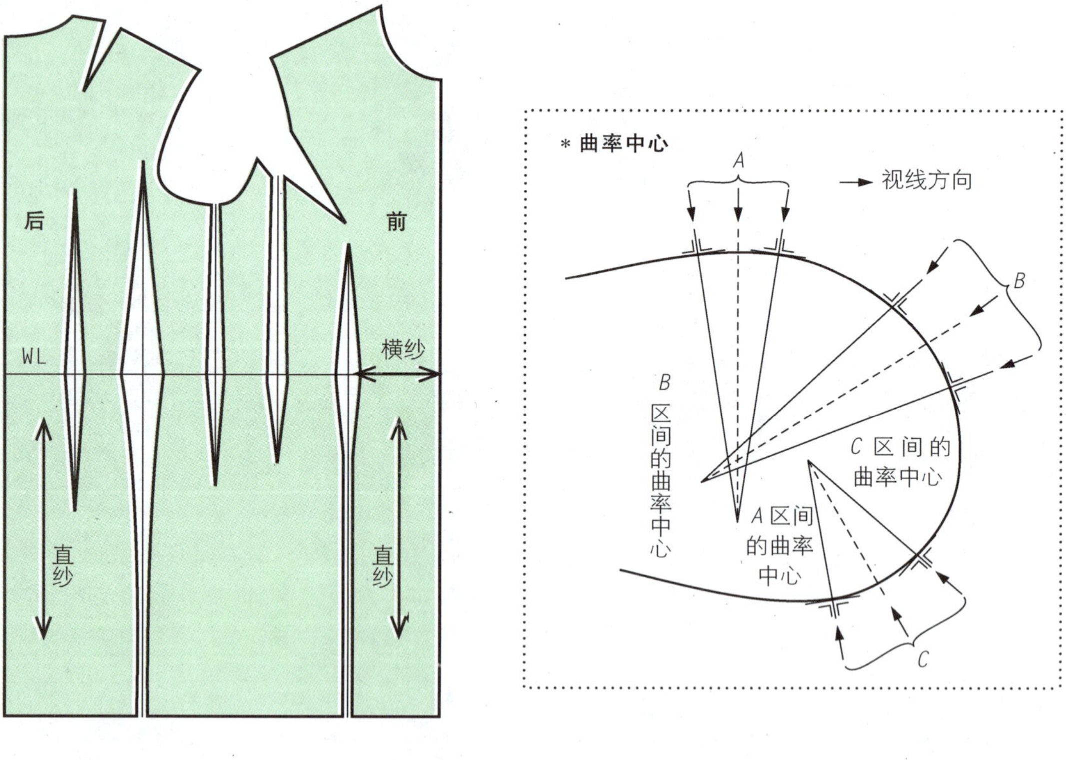

图 4－68　紧身衣的平面展开图（A 方法）

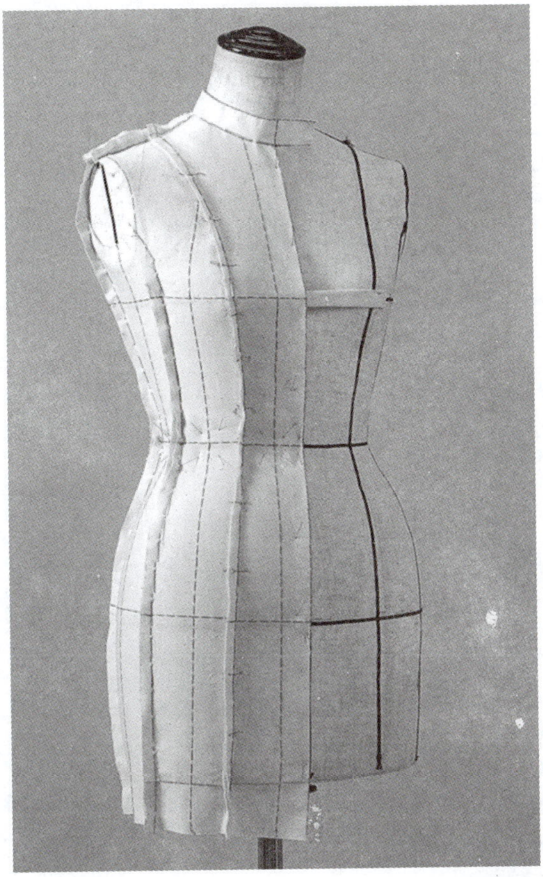

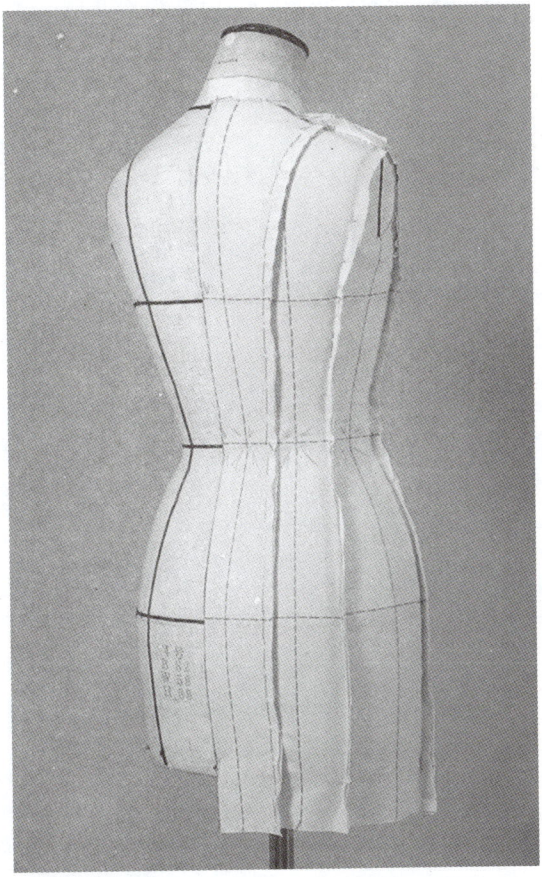

图 4－69　紧身衣的贴体取样(B 方法)

●B 方法

图 4－69 为加入数条分割线的紧身衣（B 方法）的例子（又称纵面构成），腰线为横纱，前后中心线及每一片裁片的中间位置为直纱。图 4－70 为其平面展开图。

A 方法和 B 方法的腰省分配结果基本相同。这些展开图可以直接作为个体的紧身衣原型，在应用的过程中，根据款式的需要直接加入松量即可。展开图上获得的领口弧线、袖窿弧线和肩斜等部位通过理论计算进行制图十分困难，可以反过来通过展开图的结果来推导理论。

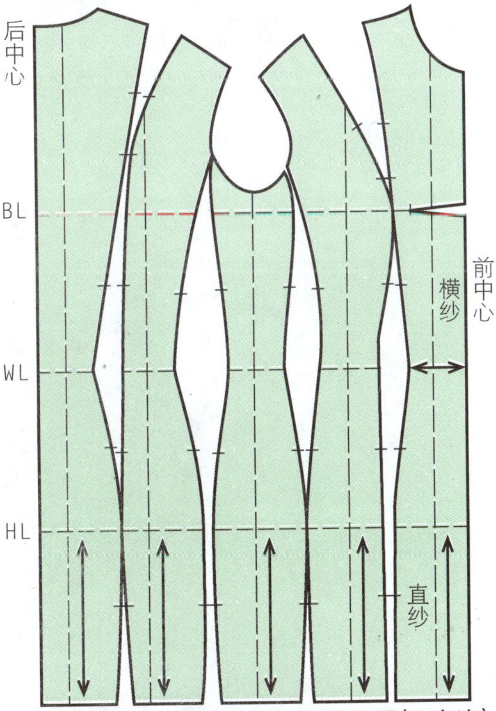

图 4－70　紧身衣的平面展开图(B 方法)

7.2 石膏包带法的三维形态获取及其结果应用

7.2.1

石膏包带法是指用涂抹了石膏粉的包带来获得人体形态的方法，具体操作顺序如下所示。

①用水溶性的记号笔在人体上标记计测点和测量上需要的基准线。

②在体表涂抹油(凡士林、油质面霜等)，以防止肌肤疼痛，同时便于石膏型从人体上取下(尤其是在体毛浓重的地方要多抹油)。但注意记号笔标记过的部分不要涂抹。

③为了配合被获取部位的形态，将10cm宽的石膏包带裁成两种或三种不同长度的短带数枚(图4-71)。

④将石膏包带浸入热水(约38℃)中。

⑤将石膏包带贴于体表，贴的过程中让两片之间略微错开一些，同时又有部分重叠，一般一个体表部位贴3片或4片。直接用于展开的石膏型通常整体贴3片，石膏型需要长期保存或是利用石膏型来制作雄型的情况下，一般贴4片、5片。包带在贴的过程中并非同一方向，通常是垂直、水平和斜向交叉叠合。

⑥石膏本身会一边发出微热一边固化，可以借助吹风机来加速水分的蒸发，使石膏型变干硬化(数分钟)。

⑦石膏型硬化后，将其从人体上取下来。

需注意的是需要事先考虑石膏型是否易取，分析贴到哪个位置可以保证取下石膏型，然后再实际操作，这一点十分重要。例如在制作上臂部的石膏型时，如果石膏包带贴得过长，石膏型固定后会被肘部和前臂挡住，很难完整地取下来。

图4-72为完成后的上半身石膏型，上臂部分是在制作过程中连续完成后沿臂根线剪下来的。

石膏包带法不仅可以用于获取静立状态的人体，针对获取运动状态的人体形态也是有效的。

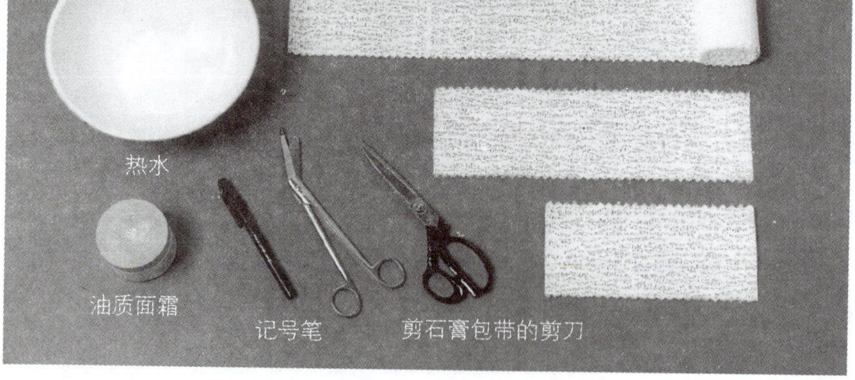

图4-71　制作石膏型的准备

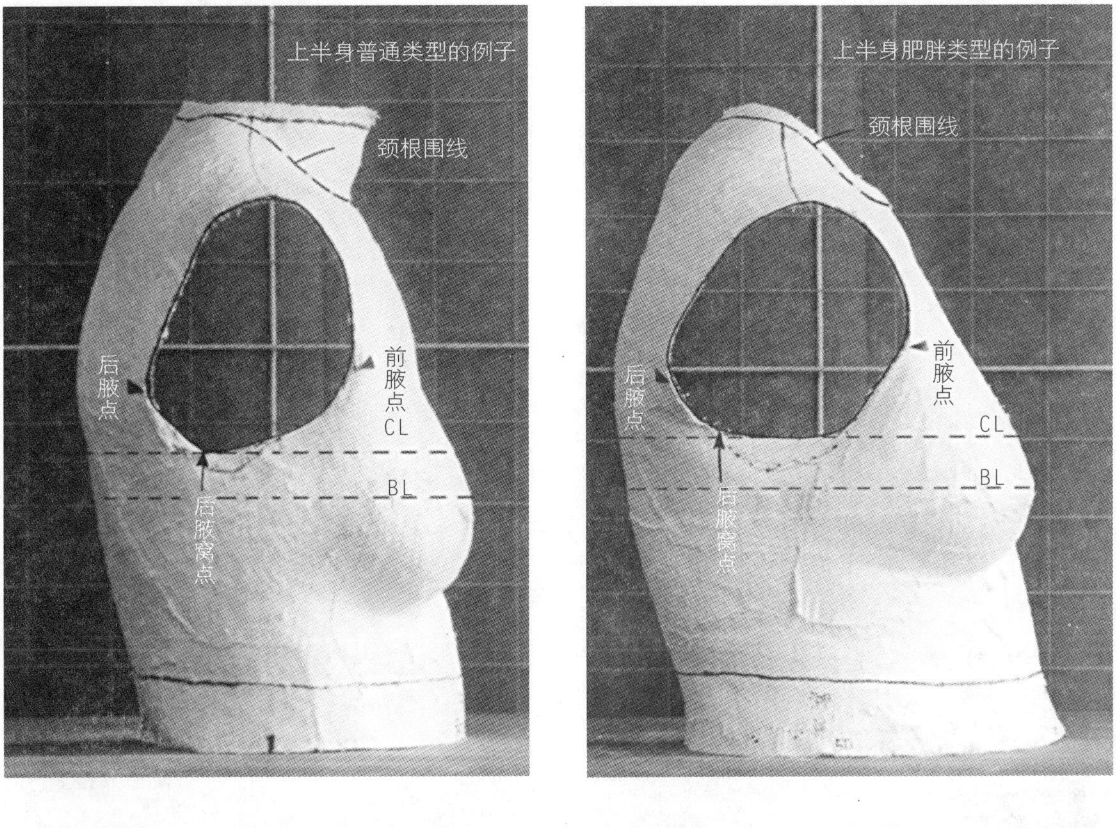

图 4－72　石膏包带法对应的石膏型

7.2.2 石膏型的利用

获取的人体形态石膏型有多种利用方法。

①观察体型　石膏立体型可以作为观察人体形态的资料，尤其是臂根和腹股沟（正中断面形状）等位置的形态，这些部位从人体本身是绝对无法观察的，但可以通过石膏型很好地观察，这是作为雌型的石膏型的一大优点。如图4－72所示，通过石膏型可以发现平均尺寸的模特和略胖身型的模特在臂根形态上的差异。图4－73为平均体型模特的下半身石膏型，从中可以考察腹股沟的形状。

②石膏像的制作　用于石膏像制作的石膏型需做得较厚，在石膏型的内部可以填上石膏制成如图4－74所示的雄型，这一石膏像可以作为人体模型进行各种实验。

③获得体表展开图　石膏型的衣服造型是最直接的应用方法，可以由此获得体表展开图。展开图可以作为纸样设计的基础加以应用，也可以用它来理解人体的立体形态与平面展开图之间的关系。

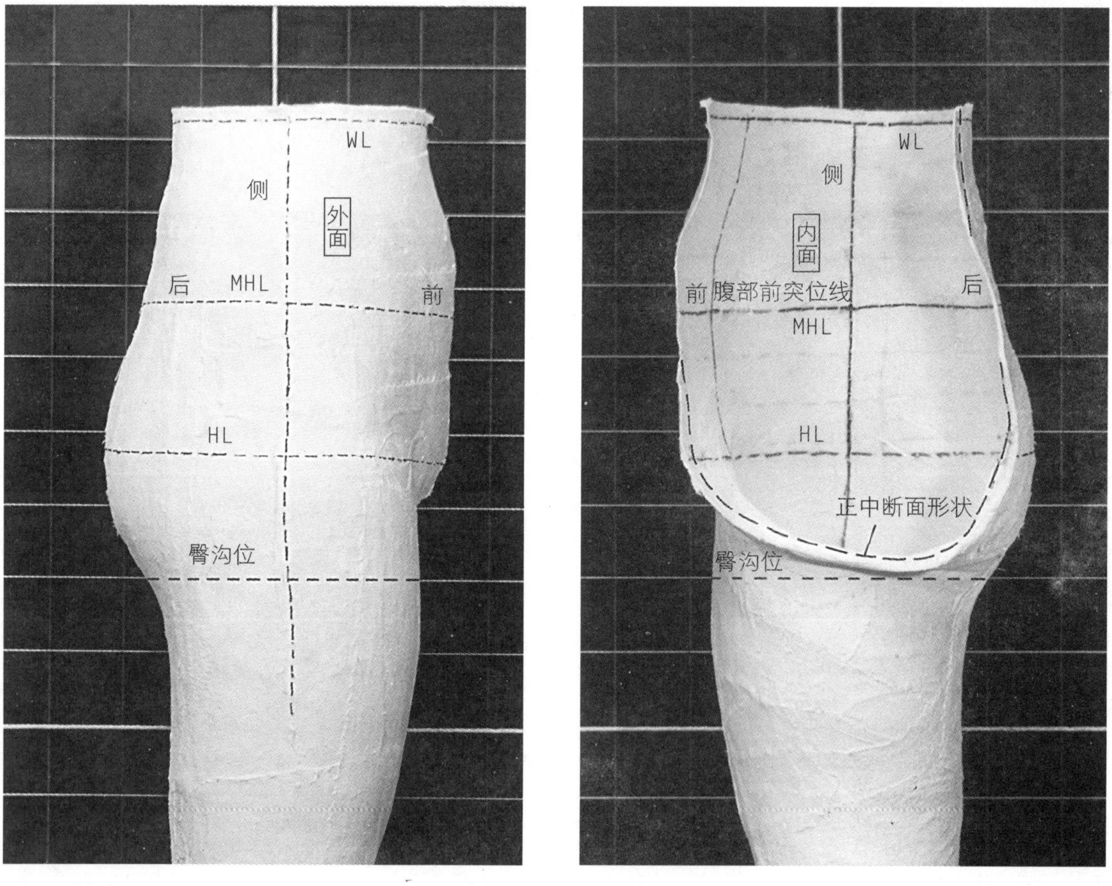

图4－73　下半身石膏型

可以通过以下三种方法获得体表展开图。

- 直接将石膏型剪切后展开(直接展开法)。
- 如图 4－75、图 4－76 所示，将和纸弄湿后贴于石膏型的内面(内壁拓取法)或石膏像的外面(外壁拓取法)，待干燥后取下，然后将拓取获得的复原像剪开(和纸复写法)。
- 将石膏型内壁的体表划分成可以平面化拓形的、范围较小的多个区域，利用较小伸缩的非织造布或和纸进行采样，然后将纸片合并起来形成展开图(区域拓取法)。

图 4－77 为利用直接展开法(a 法)获得的上半身和上臂部的石膏型展开图。图 4－78 为利用石膏型内壁拓取法得到的和纸复写的展开图。无论是哪一种展开图的制作方法，都需要如前面二维计测法中所论述的那样，明确平面与立体状态下的共用图形学基准线。在图 4－77 和图 4－78 的例子中，无论是在立体状态下还是在平面状态下腰线均为水平。

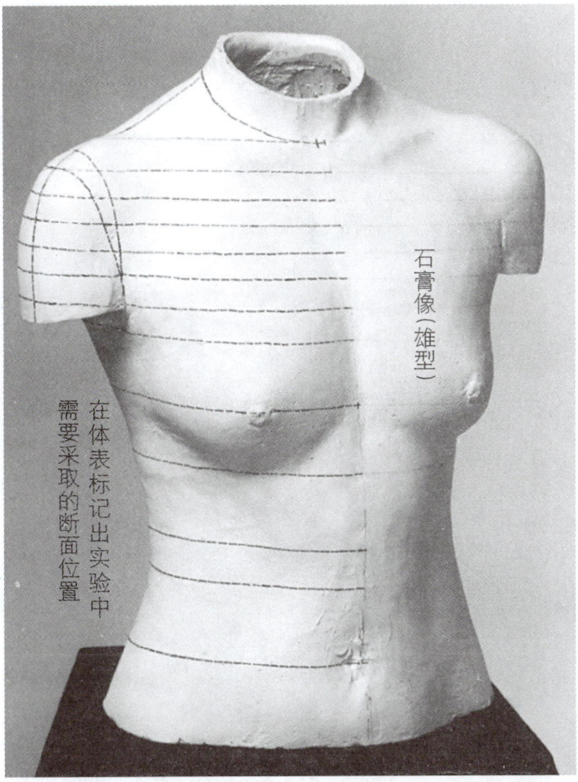

图 4－74　石膏像

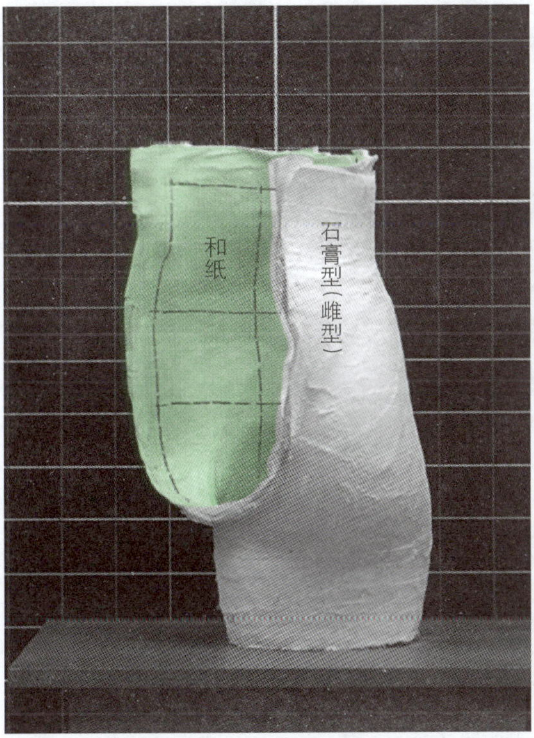

图 4－75　石膏型内壁拓取法

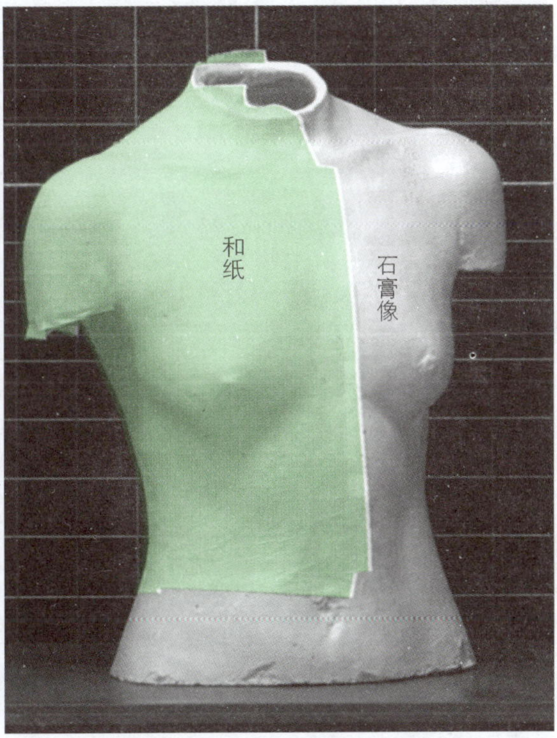

图 4－76　石膏型外壁拓取法

上臂部石膏型的展开有以腋窝水平线为基准展开的，也有以稍靠近下方的水平基准线为参考展开的，在选择展开方式时重要的是明确展开图的应用目的。在图 4－77 中，石膏型展开时是以从腋窝向下 10cm 处的水平线为基准线，以图形学的柱面展开法*为基础来展开的。

剪开线通常放置在体表的突出位或凹位。例如，由于展开图上设置的水平基准线为 WL，沿上半身纵向加入的剪切线就需要针对上半身突出点，同时与腰线保持垂直，另外展开时腰线要保持水平。也就是说，剪切线是从基准线开始到突出点为止长度最短的线段（图 4－79）。

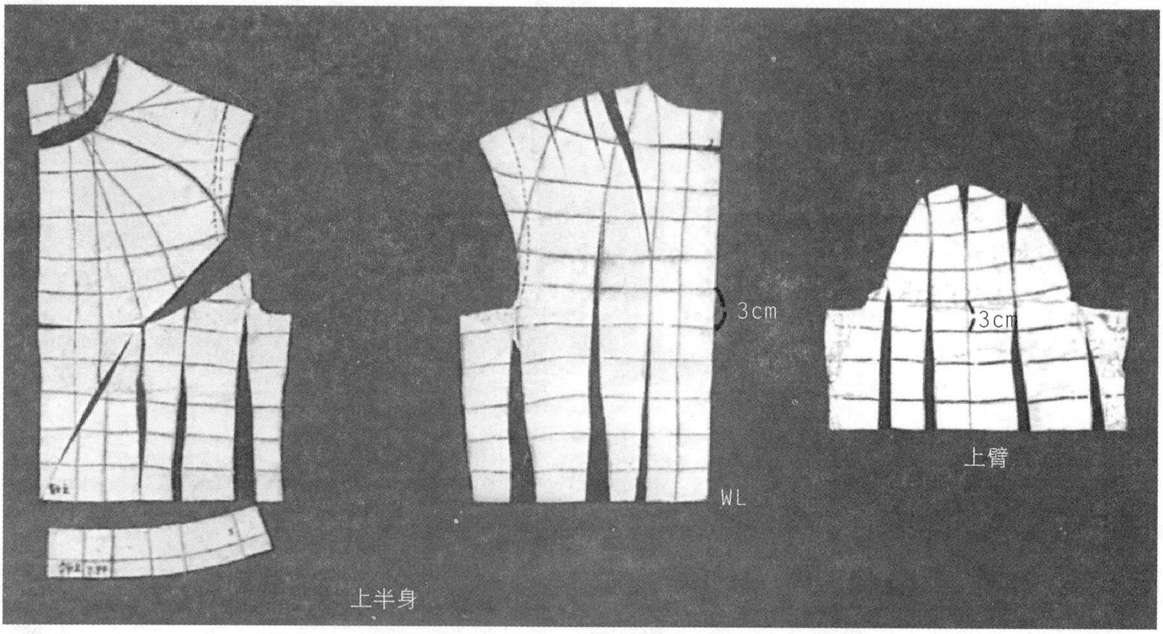

图 4－77　石膏型的直接展开图(a)

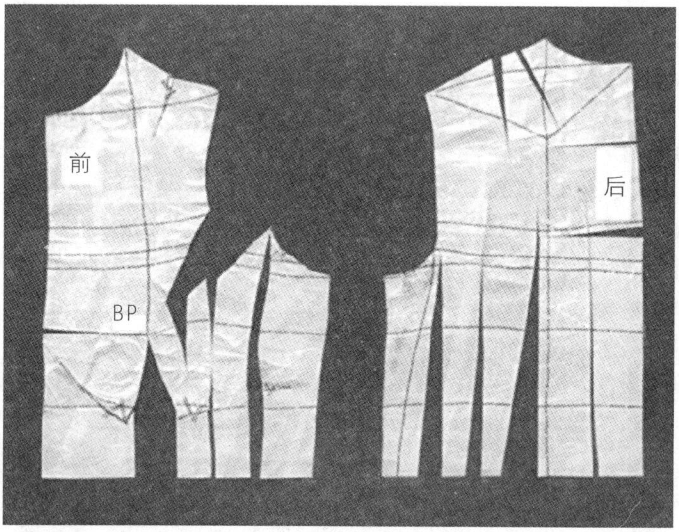

图 4－78　利用石膏型内壁拓取法获得的和纸展开图(b)

＊柱面展开的含义（圆柱体的情况举例）

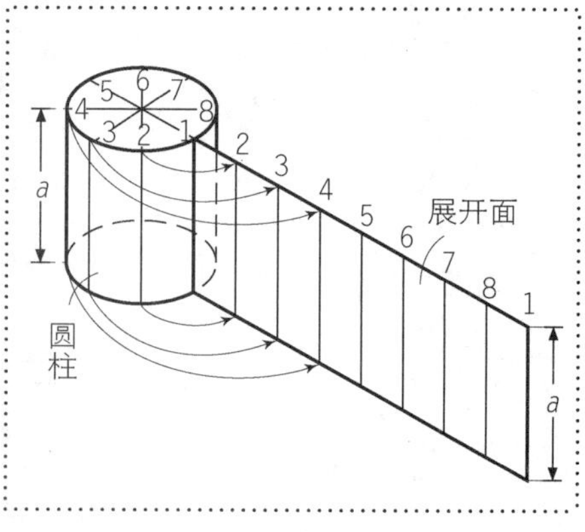

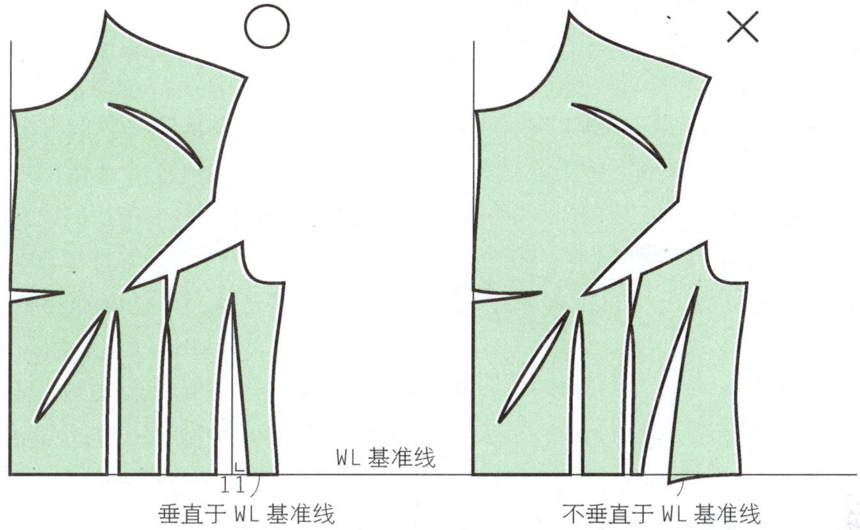

图 4－79　石膏型展开过程中的注意点

7.3　莫尔干扰条纹计测法

7.3.1　原理与相机

在拍摄照片的过程中，在相机和发光体的前方放置细的帘状遮光线（格子）后再进行拍摄，两个方位的条纹互相干扰，就形成了身体表面的莫尔状等高条纹。

另一种方法是将与身体等大的格子放于人体的前方，利用照相机一侧的光源向格子投射一定量的光，照相机则经过另外的格子后成像。后一种方法的照相机如图 4－80 所示。

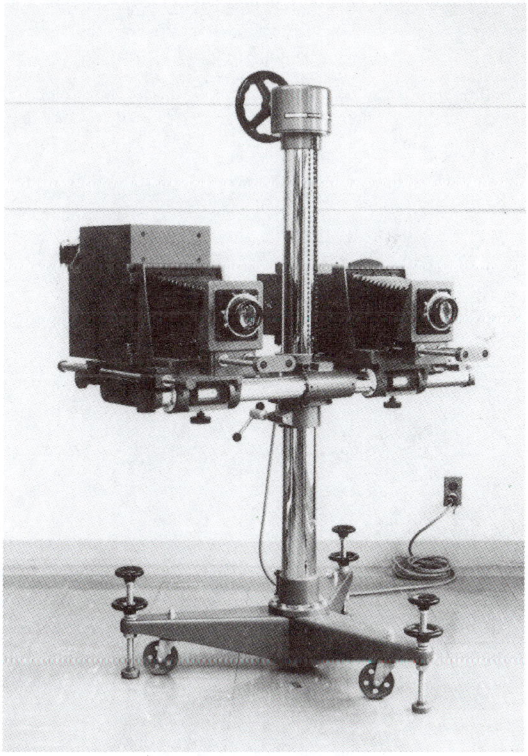

图 4－80　莫尔照相机

7.3.2 结果利用

图 4－81 为莫尔照相机的拍摄结果。从图中不仅可以观察到体表的凹凸变化，还可以获得人体的三维数据。此外，通过光的直进性和莫尔条纹的条数可以计算出照相机到体表的距离，从而有可能利用在人体垂直断面上所形成的莫尔条纹得到人体的横断面。但是，如果要获得人体体表的全部数据，计算量会十分庞大，需要借助计算机的帮助。另外，由于同样是利用照相机进行拍摄，在拍摄过程中的注意点和 6.2 中所述相同。

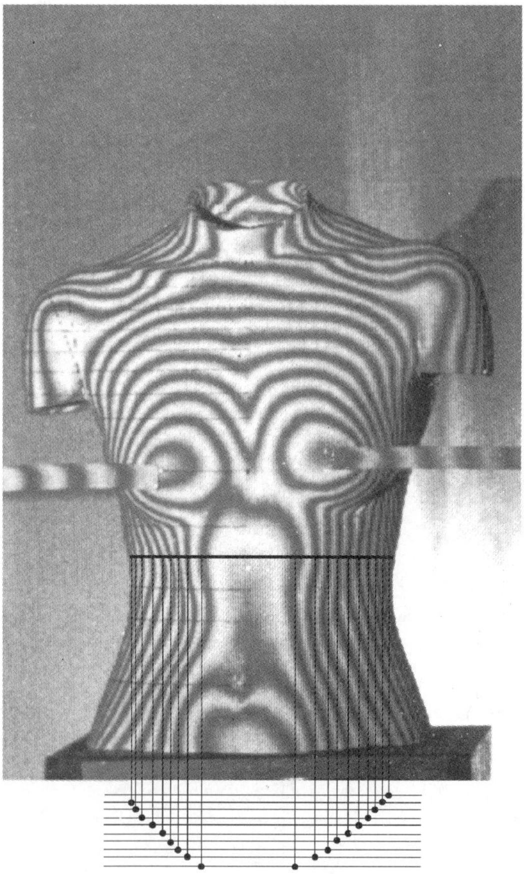

图 4－81　莫尔照片与断面形态的获取方法

7.4 三维激光扫描计测方法

7.4.1 设备

文化女子大学在 1989 年引进了非接触式三维激光人体扫描装置。在此之前，日本从 1983～1987 年已经展开了针对中小企业的名为“人间工学应用——人体计测分析利用系统的技术开发”的项目，并在 1987 年由 NEC 完成了第一台三维计测装置。本书的主编三吉教授以研究委员的身份参与了这一项目并针对系统开发提出了多项建议，包括参考水平断面计测仪进行断面计测，考虑纸样的图形学设计等等。同时，在 1989 年购入此设备时，在计测系统的设计上追加了多项增加实际人体测量与制样设计之间有效性的装置，使系统更加实用化。系统装置图如图 4－82 和图 4－83 所示。

7.4.2 三维计测结果

本书彩页插图的图 2 为 9AR 裸体人台的扫描结果对应的层合图，图示为 10°的俯视图画面。插图的图 3 则分别显示了上半身（颈部～WL）和下半身（WL～HL）的水平断面重合图（横断面图）。此外，还可以选择系统菜单的其他操作项，输出需要的测量结果。如图 4－85 所示，系统可以自动完成腰省的计算。在以下内容中主要论述通过水平断面重合图获得纸样设计所需的身幅并计算腰省的方法。

图 4－82　非接触式三维人体扫描仪（文化女子大学）

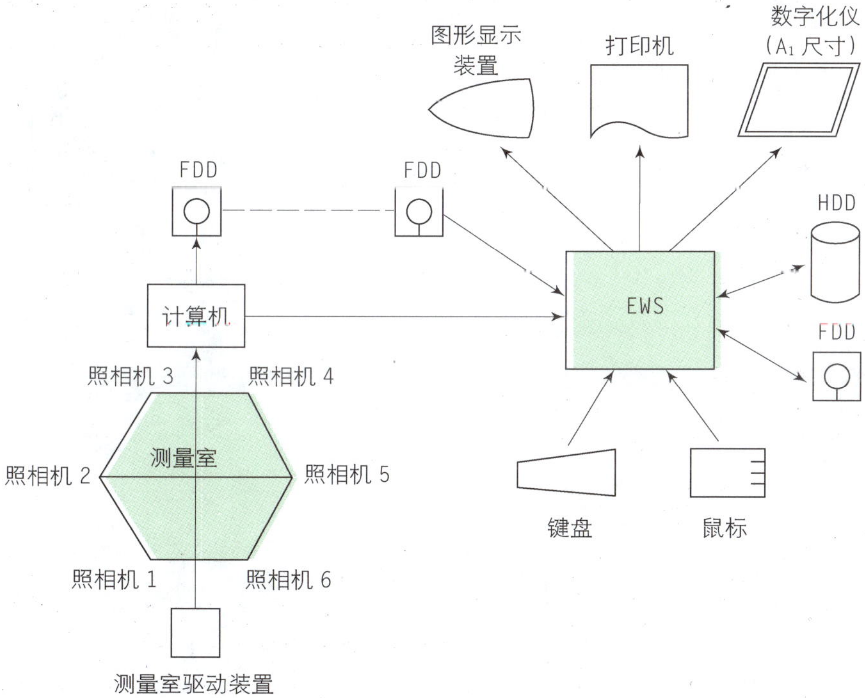

A　三维立体扫描装置　　　　B　部位计测演算装置

图 4－83　非接触式三维人体扫描仪的系统构成

7.4.3 通过重合图获得身幅并计算腰省量

连接上半身、下半身水平断面重合图上的最外侧突出点，从图示效果看，上半身接近梯形（图 4－84），下半身接近椭圆形（图 4－85）。这里所说的外包围形态对应的周围长（图 4－86）是面料筒状包裹人体时所形成的，可以说是纸样身幅的最小必需量。

图 4－85 为针对下半身重合图的外包围和腰省的各部分进行测量，并求得腰省分配量的示意图。

腰省的设定基准是当视线面向站立人体的体表曲率中心时，腰省基本上呈垂直状态。将这一理论略简化，并假设平面图上的断面重合图由两个半圆和中间的方形部分组成。将圆的中心假设为曲率中心，从中心开始做 15°的间隔等

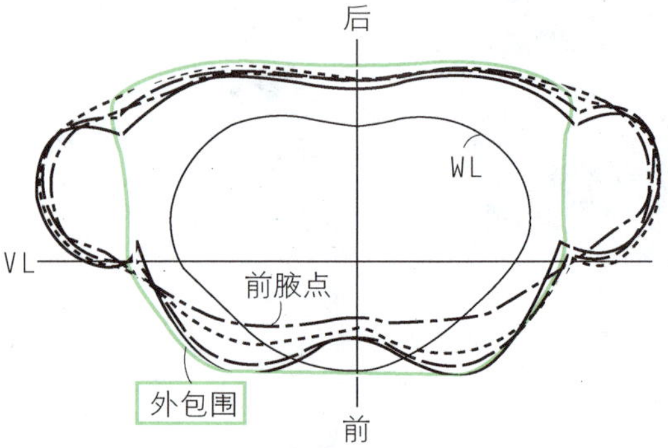

图 4－84　外包围的形态（上半身）

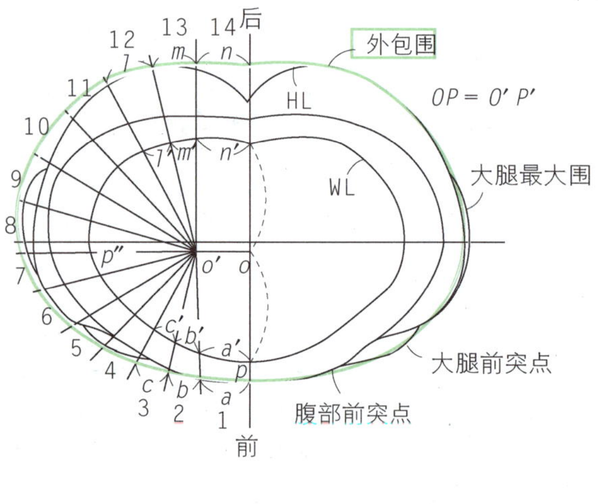

图 4－85　利用断面重合图测量腰部省量

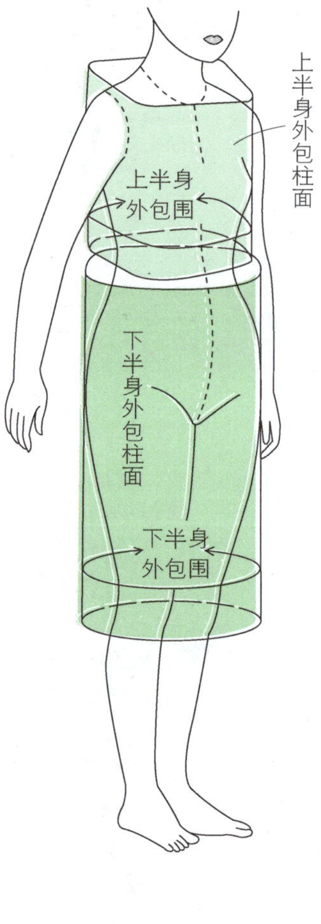

图 4－86　外包围的形态

分，在每一部分的中心位置收省道，省量为该区域内外包围与腰围的差数。

图 4－87 为利用 50 名被验者求得的各区间省量平均值所绘制的裙子纸样模式图。虽然从测量结果来看，在前后中心位置的省量为负值，但实际应用中是将这一结果融入到了邻近的省道中，中心部位没有放置省道。此外，省量由中心向侧面过渡时逐渐加大。

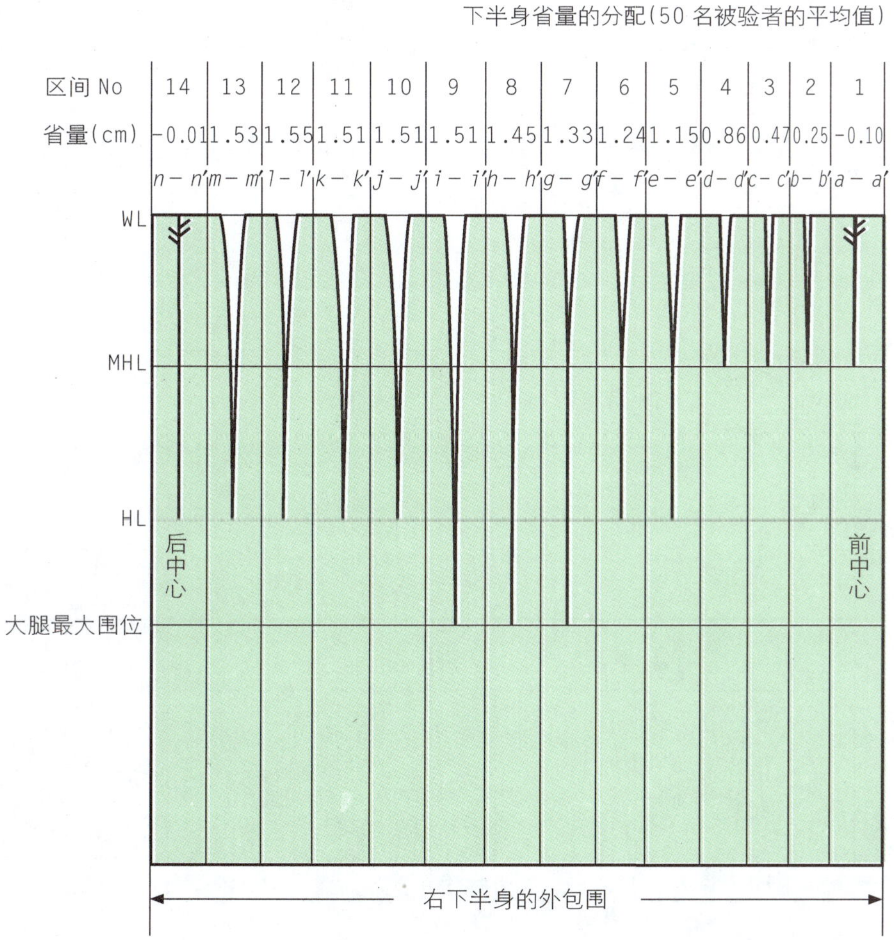

图 4－87　下半身腰省分配的模式示意图

以同样的方法可以取得上半身的省量。图4－88为在图4－84的基础上仅保留了外包围和腰围的示意图。腰省的计算方法是首先确定省道的位置，然后计算省量。省道放置于外包围上的显著突出点。

上半身的显著突出位包括胸点、前腋点、后腋点和肩胛骨突出位等。与下半身不同的是上半身的侧缝位于腋窝附近，看不到十分明显的

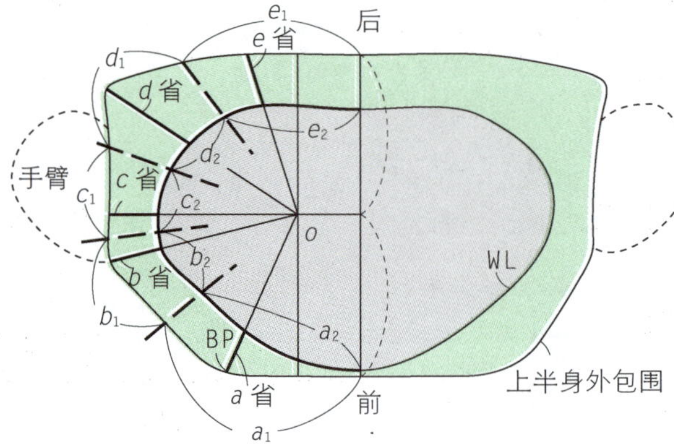

图4－88　利用上半身断面重合图测定腰部省量

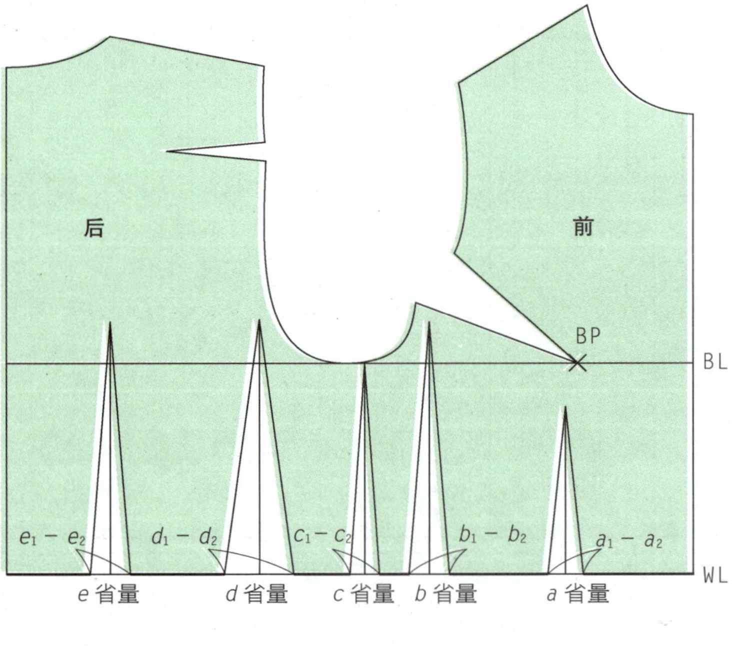

图4－89　通过断面重合图计算生成的省量（上半身原型）

突出位置。

如图 4－88 所示，在各个突出位和侧缝处加入省道，并在各省道之间加上区间分割线，各区间内外包围与腰围之间的测量差数即为省量。图 4－89 为将这些省量放入上半身原型后的示意图，图 4－90 为着装图。该被验者使用的是平均省量。

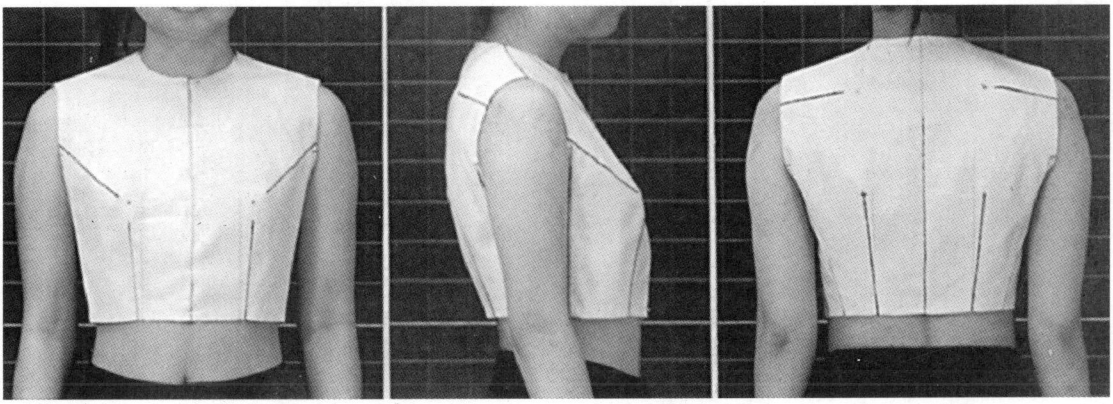

图 4－90　上半身原型的着装示例

［参考資料］

1　青木茂美、三吉満智子「和服におけるゆき丈の決定要因について」

文化女子大学研究紀要　第 17 集　1986 年

2　三吉満智子、田村照子「被服人間工学資料集」文化女子大学

3　「日本人の人体計測データ」（社）人間生活工学研究センター　1997 年

4　三吉満智子「文化女子大学服装学科ファッション造形学コース

パターン設計論Ⅰおよび原型論実験資料　1998 年度実験結果」

5　三吉満智子、中本節子「体型の側面視による分類　第 2 報」

文化女子大学研究紀要　第 14 集　1983 年

6　三吉満智子「被服造形のための基礎研究（1）女子身体水平断面と水平体型の計測　第 1 報」

文化女子大学研究紀要　第 2 集　1970 年

7　三吉満智子、磯崎明美「非接触三次元人体計測装置の改良とその精度について」

文化女子大学研究紀要　第 23 集　1992 年

8　三吉満智子「パターンメーキングの要因Ⅲ－人体形態の数量化（中）－」

衣生活　Vol.23,No.2　1980 年

9　三吉満智子、金金花「三次元計測装置による人体水平断面形状の計測－断面形状の捻れ修正と平均化の検討－」（社）日本繊維製品消費科学会　Vol.40,No. 8　1999 年

10　金子一子、中本節子、広川妙子「縦面構成による体型把握の一方法」

文化女子大学研究紀要　第 7 集　1976 年

11　三吉満智子「文化女子大学服装学科ファッション造形学コース

パターン設計論Ⅰ　1996 年度実験結果」

12　三吉満智子「文化女子大学服装学科ファッション造形学コース

体型とパターン　1998 年度実験結果」

第五章

原型论 I

服装造型学中的原型，是指各种服装纸样设计过程中的基础纸样，即设计上尽可能简单的、适合人体形态的服装纸样。根据原型覆盖部位的不同，可分为上半身原型、袖原型、下半身裙原型等。

本章对现有公开发表的原型进行了归类和分析。

同时，详细说明了1999年修订的成人女子文化式原型的制图方法，并提供了文化式儿童原型和成人男子原型的制图方法。

另外，在本章内容中还加入了与纸样设计密切相关的日本服装号型规格的说明。

一、原型的定义

所谓原型，是指各种实际变化应用之前的基本形式或形态(type，form，shape)，应用于多个领域。对于服装造型学来说，原型是指平面裁剪中所使用的基本纸样，即简单的、不带任何款式变化因素的立体型服装纸样(以下简称原型衣)。

在日本社会发展的一百多年间，随着西洋服装的渗透，很多技术人员花费了大量的时间和精力来研究基础纸样。特别是1945年以来，很多服装学校(主要是大学和中专)针对教学的需要，在研究的基础上都推出了各式各样的原型，但并非所有的原型都很好地体现与人体之间的关系。

二、原型的种类

根据原型的不同内涵，可以将原型分为以下几类。

1. 按覆盖部位的不同分类

一件立体构成的服装，需要通过不同的部分缝合而成，这些部分都对应有各自的纸样。由此可以将原型分为上半身、下半身和上肢用原型，并根据不同的设计，在分类原型的基础上绘制纸样。

上半身用的原型被称为上半身原型或衣身原型。下半身用的原型则称为 裙原型或裤原型，目前以直筒裤纸样作为裤原型的情况较多。另外，也有覆盖整个躯干(上半身＋下半身)的连身式原型(图4－66～图4－70)。

上肢用的原型被称为袖原型。

另外，还有针对领子制图的立领原型。

2. 按年龄和性别的不同分类

由于年龄、性别等影响因素，人体各部位的长度或形态会各不相同。由于这些因素的影响，不同的院校和企业在利用日本人人体计测数据[1)]的基础上形成了各自的原型。

学校教学过程中所使用的原型主要包括幼儿・少男・少女原型(儿童原型)、成人女子原型和成人男子原型，制图过程中需要利用几个相关的身体测量尺寸。

对于企业来说，不同的品牌会根据销售对象的中心尺寸形成平均身体比例的人台。因此，对于企业来说，需要解决的并非是原型如何制图的问题，而是如何使原型的形态适应更多消费群的问题。

在本书中，主要针对成人女子原型进行说明。

3. 按服装种类的不同分类

教学环节中，通常会利用同一个原型，根据着装状态和面料厚度的不同，分别加入不同的松量来绘制外套、西装和大衣等不同的服装。

对于企业来说，除了上述方法外，更多的情况下是事先考虑到面料的厚度等影响因素，形成外套用、西装用和大衣用等不同的分类原型。

4. 按松量构成的不同分类

按松量构成的不同，原型分为紧身原型和松身原型。教学环节和成衣生产中所使用的原型，从加入适当松量的半紧身型到松身型，存在着多种松量构成形式。而对于单件定做的服装来说，通常会首先制成针对个人的紧身原型，然后依据不同的设计加入不同的松量。

图 5－1 为紧身原型的着装图，坯布全面接触体表（在保持坯布不被拉伸和扭曲的前提下）；图 5－2 为半紧身原型的着装图，与紧身原型相比，加入了适当的松量；图 5－3 为腰省未缝合的松身原型。文化式原型为加入了少量松量的半紧身原型。

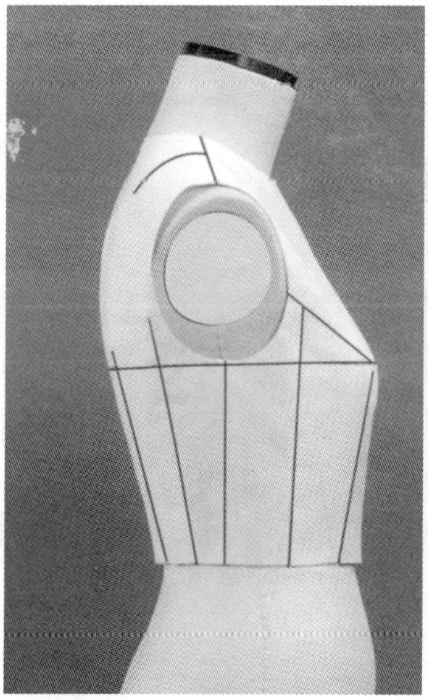

图 5－1　紧身原型衣

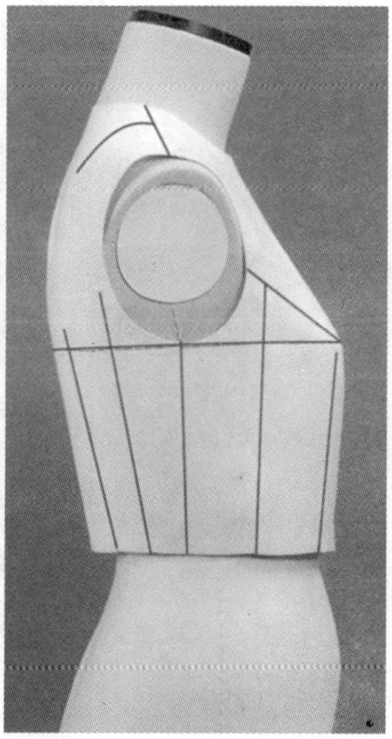

图 5－2　半紧身原型衣

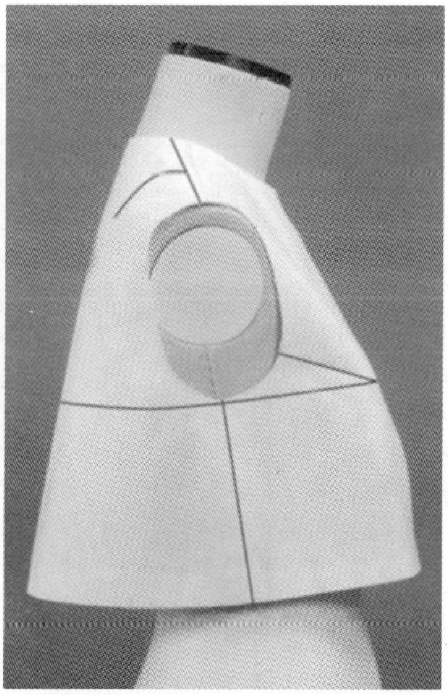

图 5－3　松身原型衣

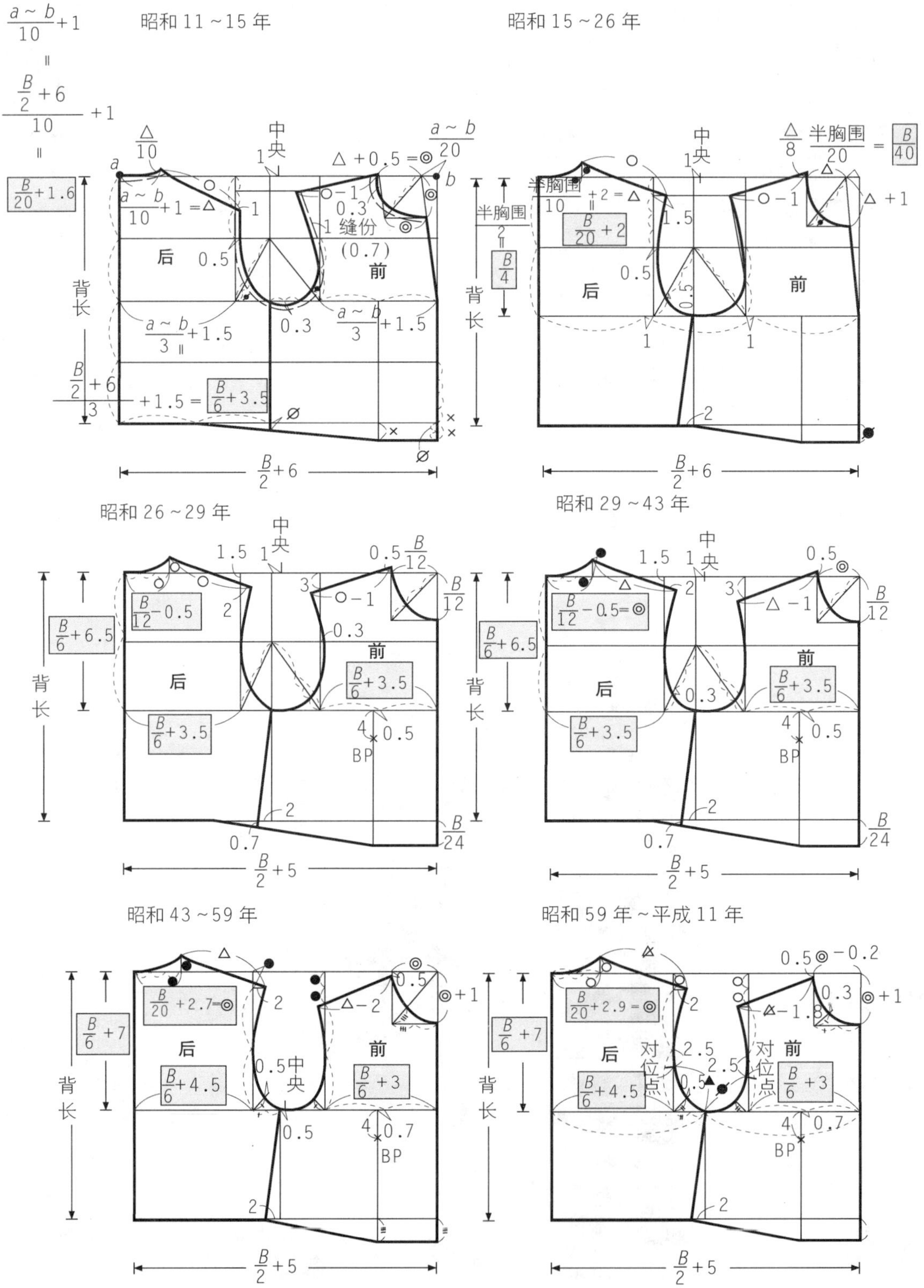

为了便于比较，各阶段的计算公式均以胸围（B）为基准

图 5－4　文化式原型作图法的变迁

5. 按制图方法的不同分类

原型的制图方法大致可以分为三类。

● 胸度式作图法（proportional method）

在日本，大多数原型采用胸度式作图法，即测量穿着者的胸围、背长和袖长等很少的几个尺寸，以胸围为基准计算其他部位的制图尺寸。对于不同的个体而言，胸围与其他部位（如领宽或背宽等）之间的关联度不一样，在公式的设定过程中主要考虑的是平均关联度并由此决定公式的适合与否。图 5－4 显示了文化式原型在若干年间经过多人试穿后的阶段修正结果，1998～1999 年，文化女子大学服装系连同大专部和文化服装学院（中专）进行共同研究，对原有的原型进行了最新的一次修正。修正过程中主要以文化女子大学服装造型学研究室的长期实验结果为依据。新原型的制图方法稍后介绍。

● 短寸式作图法（short measure method）（参照图 6－37）

对人体的各部位尺寸进行精密的测量后利用测量值制图的方法。由于是利用个体测量数据绘制纸样，在作图理论正确的情况下，应该可以得到非常合体的原型。但是由于人体体表是柔软的，很容易出现计测误差，因此除了制图理论正确外，正确的计测数据也十分重要。有关短寸式作图法的计测值与体型之间关系的内容将在第六章阐述。

● 并用法

胸度式和短寸式并用的作图方法。在日本，很早以前就有学校使用该方法。图 5－5 为利用胸围、背长、背肩宽和颈根围进行原型制图的示例。

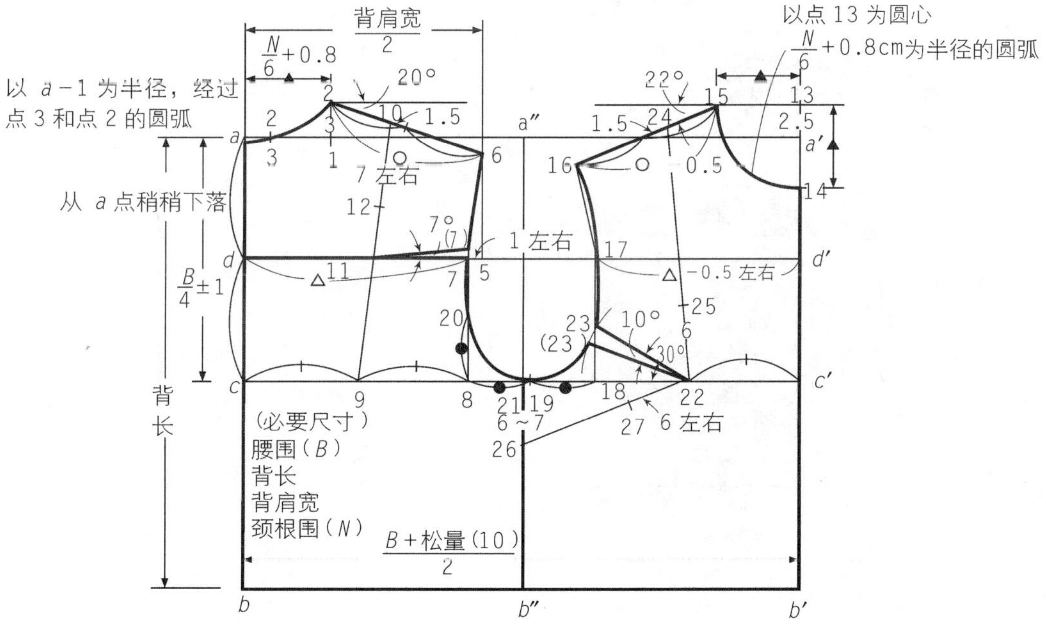

图 5－5　并用式作图法举例

三、成人女子上半身原型与 JIS 号型规格

1. 成人女子上半身原型制图法

1.1 原型修订说明

目前日本服装教育领域中经常使用的原型有 2～3 种，其中文化式原型使用最为广泛。在本章中将对文化女子大学 1999 年修订的新原型的各部位名称和制图方法进行说明。

新原型的制图公式是在大量实验数据的基础上归纳形成的。在修订过程中考虑到了以下几个因素：既适合教学使用，同时又能满足个体定制服装的需要；体型覆盖率较高；满足基本的日常动作需求；制图方法尽可能地简单。另外，各部位的计算公式与成衣纸样的推板系数之间存在着一定的关联。例如：前领宽的计算公式为 $\frac{B}{24}+3.4\text{cm}$，其中 $\frac{B}{24}$ 为控制前领宽增减的部分，即每一档的变化为胸围的 $\frac{1}{24}$，$\frac{1}{24}$ 就是 0.0416，可以作为推板中的系数。

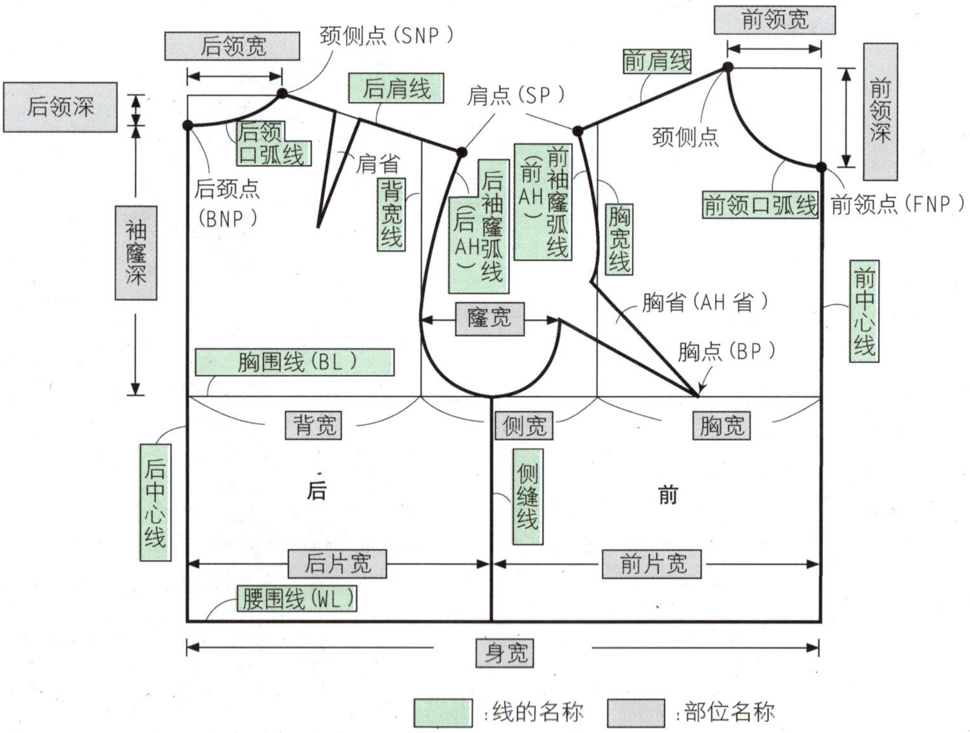

图 5－6　上半身原型的轮廓线及各部位名称

1.2　原型各部位的名称

● 上半身原型的各部位名称

图5-6为成人女子上半身原型（以下称上半身原型或原型）的各部位名称图。儿童原型、成人男子原型（以下称儿童原型、男子原型）的部位名称与其大致相同。

图中的胸围线并非绝对指人体测量过程中的胸围线，而是袖窿深线的位置，由于在胸点附近，所以称为胸围线。另外，男子原型使用的是通过腋窝的水平线（Chest Line），而非胸围线。

● 袖原型的各部位名称

袖原型的名称如图5-7所示。

有关袖纸样的构成因素，袖原型使用过程中的注意事项等内容将在第九章中具体说明。

● 裙原型的各部位名称

裙原型的各部位名称如图5-8所示。尽管可以利用裙原型进行各种款式变化，但由于裙子制图简单，实际制作中，大部分情况下会直接根据裙子的款式进行纸样设计而非使用原型。

裙子基本纸样的构成要素，人体与裙子之间关系等内容将在第十章中重点阐述。

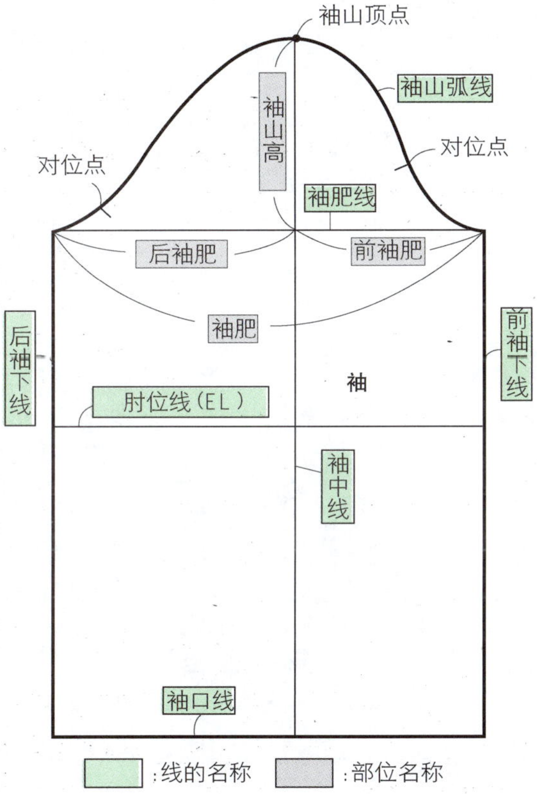

图5-7　原型袖的轮廓线及各部位名称

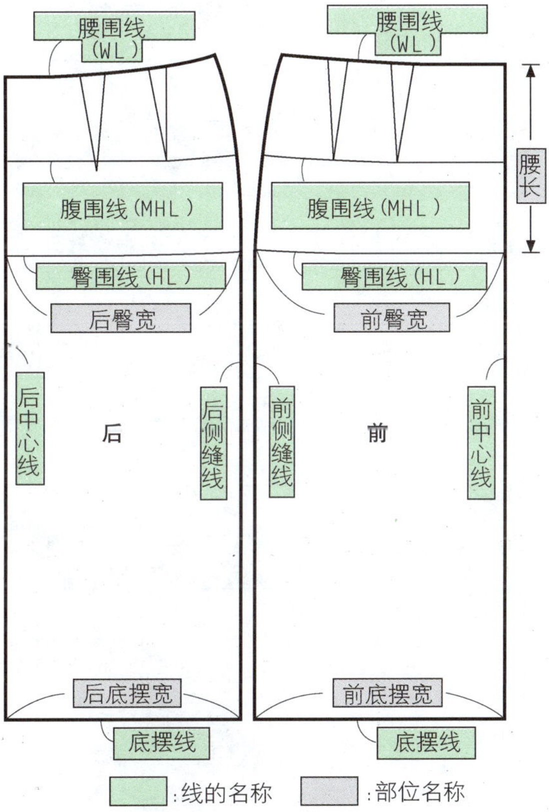

图5-8　原型裙的轮廓线及各部位名称

表 5－1　根据胸围计算生成的各部位数据一览表

单位：cm

部位 / 公式 / B	身宽	Ⓐ~BL	背宽	BL~Ⓑ	前胸宽	$\frac{B}{32}$	前领口宽	前领口深	胸省	后领口宽	后肩省	★	JIS名称
	$\frac{B}{2}+6$	$\frac{B}{12}+13.7$	$\frac{B}{8}+7.4$	$\frac{B}{5}+8.3$	$\frac{B}{8}+6.2$	$\frac{B}{32}$	$\frac{B}{24}+3.4$ =◎	◎+0.5	度 $\left(\frac{B}{4}-2.5\right)^{\circ}$	◎+0.2	$\frac{B}{32}-0.8$	★	
77	44.5	20.1	17.0	23.7	15.8	2.4	6.6	7.1	16.8	6.8	1.6	0.0	5
78	45.0	20.2	17.2	23.9	16.0	2.4	6.7	7.2	17.0	6.9	1.6	0.0	
79	45.5	20.3	17.3	24.1	16.1	2.5	6.7	7.2	17.3	6.9	1.7	0.0	
80	46.0	20.4	17.4	24.3	16.2	2.5	6.7	7.2	17.5	6.9	1.7	0.0	7
81	46.5	20.5	17.5	24.5	16.3	2.5	6.8	7.3	17.8	7.0	1.7	0.0	
82	47.0	20.5	17.7	24.7	16.5	2.6	6.8	7.3	18.0	7.0	1.8	0.0	
83	47.5	20.6	17.8	24.9	16.6	2.6	6.9	7.4	18.3	7.1	1.8	0.0	9
84	48.0	20.7	17.9	25.1	16.7	2.6	6.9	7.4	18.5	7.1	1.9	0.0	
85	48.5	20.8	18.0	25.3	16.8	2.7	6.9	7.4	18.8	7.1	1.9	0.1	
86	49.0	20.9	18.2	25.5	17.0	2.7	7.0	7.5	19.0	7.2	1.9	0.1	11
87	49.5	21.0	18.3	25.7	17.1	2.7	7.0	7.5	19.3	7.2	2.0	0.1	
88	50.0	21.0	18.4	25.9	17.2	2.8	7.1	7.5	19.5	7.3	2.0	0.1	
89	50.5	21.1	18.5	26.1	17.3	2.8	7.1	7.6	19.8	7.3	2.0	0.1	13
90	51.0	21.2	18.6	26.3	17.5	2.8	7.2	7.6	20.0	7.4	2.0	0.2	
91	51.5	21.3	18.7	26.5	17.6	2.8	7.2	7.7	20.3	7.4	2.1	0.2	
92	52.0	21.4	18.8	26.7	17.7	2.9	7.2	7.7	20.5	7.4	2.1	0.2	15
93	52.5	21.5	18.9	26.9	17.8	2.9	7.3	7.7	20.8	7.5	2.1	0.2	
94	53.0	21.5	19.0	27.1	18.0	2.9	7.3	7.8	21.0	7.5	2.2	0.2	
95	53.5	21.6	19.2	27.3	18.1	3.0	7.4	7.8	21.3	7.6	2.2	0.3	
96	54.0	21.7	19.3	27.5	18.2	3.0	7.4	7.9	21.5	7.6	2.2	0.3	17
97	54.5	21.8	19.4	27.7	18.3	3.0	7.4	7.9	21.8	7.6	2.2	0.3	
98	55.0	21.9	19.5	27.9	18.5	3.1	7.5	8.0	22.0	7.7	2.3	0.3	
99	55.5	22.0	19.6	28.1	18.6	3.1	7.5	8.0	22.3	7.7	2.3	0.3	
100	56.0	22.0	19.7	28.3	18.7	3.1	7.6	8.1	22.5	7.8	2.3	0.4	19
101	56.5	22.1	19.8	28.5	18.8	3.2	7.6	8.1	22.8	7.8	2.4	0.4	
102	57.0	22.2	19.9	28.7	19.0	3.2	7.7	8.2	23.0	7.9	2.4	0.4	
103	57.5	22.3	20.0	28.9	19.1	3.2	7.7	8.2	23.3	7.9	2.4	0.4	
104	58.0	22.4	20.2	29.1	19.2	3.3	7.7	8.2	23.5	7.9	2.5	0.4	21

2. 上半身原型制图

成人女子原型利用胸围和背长进行制图，同时以右半身状态为参考。

具体制图方法如下所示，各部位尺寸可参考表 5－1。

2.1 绘制基础线(图 5－9)

①以Ⓐ点为后颈点，向下取背长长度作为后中心线。

②画 WL 水平线，并确定身宽（前后中心线之间的宽度）为 $\frac{B}{2}+6$cm。

③从Ⓐ点向下取 $\frac{B}{12}+13.7$cm 确定胸围水平线 BL，并在 BL 线上取身宽为 $\frac{B}{2}+6$cm。

④ 垂直于 WL 画前中心线。

⑤ 在 BL 线上，由后中心向前中心方向取背宽为 $\frac{B}{8}+7.4$cm，确定Ⓒ点。

⑥ 经Ⓒ点向上画背宽垂直线。

⑦ 经Ⓐ点画水平线，与背宽线相交。

⑧ 由Ⓐ点向下 8cm 处画一条水平线，与背宽线交于Ⓓ点。

将后中心至Ⓓ点之间的线段两等分，并向背宽线方向取 1cm 确定Ⓔ点，作为肩省省尖点。

⑨ 将Ⓒ点与Ⓓ点之间的线段两等分，通过等分点向下量取 0.5cm，过此点画水平线Ⓖ线。

⑩在前中心线上从 BL 线向上取 $\frac{B}{5}+8.3$cm，确定Ⓑ点。

⑪ 通过点Ⓑ画一条水平线。

⑫在 BL 线上，由前中心向后中心方向取胸宽为 $\frac{B}{8}+6.2$cm，并由胸宽二等分点的位置向后中心方向取 0.7cm 作为 BP 点。

⑬ 画垂直的胸宽线，形成矩形。

⑭在 BL 线上，沿胸宽线向侧缝方向取 $\frac{B}{32}$ 作为Ⓕ点，由Ⓕ点向上作垂直线，与Ⓖ线相交，得到Ⓖ点。

⑮将Ⓒ点与Ⓕ点之间的线段二等分，过等分点向下作垂直的侧缝线。

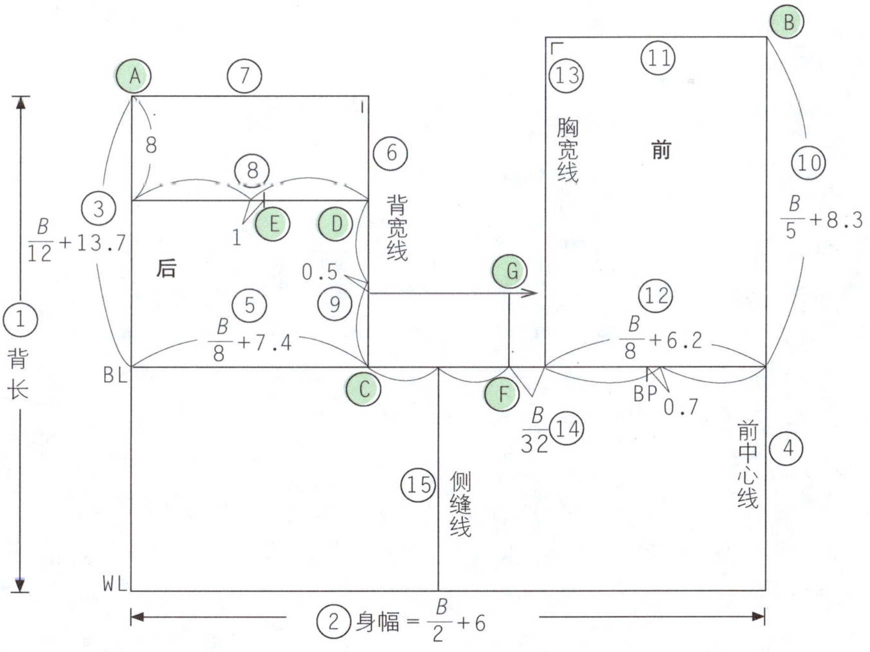

图 5－9　上半身原型基础框架的制图

表 5－2　上半身原型的腰省分配表

单位：cm

总省量	*f*	*e*	*d*	*c*	*b*	*a*
100%	7%	18%	35%	11%	15%	14%
9	0.630	1.620	3.150	0.990	1.350	1.260
10	0.700	1.800	3.500	1.100	1.500	1.400
11	0.770	1.980	3.850	1.210	1.650	1.540
12	0.840	2.160	4.200	1.320	1.800	1.680
12.5	0.875	2.250	4.375	1.375	1.875	1.750
13	0.910	2.340	4.550	1.430	1.950	1.820
14	0.980	2.520	4.900	1.540	2.100	1.960
15	1.050	2.700	5.250	1.650	2.250	2.100

2. 2　绘制轮廓线(图 5－10)

① 绘制前领口弧线。由Ⓑ点沿水平线取 $\frac{B}{24}+3.4$cm＝◎(前领口宽)，得 SNP 点。

由Ⓑ点沿前中心线取◎＋0.5cm(前领口深)，画领口矩形。依据对角线上的参考点，画圆顺前领口弧线。

② 绘制前肩线。以 SNP 为基准点取 22°的前肩倾斜角度，与胸宽线相交后延长 1.8cm 形成前肩宽度(△)。

③ 绘制后领口弧线。由Ⓐ点沿水平线取◎＋0.2cm(后领口宽)，取其 1／3 作为后领口深的垂直线长度，并确定 SNP 点，画圆顺后领口弧线。

④ 绘制后肩线。以 SNP 为基准点取 18°的后肩倾斜角度，在此斜线上取△＋后肩省 ($\frac{B}{32}-0.8$cm)作为后肩宽度。

⑤ 绘制后肩省。通过Ⓔ点，向上作垂直线与肩线相交，由交点位置向肩点方向取 1.5cm 作为省道的起始点，并取 $\frac{B}{32}-0.8$cm 作为省道大小，连接省道线。

⑥ 绘制后袖窿弧线。由Ⓒ点作 45°倾斜线，在线上取▲＋0.8cm 作为袖窿参考点，以背宽线作袖窿弧线的切线，通过肩点经过袖窿参考点画圆顺后袖窿弧线。

⑦ 绘制胸省。由Ⓕ点作 45°倾斜线，在线上取▲＋0.5cm 作为袖窿参考点，经过袖窿深点、袖窿参考点和Ⓖ点画圆顺前袖窿弧线的下半部分。

以Ⓖ点和 BP 点的连线为基准线，向上取 $(\frac{B}{4}-2.5)°$ 夹角作为胸省量。

⑧ 通过胸省省长的位置点与肩点画圆顺前袖窿弧线上半部分，注意胸省合并时，袖窿弧线应保持圆顺。

⑨ 绘制腰省。省道的计算方法及放置位置如下所示(可利用表 5－2)：

$$总省量＝\frac{B}{2}+6cm-(\frac{W}{2}+3cm)$$

a 省：由 BP 点向下 2～3cm 作为省尖点，并向下作 WL 线的垂直线作为省道的中心线。

b 省：由Ⓕ点向前中心方向取 1.5cm 作垂直线与 WL 相交，作为省道的中心线。

c 省：将侧缝线作为省道的中心线。

d 省：参考Ⓖ线的高度，由背宽线向后中心方向取 1cm，由该点向下作垂直线交于 WL 线，作为省道的中心线。

e 省：由Ⓔ点向后中心方向取 0.5cm，通过该点作 WL 的垂直线，作为省道的中心线。

f 省：将后中心线作为省道的中心线。

各省量以总省量为依据，参照各省道的比率关系进行计算，并以省道的中心线为基准，在 WL 线两侧取等分省量。

图5－11为文化式女子原型的着装示意图。

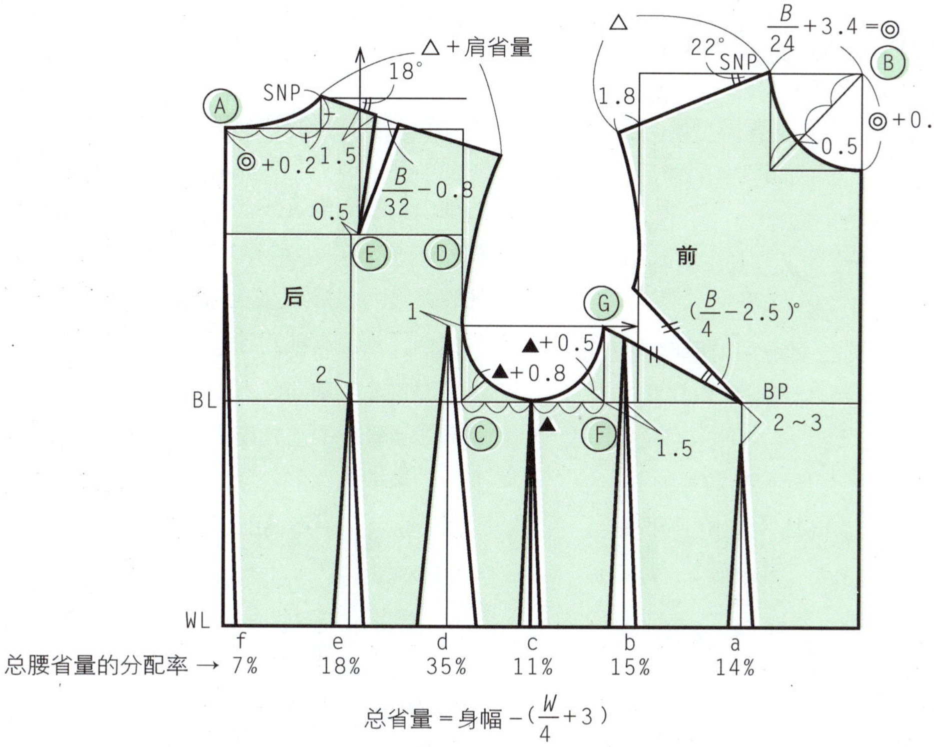

图5－10　上半身原型轮廓线的制图

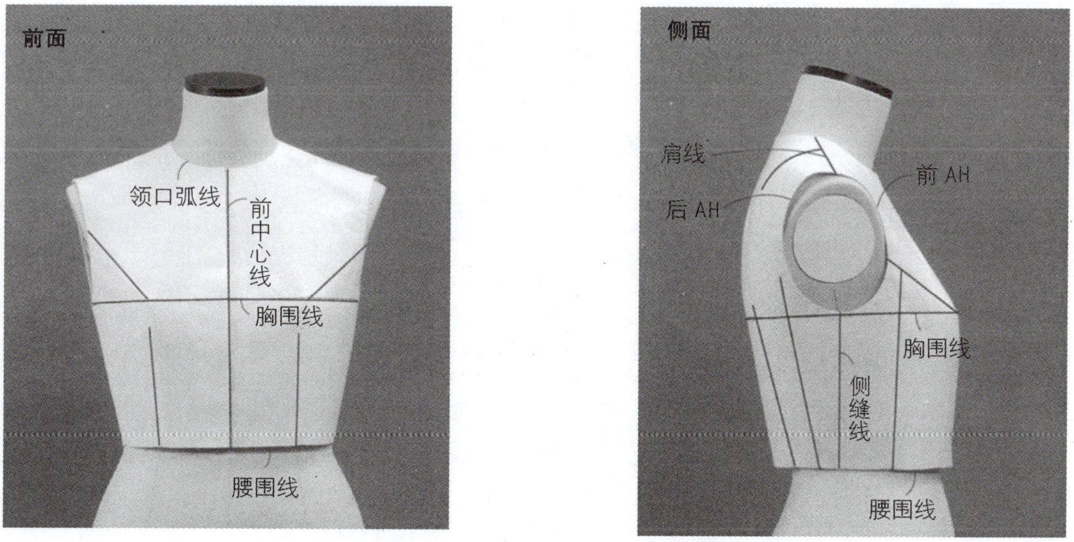

图5－11　文化式原型的着装示意图

3. 袖原型制图

将上半身原型的袖窿省闭合（图 5－12），以此时前后肩点的高度为依据，在衣身原型的基础上绘制袖原型。

3. 1 绘制基础框架(图 5－12、图 5－13)

① 如图 5－12 所示，拷贝衣身原型的前后袖窿。将前袖窿省闭合，画圆顺衣身的前后袖窿弧线。

② 确定袖山高。将侧缝线向上延长作为袖山线，并在该线上确定袖山高。

袖山高的确定方法是：计算由前后肩点高度差的 1/2 位置点至 BL 线之间高度，取其 5/6 作为袖山高。

③ 确定袖肥。由袖山顶点开始，向前片的 BL 线取斜线长等于前 AH，向后片的 BL 线取斜线长等于后 AH＋1cm＋★（参照表 5－1），再核对袖长后画前后袖下线。

④ 画出肘位线。

3. 2 轮廓线的制图(图 5－14)

① 将衣身袖窿弧线上●至○之间的弧线拷贝至袖原型基础框架上，作为前、后袖山弧线的底部。

② 绘制前袖山弧线。在前袖山斜线上沿袖山顶点向下量取前 AH/4 的长度，由该位置点作前袖山斜线的垂直线，并取 1.8～1.9cm 的长度，沿袖山斜线与Ⓖ线的交点向上 1cm 作为袖窿弧线的转折点，经过袖山顶点、两个新的定位点及袖山底部画圆顺前袖窿弧线。

③ 绘制后袖山弧线。在后袖山斜线上沿袖山顶点向下量取前 AH/4 的长度，由该位置点作后袖山斜线的垂直线，并取 1.9～2cm 的长度，沿袖山斜线与Ⓖ线的交点向下 1cm 作为袖窿弧线的转折点，经过袖山顶点、两个新的定位点及袖山底部画圆顺后袖窿弧线。

④ 确定对位点。前对位点——在衣身上测量由侧缝线至Ⓖ线的前袖窿弧线长，并由袖山底点向上量取相同的长度确定前对位点。

后对位点——将袖山底部画有●印的位置点作为后对位点。

侧缝线至前后对位点之间不加吃缝量。

图 5－15 是衣身原型和袖原型缝合后的效果，从侧面图中可以看到袖子呈下垂的状态。

如第九章所述，手臂呈略略向前摆动的状态，因此袖子的袖口部位也应呈前摆趋势。这部分内容将在第九章中详细阐述。

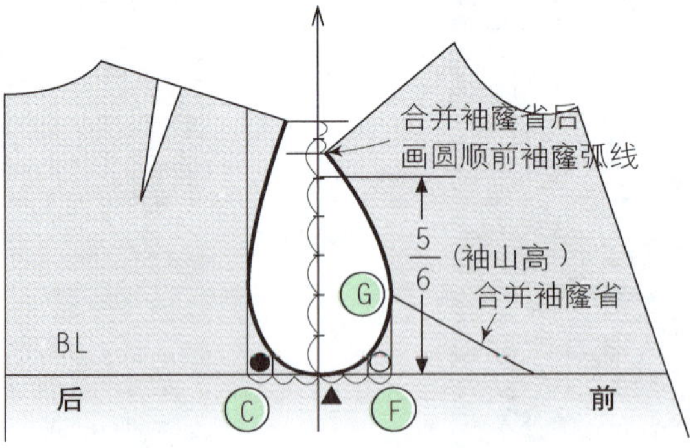

图 5－12　合并袖窿省，画圆顺前袖窿弧线

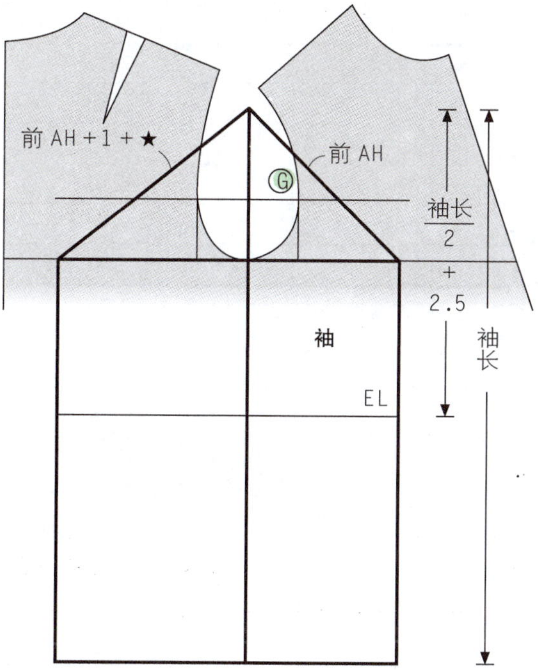

图 5－13　绘制基本框架

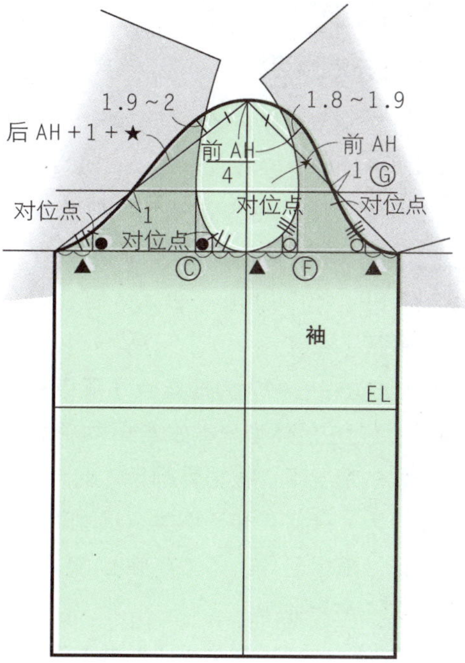

图 5－14　绘制轮廓线

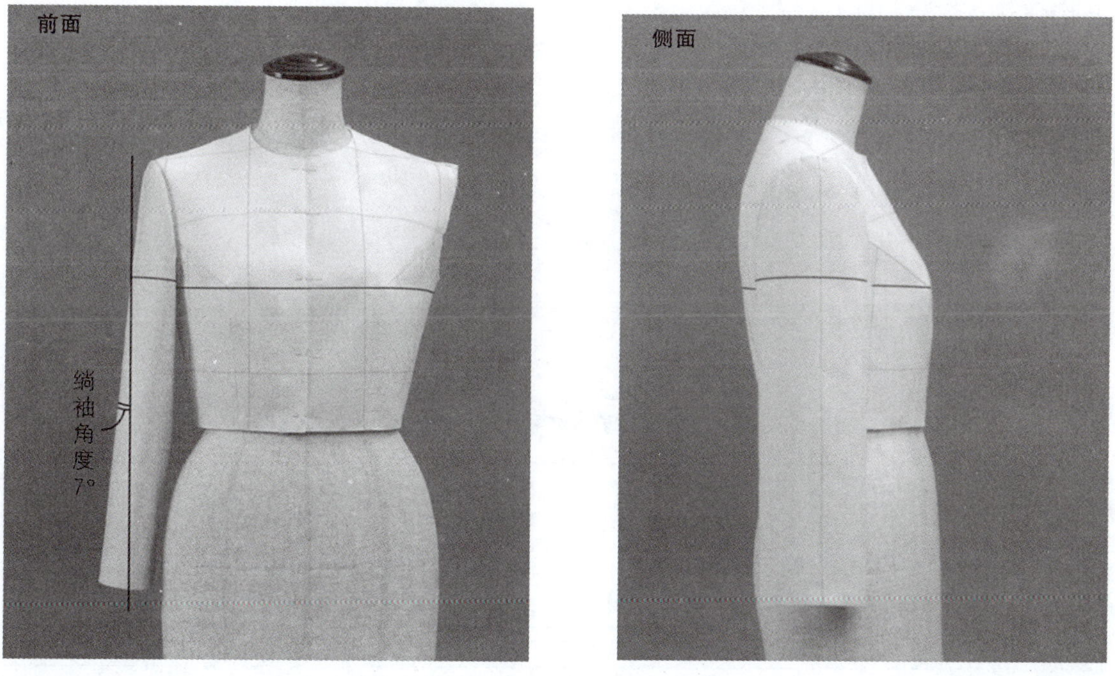

图 5－15　衣身原型与袖原型的着装效果图

4. 成人女子 JIS 号型规格与参考数据

通常在服装单件定做时需要考虑个体的人体测量尺寸，同样在成衣生产中也需要参照日本工业规格(JIS)中的服装号型规格。表 5－3 列出了各种号型规格的分类。这些规格在 1992～1994 年 35000 个日本人计测数据的基础上进行了修订。

JIS 4005—1997 为成年女子服装号型规格，该规格对应的体型分类如表 5－4 所示。在胸围一致的情况下，根据臀围尺寸的大小不同将体型分为 A、Y、AB 和 B 四类。尺寸通过 3 个不同的记号来标记，第一个表示胸围，第二个表示体型，第三个表示身高。

表 5－5～表 5－8 列出了各号型规格的标记方法及不同年龄段对应的基本身体尺寸和参考尺寸。

另外，考虑到身高 158cm(R)的 A 体型为绘制纸样的基本规格，在表 5－5－2 中列出了与之相关的各部位尺寸作为参考。这些数据是在针对 1992～1994 年日本人体计测数据进行分析的基础上得到的。首先针对胸围和其他计测项目进行相关和回归分析，其次参考这些分析结果和计测项目的平均值，并以易于使用为前提，将各号型规格的参考数据归纳为以 0.5 和 1 为单位。

对于背长，考虑到水平腰线对服装纸样绘制的重要性和使用过程中的实用性，数据设定比全国计测值略短一些。另外，日本人体计测数据中没有提及的项目，参考了文化女子大学的调查结果。

表 5－3　成衣号型规格的分类

JIS 规格	名　　称
L 4001—1998	婴幼儿服装号型规格
L 4002—1997	少年服装号型规
L 4003—1997	少女服装号型规格
L 4004—1996	成年男子服装号型规格
L 4005—1997	成年女子服装号型规格

注　内衣、鞋类除外。

表 5－4　成人女子服装号型规格的体型分类

体　　型	说　　　　明
A 体型	将日本成人女子的身高分为 142cm、150cm、158cm 及 166cm 四档，同时将胸围尺寸分为 74～92cm 之间每隔 3cm 一档，92～104cm 之间每隔 4cm 一档。在身高与胸围的组合过程中，将出现频率最高的臀围尺寸数所代表的人群称为 A 体型
Y 体型	相对于 A 体型，臀围小 4cm 的体型
AB 体型	相对于 A 体型，臀围大 4cm 的体型，同时，胸围不大于 124cm
B 体型	相对于 A 体型，臀围大 8cm 的体型

表 5－5－1　成人女子服装号型规格——A 体型

单位：cm

名称			5APP	7APP	9APP	11APP	13APP	15APP	17APP	19APP	3AP	5AP	7AP	9AP	11AP	13AP	15AP	17AP	19AP	21AP
基本身体尺寸	身高		142								150									
	胸围		77	80	83	86	89	92	96	100	74	77	80	83	86	89	92	96	100	104
	臀围		85	87	89	91	93	95	97	99	83	85	87	89	91	93	95	97	99	101
参考	腰围	年龄区分 10	61	–	–	70	73	76	–	–	58	61	64	64	67	70	73	76	80	84
		20		64	67															
		30							80					67	70	73	76	80		
		40	64	67	70						61	64	67						84	88
		50				73	76	80	84											
		60								88	64			70	73	76	80	84	88	
		70	67	70	73	76	80					67	70	73	76					92

表 5－5－2　成人女子服装号型规格——A 体型

单位：cm

名称			5AR	7AR	9AR	11AR	13AR	15AR	17AR	19AR	21AR	3AP	5AP	7AP	9AP	11AP	13AP	15AP	17AP	19AP
基本身体尺寸	身高		158									166								
	胸围		74	77	80	83	86	89	92	96	100	74	77	80	83	86	89	92	96	100
	臀围		85	87	89	91	93	95	97	99	101	87	89	91	93	95	97	99	101	103
参考	腰围	年龄区分 10	58	61	61	64	67	70	73	76	80	61	61	64	64	67	70	73	76	80
		20																		
		30	61		64	67	70	73	76	80	84		64		67	70	73	76	80	
		40		64								–	–							–
		50	64		67									–	70	73	–			
		60	–	–		70	73	76	80	84	88							–	–	
		70			–	–	76				–					–				

人体参考尺寸	5AR	7AR	9AR	11AR	13AR	15AR	17AR	19AR	21AR
头围	55.5	55.5	56.0	56.0	56.0	56.5	56.5	56.5	56.5
颈根围	38.0	38.0	38.5	38.5	38.5	39.0	39.0	40.0	40.5
臂根围	34.0	35.0	36.0	37.0	38.0	39.0	40.0	41.5	43.0
上臂最大围	23.5	24.5	25.5	26.5	27.5	28.5	29.5	30.5	31.5
腕围	14.5	14.5	15.0	15.0	15.0	15.5	15.5	16.0	16.5
大腿最大围	50.0	51.0	52.0	53.0	54.0	55.5	56.5	58.0	59.5
体干纵围	143.5	144.5	146.0	147.5	149.0	151.0	153.0	155.0	157.0
背长	37.5	37.5	37.5	37.5	37.5	37.5	37.5	37.5	37.5
乳点侧长	23.5	24.0	24.5	25.0	25.5	26.0	26.5	27.5	28.5
袖长	51.0	51.0	51.0	51.0	51.5	51.5	52.0	52.0	52.5
下裆长	72.0	71.0	71.0	71.0	70.5	70.5	70.5	70.0	70.0

表 5－6－1　成人女子服装号型规格——Y 体型　　单位：cm

<table>
<tr><th colspan="4">名　称</th><th>9YPP</th><th>11YPP</th><th>13YPP</th><th>15YPP</th><th>5YP</th><th>7YP</th><th>9YP</th><th>11YP</th><th>13YP</th><th>15YP</th><th>7YP</th></tr>
<tr><td colspan="2" rowspan="3">基本身体尺寸</td><td colspan="2">身长</td><td colspan="4">142</td><td colspan="7">150</td></tr>
<tr><td colspan="2">胸围</td><td>83</td><td>86</td><td>89</td><td>92</td><td>77</td><td>80</td><td>83</td><td>86</td><td>89</td><td>92</td><td>96</td></tr>
<tr><td colspan="2">腰围</td><td>85</td><td>87</td><td>89</td><td>91</td><td>81</td><td>83</td><td>85</td><td>87</td><td>89</td><td>91</td><td>93</td></tr>
<tr><td rowspan="7">参考</td><td rowspan="7">腰围</td><td rowspan="7">年龄区分</td><td>10</td><td rowspan="3">–</td><td>–</td><td rowspan="4">70</td><td rowspan="2">–</td><td rowspan="5">61</td><td rowspan="2">61</td><td rowspan="2">64</td><td rowspan="2">67</td><td rowspan="2">70</td><td rowspan="2">73</td><td>73</td></tr>
<tr><td>20</td><td rowspan="3">67</td><td>76</td></tr>
<tr><td>30</td><td rowspan="2">73</td><td rowspan="3">64</td><td rowspan="3">67</td><td rowspan="3">70</td><td rowspan="3">73</td><td rowspan="3">76</td><td rowspan="3">80</td></tr>
<tr><td>40</td><td rowspan="3">67</td></tr>
<tr><td>50</td><td rowspan="2">70</td><td rowspan="2">73</td><td rowspan="2">76</td></tr>
<tr><td>60</td><td rowspan="2">64</td><td rowspan="2">67</td><td rowspan="2">70</td><td rowspan="2">73</td><td rowspan="2">76</td><td rowspan="2">80</td><td rowspan="2">84</td></tr>
<tr><td>70</td><td>70</td><td>73</td><td>76</td><td>80</td></tr>
</table>

表 5－6－2　成人女子服装号型规格——Y 体型　　单位：cm

<table>
<tr><th colspan="4">名　称</th><th>3YR</th><th>5YR</th><th>7YR</th><th>9YR</th><th>11YR</th><th>13YR</th><th>15YR</th><th>17YR</th><th>19YR</th><th>5YT</th><th>7YT</th><th>9YT</th><th>11YT</th><th>13YT</th><th>15YT</th></tr>
<tr><td colspan="2" rowspan="3">基本身体尺寸</td><td colspan="2">身高</td><td colspan="9">158</td><td colspan="6">166</td></tr>
<tr><td colspan="2">胸围</td><td>74</td><td>77</td><td>80</td><td>83</td><td>86</td><td>89</td><td>92</td><td>96</td><td>100</td><td>77</td><td>80</td><td>83</td><td>86</td><td>89</td><td>92</td></tr>
<tr><td colspan="2">腰围</td><td>81</td><td>83</td><td>85</td><td>87</td><td>89</td><td>91</td><td>93</td><td>95</td><td>97</td><td>85</td><td>87</td><td>89</td><td>91</td><td>93</td><td>95</td></tr>
<tr><td rowspan="7">参考</td><td rowspan="7">腰围</td><td rowspan="7">年龄区分</td><td>10</td><td rowspan="3">58</td><td rowspan="4">61</td><td rowspan="3">61</td><td rowspan="3">64</td><td rowspan="2">64</td><td rowspan="2">67</td><td rowspan="2">70</td><td rowspan="2">73</td><td rowspan="2">76</td><td rowspan="2">58</td><td rowspan="2">61</td><td rowspan="2">61</td><td rowspan="2">64</td><td rowspan="2">67</td><td rowspan="2">70</td></tr>
<tr><td>20</td></tr>
<tr><td>30</td><td>67</td><td>70</td><td>73</td><td>76</td><td>80</td><td rowspan="3">61</td><td rowspan="4">64</td><td>64</td><td rowspan="2">67</td><td rowspan="2">70</td><td rowspan="3">73</td></tr>
<tr><td>40</td><td rowspan="2">61</td><td rowspan="2">64</td><td rowspan="2">67</td><td rowspan="3">70</td><td rowspan="3">73</td><td rowspan="3">76</td><td rowspan="3">80</td><td rowspan="3">84</td><td rowspan="4">67</td></tr>
<tr><td>50</td><td>64</td><td rowspan="3">70</td><td rowspan="3">–</td></tr>
<tr><td>60</td><td rowspan="2">–</td><td rowspan="2">–</td><td rowspan="2">–</td><td rowspan="2">70</td><td rowspan="2">–</td><td rowspan="2">–</td></tr>
<tr><td>70</td><td>73</td><td>–</td><td>–</td><td>–</td><td>–</td><td>–</td></tr>
</table>

表 5－7－1　成人女子服装号型规格——AB 体型　　单位：cm

<table>
<tr><th colspan="4">名　称</th><th>7ABPP</th><th>9ABPP</th><th>11ABPP</th><th>13ABPP</th><th>15ABPP</th><th>17ABPP</th><th>3ABP</th><th>5ABP</th><th>7ABP</th><th>9ABP</th><th>11ABP</th><th>13ABP</th><th>15ABP</th><th>17ABP</th><th>19ABP</th><th>21ABP</th></tr>
<tr><td colspan="2" rowspan="3">基本身体尺寸</td><td colspan="2">身高</td><td colspan="6">142</td><td colspan="10">150</td></tr>
<tr><td colspan="2">胸围</td><td>80</td><td>83</td><td>86</td><td>89</td><td>92</td><td>96</td><td>74</td><td>77</td><td>80</td><td>83</td><td>86</td><td>89</td><td>92</td><td>96</td><td>100</td><td>104</td></tr>
<tr><td colspan="2">腰围</td><td>91</td><td>93</td><td>95</td><td>97</td><td>99</td><td>101</td><td>87</td><td>89</td><td>91</td><td>93</td><td>95</td><td>97</td><td>99</td><td>101</td><td>103</td><td>105</td></tr>
<tr><td rowspan="7">参考</td><td rowspan="7">腰围</td><td rowspan="7">年龄区分</td><td>10</td><td rowspan="4">–</td><td rowspan="3">–</td><td rowspan="3">–</td><td>–</td><td rowspan="5">–</td><td rowspan="3">80</td><td>58</td><td>61</td><td rowspan="2">64</td><td rowspan="3">67</td><td rowspan="3">70</td><td rowspan="3">73</td><td rowspan="3">76</td><td rowspan="3">80</td><td rowspan="3">–</td><td rowspan="6">–</td></tr>
<tr><td>20</td><td>73</td><td rowspan="3">61</td><td rowspan="3">64</td></tr>
<tr><td>30</td><td rowspan="3">76</td><td rowspan="3">67</td></tr>
<tr><td>40</td><td rowspan="2">70</td><td rowspan="2">73</td><td rowspan="2">84</td><td rowspan="2">70</td><td rowspan="2">73</td><td rowspan="2">76</td><td rowspan="4">80</td><td rowspan="4">84</td><td rowspan="4">88</td></tr>
<tr><td>50</td><td>67</td><td rowspan="3">64</td><td rowspan="3">67</td></tr>
<tr><td>60</td><td rowspan="2">70</td><td rowspan="2">73</td><td rowspan="2">76</td><td rowspan="2">80</td><td rowspan="2">84</td><td rowspan="2">88</td><td rowspan="2">70</td><td rowspan="2">73</td><td rowspan="2">76</td><td rowspan="2">80</td></tr>
<tr><td>70</td><td>92</td></tr>
</table>

表 5－7－2　成人女子服装号型规格——AB 体型

单位：cm

<table>
<tr><td colspan="4">名　称</td><td>3ABR</td><td>5ABR</td><td>7ABR</td><td>9ABR</td><td>11ABR</td><td>13ABR</td><td>15ABR</td><td>17ABR</td><td>19ABR</td><td>21ABR</td><td>23ABR</td><td>5ABT</td><td>7ABT</td><td>9ABT</td><td>11ABT</td><td>13ABT</td><td>15ABT</td></tr>
<tr><td colspan="2" rowspan="3">基本
身体尺寸</td><td colspan="2">身长</td><td colspan="11">158</td><td colspan="6">166</td></tr>
<tr><td colspan="2">胸围</td><td>74</td><td>77</td><td>80</td><td>83</td><td>86</td><td>89</td><td>92</td><td>96</td><td>100</td><td>104</td><td>108</td><td>77</td><td>80</td><td>83</td><td>88</td><td>89</td><td>92</td></tr>
<tr><td colspan="2">腰围</td><td>89</td><td>91</td><td>93</td><td>95</td><td>97</td><td>99</td><td>101</td><td>103</td><td>105</td><td>107</td><td>109</td><td>93</td><td>95</td><td>97</td><td>99</td><td>101</td><td>103</td></tr>
<tr><td rowspan="7">参考</td><td rowspan="7">腰围</td><td rowspan="7">年龄区分</td><td>10</td><td rowspan="3">61</td><td rowspan="2">61</td><td rowspan="3">64</td><td rowspan="3">67</td><td rowspan="3">70</td><td rowspan="2">70</td><td rowspan="2">73</td><td rowspan="2">76</td><td rowspan="2">80</td><td rowspan="4">–</td><td rowspan="7">–</td><td rowspan="2">61</td><td rowspan="3">64</td><td rowspan="3">67</td><td rowspan="3">70</td><td rowspan="2">70</td><td rowspan="2">73</td></tr>
<tr><td>20</td></tr>
<tr><td>30</td><td rowspan="3">64</td><td>73</td><td>76</td><td>80</td><td>84</td><td rowspan="3">64</td><td>73</td><td>76</td></tr>
<tr><td>40</td><td rowspan="2">64</td><td rowspan="2">67</td><td rowspan="3">70</td><td rowspan="3">73</td><td rowspan="3">76</td><td rowspan="3">80</td><td rowspan="3">84</td><td rowspan="3">88</td><td rowspan="3">67</td><td rowspan="3">70</td><td rowspan="3">73</td><td>76</td><td rowspan="2">80</td></tr>
<tr><td>50</td><td rowspan="2">92</td><td rowspan="3">–</td></tr>
<tr><td>60</td><td rowspan="2">67</td><td>67</td><td>70</td><td rowspan="2">–</td><td rowspan="2">–</td></tr>
<tr><td>70</td><td>–</td><td>–</td><td>73</td><td>76</td><td>80</td><td>–</td><td>88</td><td>–</td><td>–</td><td>–</td><td>73</td><td>76</td></tr>
</table>

表 5－8　成人女子服装号型规格——B 体型

单位：cm

<table>
<tr><td colspan="4">名　称</td><td>5BP</td><td>7BP</td><td>9BP</td><td>11BP</td><td>13BP</td><td>15BP</td><td>17BP</td><td>19BP</td><td>7BR</td><td>9BR</td><td>11BR</td><td>13BR</td><td>15BR</td><td>17BR</td><td>19BR</td></tr>
<tr><td colspan="2" rowspan="3">基本
身体尺寸</td><td colspan="2">身长</td><td colspan="9">150</td><td colspan="6">158</td></tr>
<tr><td colspan="2">胸围</td><td>77</td><td>80</td><td>83</td><td>86</td><td>89</td><td>92</td><td>96</td><td>100</td><td>80</td><td>83</td><td>86</td><td>89</td><td>92</td><td>96</td><td>100</td></tr>
<tr><td colspan="2">腰围</td><td>93</td><td>95</td><td>97</td><td>99</td><td>101</td><td>103</td><td>105</td><td>107</td><td>97</td><td>99</td><td>101</td><td>103</td><td>105</td><td>107</td><td>109</td></tr>
<tr><td rowspan="7">参考</td><td rowspan="7">腰围</td><td rowspan="7">年龄区分</td><td>10</td><td rowspan="2">64</td><td>64</td><td>67</td><td>70</td><td>73</td><td rowspan="2">76</td><td>–</td><td rowspan="2">–</td><td rowspan="2">64</td><td rowspan="2">67</td><td rowspan="2">70</td><td rowspan="2">73</td><td rowspan="2">76</td><td rowspan="2">80</td><td rowspan="2">84</td></tr>
<tr><td>20</td><td rowspan="2">67</td><td rowspan="2">70</td><td rowspan="2">73</td><td rowspan="3">76</td><td>80</td></tr>
<tr><td>30</td><td rowspan="4">67</td><td rowspan="3">80</td><td rowspan="3">84</td><td>84</td><td rowspan="2">67</td><td rowspan="2">70</td><td rowspan="4">73</td><td rowspan="3">76</td><td rowspan="4">80</td><td rowspan="4">84</td><td rowspan="3">88</td></tr>
<tr><td>40</td><td rowspan="3">70</td><td rowspan="3">73</td><td rowspan="3">76</td><td rowspan="2">88</td></tr>
<tr><td>50</td><td rowspan="3">80</td><td rowspan="2">73</td><td rowspan="2">73</td></tr>
<tr><td>60</td><td rowspan="2">–</td><td rowspan="2">88</td><td rowspan="2">–</td><td rowspan="2">–</td><td rowspan="2">92</td></tr>
<tr><td>70</td><td>–</td><td>73</td><td>76</td><td>80</td><td>–</td><td>–</td><td>–</td><td>–</td><td>88</td></tr>
</table>

四、童装原型与 JIS 号型规格

1. 儿童的体型特征

童装原型适用于婴幼儿和小学生，但明确地界定两者的年龄界限很困难，因此可以认为童装原型基本上适用于还未接近成人身材的儿童。

儿童体型与成人体型的差异主要体现在以下几个方面。

1.1　比例不同

例如头身比不同，0 岁的婴儿为 4 个头身，5 岁时约为 5 个头身，10 岁时达到 6 个头身。当身高停止增长（男子约为 17 岁，女子约为 15 岁）后，成年人的头身比接近 7～7.5（图 5－16）。从下肢占身高的总体比例来看，2 岁的儿童约为 39%～40%，5～6 岁的儿童约为 42%～45%，成年人约为 46%（这时的下肢长用下裆高来表示)。

另外，通常情况下儿童的头围比胸围略大。从头围占胸围的比例来看，2 岁时约为 96.1% (头围与胸围的尺寸大小基本相同)，6 岁时约为 87.6%，10 岁时约为 78.5%，18 岁接近成人体型时约为 64%。

1.2 体型不同

一般情况下，与成人相比，儿童的前后厚度较大，特别是腰部明显地突出，从侧面图上看，前面的轮廓线成弧线状态 (图 5－17)。同时腰围位的横断面接近于圆形，有时还会出现前后厚度方向较长的情况。

8 岁以前的男、女儿童在体型上没有多大的区别。女童从月经初潮开始，乳房开始发育，到 14～18 岁之间已接近成人的体型。

此外，儿童的日常动作姿势和运动范围与成年人相比也存在着一定的差异，在原型的制定过程中必须考虑到这些因素。

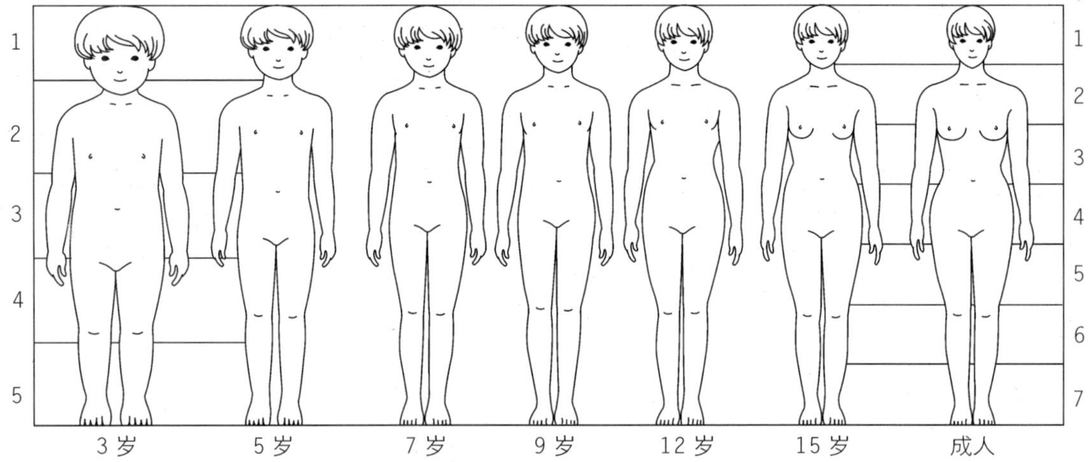

图 5－16　成长过程中的头身比例变化

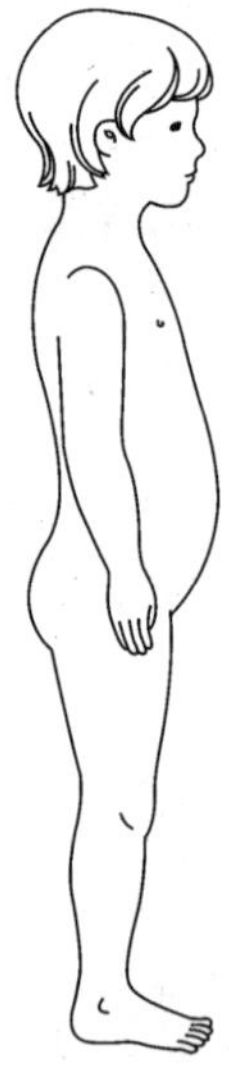

图 5－17　儿童的体型

2. 少男、少女用 JIS 号型规格与参考数据

在 JIS 的童装号型规格中，L 4002—1997 为少男用号型规格，L 4003—1997 为少女用号型规格，各个规格中分别包含了 A、Y、B、E 四类体型，如表 5－9－1 和表 5－9－2 所示。各号型规格的表示方法和身体基本尺寸如表 5－10～表 5－17 所示。

表 5－18 为少男、少女 JIS 规格对应的身体各部位尺寸表。为了便于制图过程中的数据使用，各部位的身体尺寸在参考了《日本人的人

体计测数据》一书中各年龄段的平均值及各尺寸范围内的平均值、相关回归分析结果的基础上，将数据归整到 1cm 或 0.5cm。

背长的数值，考虑到连衣裙及上衣纸样制图的需要，在人体计测数据的基础上略缩短了些。

表中的数据均为裸体尺寸，在制图的过程中需要追加松量。

表 5－9－1 少年服装号型规格的体型分类 (JIS L4002—1997)

体 型	说 明
A 体型	身高在 90～185cm 范围内的日本少年，以 10cm 为一档，以其中胸围和腰腹围出现频率最高的尺寸所代表的人群作为 A 体型
Y 体型	相对于 A 体型，胸围和腰腹围小 6cm 的体型
B 体型	相对于 A 体型，胸围和腰腹围大 6cm 的体型
E 体型	相对于 A 体型，胸围和腰腹围大 12cm 的体型

表 5－9－2 少女服装号型规格的体型分类 (JIS L4003—1997)

体 型	说 明
A 体型	身高在 90～185cm 范围内的日本少女，以 10cm 为一档，以其中胸围和腰腹围出现频率最高的尺寸所代表的人群作为 A 体型
Y 体型	相对于 A 体型，胸围和腰腹围小 6cm 的体型
B 体型	相对于 A 体型，胸围和腰腹围大 6cm 的体型
E 体型	相对于 A 体型，胸围和腰腹围大 12cm 的体型

表 5－10－1 少男用服装号型规格——A 体型(身高及胸围)

A体型Ⅰ	名 称		90A	100A	110A	120A	130A	140A	150A	160A	170A	180A
	基本身体尺寸	身高	90	100	110	120	130	140	150	160	170	180
		胸围	48	52	56	60	64	68	74	80	86	92

A体型Ⅱ	95A	105A	115A	125A	135A	145A	155A	165A	175A	185A
	95	105	115	125	135	145	155	165	175	185
	50	54	58	62	66	71	77	83	89	95

表 5－10－2 少男用服装号型规格——A 体型(身高及腰腹围)

A体型Ⅰ	名 称		90A	100A	110A	120A	130A	140A	150A	160A	170A	180A
	基本身体尺寸	身高	90	100	110	120	130	140	150	160	170	180
		腰腹围	48	50	52	54	56	58	62	66	70	74

A体型Ⅱ	95A	105A	115A	125A	135A	145A	155A	165A	175A	185A
	95	105	115	125	135	145	155	165	175	185
	49	51	53	55	57	60	64	68	72	78

表 5－11 少男用服装号型规格——Y 体型

－身高及胸围－

名 称		120Y	130Y	140Y	150Y	160Y	170Y	180Y
基本身体尺寸	身高	120	130	140	150	160	170	180
	胸围	54	58	62	68	74	80	86

－身高及腰腹围－

名 称		120Y	130Y	140Y	150Y	160Y	170Y	180Y
基本身体尺寸	身高	120	130	140	150	160	170	180
	腰腹围	48	50	52	56	60	64	68

表 5－12 少男用服装号型规格——B 体型

－身高及胸围－

名 称		120B	130B	140B	150B	160B	170B	180B
基本身体尺寸	身高	120	130	140	150	160	170	180
	胸围	66	70	74	80	86	92	98

－身高及腰腹围－

名 称		120B	130B	140B	150B	160B	170B	180B
基本身体尺寸	身高	120	130	140	150	160	170	180
	腰腹围	60	62	64	68	72	76	80

表 5－13　少男用服装号型规格——E 体型

－身高及胸围－

名称		130E	140E	150E	160E	170E
基本身体尺寸	身高	130	140	150	160	170
	胸围	76	80	86	92	98

－身高及腰腹围－

名称		130E	140E	150E	160E	170E
基本身体尺寸	身高	130	140	150	160	170
	腰腹围	68	70	74	78	82

表 5－14－1　少男用服装号型规格——A 体型(身高及胸围)

A体型Ⅰ	名称		90A	100A	110A	120A	130A	140A	150A	160A	170A
	基本身体尺寸	身高	90	100	110	120	130	140	150	160	170
		胸围	48	52	56	60	64	68	74	80	86

A体型Ⅱ	95A	105A	115A	125A	135A	145A	155A	165A	175A
	95	105	115	125	135	145	155	165	175
	50	54	58	62	66	71	77	83	89

表 5－14－2　少女用服装号型规格——A 体型(身高及腰腹围)

A体型Ⅰ	名称		90A	100A	110A	120A	130A	140A	150A	160A	170A
	基本身体尺寸	身高	90	100	110	120	130	140	150	160	170
		腰腹围	46	48	50	52	54	56	59	62	65

A体型Ⅱ	95A	105A	115A	125A	135A	145A	155A	165A	175A
	95	105	115	125	135	145	155	165	175
	47	49	51	53	55	58	61	64	67

表 5－15　少女用服装号型规格——Y 体型

－身高及胸围－

名称		120Y	130Y	140Y	150Y	160Y	170Y
基本身体尺寸	身高	120	130	140	150	160	170
	胸围	54	58	62	68	74	80

－身高及腰腹围－

名称		120Y	130Y	140Y	150Y	160Y	170Y
基本身体尺寸	身高	120	130	140	150	160	170
	腰腹围	46	48	50	53	56	59

表 5－16　少男用服装号型规格——B 体型

－身高及胸围－

名称		120B	130B	140B	150B	160B	170B
基本身体尺寸	身高	120	130	140	150	160	170
	胸围	66	70	74	80	86	92

－身高及腰腹围－

名称		120B	130B	140B	150B	160B	170B
基本身体尺寸	身高	120	130	140	150	160	170
	腰腹围	58	60	62	65	68	71

表 5－17　少女用服装号型规格——E 体型

－身高及胸围－

名称		130E	140E	150E	160E
基本身体尺寸	身高	130	140	150	160
	胸围	76	80	86	92

－身高及腰腹围－

名称		130E	140E	150E	160E
基本身体尺寸	身高	130	140	150	160
	腰腹围	66	68	71	74

表 5－18　少男、少女各部位的身体参考尺寸——A 体型

名称		男/女	90A	95A	100A	105A	110A	115A	120A	125A	130A	135A	140A	145A	150A	155A	160A	165A	170A	175A	180A	185A
		女																			–	–
基本身体尺寸	身高	男	90	95	100	105	110	115	120	125	130	135	140	145	150	155	160	165	170	175	180	185
		女																			–	–
	胸围	男	48	50	52	54	56	58	60	62	64	66	68	71	74	77	80	83	86	89	92	95
		女																			–	–
	腰腹围	男	48	49	50	51	52	53	54	55	56	57	58	60	62	64	66	68	70	72	74	76
		女	46	47	48	49	50	51	52	53	54	55	56	58	59	61	62	64	65	76	–	–
项目	头围	男	49	50	50	51	51	51	52	52.5	53	53	54	54.5	55	55.5	56	57	57.5	57.5	58.0	58
		女												54	54.5	55	55.5	56	56.5	57	–	–
	乳下围	男	–	–	–	–	–	–	–	–	–	–	–	–	–	–	–	–	–	–	–	–
		女	48	49	50	52	53	55	57	58.5	60	61.5	63	64.5	66	68	70	72	74	76	–	–
	臀围	男	51	53	55.5	58	60.5	63	65.5	68	70.5	73	75.5	78	81	84.5	88	91	93	95	97	99
		女	53	55	57.5	60	62.5	65	67.5	70	72	74.5	76.5	79.5	83	86	89	91	93	95	–	–
	背长	男	21	22	23	25	27	29	30	31	32	33	34	35	36	37	39	41	42	43	44	45
		女					26	27	28	30	31	32	33	34	35	36	37	37.5	38	38.5	–	–
	袖长	男	28	30	32	33.5	35	37	39	41	43	44.5	46	48	50	52	53.5	55.5	57.5	59	60.5	62
		女														51.5	53	54.5	56.5	58	–	–
	足长	男	15.3	16.0	16.6	17.2	17.8	18.5	19.1	19.7	20.3	20.9	21.6	22.2	22.8	23.4	24.1	24.7	25.3	25.9	26.5	27.2
		女	15.4	16.0	16.6	17.2	17.7	18.3	18.9	20.3	20.3	20.6	21.2	21.8	22.3	22.9	22.5	24.1	24.6	25.2	–	–

注　足长根据身高的回归方程式计算得出。

3. 儿童原型制图

儿童原型采用胸度式作图法。

上半身原型的制图如图 5－18 和图 5－19 所示，通过胸围和背长两个尺寸进行制图，男生以左半身为准，女生以右半身为准。

制图顺序如图所示，先绘制基础框架，然后完成外轮廓线。考虑到成长和运动等因素，儿童原型的松量与成人女子原型相比略大些。此外，袖窿深的计算公式为 $\frac{B}{4}+0.5\text{cm}$。对比成人女子原型，袖窿深和胸围之间的关联度较大。这是因为在儿童成长的过程中，随着胸围的增加，臂根也随之增长。所以较成年女性，儿童的胸围和臂根围的相关性较高。

袖原型的制图需要用到三个尺寸：衣身前、后袖窿弧长和袖长。如图 5－20 所示绘制基础框架，然后参照图 5－21 完成外轮廓线。制图的过程中，需考虑儿童的体型和运动等特征，如图 5－20 所示，根据不同的年龄调节袖山高的高度。袖山高越低，袖肥越大，活动也相对容易。

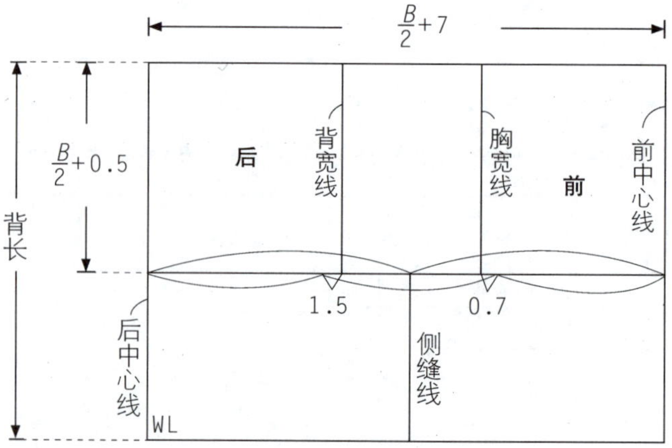

图 5－18　儿童上半身原型基础框架制图

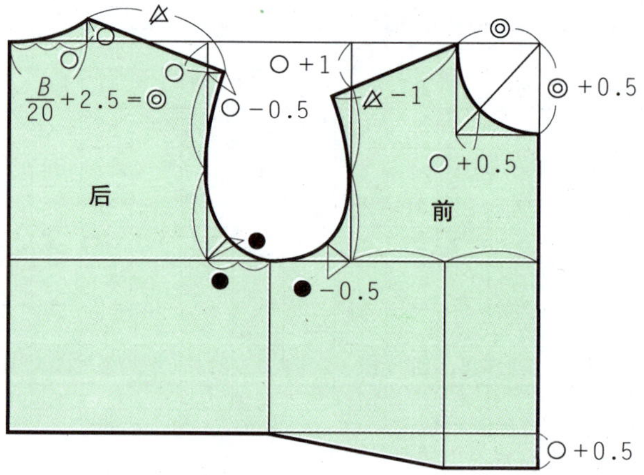

图 5－19　儿童上半身原型的完成图

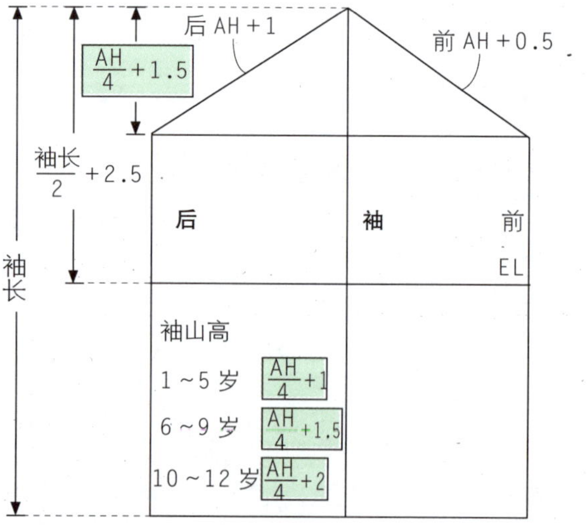

图 5－20　儿童袖原型基础框架制图

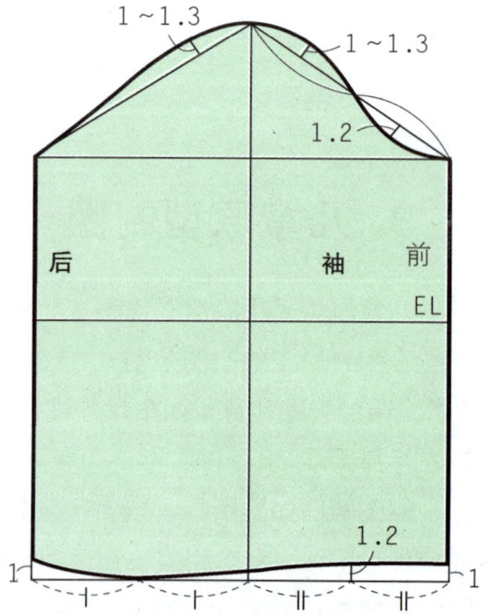

图 5－21　儿童袖原型的完成图

五、男子原型与 JIS 号型规格

1. 成人男子 JIS 号型规格与参考尺寸

JIS L 4004—1996 为成人男子服装号型规格，通过体型分类来表示不同的衣服尺寸。体型分类由腋下围与腰围的差值（drop）决定，如表 5－19 所示，共分为 J、JY、Y、YA、A、AB、B、BB、BE、E 10 种体型。服装号型规格的表示由三组数字和字母组合而成（如 90A3），前面的两个数字代表腋下围，接下来的字母表示体型，最后的数字代表身高的号。表 5－20～表 5－29 为不同体型对应的服装号型规格，其中 A 体型给出了具体的身体参考尺寸。

表 5－19　成人男子服装号型规格的体型分区（JIS L 4004—1996）

体　型	含　　义
J 体型	腋下围与腰围的差值为 20cm 的体型
JY 体型	腋下围与腰围的差值为 18cm 的体型
Y 体型	腋下围与腰围的差值为 16cm 的体型
YA 体型	腋下围与腰围的差值为 14cm 的体型
A 体型	腋下围与腰围的差值为 12cm 的体型
AB 体型	腋下围与腰围的差值为 10cm 的体型
B 体型	腋下围与腰围的差值为 8cm 的体型
BB 体型	腋下围与腰围的差值为 6cm 的体型
BE 体型	腋下围与腰围的差值为 4cm 的体型
E 体型	腋下围与腰围的差值为 0 的体型

表 5－20　成人男子服装号型规格——J 体型

名　称		88J3	90J4	92J5	94J6	96J7	98J8	100J9
基本身体尺寸	身高	160	165	170	175	180	185	190
	胸围	88	90	92	94	96	98	100
	腰围	68	70	72	74	76	78	80

表 5－21　成人男子服装号型规格——JY 体型

名　称		88JY3	90JY4	92JY5	94JY6	96JY7	98JY8	100JY9
基本身体尺寸	身高	160	165	170	175	180	185	190
	胸围	88	90	92	94	96	98	100
	腰围	70	72	74	76	78	80	82

表 5－22－1　成人男子服装号型规格——Y 体型

名　称		86Y2	88Y3	90Y4	92Y5	94Y6	96Y7	98Y8	100Y9
基本身体尺寸	身高	155	160	165	170	175	180	185	190
	胸围	86	88	90	92	94	96	98	100
	腰围	70	72	74	76	78	80	82	84

表 5－22－2　成人男子服装号型规格——Y 体型（参考）

名　称		84Y3	86Y3	86Y4	88Y4	88Y5	90Y5	90Y6	92Y6	92Y7	94Y7	94Y8	96Y8	96Y9	98Y9
基本身体尺寸	身高	160		165		170		175		180		185		190	
	胸围	84	86	86	88	88	90	90	92	92	94	94	96	96	98
	腰围	68	70	70	72	72	74	74	76	76	78	78	80	80	82

注　平成 6 年实施的“成衣尺寸修订相关的调查研究”项目的调查结果显示，对于年轻群体（18～24 岁）来说，针对表 5－22－1 的号型规格，在同一身高前提下，胸围和腰围偏小的情况较多。考虑到成衣制品的需要，制定了该参考表。

表 5－23 成人男子服装号型规格——YA 体型(参考)

名称		86YA2	88YA2	88YA3	90YA3	90YA4	92YA4	92YA5	94YA5	94YA6	96YA6	96YA7	98YA7	98YA8	100YAB	102YAB
基本身体尺寸	身高	155		160		165		170		175		180		185		190
	胸围	86	88	88	90	90	92	92	94	94	96	96	98	98	100	102
	腰围	72	74	74	76	76	78	78	80	80	82	82	84	84	86	88

表 5－24 成人男子服装号型规格——A 体型

名称		86A2	88A2	90A2	88A3	90A3	92A3	90A4	92A4	94A4	92A5	94A5	96A5
基本身体尺寸	身高	155			160			165			170		
	胸围	86	88	90	88	90	92	90	92	94	92	94	96
	腰围	74	76	78	76	78	80	78	80	82	80	82	84
项目	颈根围	41.5	42	42.5	43	43	43	43	43.5	44	44	44	44.5
	臀围	88	89.5	91	89.5	91	92.5	92	93.5	94.5	94	95	96.5
	肩背宽	41	41.5	42	42	42.5	43	43	43.5	44	44	44.5	45
	下裆长	66.5	66.5	66	69	69	68.5	71.5	71.5	71	74	74	73.5
	袖长	52	52	52	53.5	53.5	53.5	55	55	55	56.5	56.5	56.5

名称		94A6	96A6	98A6	96A7	98A7	100A7	98A8	100A8	102A8	102A9
基本身体尺寸	身高	175			180			185			190
	胸围	94	96	98	96	98	100	98	100	102	102
	腰围	82	84	86	84	86	88	86	88	90	90
项目	颈根围	44.5	45	45.5	45	45.5	46	46	47	48	49
	臀围	95.5	97	98.5	97.5	99	100	99.5	100.5	101	102
	肩背宽	45	45.5	46	45.5	46	46.5	46.5	47	47.5	47.5
	下裆长	76.5	76.5	76	79	79	78.5	81.5	81.5	81	83.5
	袖长	58	58	58	60	60	60	62	62	62	63.5

表 5－25 成人男子服装号型规格——AB 体型

名称		88AB2	90AB2	92AB2	90AB3	92AB3	94AB3	92AB4	94AB4	96AB4	94AB5	96AB5	98AB5
基本身体尺寸	身高	155			160			165			170		
	胸围	88	90	92	90	92	94	92	94	96	94	96	98
	腰围	78	80	82	80	82	84	82	84	86	84	86	88

名称		96AB6	98AB6	100AB6	98AB7	100AB7	102AB7	100AB8	102AB8	102AB8	104AB9
基本身体尺寸	身高	175			180			185			190
	胸围	96	98	100	98	100	102	100	102	104	104
	腰围	86	88	90	88	90	92	90	92	94	94

表 5－26 成人男子服装号型规格——B 体型

名称		90B2	92B2	92B3	94B3	94B4	96B4	96B5	98B5	98B6	100B6	100B7	102B7
基本身体尺寸	身高	155		160		165		170		175		180	
	胸围	90	92	92	94	94	96	96	98	98	100	100	102
	腰围	82	84	84	86	86	88	88	90	90	92	92	94

表 5－27 成人男子服装号型规格——BB 体型

名称		90BB2	94BB2	94BB3	96BB3	96BB4	98BB4	98BB5	100BB5	100BB6	102BB6	102BB7	104BB7
基本身体尺寸	身高	155		160		165		170		175		180	
	胸围	92	94	94	96	96	98	98	100	100	102	102	104
	腰围	86	88	88	90	90	92	92	94	94	96	96	98

表 5－28 成人男子服装号型规格——BE 体型

名称		94BE2	96BE3	98BE4	100BE5	102BE6	104BE7
基本身体尺寸	身高	155	160	165	170	175	180
	胸围	94	96	98	100	102	104
	腰围	90	92	94	96	98	100

表 5－29 成人男子服装号型规格——E 体型

名称		94E2	96E3	98E4	100E5	102E6	104E7
基本身体尺寸	身高	155	160	165	170	175	180
	胸围	94	96	98	100	102	104
	腰围	94	96	98	100	102	104

2. 男子原型的种类

男子原型是便于成人男子服装纸样设计的原型，文化式根据男装分类的不同将原型分为上装原型和衬衫原型。上装原型也可称为男子原型，适用于西装、外套、马甲、大衣等外衣类服装的制图；衬衫原型则适合于长袖衬衫、开领衬衫以及其他简单的外衣或中层服装的制图。

3. 成人男子原型制图法

原型的制图方法如图 5－22～图 5－25 所示。其中图 5－22 和图 5－23 为上装原型的制图，与成人女子原型的制图方法一样，需要胸围和背长两个尺寸，不同的是男子的胸围不使用经过胸点的围度，而是使用上胸围即腋下围(chestline)。

男子原型的纸样制图以左半身表面看到的状态为准，图的右侧为后中心。图 5－22 为基础框架的制图说明，其中袖窿深、胸宽与背宽的计算公式中常数项的差值较少，与成人女子原型的设定方式类似。前领宽比后领宽大 2cm，这主要是考虑到该原型用于西装的制图，在前中心追加了衣片重叠需要的松量，同时为了覆盖胸腹部的突出量追加了一定的胸省和腹省所致。图 5－23 为外轮廓线的制图说明，上装原型没有袖原型。在上装原型的基础上，可以进行上衣、外套等各种款式的纸样设计。

图 5－24 和图 5－25 为衬衫原型与衬衫袖原型的制图。

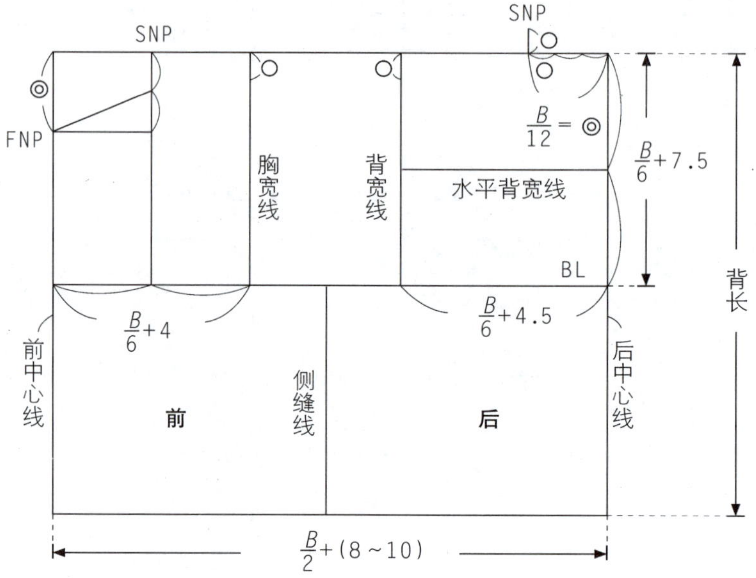

B:使用上胸围(腋下围)

图 5-22　男子原型基础框架制图

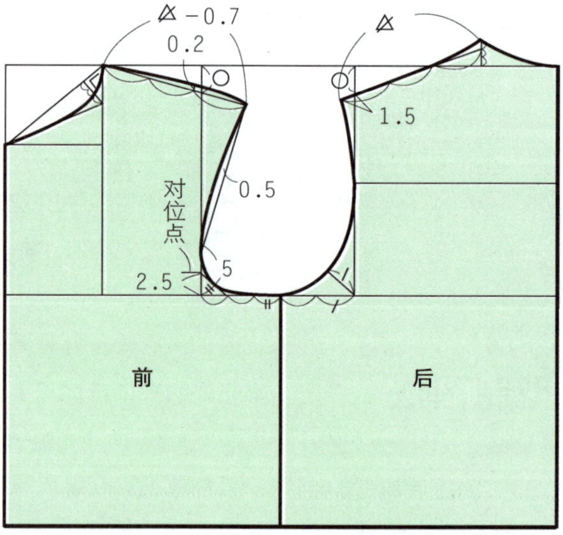

图 5-23　男子原型完成图

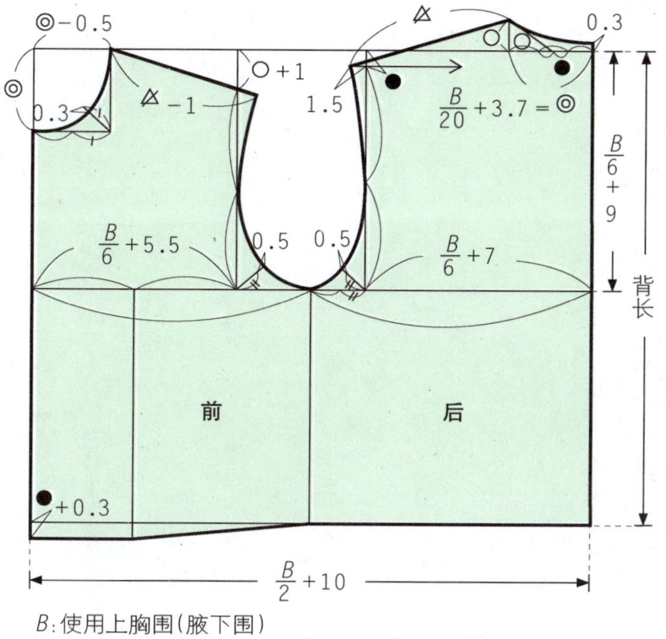

图 5－24　男子衬衫原型

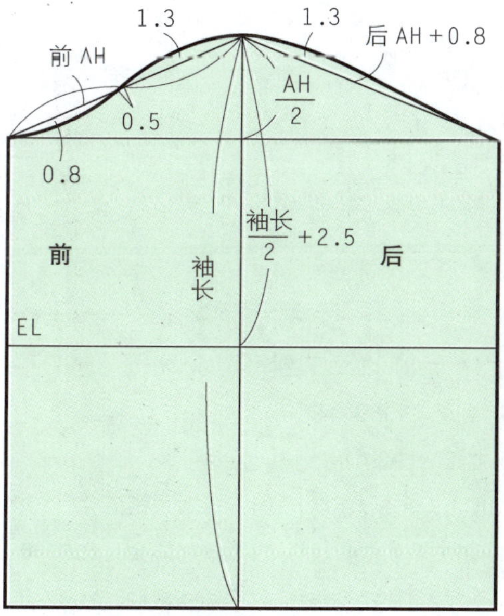

图 5－25　男子衬衫袖原型

[参考资料]

1 「日本人の人体計測データ」（社）人間生活工学研究センター　1997 年

2 「文化服装学院教育史」文化学園　1989 年

3 柳沢澄子『被服体型学』光生館　1981 年

4 「成人女子用衣料のサイズ JIS L 4005-1997」（財）日本規格協会　1997 年

5 「少年用衣料のサイズ JIS L 4002-1997」（財）日本規格協会　1997 年

6 「少女用衣料のサイズ JIS L 4003-1997」（財）日本規格協会　1997 年

7 「成人男子用衣料のサイズ JIS L 4004-1996」（財）日本規格協会　1996 年

第六章

原型论Ⅱ

本章主要分析成人女子原型的构成要素、适合人体的原型的构成形态及制图方法的含义。

另外还介绍了原型各构成部位的数据（人体计测数据及原型构成数据）分析，这些数据是下一章中讨论体型与纸样构成关系的基础。

在本章中，成人女子原型简称为“原型”。

一、适合人体的上半身原型的构成条件

1. 原型衣的形态

包裹上半身的原型衣，作为纸样设计的基础，具有最简单的结构特征。对于原型的实际应用来说，仅仅了解制图方法是远远不够的，需要理解着装状态下原型的构成形态与人体之间的"适合度"，并明确这些适合条件。

不同的原型外形具有不同的原型适合条件。根据原型的外形特点，可分为腰部合身型、箱型、梯型三种。图 6－1 为现有的各种原型的着装状态示意图，其中文化式原型为箱型基础上的腰部合身型。在现有的原型构成形态中，腰部合身型较少，多为箱型与梯型，而且并非所有的原型都设置腰省。

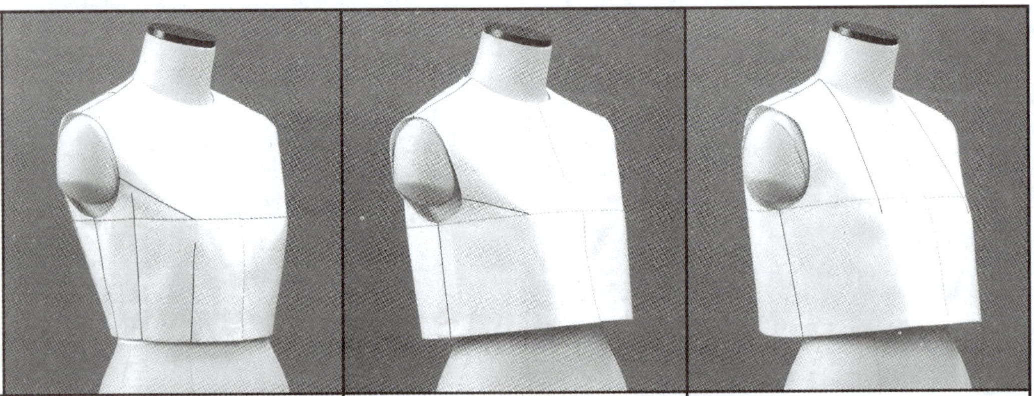

方式	文化式	Y 式	I 式
前	箱型，腰部合身	箱型	箱型
后	箱型，腰部合身	箱型	梯型（箱型）

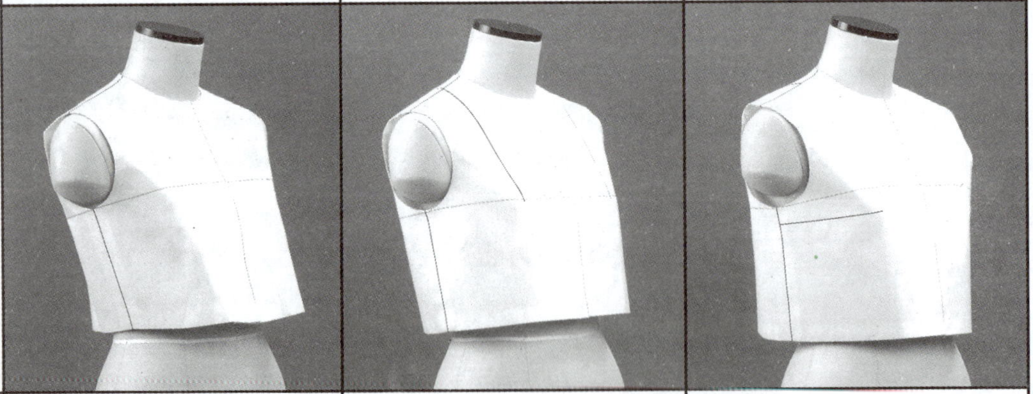

方式	D 式	K 式	T 式
前	梯型	箱型	箱型
后	梯型	箱型	梯型（箱型）

图 6－1　各种原型的外形比较

2. 原型的适合条件

2. 1　适合与否的检查要点

对于原型衣在穿着过程中是否“适合人体”的问题，主要可以从以下几个方面进行检查。具体检查条件如下。

① 领口弧线顺沿颈根围圆顺，无起浮，无绷紧现象。

② 袖窿弧线顺沿臂根围或周边位置确定，无起浮，无压迫感。

③ 腰线保持水平状态，以保证西装及大衣纸样的顺利绘制。

④ 身幅的松量适度（针对紧身原型或松身原型，松量的构成不同），前宽、后宽、袖窿宽度的比例恰当。

⑤ 肩线基本位于肩棱线的上方，顺沿肩斜度保持顺畅。

⑥ 整体布丝顺畅，体型适合度好，无整体或局部的斜褶和吊绺现象。

满足以上 6 个构成条件的上半身原型为适体原型。

但根据原型的外形不同，有时需要追加一些条件。如对于箱型原型来说，就需要追加“上半身胸部以下的坯布保持垂直”这一条件。

2. 2　腰围线的考虑

原型衣在着装状态下，腰线需保持水平，这是原型应用变化的前提。在此基础上，可以进行多种纸样设计，如连衣裙、西装和大衣等。

但是市场上销售的各种人台，往往将腰线设定为后倾的，并未对人台的腰线状态及其适合条件进行说明。一般情况下，将与上半身体轴或体表倾斜度相垂直的线作为“水平”腰线，如图 6－2 的人体侧面图所示，但其实这仅仅是“自然状态下的上、下身分割线”，并非是真正的“水平”线。

对于连衣裙的纸样设计，有时会因个人喜好选择稍下落的腰线分割线，但对于需要拓展成为西装、大衣或其他任何服装纸样的原型，倾斜的腰线并不适合。

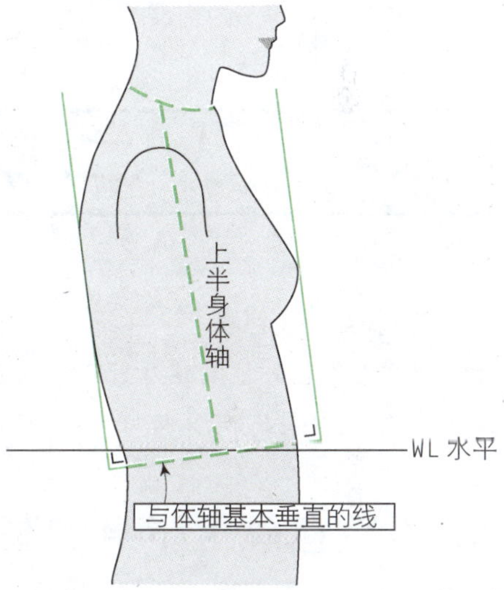

图 6－2　与体轴基本垂直的线与水平腰线的区别

2.3 文化式原型腰围的设定条件

对于原型的腰线水平问题，首先要明确的是选择省道缝合后的状态为水平，还是选择不缝合省道时的放松状态为水平。这是原型设定者必须明确的问题。新文化式原型选择的是腰部合身状态下的腰线水平。以前所使用的多数原型从形成至今，在应用的过程中始终都未理解到这一点。但是对于以上两种状态来说，原型的背长是不同的。如图 6－3 所示，缝合腰省后腰线保持水平的原型，当放松省道后腰线会出现后倾的现象，同时，前长和后长的平衡关系会被打破。文化式原型制图中所使用的背长是量至水平腰线的背部体表长度，是以着装状态下腰部合身并保持水平为前提的。

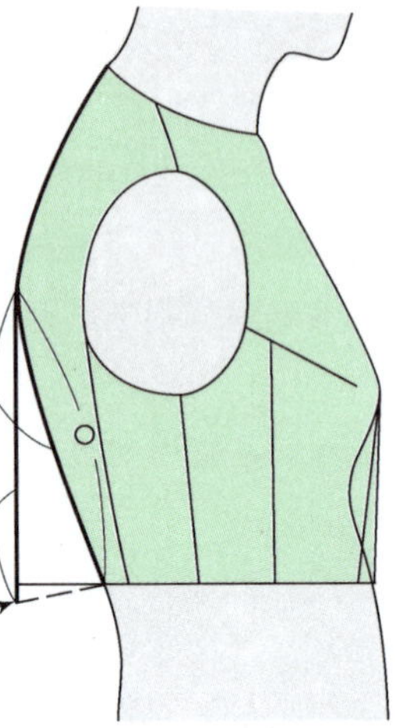

图 6－3　箱型与紧身型的背长区别

二、原型的构成要素

首先，用坯布包裹上半身，形成立体的外包围，处理坯布让其逐渐靠近身体的过程中即可体会原型各部位尺寸与人体尺寸之间的关系。

1. 设定包裹上半身的基本立体——身幅与腰线的确定

将平面的坯布以最简单的筒状形式（柱面体）包裹人体的上半身。如图 6－4 所示，坯布会接触人体体表所有突出的部位（肩部除外），形成包裹上半身的柱面体。展开柱面体（圆柱或角柱等）后就形成了纵向代表高度、横向代表围长的长方形，这个柱面体的围长就是平面展开图上的宽度（图 6－5）。同时，这个围长也是坯布包裹人体上半身时的最小外包围，它与胸围不同，是$\frac{胸围}{2}+\alpha$，已经包含了胸围线以上的前腋点、后腋点和肩胛骨的突出尺寸。

文化式原型身幅（$\frac{B}{2}$＋6cm）中的 6cm 就相当于 α，对于胸围来说可以理解为放松量，但对于整个上半身来说，并非是简单意义上的松量，而是原型构成形态上的必要尺寸。根据原型衣的 430 名着装实验结果，原型衣的 α 值因人而异，通常在 3～7cm 之间，平均为 5.7cm。

α 或上半身的最小外包围尺寸通过一维的皮尺测量方式无法得到，只能通过人体平面图（水平断面重合图）或其他的三维计测手段才能实现。图 6－6 为上半身各个方向上突出点的水平断面重合而成的上半身平面图（从腰围线方向向上的正仰视图），肩点的水平断面图除外。将该图中各突出点连接圆顺形成的上半身外包围（粗线）与图 6－4 所示的柱面体围长原理一致。

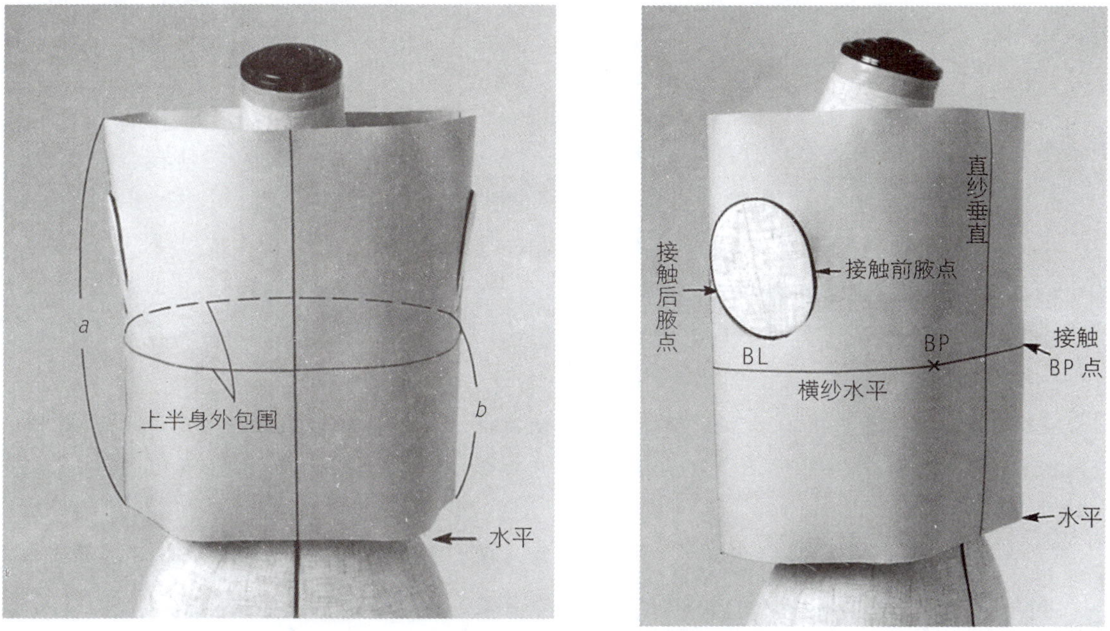

图 6－4　上半身的外包围示意图(柱状包裹)

观察上半身的平面图(图 6－6),可以发现胸围线的形状、肩胛骨的突出量、前腋点和后腋点的突出量决定了 α 值的大小。肩胛骨突出的人 α 值就会相应变大;如果肩宽较宽,前腋点和后腋点的突出程度就会增加,从而影响 α 值的加大。

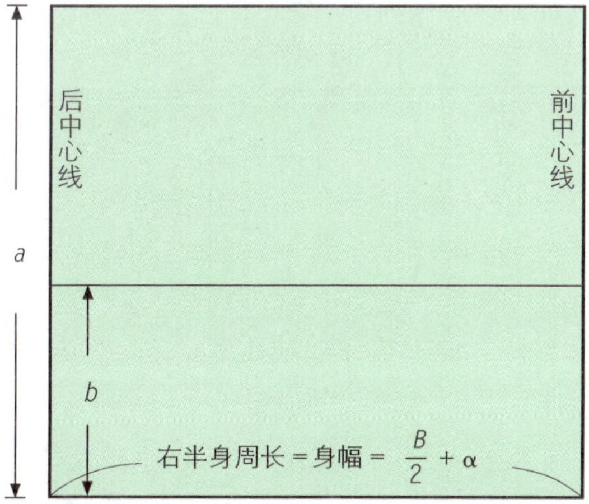

图 6－5　柱面体的平面展开图

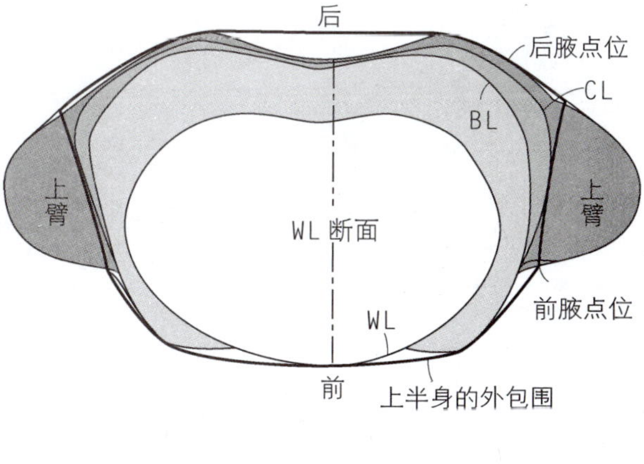

图 6－6　通过上半身水平断面重合图(仰视图)取得外包围

可以想象，将柱状基本立体倾斜，使其与上半身体轴方向相一致(图 6－7)。此时柱面体的围长 b 与垂直状态下的围长 a 相比会略小一些，同时腰线呈现为由前向后倾斜的状态。如果是制作上半身合身的礼服类款式，可以考虑采用该种与体轴一致的衣片构成形式，但对于原型构成来说，由于需要适应各种款式的纸样设计变化要求，保持腰线水平十分重要。因此，对于原型构成来说，选择垂直的柱面构成形式更为合适。

2. 胸省、肩省的含义

筒状本身是无法形成衣服的，需要将前、后肩部缝合后形成衣服的支撑，并使坯布造型适应身体上部的胸部形态。

如图 6－8 所示，将柱面体的上方坯布推向身体的方向，并使其贴合前、后体表。筒状曲面在转化为局部平面化曲面的过程中，部分坯布处于转折状态，由此生成多余的浮起面料，捏合处理后就形成“省道”。位于前面的省道称为胸省，位于后面的省道可以形成肩省或通过育克分割线形成后袖窿省，统称为后肩省。如图 6－9 所示，胸省可以放在袖窿里，也可以收在肩线处或是转移至其他部位。由于加入省道，柱面体由原来的简单曲面变成复杂曲面，形成多曲面构成状态。

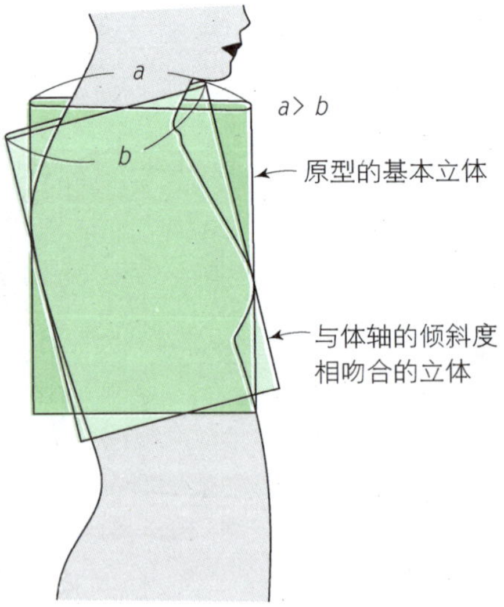

图 6－7　上半身垂直外包围与倾斜外包围

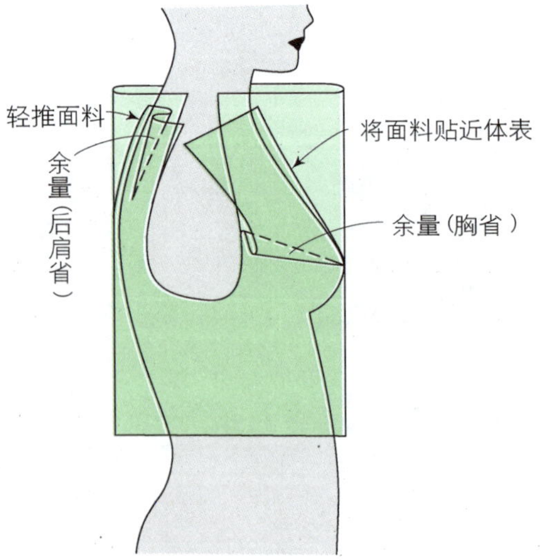

图 6－8　胸省与腰省的形成

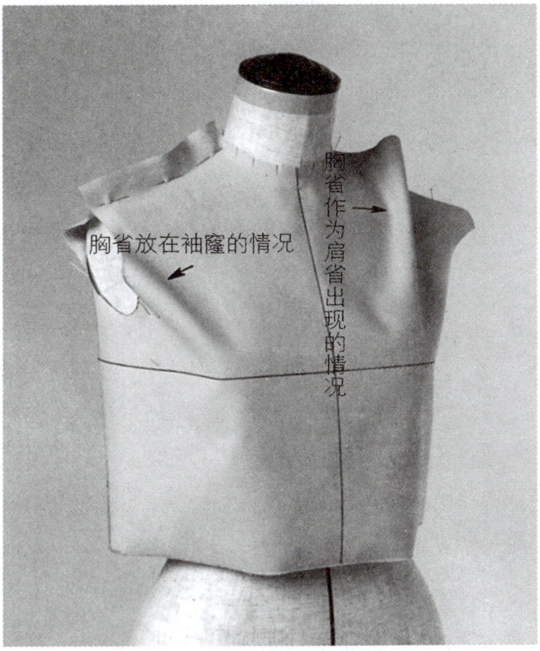

图 6-9　胸省

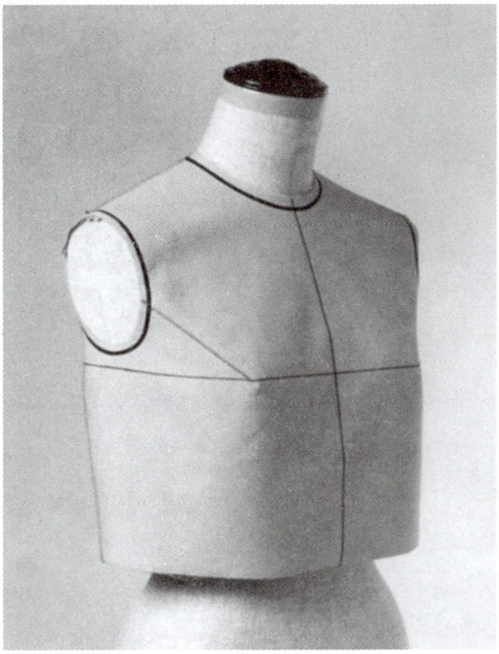

图 6-10　箱型原型

3. 领口弧线的条件

如图 6-10 所示，将坯布贴合人台后整理领口弧线和袖窿弧线，缝合前袖窿省（胸省）与后肩省，并沿肩斜角度固定前、后肩斜线。

至此，完成箱型原型的操作，其平面展开图如图 6-11 所示。

领口弧线是顺沿颈根围线形成的圆顺曲线。在立体裁剪的过程中，需要边观察边决定其位置，在平面制图中，前、后领口弧线分别有对应的领宽和领深。

虽然颈根围的前后宽度和左右宽度可以通过测量直接得到，但通常不会利用这些数据直接制图。制图过程中的水平横开领宽度和垂直的直开领深度需要进一步进行研究才可以，通常可以利用以下三种方法进行归纳。

①如图 6-12 所示，用柔软的树脂薄板（acrylic sheet）切掉一个直角边后进行测量。

② 统计的方法。首先利用立体裁剪和试穿修正或其他的方法，获得适合人体体表的合身型原型，在平面展开图上测量领口的宽度和深度。在得到一定人数的测量数据后，利用统计的方法分析领口宽度、深度与胸围和颈根围的关系，并形成回归方程式。

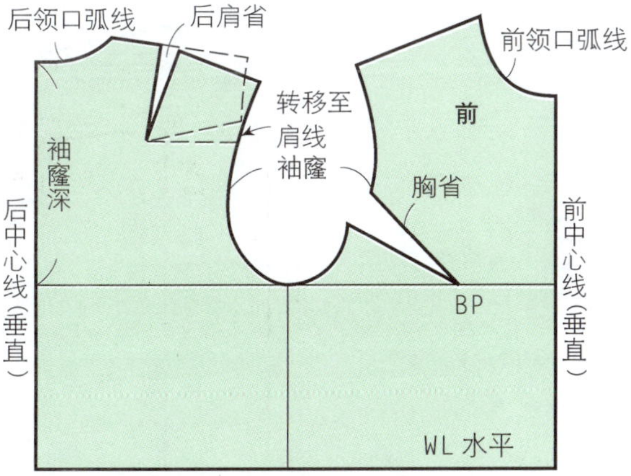

图 6-11　箱型原型纸样

③ 短寸式原型的方法(图 6－37)。如图 6－13、图 6－14 所示，用图形学的考虑方法取得背肩宽、后肩宽、后长、胸肩宽、前肩宽和前长等尺寸。同②的方法一样，在累积一定人数的基础上，利用统计方法从图形上获得数据，形成通用原型的领宽和领深。

文化式原型的后领宽为 $\frac{B}{24}$ +3.6cm，前领宽为 $\frac{B}{24}$ +3.4cm，是以胸围为依据的计算式，在②和③两种方法的基础上，考虑到覆盖率并简化公式后形成的。

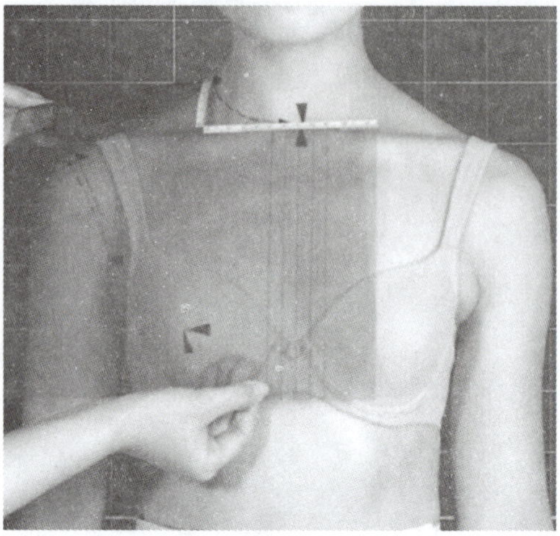

图 6－12　领口宽、领口深的计测方法之一

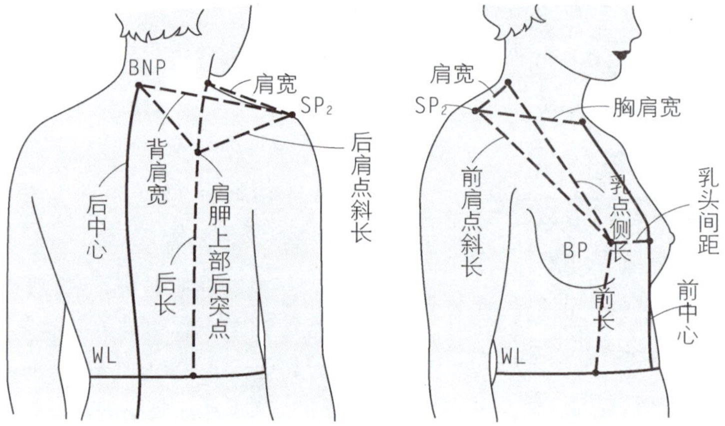

图 6－13　短寸式作图法中肩斜与领口宽的取得方法(测量部位)

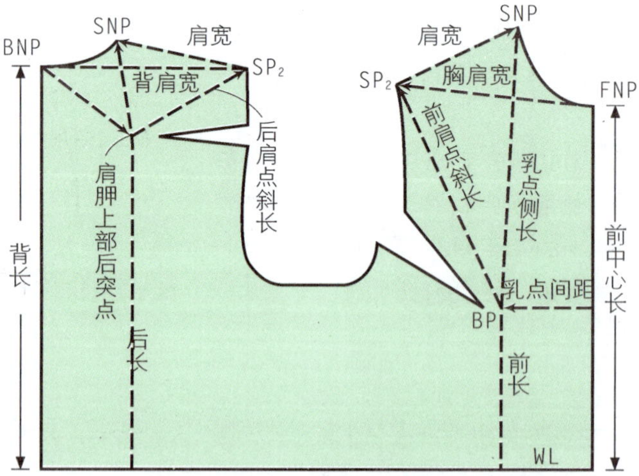

图 6－14　肩斜与领口宽的取得方法(短寸式作图法的一部分)

4. 肩线

原型肩线的构成原则是在肩棱线的上方，顺沿肩斜平顺不牵强。平肩体型的纸样构成需要加入一定的松量，而溜肩体型，由于肩斜倾斜度较大，不能将人体的肩斜角度直接用于原型纸样。

使用立体裁剪的方法时，可以将坯布自然地覆盖肩部形成肩斜线，但在平面制图中要复杂得多，人体的肩斜计测值是无法直接用于制图的。

影响原型肩斜倾斜度的人体因素主要包括人体的肩斜度、肩部向前的倾度及肩部厚度与同一高度位置正中厚度的差值（图 6－15）。另外，多数情况下，原型的肩线在设定的过程中通常会比肩棱线略偏前些，从而造成原型前、后肩斜角度的变化。

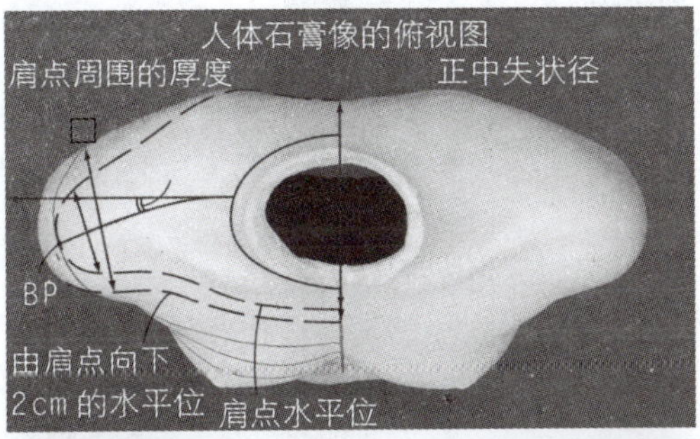

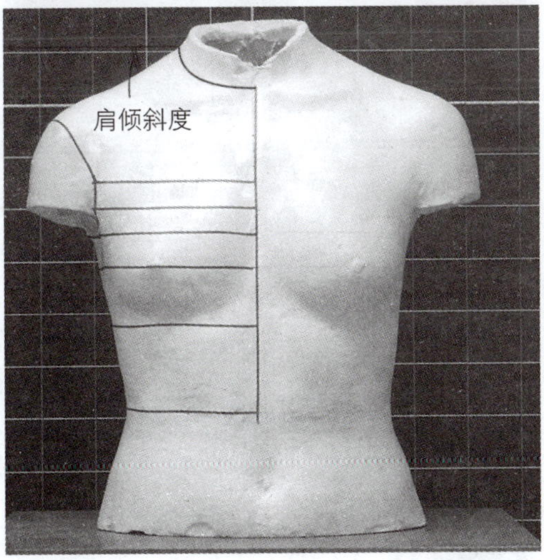

图 6－15　肩部与正中线位置的厚度差

对于这样一个构成因素复杂的部位，在平面制图上设定肩斜倾斜度的过程中，需要考虑若干问题。

① 与领口弧线一样，可以通过立体裁剪或其他方法得到合身的原型衣，从平面展开纸样上测量相关的部位，从而通过统计的方法得到原型的肩倾度。

② 通过短寸式原型作图法，利用从体表测量所得的多个数据完成制图，从而得到纸样上的肩斜倾斜度，图 6－13、图 6－14 即为短寸式原型作图法取得肩斜度的图示。短寸式原型作图法通过多个体表测量尺寸，可以将前面所说的人体肩斜度和厚度包含在制图中。同①一样，在众多数据结果的基础上，通过统计的方法即可得到一般意义上的原型肩斜基本数据。

文化式原型的肩斜度设定是前肩 22°，后肩 18°，与胸围的尺寸无关。这是由于胸围的大小与肩斜度之间的相关关系非常低，个体之间的差异较大，因此在原型肩斜设定的过程中，主要是以紧身原型的实验结果为基础，并考虑到了数据的覆盖率问题。

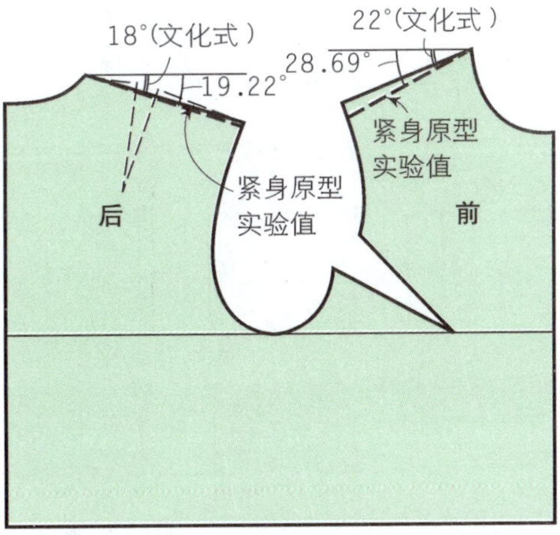

图 6－16　文化式原型的肩倾斜度与紧身原型平均值的比较

文化女子大学服装系 430 名学生的着装实验结果如图 6－16 所示，平面展开图上的肩斜平均值分别是前肩 28.69°，后肩 19.22°，比文化式的肩斜度略低些。但是由于这是紧身型原型的平均值，考虑到可以适合更多的人，同时由于人体在运动过程中肩部会向上移动，为了便于运动，文化式原型在肩斜设定的过程中比该平均值取得略小些。

5. 背宽、胸宽和袖窿宽的分配

在设定袖窿的过程中，身幅(上半身外包围)被分配为背宽、胸宽和袖窿宽三个部分(图 6－17)。

背宽是指从侧面观察，臂根线最靠后方位置（后腋点附近）的背部宽度；胸宽是指从侧面观察，臂根线最靠前方位置（前腋点附近）的胸部宽度。

纸样的袖窿宽很难通过人体测量直接得到(尽管可以通过杆状计测器测量到前、后腋点之间的距离，但由于是直线距离，所以不能直接使用)，通常比较好的办法是用身幅减去背宽和胸宽后剩余的部分作为袖窿宽。

值得注意的是，平面展开纸样上袖窿弧线内包含胸省的情况，如图 6－18 所示，袖窿内包含胸省的状态为袖窿宽 a，省道合并后的状态为袖窿宽 b，b 才是真正的袖窿宽度。

水平断面重合图 6－19 显示了背宽、胸宽和袖窿宽的对应位置。图中○的部位（前宽）与图 6－18 中○的部位(前宽)是一致的。从重合图上看，上半身外包围呈梯形，背宽最宽，依次是胸宽和袖窿宽。430 名学生的实验结果显示，在背宽、胸宽和袖窿宽三项中，袖窿宽与胸围之间的关联度(相关系数)最高，$r=0.6\sim0.7$，背宽为 0.6 左右，胸宽为 0.5～0.55。也就是说，受胸围尺寸大小影响最大的是袖窿宽，然后是背宽。

在旧文化式原型中，背宽的公式为 $\frac{B}{6}+4.5\text{cm}$，胸宽的公式为 $\frac{B}{6}+3\text{cm}$，袖窿宽的计算公式是 $\frac{B}{6}-2.5\text{cm}$，胸围对背宽、胸宽和袖窿宽的影响系数为 1 /6。在新文化式原型中，袖窿宽的计算公式为 $\frac{B}{4.6}-7.6\text{cm}$，与旧原型相比，新原型中胸围对袖窿宽的影响度变大。

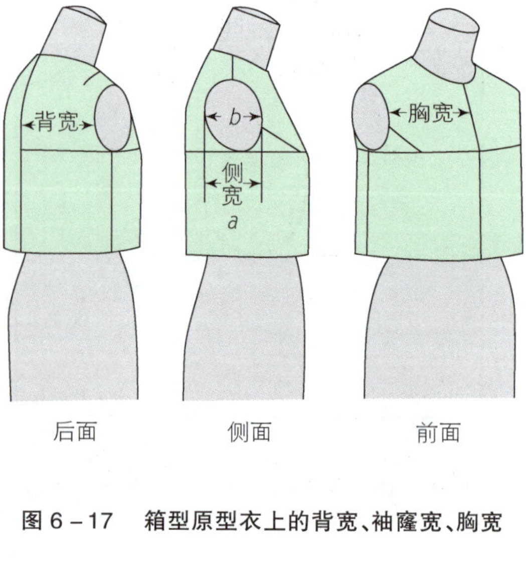

图 6－17　箱型原型衣上的背宽、袖窿宽、胸宽

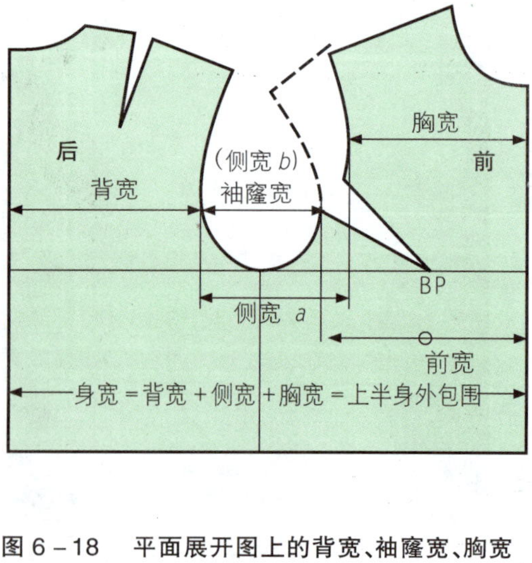

图 6－18　平面展开图上的背宽、袖窿宽、胸宽

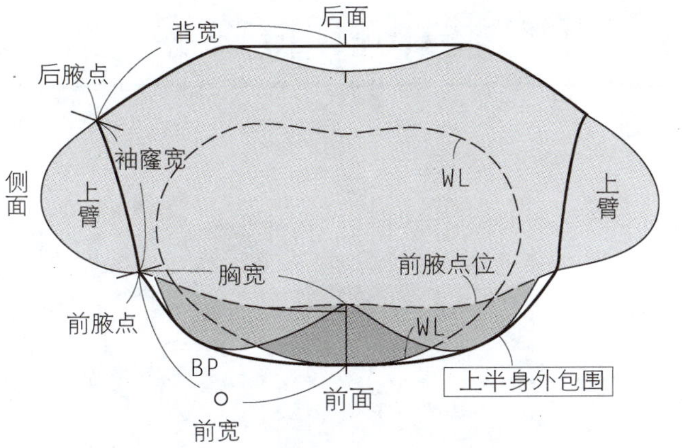

图 6－19　水平断面重合图(俯视图)中所示的背宽、胸宽、袖窿宽

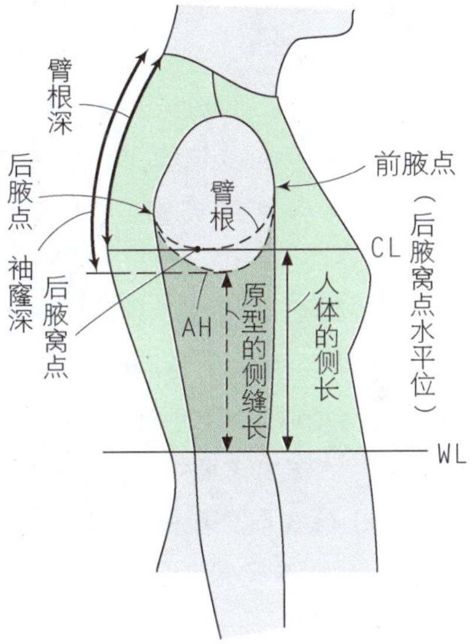

图 6－20　臂根的深度

6. 袖窿深

袖窿最低点的位置不可能超越腋窝的位置，但通常会从腋窝位置向下挖深一定的量。人体的臂根高度再加上服装与腋窝之间的空隙就构成了袖窿的深度。

通常服装与腋窝之间的前后空隙量设定为2cm，但可以根据着装者的喜好和便于运动等不同要求进行调整。在立体裁剪的过程中，可以从腋窝的位置直接向下 2cm，形成椭圆形的袖窿弧线。后腋窝点在静止状态下处于臂根的最低点，随着手臂的运动向上移动，人体的体侧长度也随之加长。由此可知，为了便于手臂的运动，原型的袖窿深点不能设定得太低。

除了可以通过从腋窝向下一定的量来确定袖窿深度外，也可以利用臂根的深度尺寸，即后颈点至人体腋窝水平位之间的长度尺寸来确定袖窿的深度(图 6－20)。这一计测项目在男装的设计中已使用很久，但在女装设计中使用较少。

除了上述方法外，也可以从腰线向上测量侧长的尺寸，通过背长减去侧长得到臂根的深度尺寸。

对于原型作图法来说，还需要讨论臂根深度尺寸与胸围之间的关联度问题。

通常一般原型的袖窿深计算公式有 $\frac{B}{6}$ + 6～7cm、$\frac{B}{4}$ 和 $\frac{背长}{2}$ 等。实验结果显示，胸围与臂根深度之间的关联度较低，相关系数为 r＝0.3～0.37。

由此可知，袖窿深度计算公式中所用的 $\frac{B}{6}$ 和 $\frac{B}{4}$ 与胸围之间的关联度都显得有些过大，由此产生的结果是随着胸围的加大，袖窿深会呈现出过深的趋势。

三、原型衣造型与原型纸样的关系

在前面的内容中分析了原型制图与相关人体因素的关联条件，原型的构成如图 6－1 所示包括梯型、箱型和腰部合身型。在该部分内容中主要论述这些原型之间的纸样差异及造型关系。图 6－21 为腰部水平的箱型原型的纸样及着装图。

旧文化原型的后面为箱型，前面为梯型。梯型的构成原理是将胸部上方的多余面料作为胸省转移至腰线处成为松量（图 6－22）。纸样的变化如图 6－24 所示，折叠箱型原型的前胸省，沿底摆剪开纸样，将胸省转移至腰线，后片纸样保持不变，与箱型原型比较，前腰出现下落量，前颈点下移，呈现出与旧文化原型类似的形状。另外，对于梯型原型来说，侧缝部分会出现交叉重叠量，缺乏交叉量会导致前后中心线之间的宽度变窄。

旧文化式原型是梯型造型，其身宽为 $\frac{B}{2}+5$cm，在转化为箱型时会增加至 $\frac{B}{2}+5.5$cm，与 153 页提到的上半身最小外包围平均值 $\frac{B}{2}+5.7$cm 相比略略小一些。

如图 6－23 所示，旧文化式原型去掉了图 6－24 中侧缝位置的交叉重叠量，形成前后共用的侧缝线。去掉侧缝处的交叉重叠量，等于在前后腰线位置收掉了共 4.5cm 的省量，着装造型随之发生变化，侧逢位置会变得合身。与从人体的构成形态得到的腰省构成比例相比，这种省道构成方式是不恰当的。

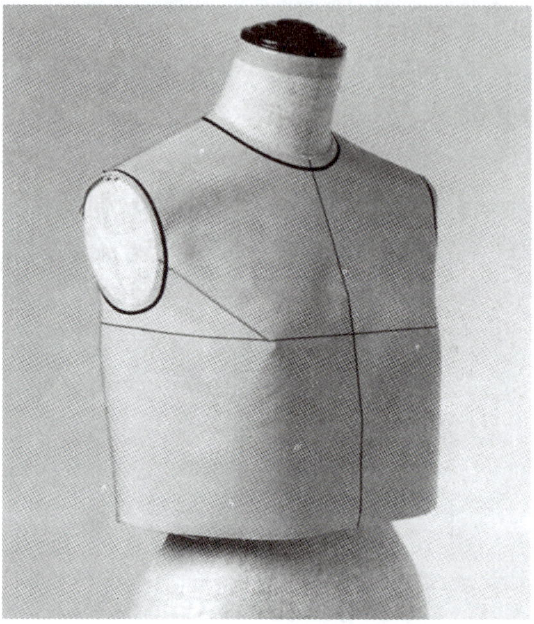

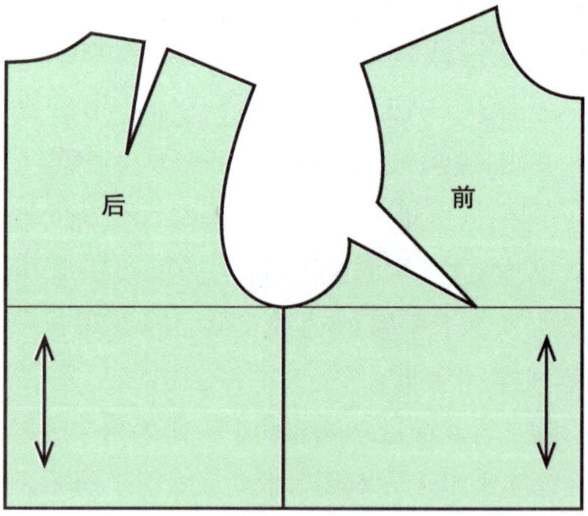

图 6－21　箱型原型

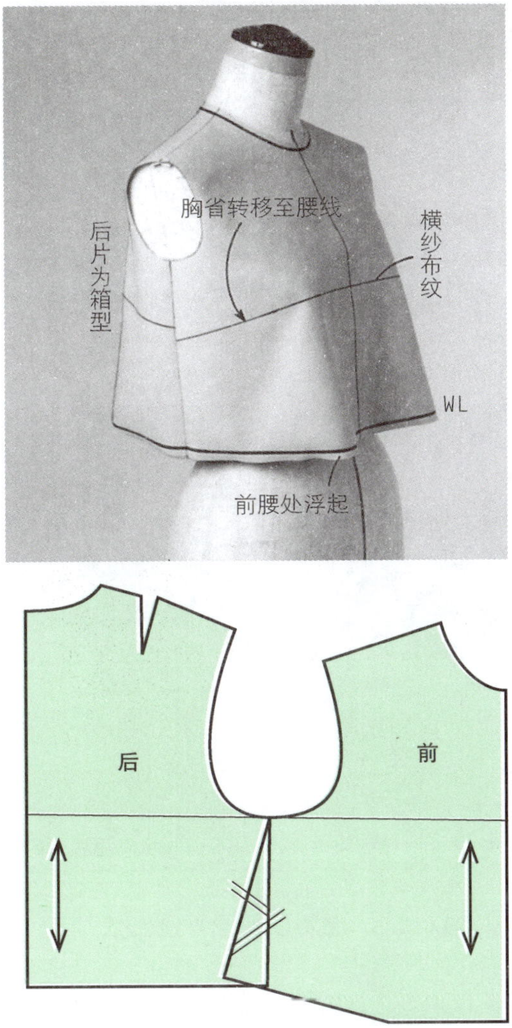

图 6－22　将箱型原型的前片转化为梯型的情况

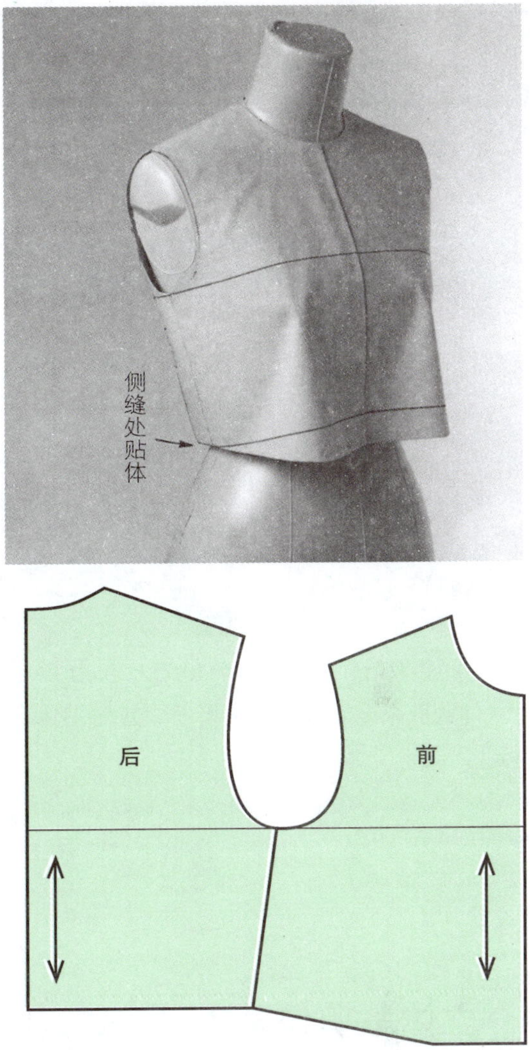

图 6－23　旧文化式原型(去掉了侧缝的重叠量)

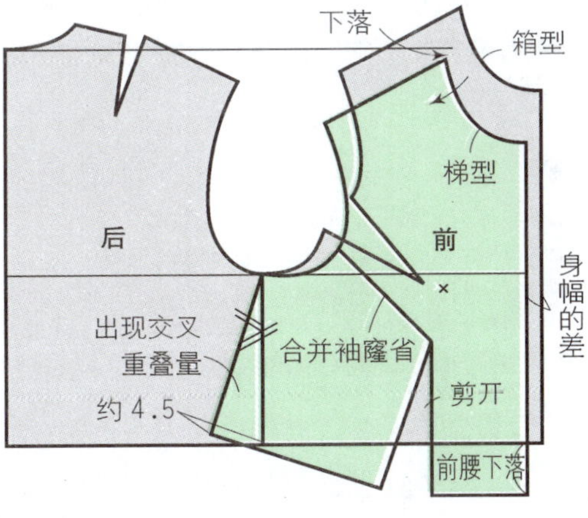

图 6－24　箱型与梯型原型的区别

四、腰省的分配及腰部合身的原型

如果将箱型及梯型原型的腰部处理为贴合人体，原则上来说就变成了腰部合身的原型。

图 6－25 所示为通过立体裁剪得到的腰部收省的合身原型衣。

省道是将平面化的面料立体化，实现由单曲面到复杂曲面过渡的重要构成手段之一。通常平坦部位的省量较少，凹凸明显部位的省量较多。腰线的省量构成在前、后、侧各个位置上并非相同，总省量的计算公式为：

$$身幅-(\frac{W}{2}+松量)$$

为了得到各个部位实际省量的大小，可以通过立体裁剪来确定或通过水平断面重合图计算得到。

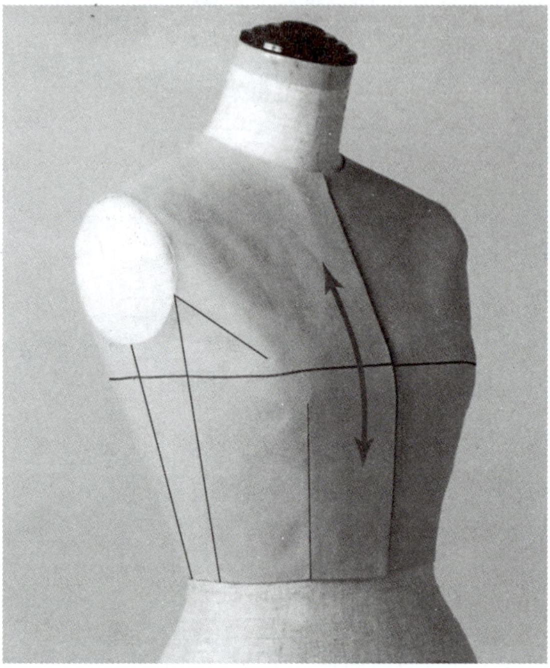

图 6－25　腰部合体（紧身）原型衣

1. 立体裁剪法

通过立体裁剪的方法收取箱型原型的省道时，需要注意以下一些问题。

① 保持腰线水平的状态下确定省量的大小。在操作的过程中腰线很容易出现随体轴后倾的情况，一定要保证腰线处于水平状态。

② 在收腰省的过程中，需要保证面向腰省的体表曲率中心，省道应呈垂直状态，即省道的中心线处应为直纱。如图 6－26 所示，左侧图中由于是倾斜收省，腰线不能保持水平，右侧的图才是正确的做法。同时，应从前身开始依次收省。

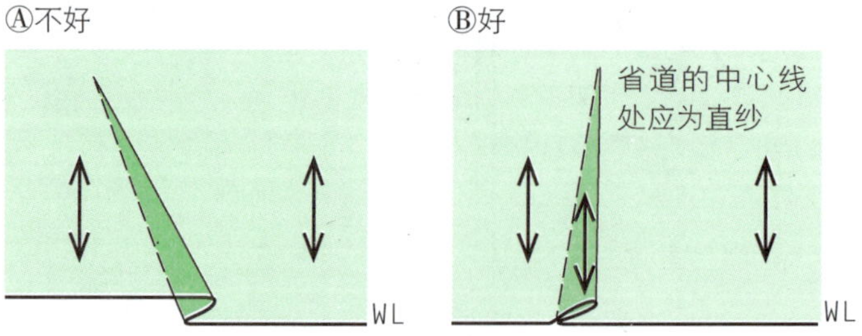

图 6－26　腰省的方向

③ 后身的省量通常会大于前身，如图 6－27 所示，从箱型原型过渡到腰部合身的紧身原型的过程中，背长会出现不足的状态，需要从肩部补充所缺长度。

如图 6－28 所示，在肩部追加背长所需量，从而使腰线保持水平，调整各突出点下方对应的省道构成。

④ 各突出点下方的腰省构成如图 6－29 所示，依次为前胸省（a），前腋点下方省（b），侧缝省（c），后腋点下方省（d）和肩胛后突点下方省（e）。在侧缝位置通常也可以不设省，但严格地说，侧缝位置会产生很少的省量，如果侧缝处有分割线，放置一定的省量比较好。将箱型原型与腰线之间的空隙分别捏合形成省道。

观察捏合省道后的原型，可以发现，箱型原型是具有松量的原型衣，从箱型原型过渡到腰部合身的紧身原型状态，$\frac{B}{2}$＋6cm 的身幅量是必要的。

图 6－29 是箱型原型与紧身原型的纸样比较图。如图所示，除了腰省构成不同之外，背长和后长也发生了变化，通常背长的差在 0.5～1cm 之间。

在获得多个样本的省量构成后，针对总省量进行频数分析，利用平均值构成腰省分配。

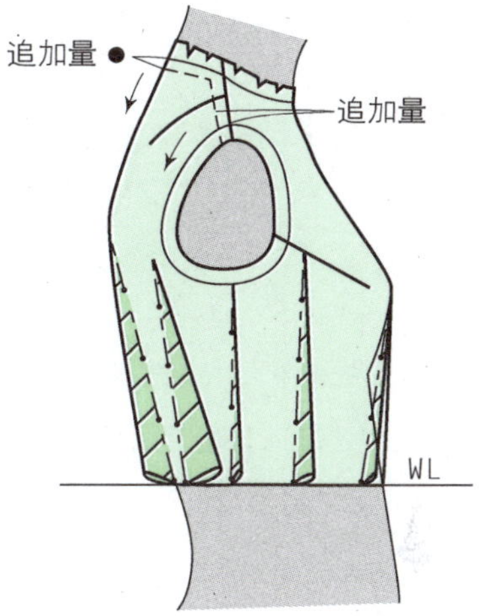

图 6－28　追加背长不足量以使腰线恢复水平

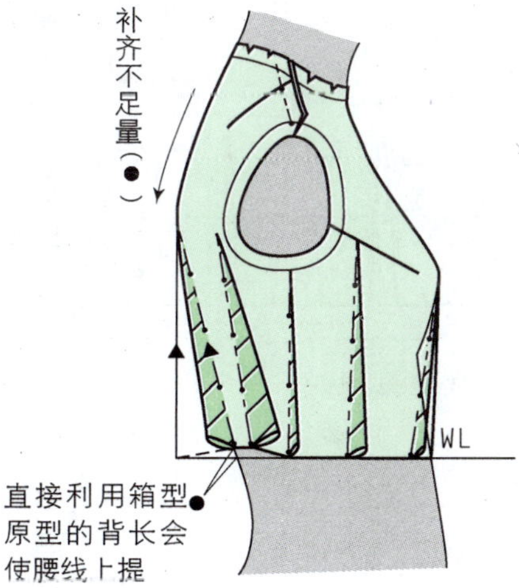

图 6－27　直接利用箱型原型收省会使背长出现不足

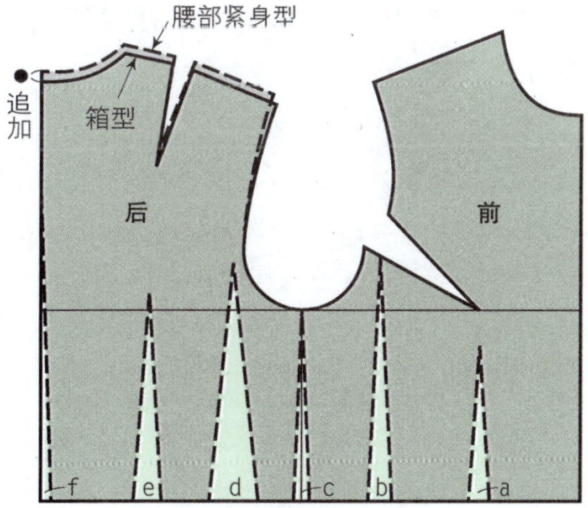

图 6－29　箱型与腰部紧身型原型的平面展开纸样比较

2. 通过水平断面重合图计算省量

在第四章第三部分中已经讨论过有关利用断面重合图获得省量的问题，但主要是针对原理进行讨论。对于原型来说则需要一定的放松量，其重合图如 6－30 所示，通过计算加入松量后的外包围与腰围之间的差数即可获得省量。

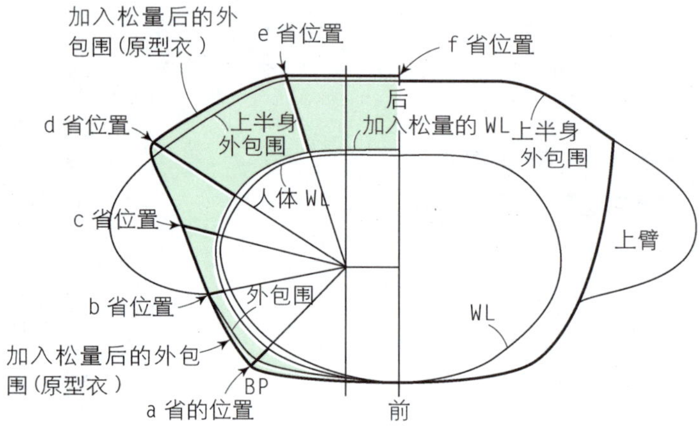

图 6－30　利用加入松量后的断面图计算省量

3. 省量的分配

综合着装实验的结果和水平断面重合图的省量计算结果，箱型基础上省道的平均分配结果如图 6－31 所示。这一简单的省量分配方法被应用于文化式原型的省量分配中。

去除省量后的原型腰围尺寸总体为 $\frac{W}{2}$ ＋松量（文化式原型为 3cm），前、后腰围的尺寸构成不同，包含较小省量的前片的尺寸较大，这就是通常所说的前后差。在文化式原型中，前后差为总省量的 15.5%，由此可知：前腰围的尺寸为 $(\frac{W}{4}+\frac{松量}{2})$ ＋总省量 ×15.5 %，后腰围的尺寸为 $(\frac{W}{4}+\frac{松量}{2})$ －总省量 ×15.5 % 。

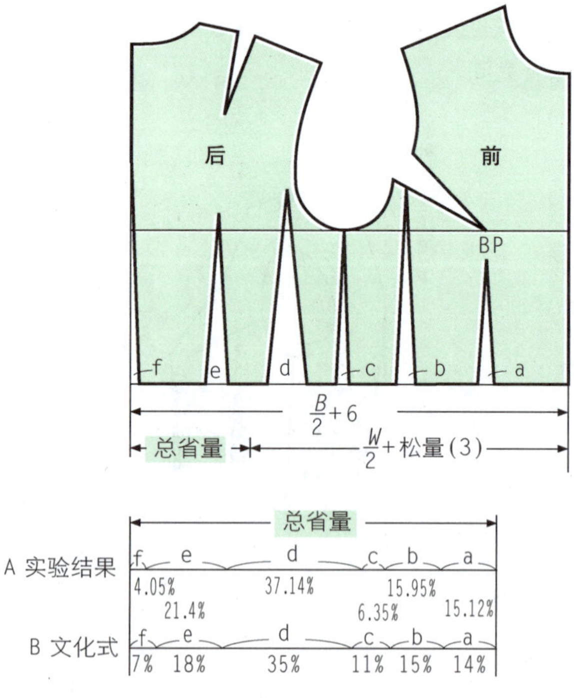

图 6－31　腰省的分配

4. 体型与腰省的分配

腰省的分配比率随体型而变化。

如图 6－32 所示，背部由前向后倾斜度较大的体型（后倾体），其原型省量的分配比率如图 6－33 所示，e、f 省所占的比例加大，a、b 省则随之减小。

图 6－34 为胸部丰满背部曲度较小的体型（胸部反身体），其省道分配如图 6－35 所示，a 省所占的比例加大，e、f 省则随之减小。

对于 d 省来说，屈身和反身体型对其省量大小的构成比例影响不大。肩部相对于腰部尺寸的不同视觉效果，形成了所谓的肩部狭窄体型和肩部宽阔的倒三角体型。在倒三角体型中 d 省的构成比例较大。另外，年龄较大的人，d 省的构成比例会减小。

腰部的前后差随腰省构成比例的变化而变化。后倾体的前后差较大；对于胸部反身体，如果侧缝的位置保持不变，前后差则会随之减小。与腰省一样，前后差随体型的不同而改变。

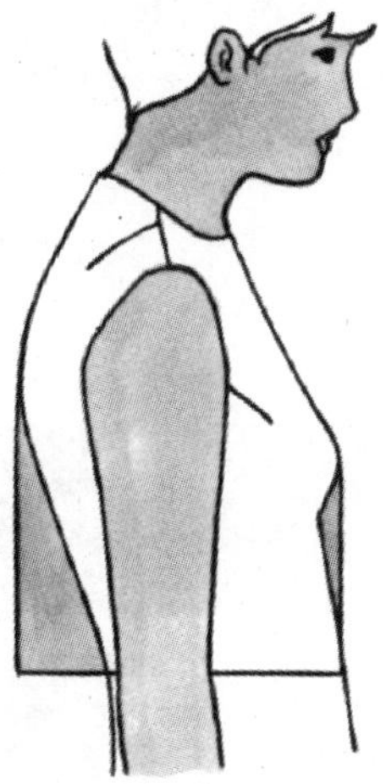

图 6－32　后倾体型（胸部屈伸）的情况

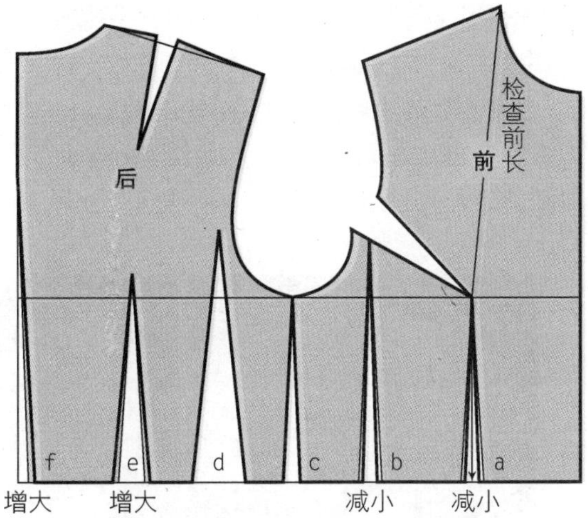

图 6－33　后倾体型的腰省分配

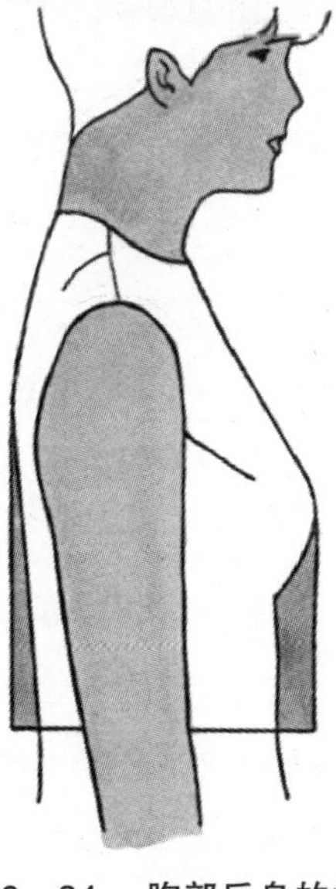

图 6－34　胸部反身的情况

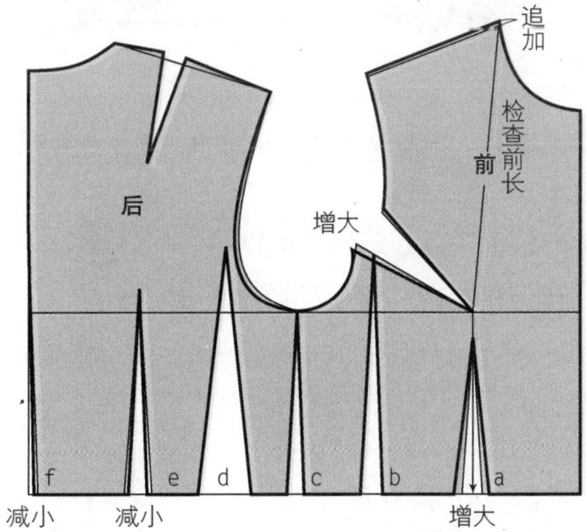

图 6－35　胸部反身体型的腰省分配

五、原型各部位尺寸的实验结果

在该部分内容中，主要讨论腰部紧身型原型平面展开图中的各部位尺寸和角度构成，以及在此基础上的统计分析。

1. 实验方法

将满足151页中原型适合条件的原型衣进行照相记录，在此之前检查腰线是否水平，前、后、侧的着装状态是否良好，着装效果如图6－36所示。由此得到修正后的原型平面展开纸样。

实验结果的考察主要以1996～1998年原型实验的平面展开图为依据，实验对象为文化女子大学93名三年级的学生（C组），同时也参考了1979年～1981年的180名学生（A组）和1983年的36名学生（B组）的原型实验结果。参照短寸式原型作图所需的测量部位（图6－37－1）和作图法（图6－37－2）绘制原型衣的纸样，并制作，其中前、后中心线为直纱，腰线为横纱。然后进行试穿。由于有可能存在着计测误差，需要通过立体裁剪法进行修正。

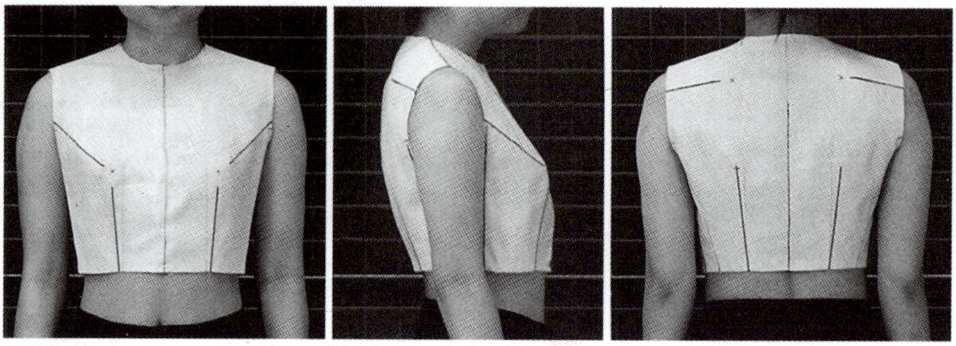

前面　　侧面　　后面

图6－36　上半身原型衣的着装图

2. 短寸式原型作图所需测量部位的均值和标准差

完成试穿调整后，从适合原型衣的平面展开图上量取短寸式原型作图所需的各部位尺寸（图6－37－2）。A、B、C三个组的平均值和标准差如表6－1所示，不同组别之间的数据虽略有区别，但数值十分接近。

原型的腰线位置并非是腰带的着装位置，其定义为经过从正面观察时右侧躯干部位最内侧点的水平断面，比腰带的着装位置略高。从原型对应的平均值看，背长的均值为35.6cm，较短。

在日本人体格调查中腰线通常设定在腰带位置，相对于其结果来看，短寸式原型的背长较小，同时标准差也比同年龄段20～24岁的数值小，即数据较集中。

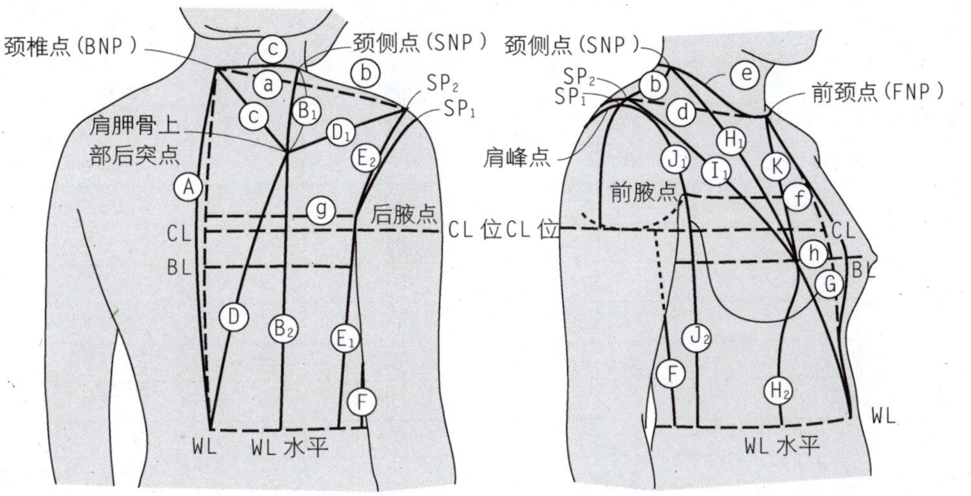

图 6－37－1　短寸式原型制图法所需的计测值

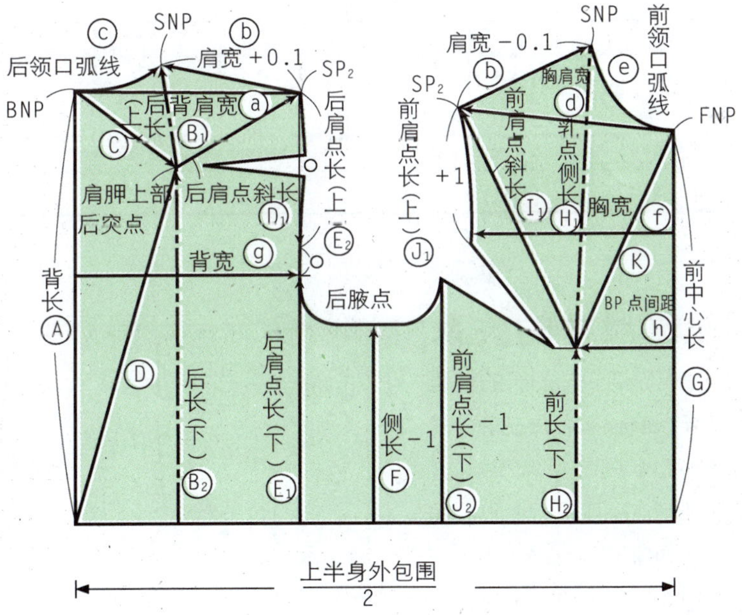

图 6－37－2　短寸式原型制图法

表 6－1　短寸式原型作图所需的计测部位的平均值和标准差

单位：cm

No	名　　称	A 组（n=180）（1979 年，1980 年，1981 年）		B 组（n=36）（1983 年）		C 组（n=93）（1996 年，1997 年，1998 年）	
		$\overline{x}$	s	$\overline{x}$	s	$\overline{x}$	s
㊹	胸围	84.13	5.03	85.50	4.89	83.77	4.75
54	背长	35.69	1.71	35.34	1.64	35.84	1.32
55	后长	37.74	1.74	37.64	1.72	37.83	1.38
56	SNP～肩胛骨上部后突点	8.94	0.96			8.37	0.77
	BNP～肩胛骨上部后突点			10.56	1.02	10.23	0.74
57	后肩点斜长	42.60	2.03	42.31	2.16	42.36	1.53
58	后肩点长	33.21	1.89	33.19	2.12	33.35	1.72
59	侧长	16.82	1.57	16.14	1.52	16.13	1.56
60	前中心长	31.64	1.77	31.40	1.85	32.36	1.34
61	乳点侧长	25.10	1.65	25.01	1.86	25.23	1.65
62	前长	39.13	1.91	38.69	1.86	39.71	1.57
64	前肩点斜长	37.81	2.38	37.20	2.13	38.43	1.64
65	前肩点长	31.01	1.95	30.72	2.68	31.27	1.60
66	背肩宽	19.43	0.98	18.74	0.94	18.27	0.98
67	背宽	18.21	1.16	18.11	1.09	18.23	1.23
68	肩宽	12.62	1.55	11.85	0.87	11.68	0.94
㊵	后领口弧长	7.22	0.63	7.63	0.63	7.16	0.41
	前领口弧长	11.47	0.71	11.28	0.72	11.07	0.60
69	胸肩宽	17.79	0.91	17.05	0.87	17.16	0.85
70	胸宽	15.93	1.01	15.29	2.55	16.05	0.85
㉒	BP 点间距	8.54	0.65	8.70	0.59	8.53	0.78
	前长－后长	1.39		1.44		1.88	1.32
	后肩点长－前肩点长	2.20		2.47		2.08	1.03
	背肩宽－胸肩宽	1.64		1.04		1.11	0.60

注　No 与表 4－10 相同。

3. 体型与各部位尺寸的关系

通过表 6－1 可以发现，前长与后长的差值大约在 1.4～1.9cm 之间。前长与后长在短寸式原型制图中对应的位置如图 6－38 所示，并非直线距离，将前、后原型的颈侧点高度进行比较后发现，前颈点比后颈点平均高出 1.5cm（图 6－39）。在文化式原型中，当胸围等于 84cm 时，前、后颈侧点的高度差为 2.0cm。前长与后长的差数大小与人体的体型紧密相关，例如胸部屈身体型与胸部反身体型相比，其数值体现不同。

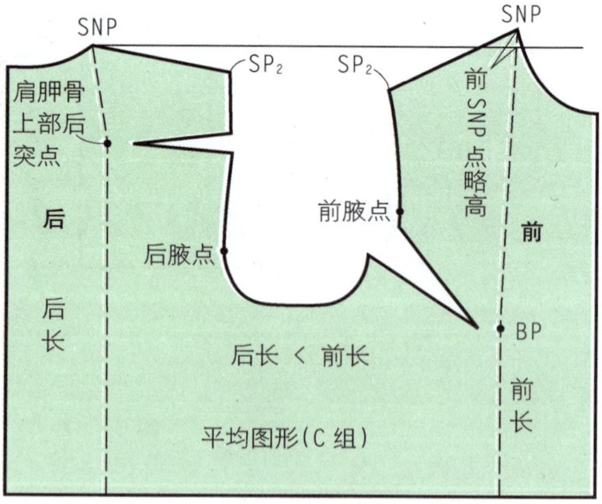

图 6－38　制图中前长和后长的计测部位

观察背肩宽与胸肩宽的差值可以发现，背肩宽平均大出约 1.0～1.6cm，两者在制图上的对应位置如图 6－40 所示。当体型为前肩体型（即肩部向前探）时，这一差值会加大；当肩部向后延展或者是锁骨和胸骨较突出（称为前胸体型）时，这一差值会减小。

通过这些体表的计测数值，可以比较个体与总体平均值之间的差异，从而掌握个体体型的大致形态和具体的数值。

4. 短寸式原型各部位的测量结果

这里所说的计测结果，并非指从体表测量中获得的直接数据，而是指由完成后的短寸式原型平面展开图上测量所得的尺寸，如前后领口宽、领口深、肩斜度等。这些都是胸度式原型作图中所需的必要尺寸。

图 6－41 显示了 C 组所得到的短寸式原型展开图中一些主要部位的平均值和标准差，平均胸围为 83.77cm。图中对应的袖窿深度比较接近腋窝，在实际原型中，袖窿深点会在此基础上下落 1～1.5cm。

至于前领口宽与后领口宽，在短寸式原型的实验中，由于肩线基本上设定在肩棱线上，所以前、后领口的宽度大致相同，当肩缝略向前移动时，后领口宽会随之加大。如图 6－42 所示，当肩缝向前移动时，前领口宽度减小，后领宽增大，同时后领深也随之加深。

文化式原型的肩线设定在肩棱线（肩部最高的地方）向前 0.4cm 处，因此后领口宽度略加大，同时后领口深度也比短寸式原型对应的尺寸深。

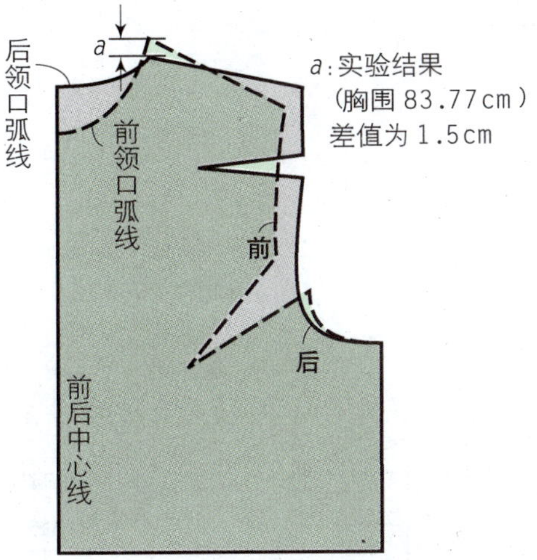

图 6－39　前、后 SNP 点的高度比较

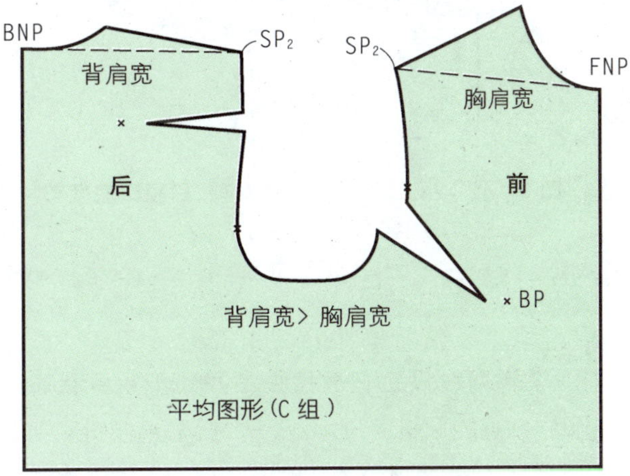

图 6－40　制图中的背肩宽和胸肩宽

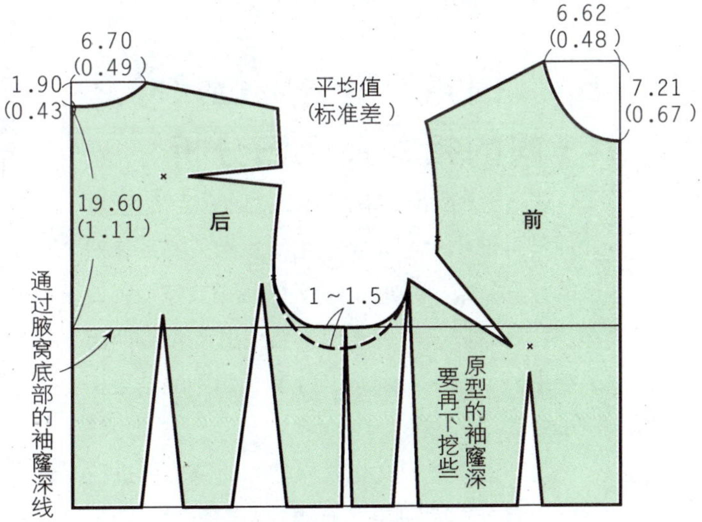

图 6－41　合体短寸式原型中能够测得的胸度式原型制图所需的部位（C 组）

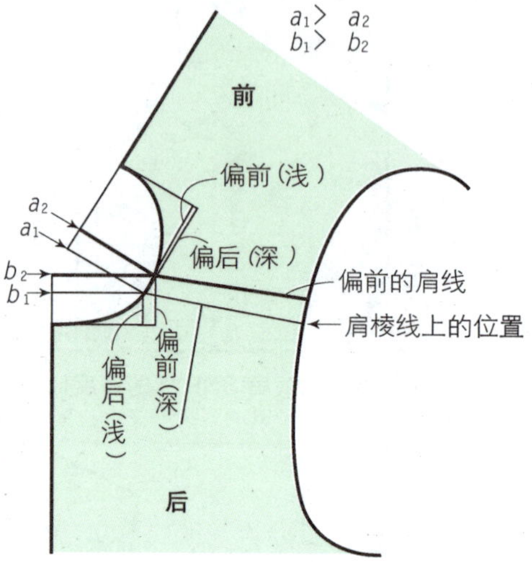

图 6－42　肩线位置的移动对前、后领口宽度与深度的影响

当肩线设定在肩棱线上并处于紧身状态时，前肩的倾斜度约为 28°～29°，后肩倾斜度则随后肩省的放置位置而改变，后肩省放于肩线时为 18°～19°，放于袖窿时约为 10°。

5. 胸围与原型各部位尺寸之间的相关及回归分析

表 6－2 列出了在统计基础上得到的短寸式原型各部位尺寸与胸围之间的相关关系和对应的计算公式（回归分析），包括领口宽、领口深、背宽和胸宽等。在表中主要列出了 A、C 两组的结果，对于相关系数一项，其他组别的结果相差不大。

为了便于与旧文化式原型的计算公式进行比较，图 6－43 列出了 C 组中各部位对应的计算公式。

如表和图中所示，前、后领口宽度与胸围之间的相关系数较低。从计算公式来看，旧文化式原型中后领口宽的计算公式为$\frac{B}{20}+2.9$cm，表 6－2 所示，A 组为 $\frac{B}{40}+4.531$cm，C 组为$\frac{B}{35.71}+4.398$cm，与胸围相关的系数 a 的实验值明显减小。

前领口宽的情况与后领口宽类似，与旧文化原型相比，实验所得到的回归式中与胸围相关的系数 a 的数值变小。旧文化原型中，随着胸围的逐渐增大，根据公式所推算出来的后领口宽度会增加得较快，有过大的倾向。因此，在新文化式原型的公式设定中，既参考了短寸式原型实验中回归式的结果，也充分考虑了推板过程中系数设定恰当与否的问题。

从实验结果来看，袖窿深的计算公式为 $\frac{B}{13.16}+12.487$cm 和 $\frac{B}{12.99}+13.128$cm，与旧文化式原型的 $\frac{B}{6}+7$cm 相比，实验结果对应的系数偏小，这说明与领口宽一样，胸围对袖窿深的影响力较小。在新原型的公式设定中，考虑到上述因素，系数设定为 $\frac{B}{8}$。

旧文化式原型中，背宽和胸宽的计算式中与胸围相关的系数为 1 /6，由此可以推算出袖窿宽的计算式为 $\frac{B}{6}-2.5$cm。短寸式原型的实验结果显示，背宽的系数为 1 / 7.35、1 / 8.26，胸宽的系数为 1 / 9.17、1 / 10.20，与旧原型的系数相比偏小。另外，袖窿宽的实验系数为 1 / 3.32 和 1 / 5.38，由此可知胸围对袖窿宽的影响较大。

鉴于以上的讨论，在新文化式原型中，背宽和胸宽计算式的系数设定为 1 / 8，袖窿宽的系数设定为 1 / 4.6，这些与胸围相关的系数值会直接影响到成衣纸样的推板结果。

省量的构成结果如表 6－3 所示，其中 d 省的省量最大，c 省的省量最小。从实验结果来看，d 省平均值对应的标准差较小，a、e 省平均值对

表 6－2　胸围（B）与原型各部位尺寸（Y）之间的相关系数及回归式

原型各部位尺寸（Y）	组　别	相关系数	回归式（$Y=aB+b$）		
		r	a（系数）	b（常数项）	原型制图的计算公式
后领口宽	A	0.229	0.025	4.531	$Y=B/40+4.531$
	C	0.287	0.028	4.398	$Y=B/35.71+4.398$
后领口深	A	0.123	0.011	1.003	$Y=B/90.91+1.003$
	C	0.079	0.007	1.303	$Y=B/141.76+1.303$
前领口宽	A	0.216	0.023	4.833	$Y=B/43.48+4.833$
	C	0.161	0.016	5.261	$Y=B/62.50+5.261$
前领口深	A	0.344	0.050	3.425	$Y=B/20+3.425$
	C	0.201	0.028	4.838	$Y=B/35.71+4.838$
BNP～CL（臂根的深度）	A	0.310	0.076	12.487	$Y=B/13.16+12.487$
	C	0.330	0.077	13.128	$Y=B/12.99+13.128$
袖窿宽	A	0.620	0.186	－3.221	$Y=B/5.38-3.221$
侧　宽	C	0.799	0.301	－10.984	$Y=B/3.32-10.984$
背　宽	A	0.589	0.136	6.475	$Y=B/7.35+6.745$
	C	0.573	0.121	8.018	$Y=B/8.26+8.018$
胸　宽	A	0.539	0.109	6.770	$Y=B/9.17+6.770$
	C	0.543	0.098	7.867	$Y=B/10.20+7.869$

注　原型制图的计算公式是利用回归系数（a）除以 1 形成的。

A 组：1979～1981 年，$n=180$

C 组：1996～1998 年，$n=93$

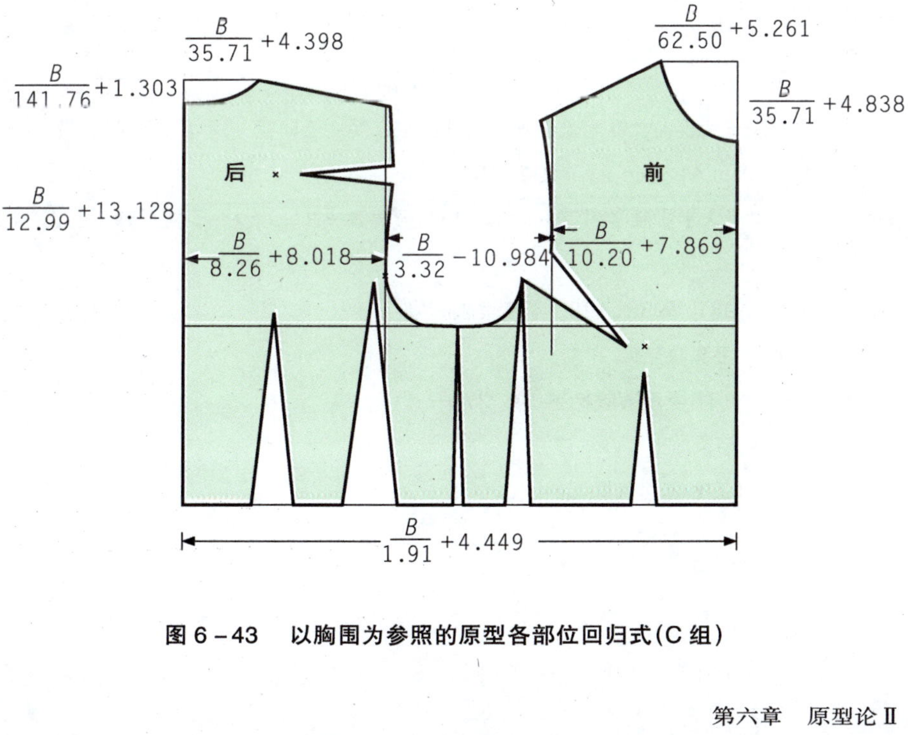

图 6－43　以胸围为参照的原型各部位回归式（C 组）

应的标准差较大。由此可知，个体体型差异对 a、　　e 省的影响较明显。

表 6－3　短寸式原型腰省分配的平均值与标准差　　单位:cm

		A 组（n=180）（1970 年，1980 年，1981 年）				B 组（n=36）（1983 年）				C 组（n=93）（1996 年、1997 年、1998 年）			
		$\bar{x}$	s	%		$\bar{x}$	s	%		$\bar{x}$	s	%	
前	a	1.89	0.66	14.4	30.3	1.67	0.54	13.6	30.5	1.97	0.60	14.2	34.1
	b	1.54	0.53	11.7		1.74	0.41	14.2		2.30	0.54	16.6	
后	c	1.11	0.58	8.4	69.7	1.66	0.42	5.4	69.5	0.92	0.50	6.6	65.9
	d	5.13	0.98	39.1		5.15	0.69	42.1		5.19	0.64	37.6	
	e	3.46	0.78	26.4		3.02	0.64	24.7		3.48	0.87	25.0	
总省量		13.12		100		12.24		100		13.87		100	

注　$\bar{x}$—平均值；s—标准差。

［参考资料］

1　三吉満智子、中本節子「成人女性用上半身原型作図法に関する研究ー短寸式作図法の検討ー」
日本家政学雑誌、Vol.41、No.21　1990 年

2　三吉満智子「文化女子大学服装学科ファッション造形学コース　パターン設計論Ⅰおよび原型論実験資料」より

2.1　1979、1980、1981、1982、1983 年度実験結果

2.2　1998、1999 年度実験結果

2.3　1979、1980、1981 年度実験結果（A グループ）

2.4　1983 年度実験結果（B グループ）

2.5　1996、1997、1998 年度実験結果（C グループ）

第七章

体型分类与原型修正

本章首先介绍了服装造型学上经常使用的两种体型分类方法，并以图表的方式列举了在日本服装界所使用的体型名称及需要考察的相关人体测量部位，如“猫背”、“鸡胸”等。同时，分析了与体型分类相关的人体侧面轮廓图上体表角度等测量项目的因子分析结果。在本章的后半部分列举了各种体型的原型修正方法和结果。

一、体型分类

在胸度式原型以及并用式原型中，原型制图是利用胸围、背长及其他部位的人体测量值并通过一定的计算公式来实现的，所以，对于胸围和背长相同的人，原型的纸样是完全相同的，细部的个体特性无法表现出来。因此，需要针对不同的体型进行不同部位的原型修正。在了解人体体型分类及各类体型与原型关系的基础上，就有可能高效地修正原型。

1. 关于体型分类

人体的体型就像人的容貌一样千差万别，不同的体型也不一样。胸围大小相同而腰围和臀围也相同的人很少，而三个围度的形态完全相同的人几乎不存在，这就是人类体型特征的实际情况。但是，由于衣服在设计中涉及的必要尺寸和形态精度在某种程度上容许存在一定的范围区间，因此，同一类体型的人可以使用同一制图纸样。如同第四章所述那样，人体的外形主要由骨骼、肌肉和皮下脂肪构成。对于服装造型学来说，通过相应的方法使人体数据化，并以此为准则来分类，就有可能实现以下几种情况。

①了解以设计为基础的人体的体型形态。

②了解纸样设计用的人体数据的平均值和数据分布状态，得到不同类别的纸样设计资料。

③掌握人体在运动中的尺寸变化和形态变化数据，作为纸样设计的资料。

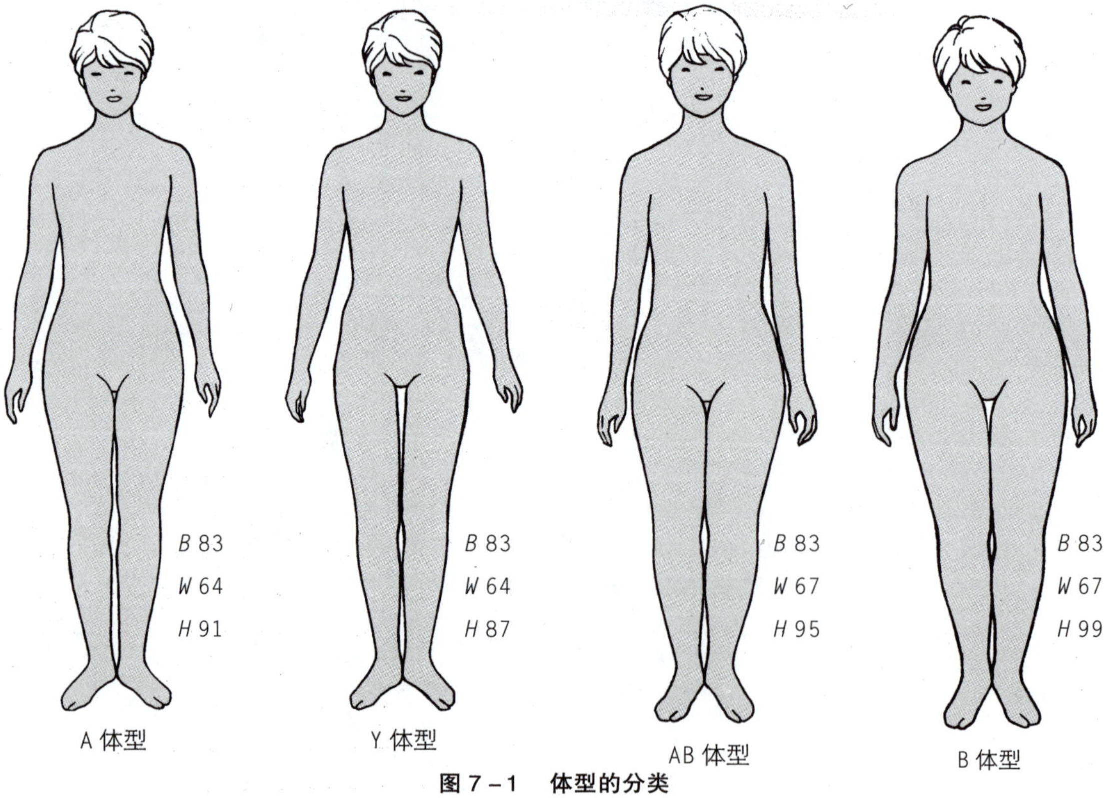

图 7－1　体型的分类

有关第③点将会在其他相关书籍中进行详述，本书主要论述静立姿势的体型分类和纸样的关系。

2. JIS 号型规格对应的尺寸分类与体型分类

JIS 规格（JIS L 4005—1997）的服装号型及其体型分类是依据人体的尺寸数据形成的。号型规格以全国人体测量数据（主要依据马丁测量，即手工测量）为基准，依据统计结果首先将身高分为四类，并求出每一类中胸围和臀围的平均值，身高为（158 ± 4）cm 的群体中拥有平均胸围，同时臀围平均值比较接近的人归为 A 体型。同一胸围但臀围小于 A 体型 4cm 的人为 Y 体型，臀围大于 A 体型 4cm 的为 AB 体型，较 AB 体型臀围大 4cm 的人归为 B 体型。

图 7－1 所示为 A 体型、Y 体型、AB 体型、B 体型的特征的图示（参照第五章）。

3. 体格指标对应的体型分类

利用身高、体重、胸围等主要测量数值可以对人体的胖瘦度进行判断分类，其方法包括 Rohrer 指数等（表 7－1）。这些指数的最初用途是用于评价人体健康或生病与否，身体状态以及精神状态等，作为纸样设计不一定需要采用。但如果从研究这些分类与年龄、体型差异及对纸样设计的影响，尤其是对推板的影响等角度去考虑，就有必要采用。

4. 体形特征对应的体型分类及与纸样的关系

除了利用人体尺寸的分类外，还有一些分类名称是针对上半身或躯干部的形态特征定义的，例如猫背、后倾体等。这些名称通常是由身体呈现的自然形态而得名，其特征因子并不十分明了，因此，在数量上的分类就更不明确了。

表 7－2 列出了沿用体型名称中主要与上半身和躯干部相关的一些名称，并列举了与这些原本不明确的各类体型判断有关的尺寸因素和形态因素，作者认为将这些因素数量化就可以使分类基准更加明朗化。另外，在业界，后倾体、前倾体等名称被大量使用，虽然在纸样设计过程中不同体型使用同一名称的情况很少，但是为了在纸样设计上明确区分开来，就需要考虑体型细节与修正的关系。例如表 7－2 中出现的胸部后倾体和腹部后倾体虽然大多数情况下都单一地被统称为“后倾体”，但在纸样修正时需要区别对待。同样的胸部屈身体和腹部屈身体在纸样调整中所作的修改也不一

表 7－1　肥瘦度指数

体型指数	计算公式	标准值	
		男	女
KAUP 指数	$(W/L^2)\times10^4$	20.0～23.9	20.0～23.9
Rohrer 指数	$(W/L^3)\times10^5$	1.29～1.49	1.30～1.50
Vervaeck 指数	$(W+B)\times100/L$	82.0～94.2	81.5～94.2
Bignet 指数	$L-(B+W)$	21～25	20～24
BMI	$W\div L^2$	18.5～25	

注　W—体重，kg；L—身高，cm；B—胸围，cm。

表 7－2　体型名称及体型特征的相关因素

		相关因素	体型名称	含义及对纸样构成因素的影响
全身体型	以尺寸为主的分类	身高、体重、胸围、臀围、肩宽等	高大　普通　矮小 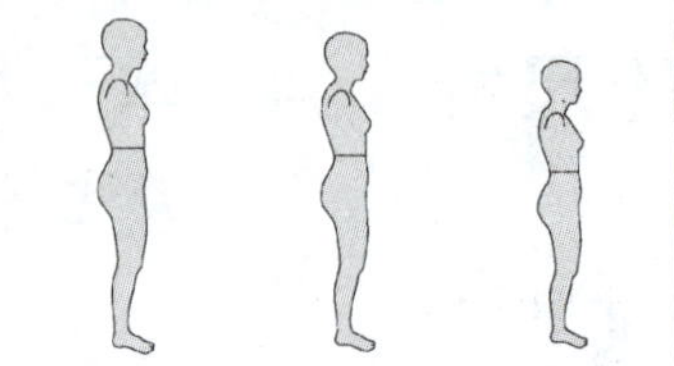	各相关项目的测量数值均较大的为高大体型，均较小的为矮小体型
		身高、体重、胸围、臀围、躯干各部位的厚度、宽度	肥胖　普通　瘦身 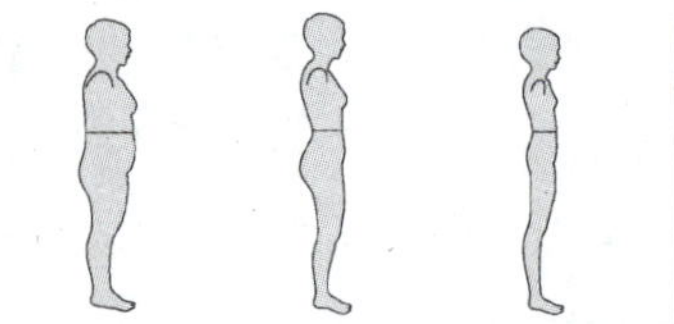 厚体　普通　扁平体	通常指体重 /身高、胸围 /身高均衡与否 有时也通过 Rohrer 指数和 Ver-vaeck 指数来进行判断 屈身体和扁平体的情况下，依据扁平率（宽度 /厚度）进行分类
		身高、体重、胸围、臀围	（JIS）A 体型　Y 体型　AB 体型　B 体型 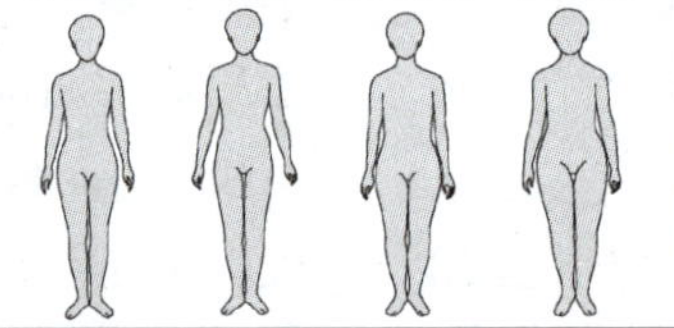	相同身高的前提下，依据不同围度尺寸的大小组合进行分类 参考表 5－4～表 5－8
躯干部	以形态为主的分类	根据躯干的外轮廓曲度进行分类，包括：胸前部、胸背部、腰腹前部、后臀部的倾斜角度	弓型体或反身体　普通　前屈体（腰臀部弯曲或屈身体） 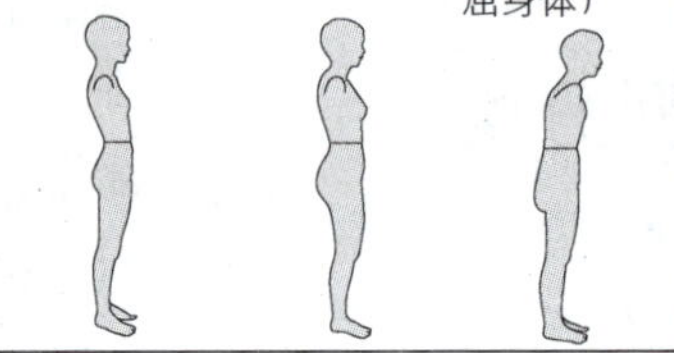	参照体型，需要调节前长、后长、腰省分配量及胸省量
		上半身体轴角的倾斜角度	后倾体　普通　（前倾体） 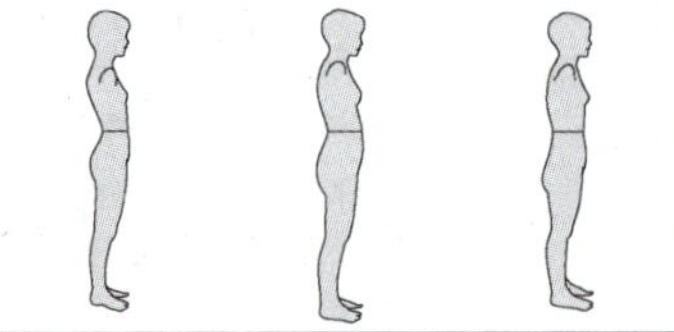	需要调节腰省分配量
上半身		乳房的大小	胸部饱满或乳房大　普通　胸部扁平或乳房小 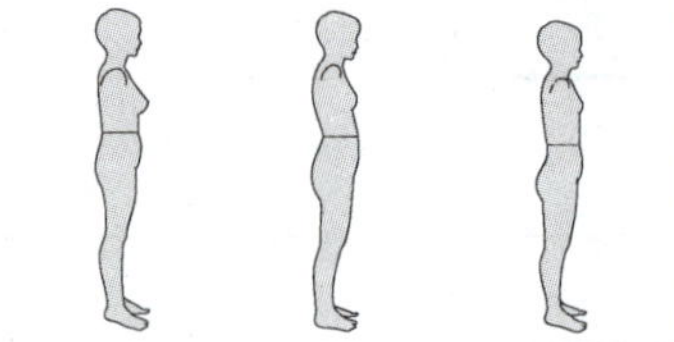	参照体型，需要调节胸省、前长、和腰省分配量
		背部的弯曲程度	板背或平背　普通　猫背 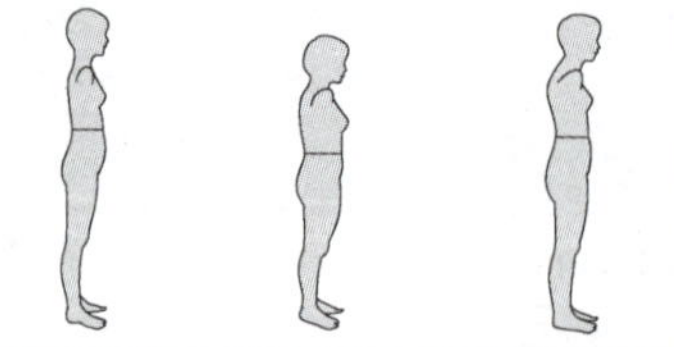	参照背长，需要调节前长、前中心长，并考虑背宽与胸宽的对应关系以及腰省的分配

续表

		相关因素	体型名称	含义及对纸样构成因素的影响
上半身	以形态为主的分类	背部曲率、乳房的大小	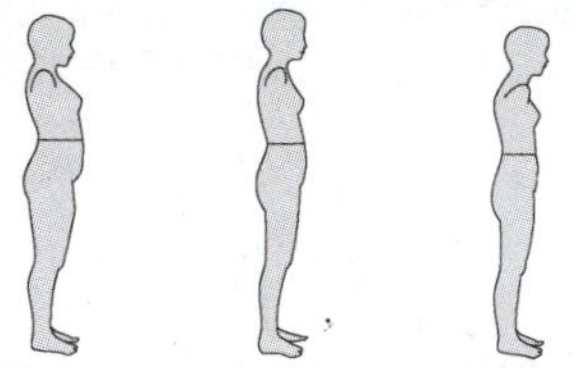	参照背长，需要调节前长和前中心长，并考虑腰省的分配及胸省的变化
局部体型		肩斜	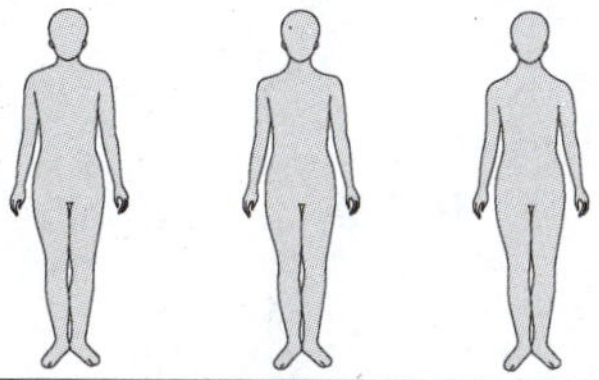	肩斜及袖窿深度的调节
		胸骨的突出程度	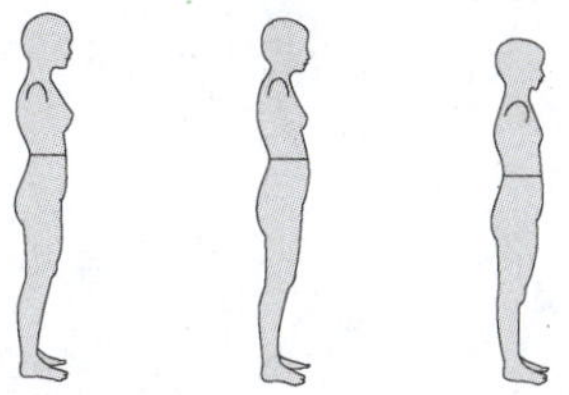	参照体型，调节前后领口横开领宽度的对应关系、背肩宽与胸肩宽的适合与否等
		肩点的前后位置	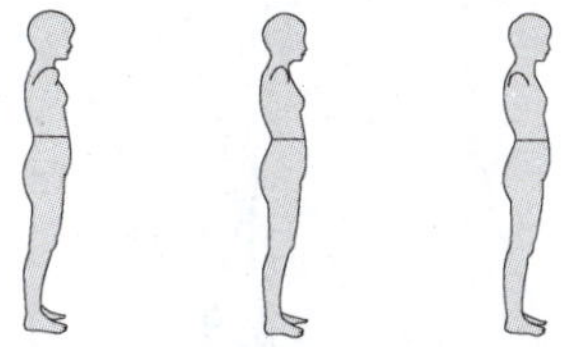	肩斜、后肩省的调节
		颈部的倾斜度	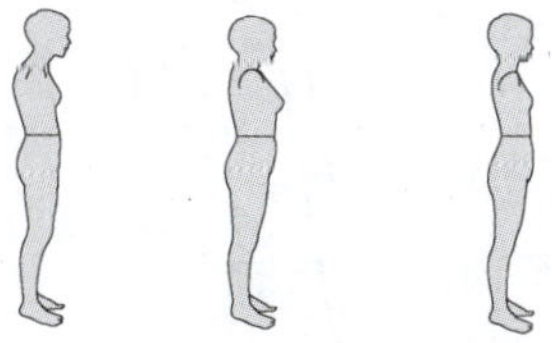	前、后领口直开领深度的变化

注 （ ）没有对应的通用名称。

样。人体的形态并不是单纯地属于表 7－2 所示的一种体型，而是会由几种不同特征因素组合而成，如鸡胸＋平肩、后倾体＋前肩、胸部肥大＋前肩＋猫背等，表现出多种多样的变化。表中还列出了不同体型特征对纸样构成因素的影响。

5. 人体侧面轮廓图对应的体型分类

表 7－2 的体型名称中多数是根据人体的侧面形态定义的。因此，可以说掌握人体的侧视图平均像非常重要。

5.1 侧面轮廓的平均图

图 7－2 表示的是人体厚度及体表角度的测量部位。

图 7－3 是通过 1988～1991 年期间 150 名文化女子大学学生的人体厚度及体表角度的平均值绘制的平均图。与 10 年前的平均体表角度相比，胸前上角及下角均有所增大，由此可以看出平均体态正朝着乳房增大、曲度增大的趋势变化。

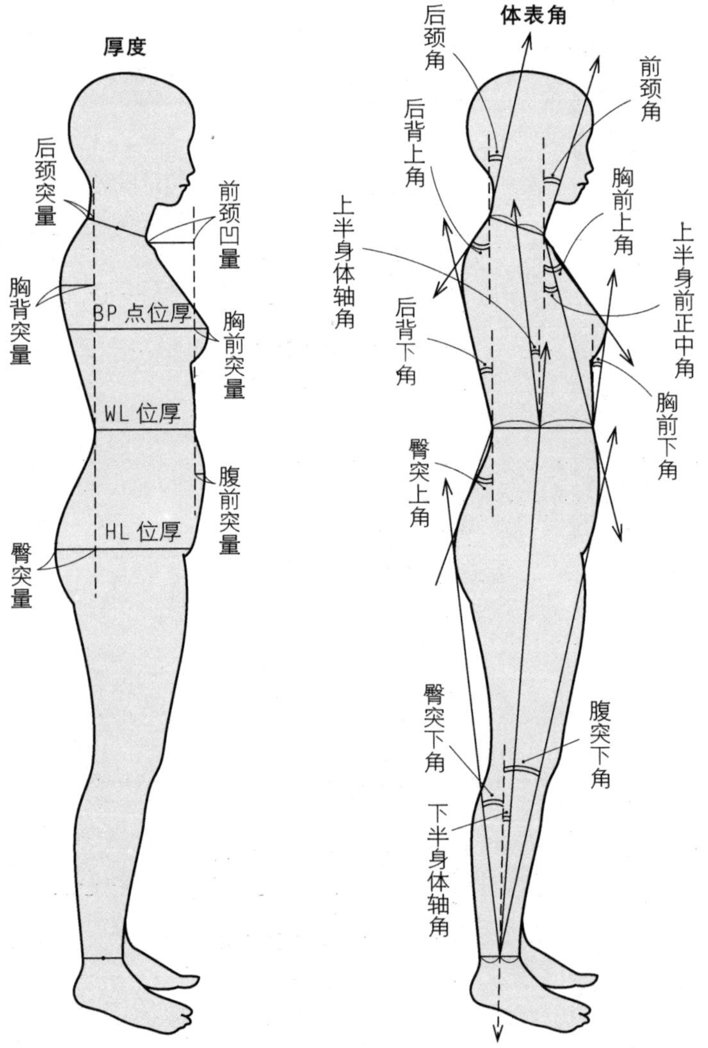

图 7－2　人体侧面外轮廓的测量部位

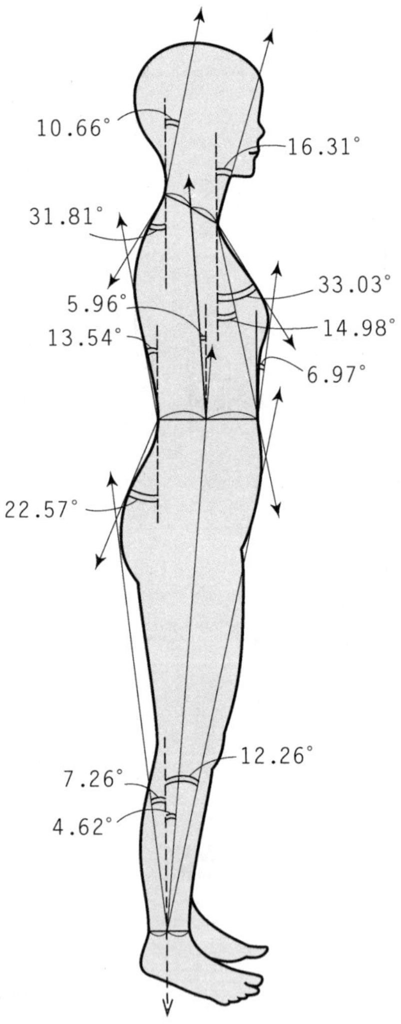

图 7－3　体表角度的平均值及平均图

（n=150，1988～1991 年）

5.2 体表角度的主成分分析（因素分析）

人体各部位的体表角度之间相关关系很小，因此，对于个体来说，数据之间的关联度会很少。利用 17 个体表角度项目，以及身高、体重、胸围、腰围、臀围等，总计 23 个项目的相关系数中总结出相关因素，从中提取主要成分（主成分分析），结果显示，7～9 个主成分可以概括解释原有 23 个测量项目的 82.4% 。

图 7－4 为在计算 200 名人体侧视图的平均值[3]基础上，通过主成分分析（多变量分析的一种）结果选出的不同身高的被测量者的平均体型。

另外，图 7－5～图 7－12 为针对侧面轮廓体型分类的主要成分抽取出来的数值最大、最小及平均值的体型实例。图示为从外轮廓照相仪所拍照片上拓下来的轮廓图。

观察这些图片可以发现，前面的体表倾斜角度和后面的体表倾斜角度之间的相关关系很低，属于不同的成分。另外，乳房大小、胸前上角和胸前下角均处于不同的主成分中。由此可知，从纸样的构成来看，胸省和胸点下的腰省是不同的构成省道。

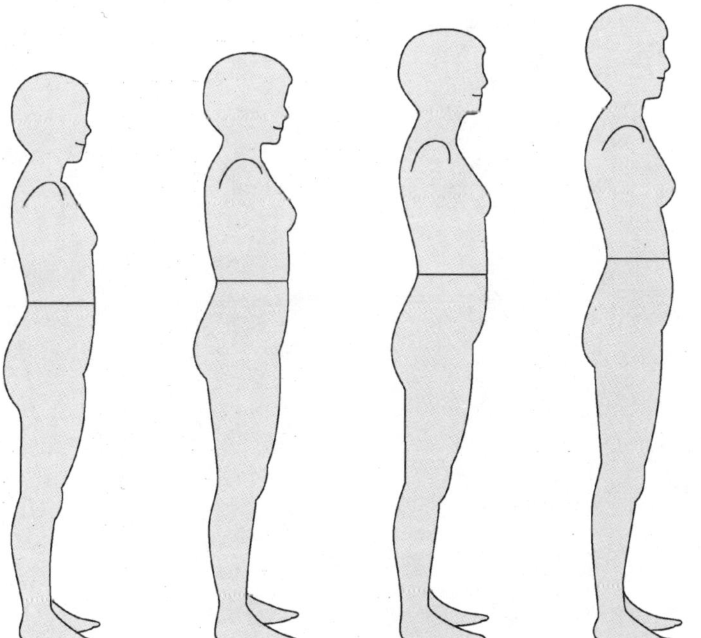

图 7－4　人体侧视图对应的平均体型（主成分分析结果）

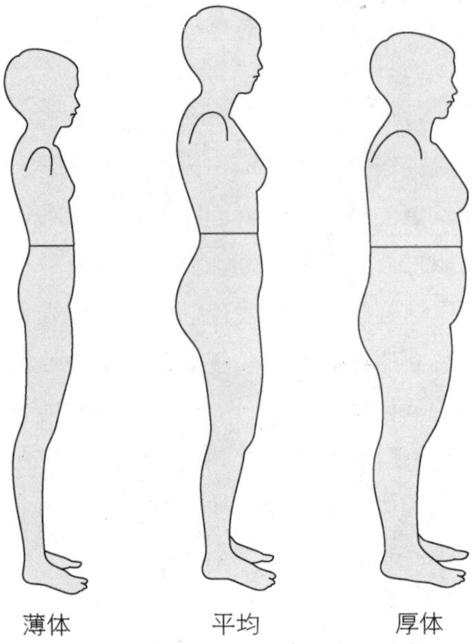

图 7－5　依据肥胖度与厚度的分类

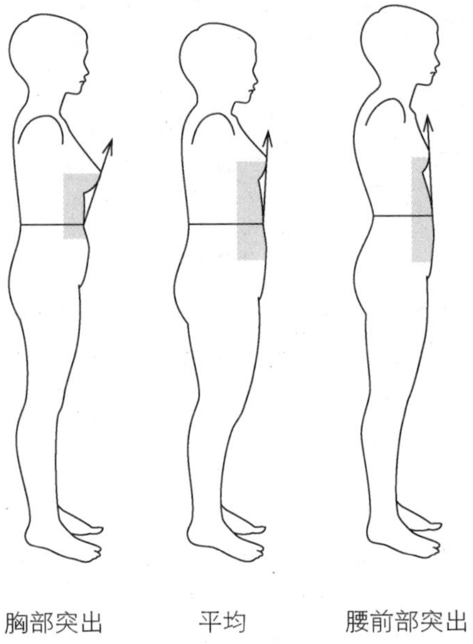

图 7－6　依据胸前下角的分类

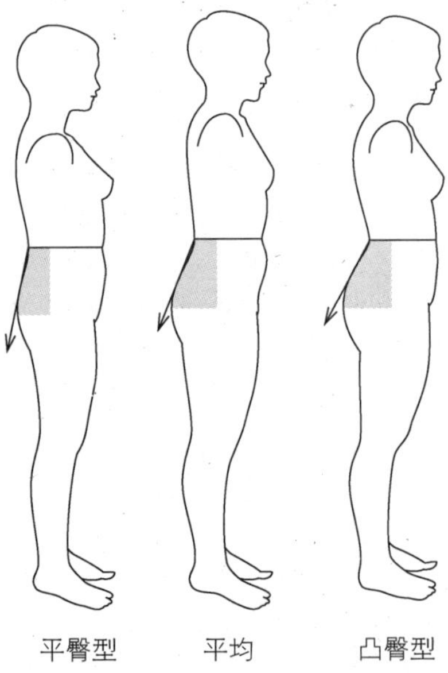

图 7－7　依据臀突上角的分类

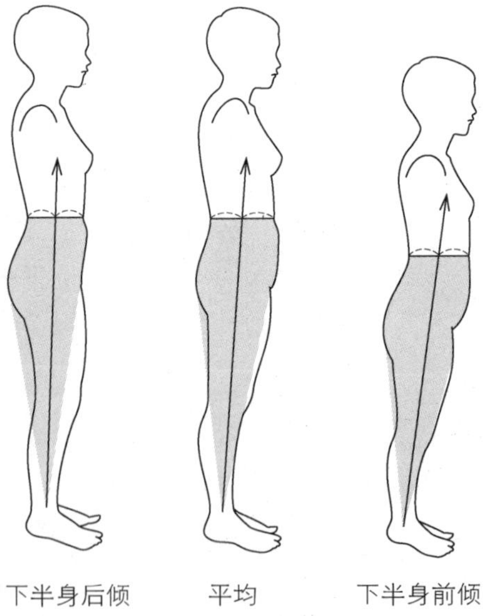

图 7－8　依据下半身体轴角的分类

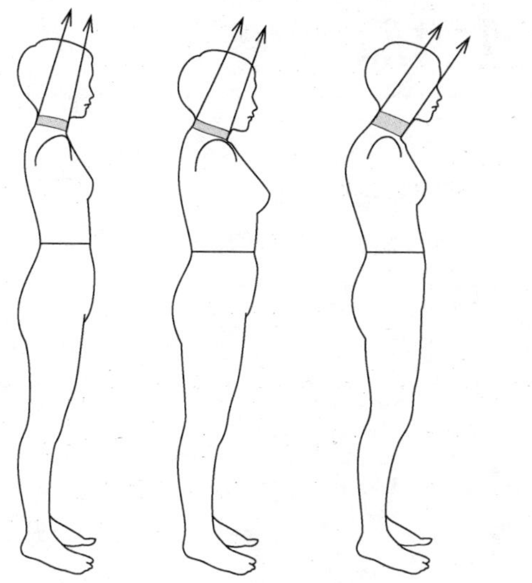

图 7－9　依据颈部倾斜角度的分类

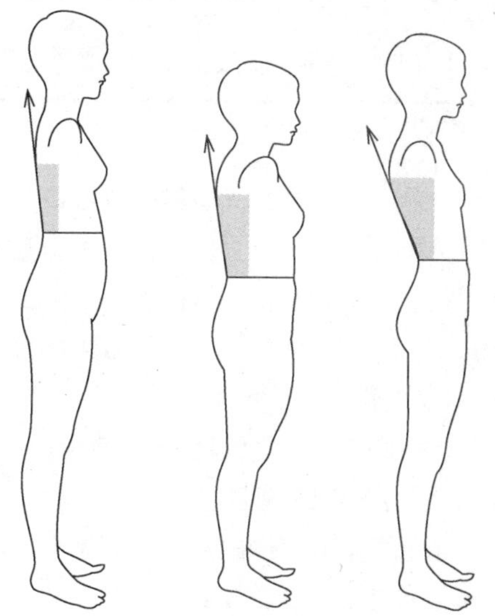

图 7－10　依据后背下角的分类

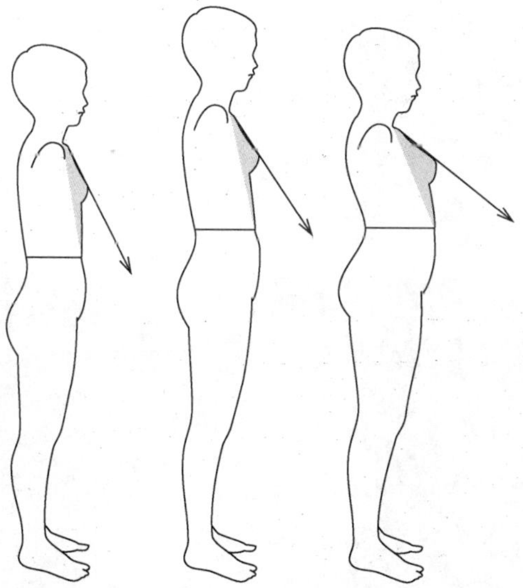

图 7－11　依据胸前上角的分类

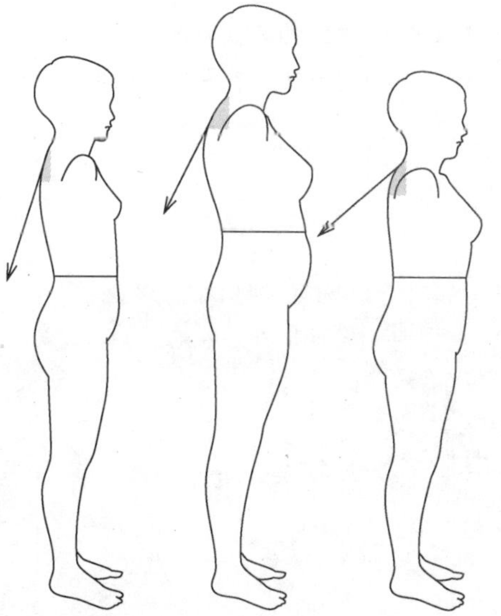

图 7－12　依据后背上角的分类

二、上半身主要体型的原型修正

利用平均计算公式制作的原型在着装中针对不同的体型会出现相应的褶皱、松弛及紧绷等不同现象。根据体型特征调整各部位的原型构成尺寸即为“修正”，针对设计上的修正则称为“体型修正”。

现行的文化式原型，如第五章所述，是在若干小组的实验结果基础上得到回归式，并将修正后的原型衣让不同的实验对象试穿，从而再次考察各部位的计算公式。因此，与旧原型相比，新原型更适合于现在的成年女子体型，尤其是胸围较大的群体。但是，人体的形态千差万别，相同计算公式得到的同一原型很难适合同一尺码的不同个体。

本章主要针对与形态因素相关的、出现较频繁的体型的原型修正方法进行论述。

修正过程满足以下前提条件：

- 修正前的原型为文化式原型，利用着装者的背长和胸围尺寸绘制而成。因此，背长、胸围在针对体型的修正过程中不需要更改。此外，在肩斜修正举例中所使用的原型为规格中的 9AR 原型。
- 修正前原型的腰省是根据实验对象的身宽和腰围尺寸计算得到的。9AR 原型中的腰省为平均值。
- 作为实例的个体体型虽然具有很多形态因素，但是为了防止过于复杂，在此主要针对该体型的非标准体特征部分的修正方法进行解说。

1. 胖瘦度对应的体型修正

肥胖体型（图 7－13、图 7－14）

体型特征：全身皮下脂肪多的体型，与平均体型相比各围度都大的肥厚身体。背长相同的情况下，由于髂脊骨上部附带的皮下脂肪较多，因此上身看起来比正常体短。

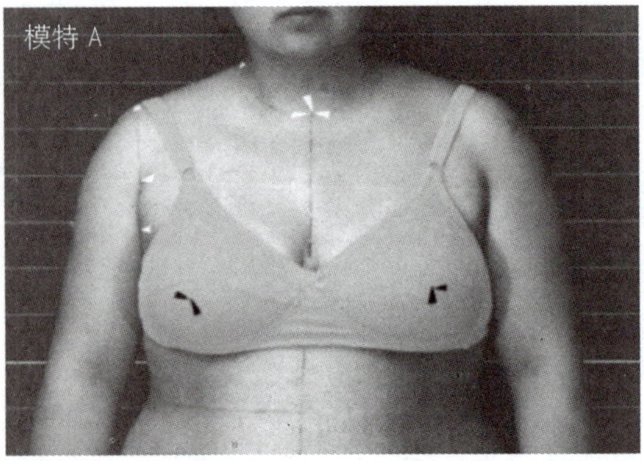

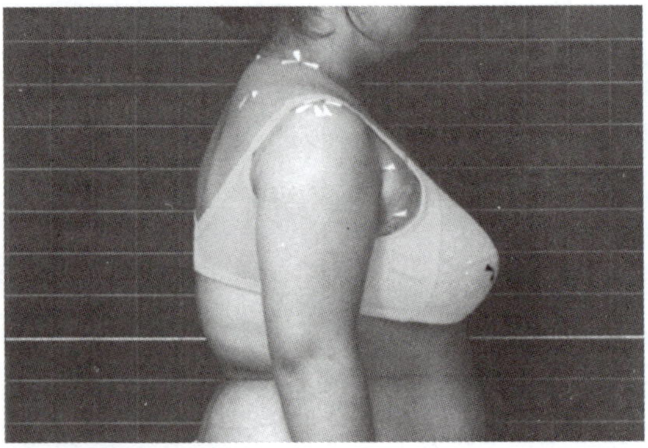

图 7－13　肥胖体型(模特 A)

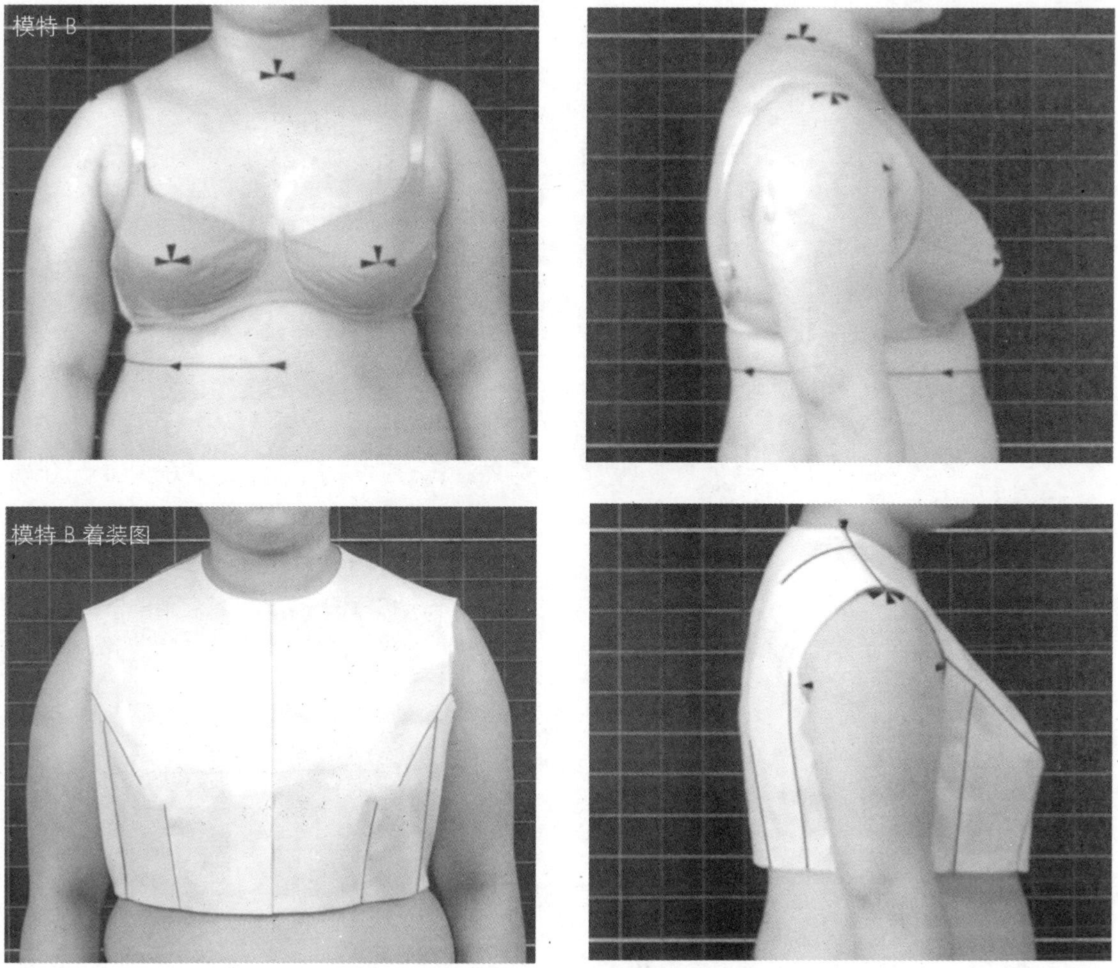

模特 B 的原型修正结果

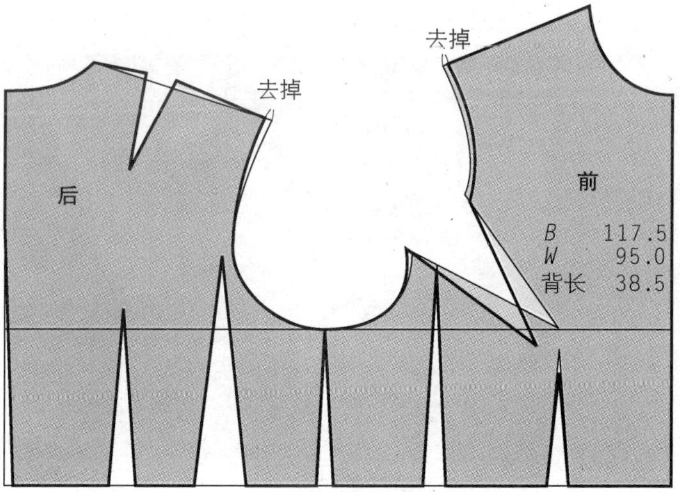

图 7－14　肥胖体型(模特 B)

问题点：在测量胸围时，一定要保证通过文胸水平测量，尤其是尽量保证经过体表曲度较大的后腋点下方时保持水平。相对来说，修正部位主要集中在：背宽与侧宽及胸宽的总体平衡、前长、背肩宽、胸点的位置、胸省、腰省等处。与旧文化式原型相比，新原型的胸省和腰省都是利用胸围计算得到的，因此，如图 7－14 所示，不需要进行太大的修正。

修正实例：一般肥胖体的情况下，原型未修正前肩宽会显得稍宽。多数情况下，下调胸点位置是必要的。模特 B 的肩宽大约修窄了 1cm，胸点下调了大约 2cm。胸省大致保持不变。图 7－14 为原型着装图。

瘦身体型（图 7－15、图 7－16）

体型特征：瘦身体是全身皮下脂肪很少的体型，一般是扁平体。与前胸相比，背肩宽宽大的类型较多。模特 A 是典型的扁平体，需要注意的是，如果将原型完全修正至与其体型相配合，会导致袖窿宽过窄而妨碍原型的运动机能性。

问题点：背宽与袖窿宽及胸宽的总体平衡、前长（无论屈身或反身都易于导致原型倾斜，所以需要适当增减前长）等部位容易产生需要修正的情况。

修正实例：模特 B 的颈侧点偏后，略呈反身体型。修正中将后颈侧点处多余的面料修剪掉并追加至前颈侧点处，总体上原型需修正的部位不多。瘦身体中也存在着屈身体型，因此修正前测量前长和后长，预先观察差值的做法会比较有效。图 7－16 中的原型图是修正的结果。

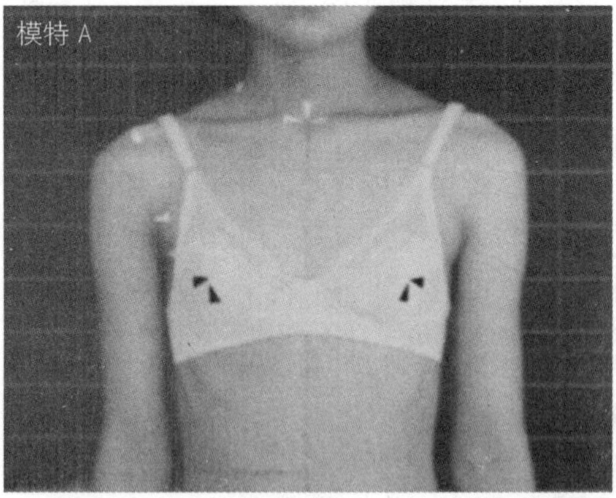

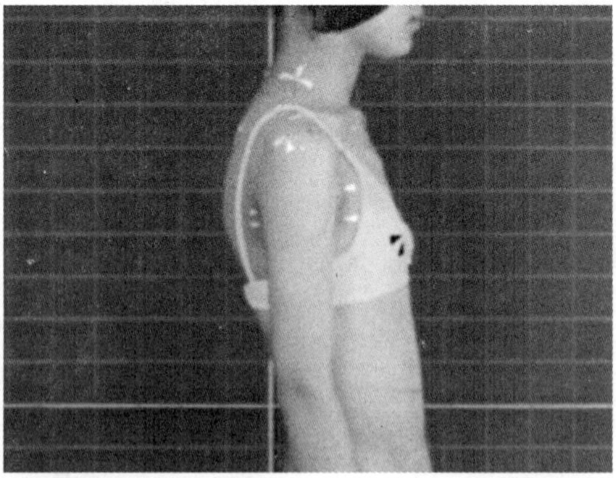

图 7－15　瘦身体型（模特 A）

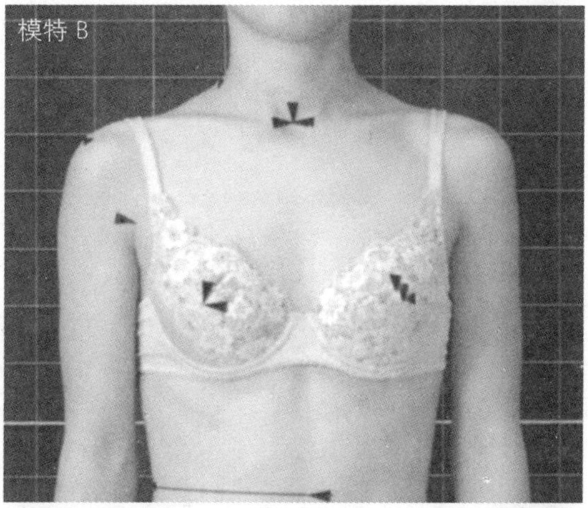

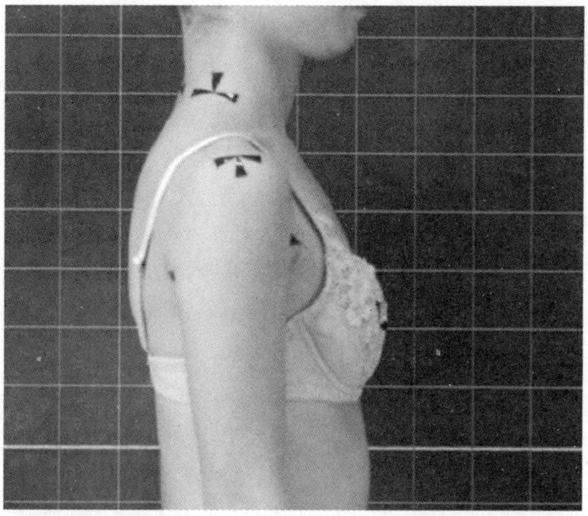

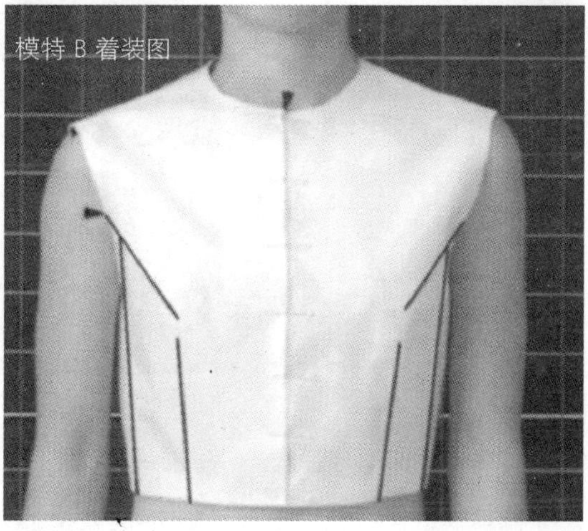

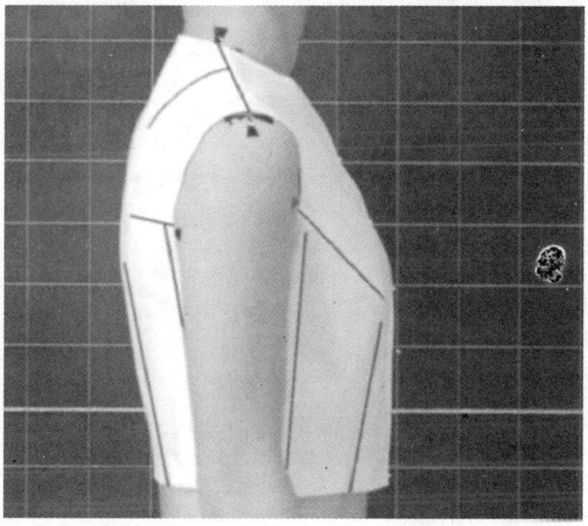

模特 B 的原型修正结果

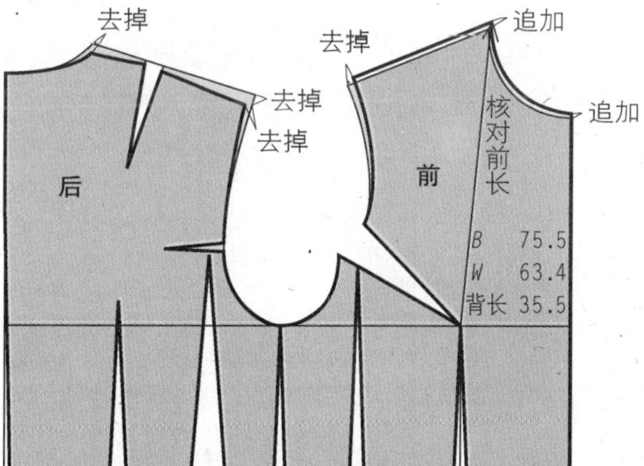

图 7－16　略呈反身体的瘦身体型(模特 B)

胸部丰满的体型（图 7－17）

体型特征：骨骼、肌肉等主要组成部分与平均体基本一致，仅胸部丰满，属于典型的胸部丰满体型。

问题点：需要注意，由于胸围尺寸变大，制图中容易造成原型整体偏大。主要修正部位包括：前长、胸省、背宽与袖窿宽及胸宽的总体平衡、横开领宽度、袖窿深等。

修正实例：根据大胸围计算所得的袖窿深显得过深，横开领宽度也变得过宽，如图所示需要修正。此外，需要追加前长和胸省量。

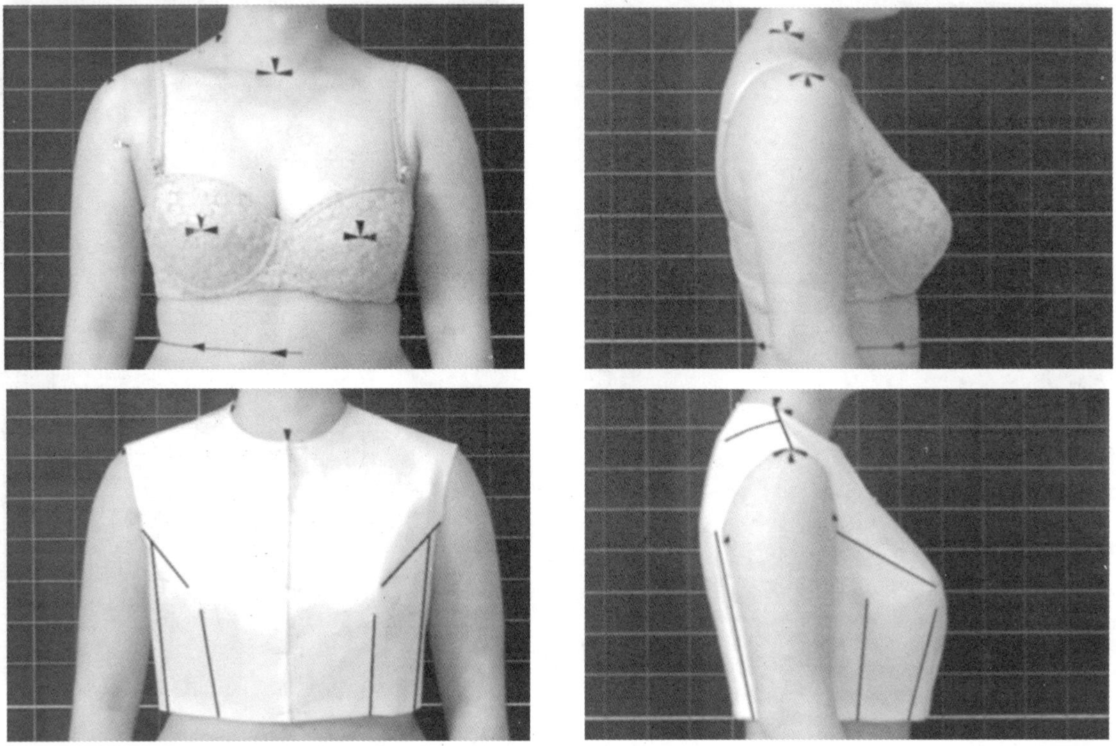

原型的修正结果

原型未修正前的着装效果

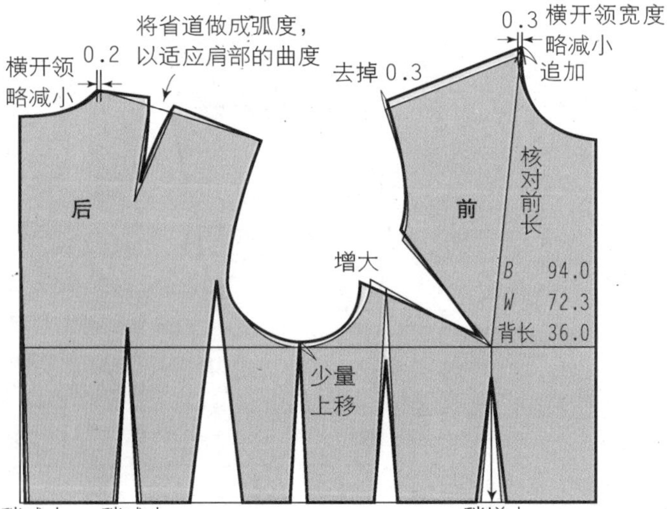

图 7－17　胸部丰满的体型

胸部扁平的体型(图 7－18)

体型特征：由于胸部扁平造成胸围尺寸偏小，但骨骼、肌肉等组成部分与平均体相当。由于使用小的胸围尺寸进行原型制图，因此原型的整体均偏小，这样就容易造成袖窿深尺寸不足以及胸宽、背宽、袖窿宽的总体平衡不好。

问题点：前长、胸省、袖窿宽、横开领宽、袖窿深。

修正实例：参照图 7－18。修正方法与胸部丰满体型相反。

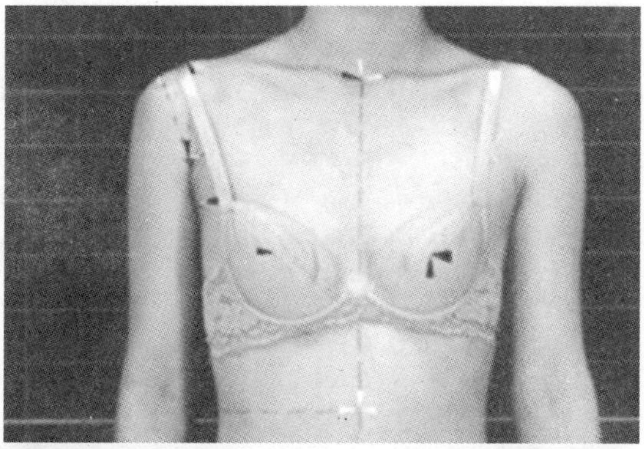

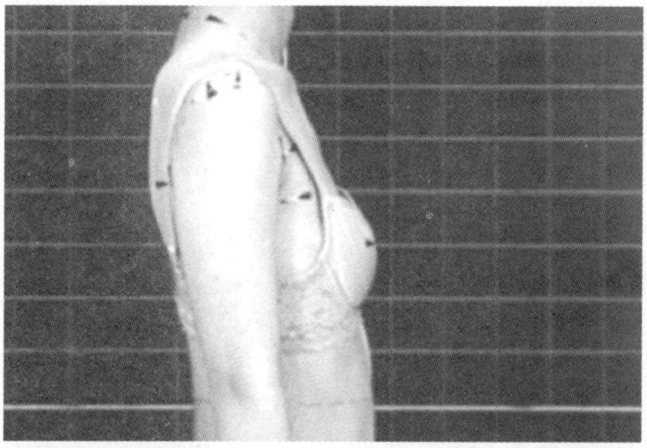

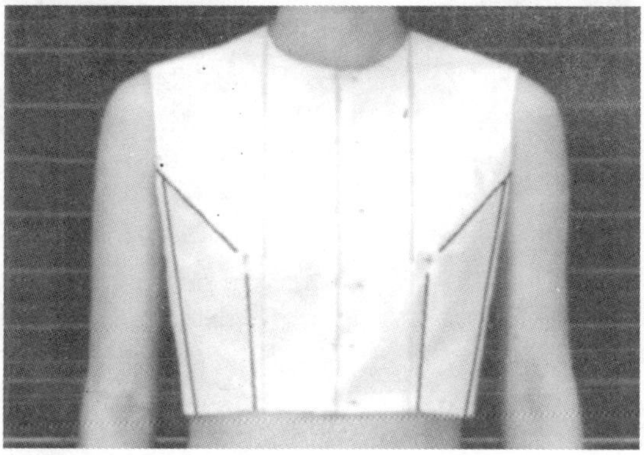

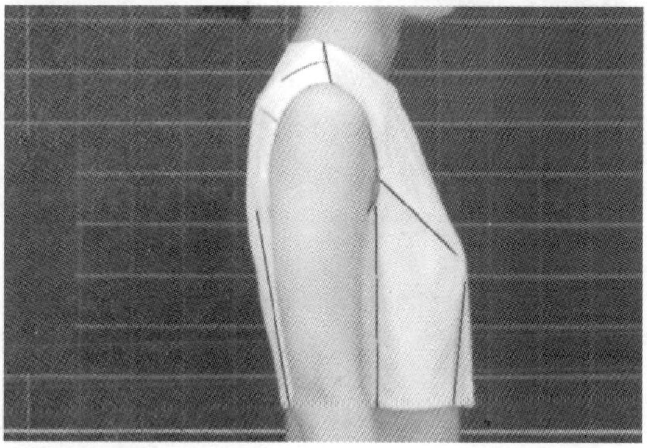

原型未修正前的着装效果

原型的修正结果

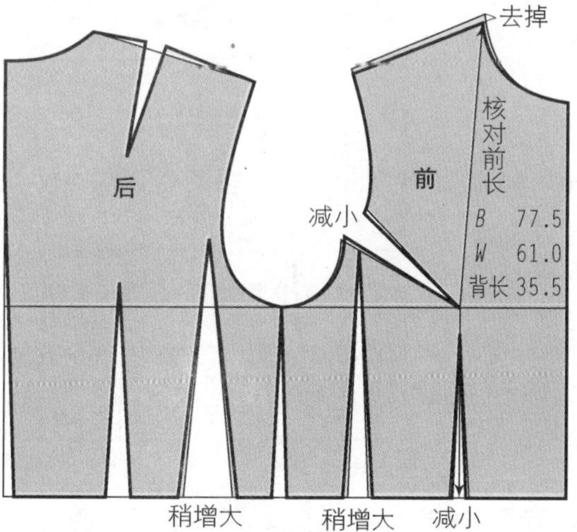

图 7－18　胸部扁平的体型

2. 脊柱弯曲度对应的体型修正

上半身后倾体型（图 7－19）

体型特征： 总体呈弓形且上半身后倾，后腰椎部的弯曲度很大，上半身体轴倾斜较大的体型。因此，在纸样设计中，前、后中心线和腰线很难垂直相交，前、后中心线多数情况下呈倾斜状态。

问题点： 整体呈平均尺寸但胸部稍小，腰省的分配是主要问题。穿着平均原型时，如着装效果图所示，整体原型偏向后身，后腰线下落。需要将其调整回前身后追加后片腰省，然后减小前片胸点下方的省道。从着装效果看，会感觉背长过长，但实际上背长是利用着装者本人的尺寸绘制的，正确的做法是将肩线恢复到原位后修剪掉多余的前长。

修正实例： 如图 7－19 的侧视图所示，相对于胸点来说，前腰点更为突出，因此，前中心线稍微前倾会较好。将新的前中心线调整回垂直状态后，腰线会呈下落状态，即所谓的腹部吃势。

在图 7－20 的例子中，由于胸部稍丰满，因此胸部上角加大，前长需要从前颈侧点上方加出，胸省也需调整加大。对于 A 和 B 两种体型，采用箱型设计或合身型设计时，纸样的背长会有很大的差距。

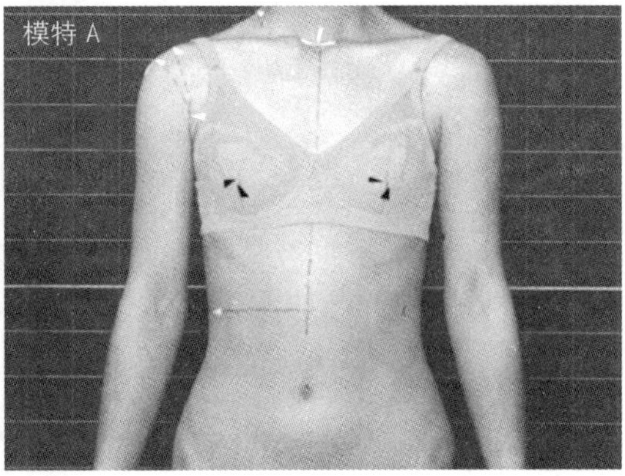

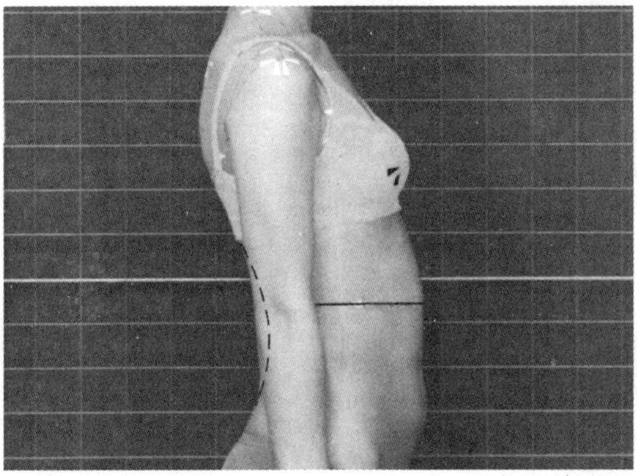

模特 A 原型的修正结果

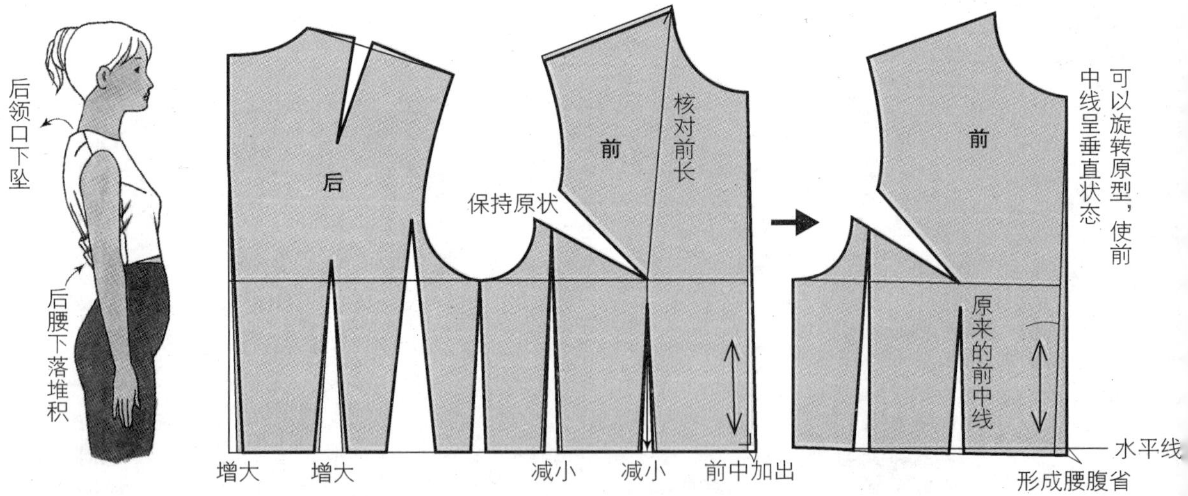

原型未修正前的着装效果

图 7－19　腹部反身的上半身后倾体型（模特 A）

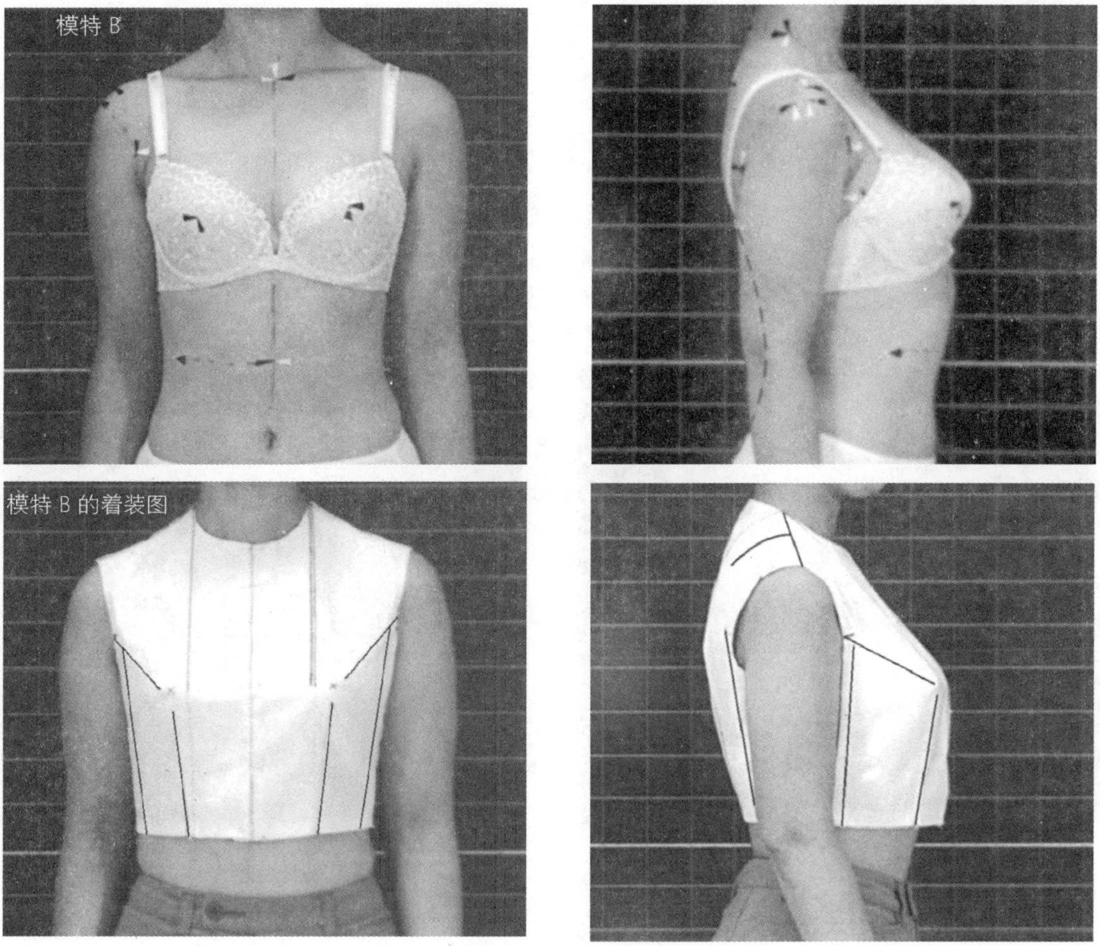

原型未修正前的着装效果

模特 B 原型的修正结果

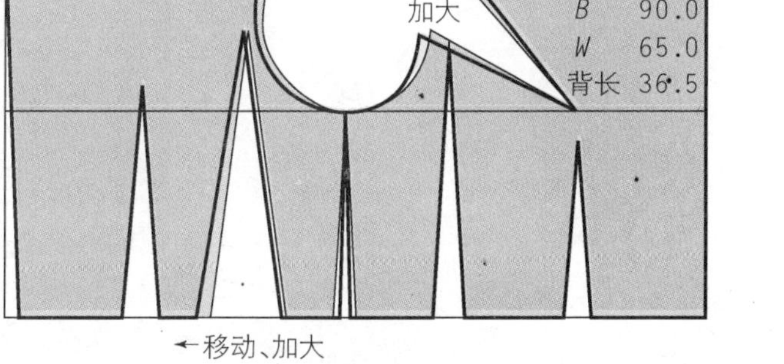

图 7－20　胸部反身的上半身后倾体型(模特 B)

胸部反身体(板背)(图 7－21)

体型特征：胸椎部的后弯及腰椎部的前弯较小的体型，背部的隆起很小，看起来呈平板状。这类体型通常从肩线到肩胛上部后突点之间的倾斜多为一般或较大。该模特属于上半身体轴稍微前倾的类型。

问题点：腰省的分配。背长直接利用计测值不需要调整，原型的背部松弛及前长上吊可以通过追加前长来修正。前长的追加量和胸部的丰满程度有关，所以并非完全相同。

修正实例：减小后腰省量，增大前胸点下方省量。检查前长，追加不足量，增大胸省。

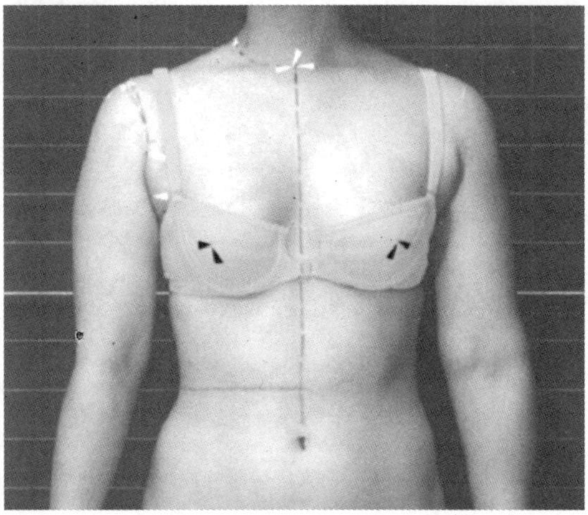

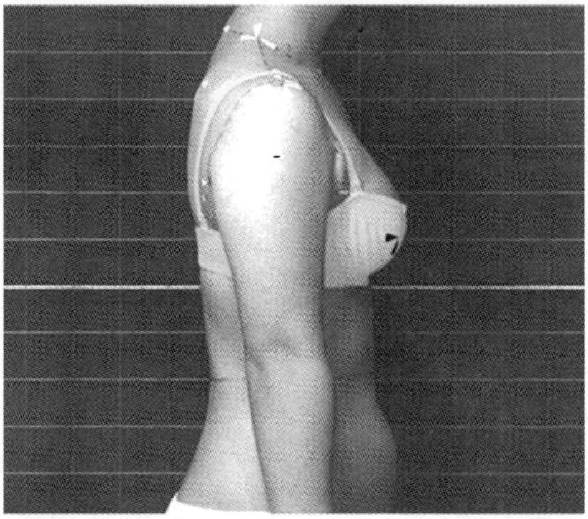

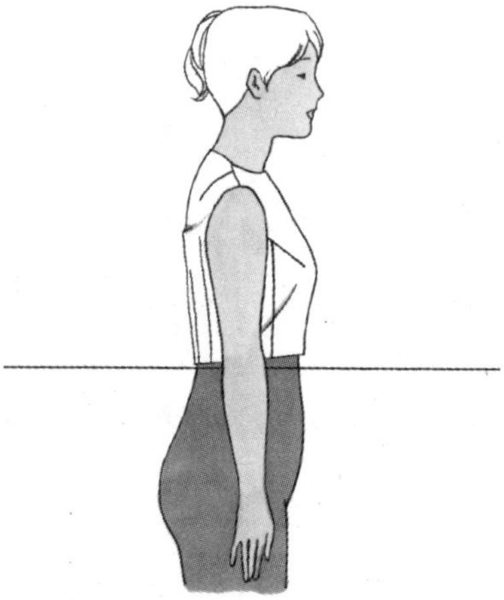

原型未修正前的着装效果

原型的修正结果

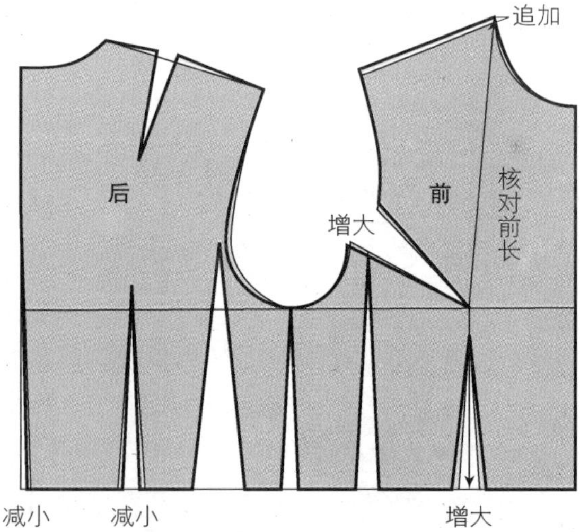

图 7－21　胸部反身体型(板背)

胸部反身体型(胸部上角大)

(图 7－22)

体型特征：胸部丰满而且位置偏高，背部基本正常(稍微有板背倾向)，胸部上角大，从前腋点位置开始属于前胸丰满类型。

问题点：前长、胸宽、背宽、胸省的变化。

修正实例：很明显，这类体型会引起前长不足，因此，需要追加前长，同时增加对应的胸省量。针对原型的总体身宽，将袖窿的位置稍稍后移，如图所示调节背宽、胸宽和腰省。

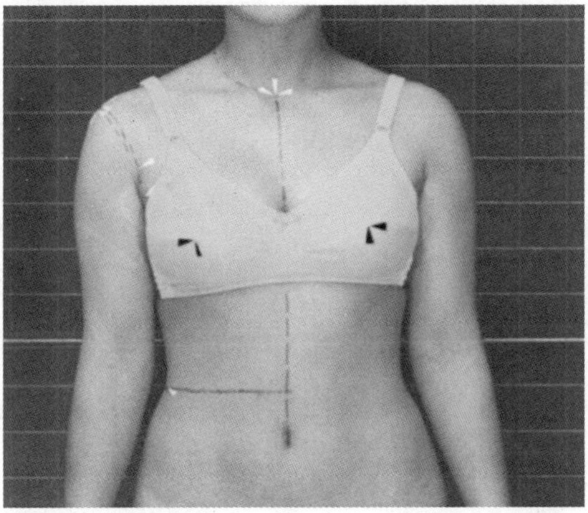

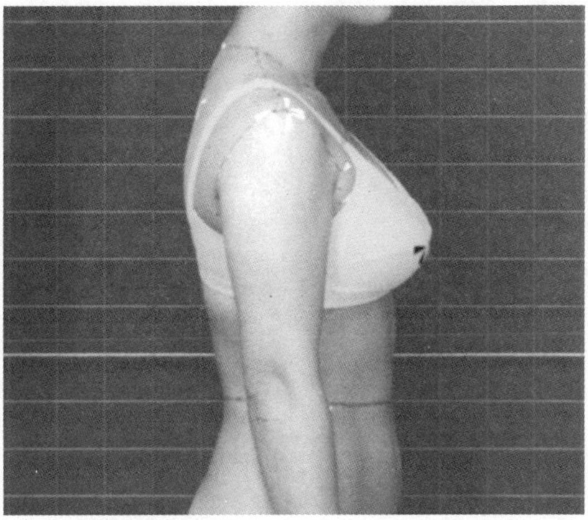

原型的修正结果

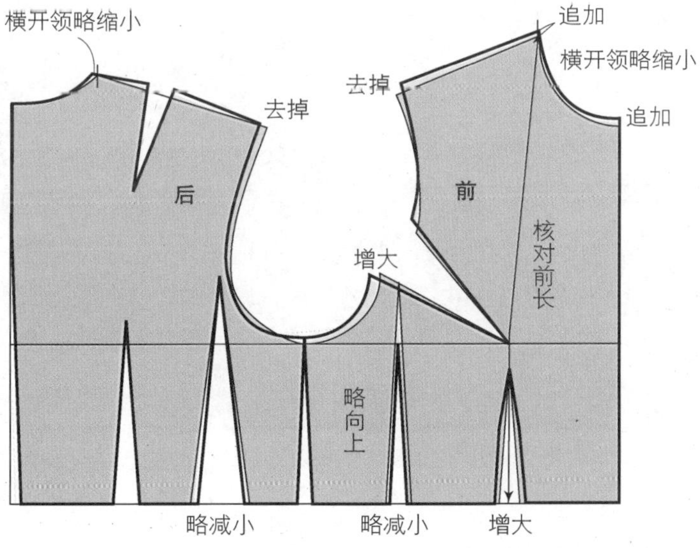

图 7－22　胸部反身体型(胸部上部倾斜大)

胸部屈身体型（猫背）（图 7－23）

体型特征：老年人的猫背（图 7－24），大多数情况下整个躯干都呈屈身体型，而年轻人或中年人通常不会这样。一般情况下，背部最突出的位置位于肩胛骨下角处，就像该模特，在肩胛骨下方有很明显的圆弧。

问题点：由于胸省、后肩省、前长、腰省、背长在纸样设计中略微加长，前身大多数情况下都会有多余的量。如果胸部丰满，前、后长则不需要做太大的调整，胸省可以保持不动或略加大些。

修正实例：略增大后背的腰省，长度变短，并修改为弧形的。对于该模特需要增大胸省（图 7－23）。

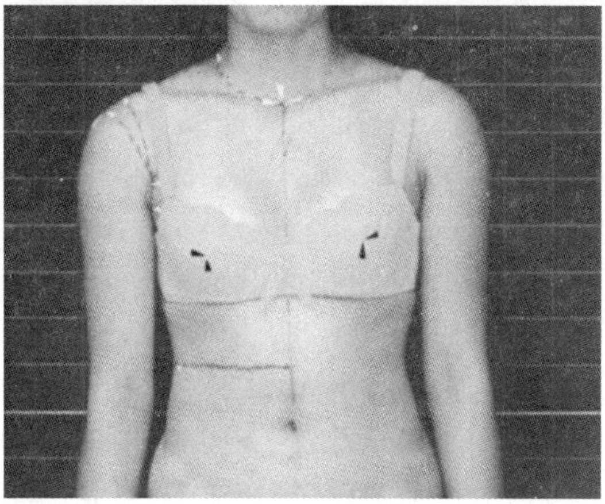

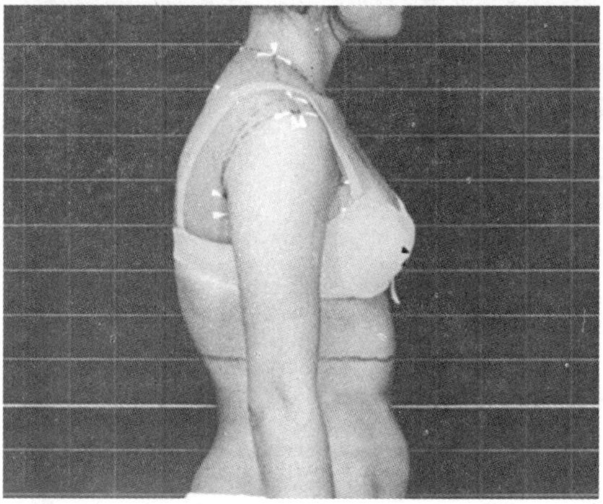

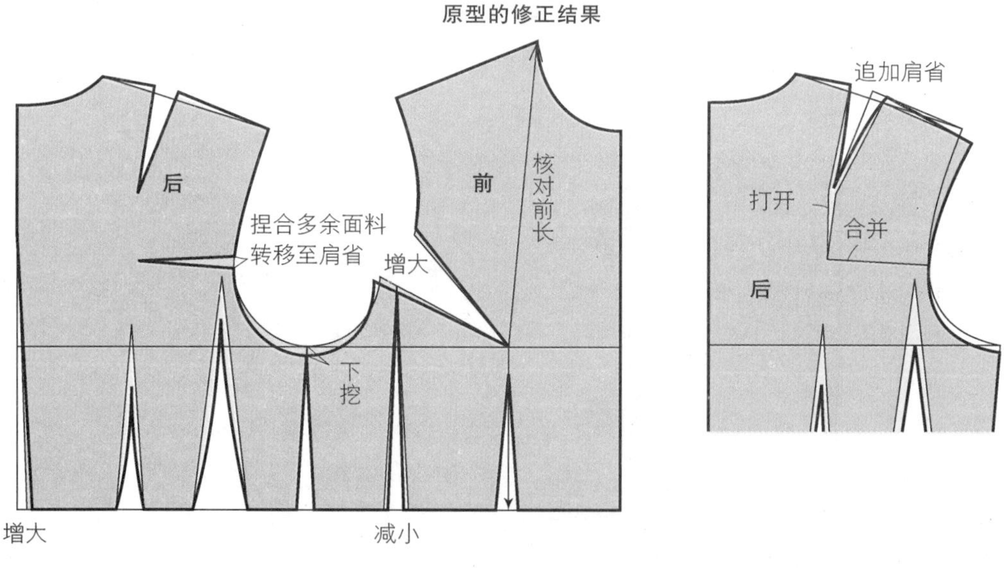

图 7－23　胸部屈身体型（猫背）

胸部、腹部同时屈身的体型(图 7－24)

体型特征：这是老年人中比较常见的体型，腰椎、胸椎同时弯曲形成屈身体。总体趋势为身体厚度较大，胸部下垂，背部宽度较大。胸部变厚，胸骨突出，胸肩宽(FNP～SP)与年轻人相比尺寸偏大，可以发现老年人衬衫的第一个纽扣很难扣上。

问题点：需要注意，在后长和前长的匹配、背肩宽和胸肩宽的平衡、背宽和胸宽的平衡等关系中，与年轻人的屈身体型不同，老年人的前、后差值较大。另外，在基本尺寸的计测中，除了需要测量通过胸点的胸围外，还必须测量上半身的最大围长。

修正实例：原型修正如图 7－24 所示。

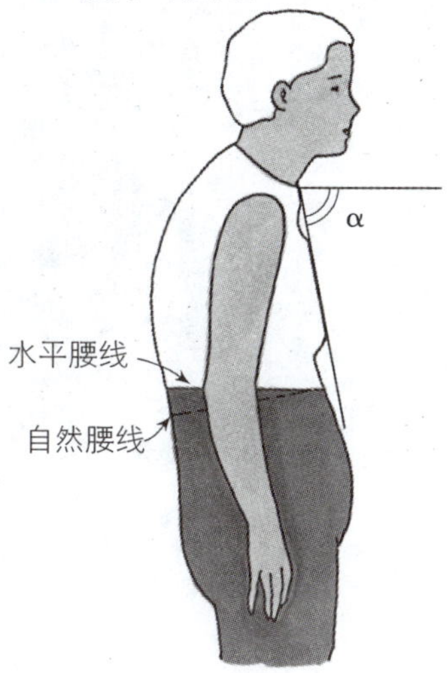

原型未修正前的着装图

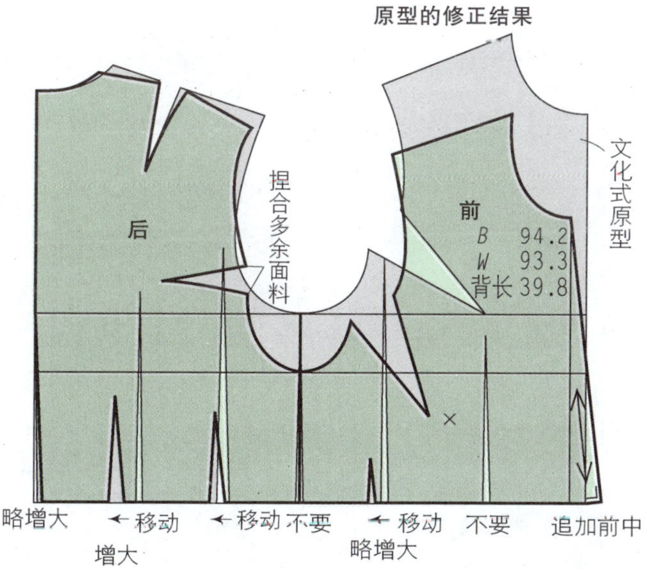

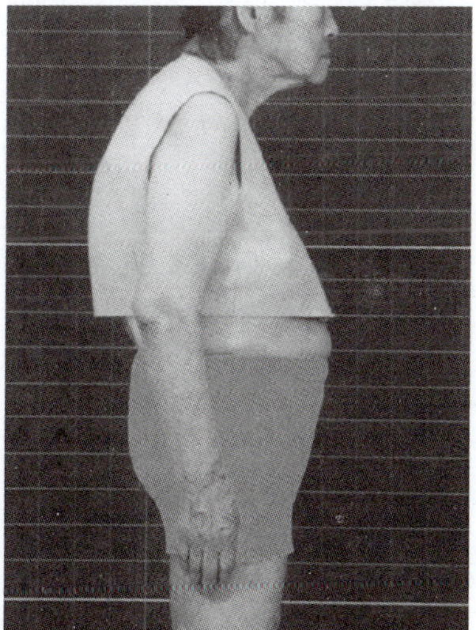

图 7－24 胸部、腹部屈身体型

平肩体型（图 7－25）

体型特征：臂根位置总体比平均值靠上，是肩倾斜度小的体型。

问题点：原型前片和后片的肩斜、袖窿深。

修正实例：参照图 7－25。

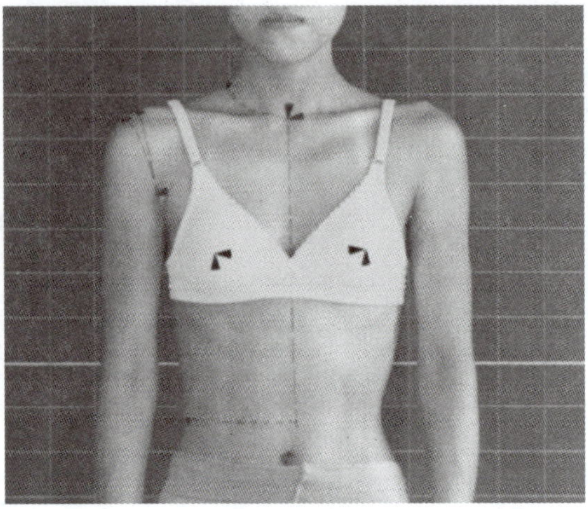

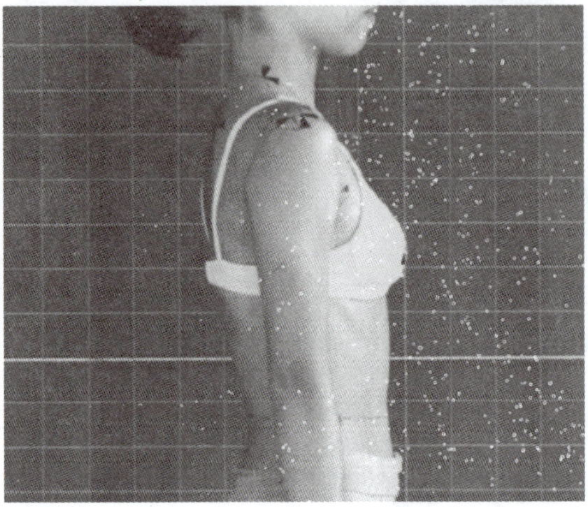

原型未修正前的着装图

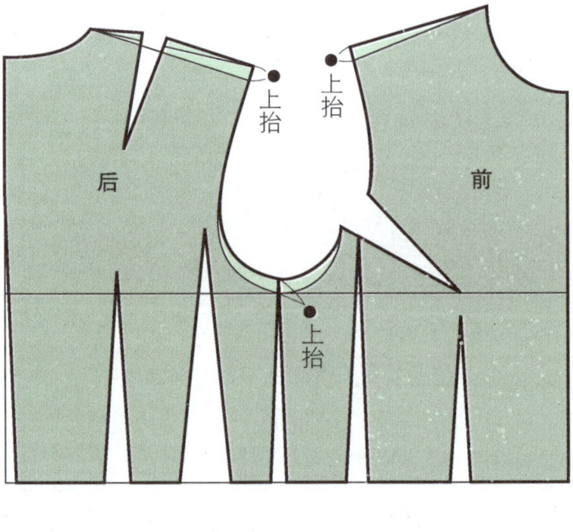

图 7－25　平肩体型

溜肩体型（图 7－26）

体型特征：臂根位置总体比平均值靠下，是肩倾斜度大的体型。

问题点：原型前片和后片的肩斜及袖窿深。由于胸点位置根据个体不同有一定的差异，因此需要核对颈侧点至胸点的长度。

修正实例：参照图 7－26。

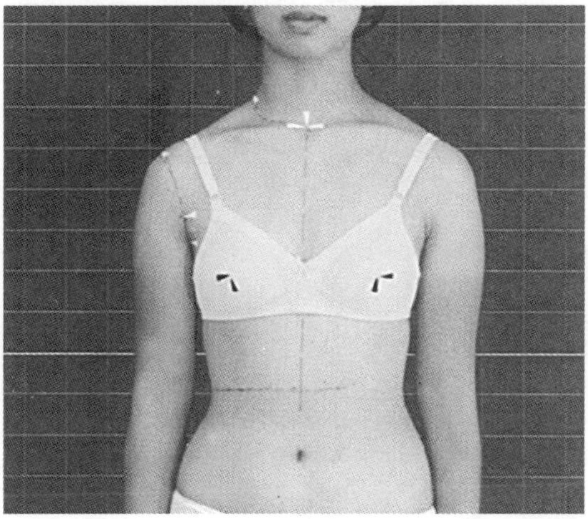

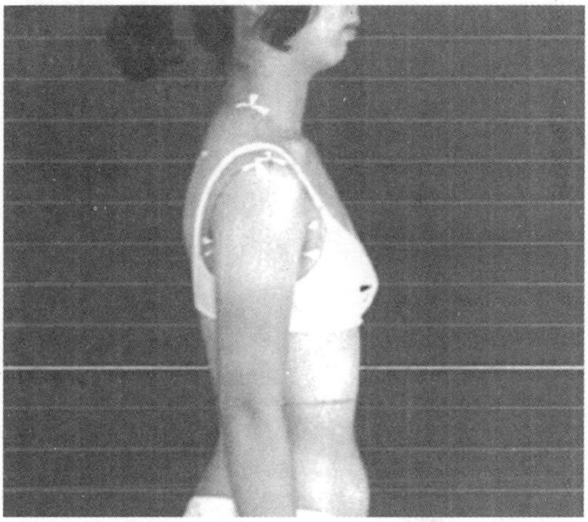

原型未修正前的着装效果

原型修正结果

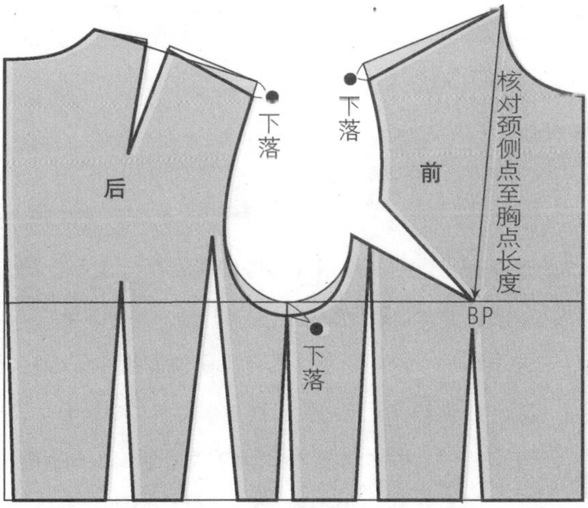

图 7－26 溜肩体型

[参考資料]

1 三吉満智子、中本節子「体型の側面視による分類　第 1 報」
文化女子大学研究紀要　第 11 集　1980 年

2 三吉満智子、永富彰子「若年女子側面視体型の経年変化と分類　第 1 報」
文化女子大学研究紀要　第 24 集　1993 年

3 三吉満智子、中本節子「体型の側面視による分類　第 2 報」
文化女子大学研究紀要　第 14 集　1983 年

4 磯目明子「高齢女子の体型と上半身原型作図法に関する研究」
（文化女子大学修士論文）2000 年

第八章

上半身原型的纸样设计与应用

利用合身原型并结合不同的款式设计绘制纸样，具体操作请参考《服装造型学　技术篇》。本章主要介绍纸样设计与操作的基本原理。

在本章的纸样绘制过程中，为了明确地表示原型与纸样的区别及两者的重叠部分，原型在制图中采用灰色，纸样部分为淡绿色。另外，原型的腰省根据不同的款式设计会有不同的操作，图中标记为灰色。

一、原型应用的基本原则

1. 衣身造型与背长的关系

如第六章所述，腰部合身型的衣片结构与箱型衣片结构在背长的构成上是不同的。

原型制图中所使用的背长，其测量方法为，首先将透明树脂薄板覆盖于左右肩胛骨，从后颈点开始通过透明树脂板的表面沿人体后中心线量至腰线。这个背长是针对腰部合身型原型的背长，而不是箱型原型的背长。因此采用这一背长所形成的原型（含文化式原型），即便外形看起来像是箱型或梯型，而事实上这一背长是针对腰部合身型的。利用这个原型来制作箱型造型服装时，就如前面图 6－3 所示那样，腰线会有一定的下落，制作衬衫时后片会产生堆积，制作腰部宽松的西装时也是同样，因此需要首先修正背长。

如图 8－1，绘制箱型纸样时，背长一般需要平均减小 0.7～1cm，腰部半合身型西装的减小量约为 0.5～0.6cm，后片的长度略减短些效果会更好。为了避免因减短背长而引起袖窿尺寸过小的情况发生，可以将袖窿略下挖些，同时为了便于手臂上举等运动，在袖窿深度保持不变的前提下，可以抬高肩点并适当加大后片宽度。

2. 省道转移与消除的原则

上半身原型是指用平面布料包裹立体人体的过程中形成的最接近人体形态的衣服（原型衣）所对应的纸样，因此包含有若干个省道。

根据款式设计的不同，原型的省道会改变其原有的位置，或通过其他的方法（如褶、裥和缝）来构成新的立体形态。

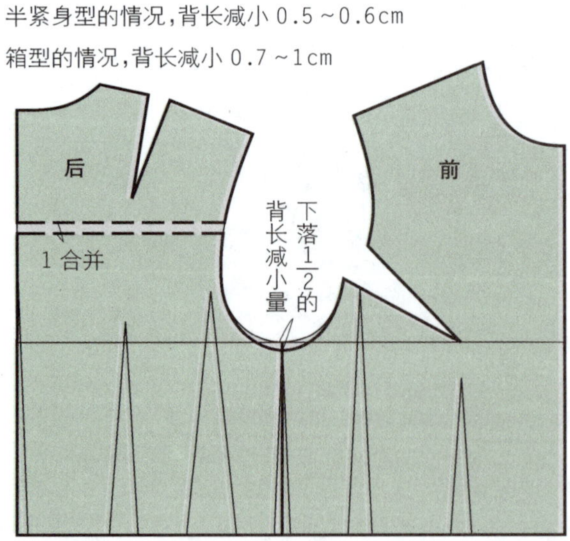

图 8－1　紧身原型转化为其他原型时的背长修正

原型的省道是在包裹人体的过程中自然形成的，具有一定的构成比例，因此在利用省道进行设计时，既可以保持针对人体的适合形态，同时又可以使纸样绘制更有效率。

在具体讨论省道转移这一问题之前，首先考虑一下单纯的形态问题。例如，利用纸制作四角锥体形时，如图 8－2 所示，其展开图（纸样构成）既可以如图①那样，也可以如图②、图③、图④那样，通过不同的接合位置和折线位置进行变化，事实上在此过程中只是改变了设计线，四角锥体的立体外形并没有改变。

另外，从圆锥体的构成来看，根据几何学得到的展开图如图 8－3 中的①所示。在不改变省道顶点的前提下，如②或③所示，无论是省道位置变化，还是将省道总量分散，最终省道的角度总量不会改变，所形成的圆锥体的立体外形始终相同。

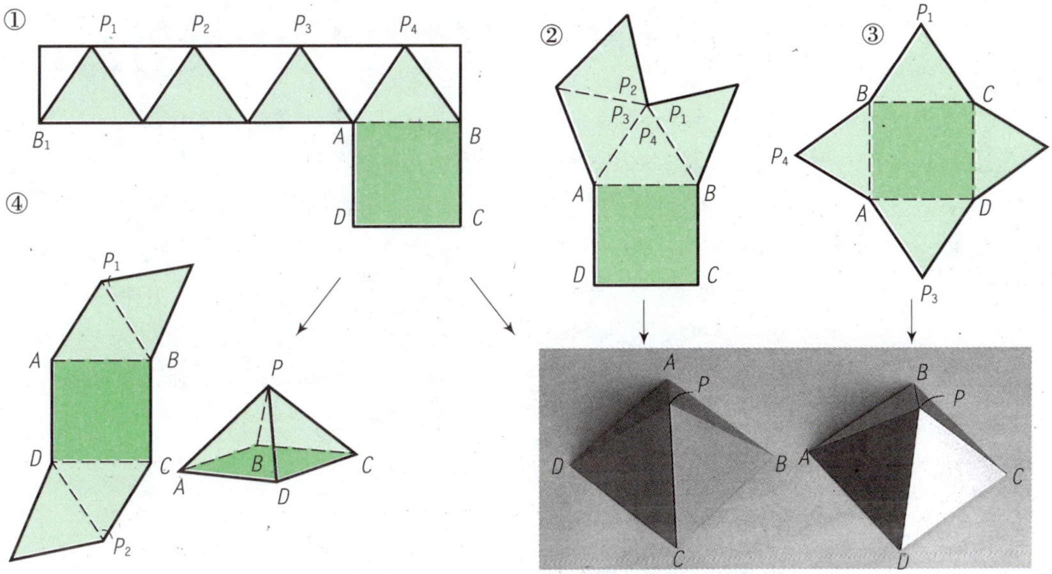

图 8－2　四角锥体的展开图

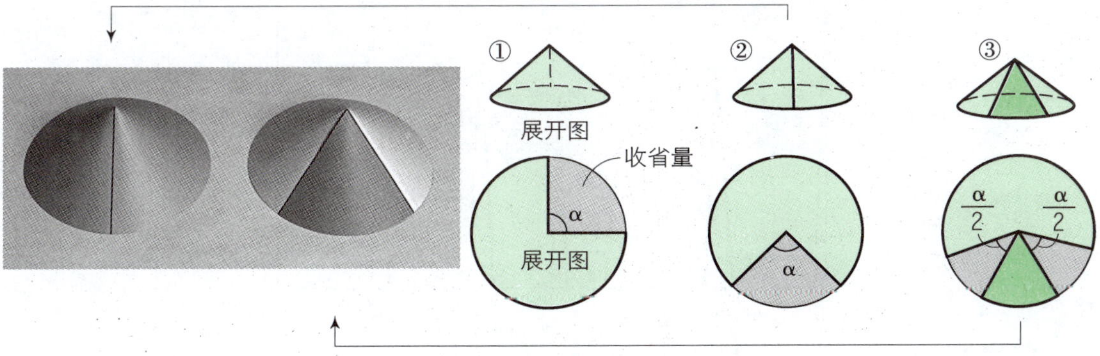

图 8－3　圆锥体的展开图

服装造型与纸样构成之间的关系，同这些立体形和展开图之间的构成关系一样。但是，与四角锥体和圆锥体相比，上半身原型衣的外形要复杂得多，不仅具有多面体的构成要素，同时整体形态呈现复杂的曲面造型。我们可以利用原型的基本展开图来进行款式设计。

在下面的内容中，主要介绍改变设计线而不改变外形造型的纸样构成中省道转移和消除的具体处理方法。

①省道转移的原则

原则：省尖点不在纸样外轮廓线上的省道，能够转移但不能消除。

图 8－4 中的胸省、后肩省以及腰省的 a 和 e 均位于原型的中间位置，即省尖点指向人体的突出部位。这一省道构成形式与圆锥体及其展开图里出现的省道构成形式相同。因此，为了消除在原型构成中的省道，就必须准备替代的省道，以保持原型的同一外形和相同立体感。为了保持相同立体造型，通常选择省道转移的方法，但有时也会出现在平面纸样上的省道不可能完全消除的情况。此时可以将这个省道处理为褶裥和缝褶等，以满足包裹人体立体突出量时所需的构成量（图 8－16 例 F、例 G）。

转移方法：省道转移有两种方法：一种是在希望省道移至的位置处剪开纸样，合并原有的省道（图 8－13）；另一种是按压 BP 点旋转原型以合并省道（图 8－14）。图 8－5 为将同一角度的省道转移到其他位置时的示意图，在此过程中打开处省道的长度会有变化。如图 8－5 所示，从转移结果来看，省道的角度并没有改变，但新省道的省量却发生了变化。转移过程中，图中的 b 省转成 C 省，原省省量和新省省量的构成比例呈现出 $AB:BC=b:c$ 的关系变化。

②省道消除的原则

原则：省尖点位于纸样的外轮廓线上时，直接闭合省道（就像缝合在一起一样）就能够消除省道。原型构成中的腰省 b、c、d（图 8－4）均属于这种情况，省尖点落在袖窿弧线上或是非常靠近袖窿线的位置，因此都可以用该方法来消除。图 8－6、图 8－7 是有关后片 d 省消除的示

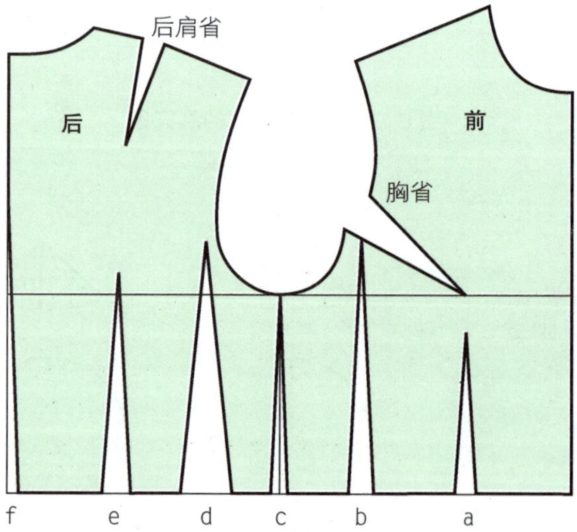

图 8－4　原型的省道

意图。由于省尖点与纸样的轮廓线有一定距离，如图所示，需要从袖窿处打一极小的剪口至省尖点，然后再合并 d 省。在此过程中，虽然纸样的轮廓线发生了改变，但却保留了原型的立体感（图 8－6）。图 8－7 为不正确的处理方法，图中原型的腋下部分被直接剪掉，从而去掉了后腋点部位所需的立体造型量。一定注意要避免错误的作图方法。

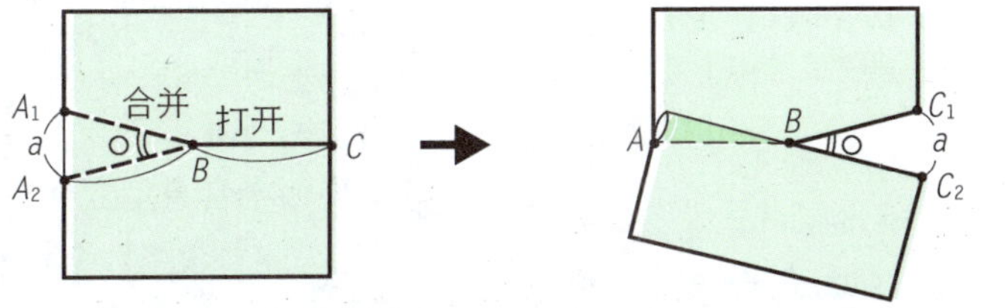

当合并省道与打开省道的省长相等时，省道的省长和角度在转移中均相等

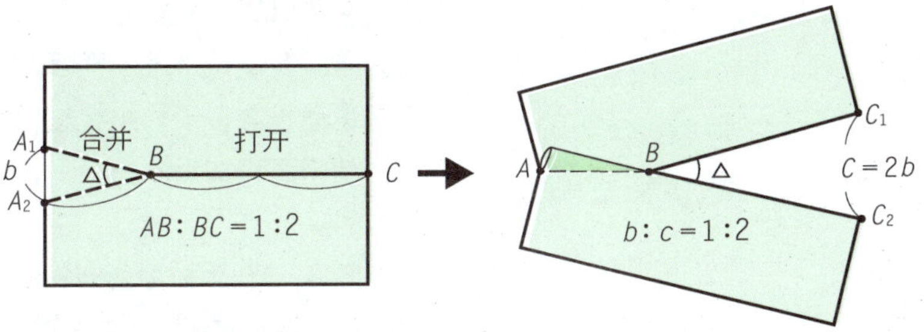

当合并省道与打开省道的省长不等时，省道的角度不变，省量的大小随省长而变化

图 8－5　省道转移与省量的关系

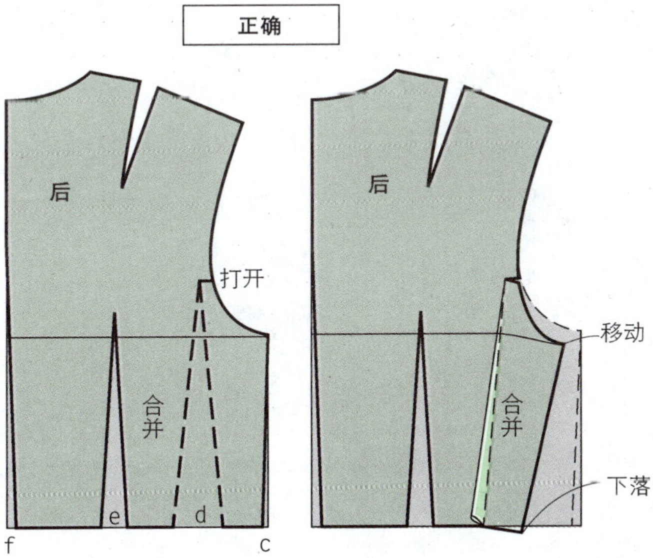

图 8－6　不改变立体感的省道消除方法

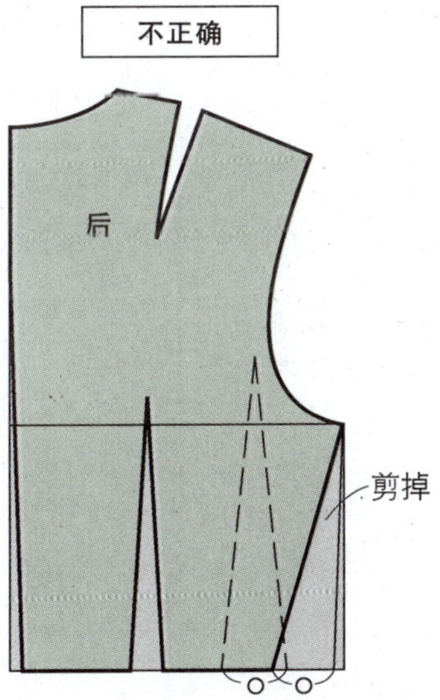

图 8－7　不正确的省道消除方法

3. 后肩省与肩线的关系

在文化式原型的构成中，后片肩线上设置了省道。如第六章二、2. 中所描述的那样，在人体背部，从肩胛骨内侧上部的突出点向上延伸至肩部，向侧面延伸至臂根构成了复曲面，呈现出大幅度的体表曲率变化，因此肩省是必需的。

在文化式原型的构成中，为了便于作图，肩线用直线来表示。但是缝合肩省后为了让后片肩线呈直线状态，则需要如图 8－8 那样，事先修正肩线，以便于使用。

在本书的图示中，使用的是修正后的后片原型。

根据服装的款式设计不同，肩省可以处理为后袖窿省，或根据衣服造型的需要将其放在袖窿中作为松量处理。

4. 造型的立体感与省量的关系

如第一章及第四章所示（参照表 1－7 和表 4－2），衣服的外形从造型上看可分为平面造型服装、半成型服装、接近人体形态的立体造型服装（人体型成型服装），其构成形式种类繁多。

①立体造型的情况

为了将平面的布料塑造成立体形态，在上面加上省道或通过分割线追加省道是必需的。

上半身原型的设计是以人体静止状态时，其呈现为半合身型立体形态，并尽量保持没有褶皱，因此包含了数个省道。图 8－9 显示了原型的立体着装效果。

②平面造型的情况

当服装设计中采用平面造型，或是更需要考虑运动机能多于静止状态的适体性时，在面料的使用面积加大的情况下，减少省道构成是必要的。

图 8－10 为放松所有省道时的非成型类服装的纸样和着装图。图 8－11 是中间状态的轻便形服装的纸样构成和着装图。

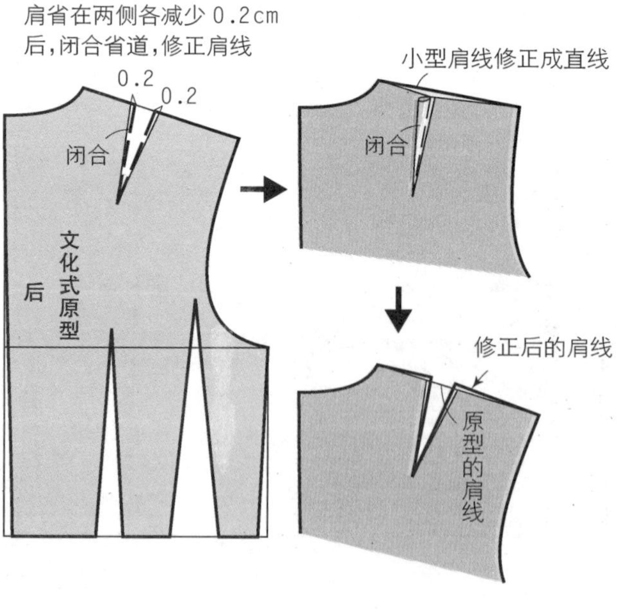

图 8－8　肩线的修正

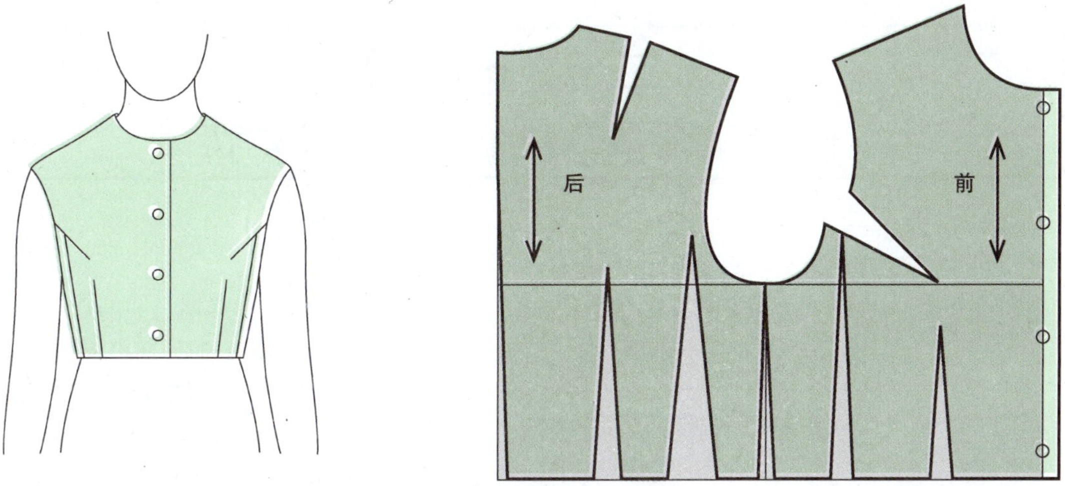

图 8－9　立体的外形与纸样构成

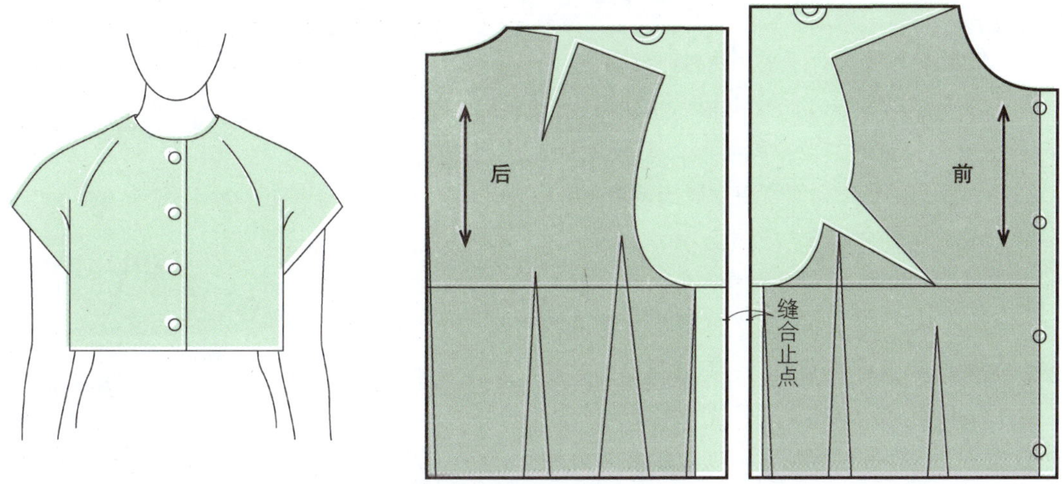

图 8－10　平面的外形与纸样构成

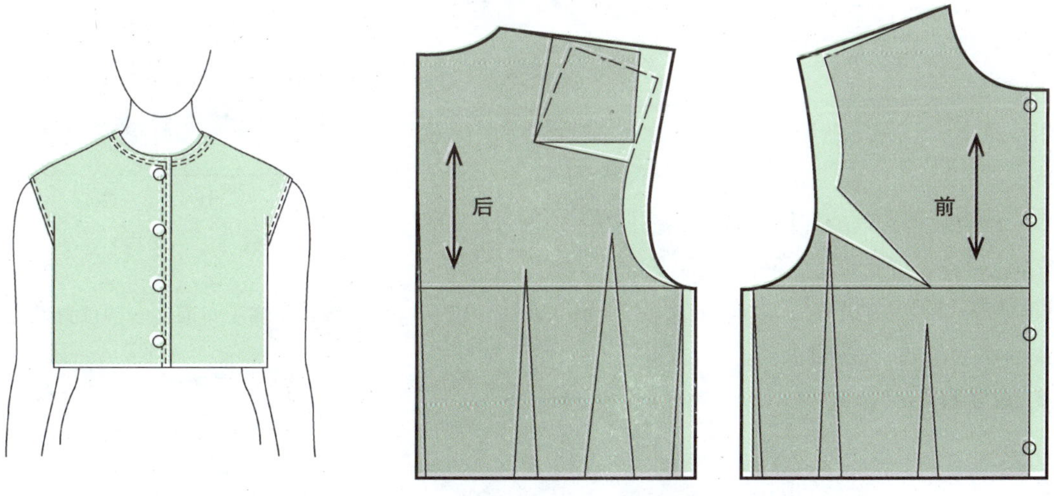

图 8－11　中间状态的外形与纸样构成

二、设计应用
——具有腰线分割线、腰部合身的情况

1. 前片省道转移与消除的设计应用

前片原型中除了腰省还有胸省。胸省和胸点下方的腰省无论放置在哪个位置，只要省尖点指向胸点，胸部的立体造型感就不会改变。图 8－12 示意了经常使用的省道转移的位置，并标注了每个位置的省道名称。

省道的转移处理可以采用两种方法。

方法一：如图 8－13 所示，设计过程中，首先在希望添加省道的位置朝着胸点剪开纸样，然后合并原有的省道，使省道呈现出缝合状态，由此形成新省道的纸样构成图。

方法二：如图 8－14 所示，在原理上和方法一相同，是通过转动原型纸样转移省道的方法。如果不希望剪开原型时，可以利用此方法达到相同的结果。首先，在原型上标记省道的新位置点，将转省过程中没有变化的那部分原型在制图纸上画下来，压住胸点旋转原型，使现有省道的 *A* 点与 *A'* 点如图所示重合，然后画出原型轮廓线上的变化部分(图 8－14)。其结果和方法一相同。

在电脑(CAD)上绘图时，通常使用省道旋转法。

利用原型省道的转移和消除，在保持相同立体感的同时可以变化多种设计。在同时考虑设计和纸样构成的前提下，款式分类如下所示：

- 只转移胸省，改变省道位置的设计。
- 胸省和腰省都转移，改变省道位置的设计。
- 将省道转至分割线处的设计。
- 转移省道的同时加入松量，增强装饰性的设计。

下面主要讨论根据不同的设计款式进行纸样制图的要点。胸省转移量的多少，通常需要考虑衣身的总体松量、服装的外形以及运动机能性的要求等因素，一般不会全部转移，更多的时候是保留一部分在袖窿中。本章中的例子由于以同一外形为前提，胸省的省量是全部转移的。

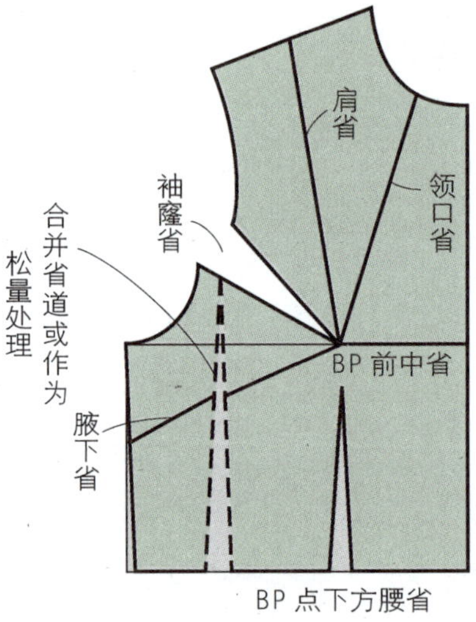

图 8－12　胸省及胸下省道的转移位置说明

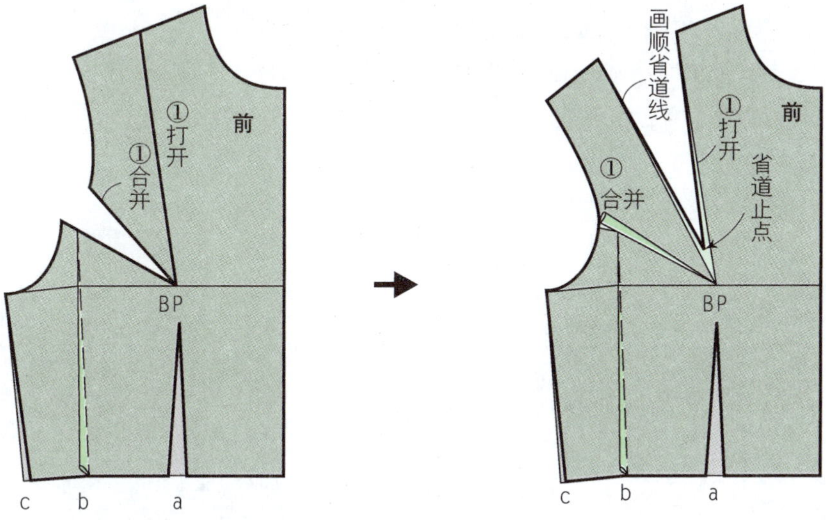

图 8－13　省道的转移方法ⓐ(纸样剪开法)

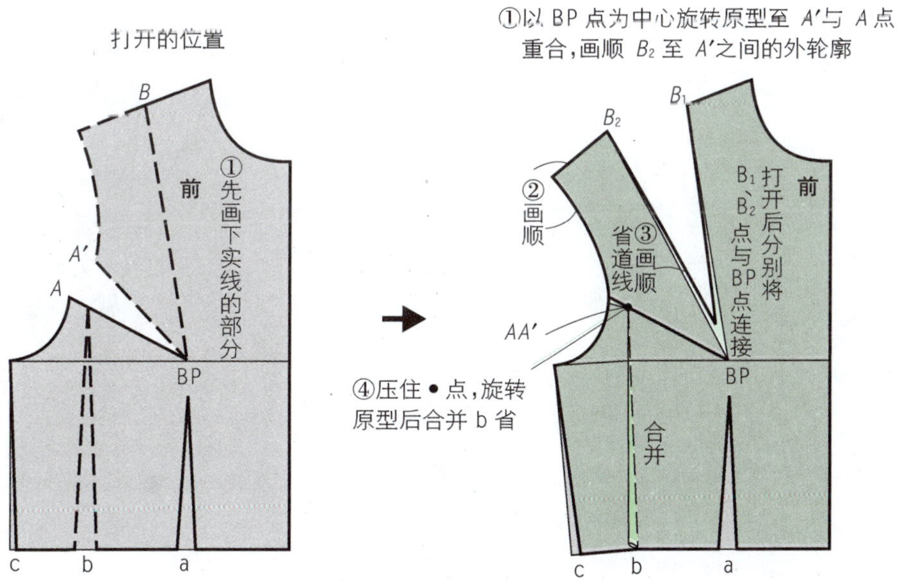

图 8－14　省道的转移方法ⓑ(原型旋转法)

1.1　胸省转移与 b 省道消除的应用

图 8－15 为胸省转移的设计应用（实例 A～E）及其纸样构成。在这些设计中，b 省道（前腋点下方）通过合并纸样而消除，在此过程中，最重要的是不要让腰线、侧缝线、袖窿等处产生变化从而破坏立体感。此外也可以将 b 省道留在腰线处作为松量处理，使腰线保持水平状态，通常需要在原型基础上延长长度的衬衫类款式的纸样设计多采用这种方法。

例 A

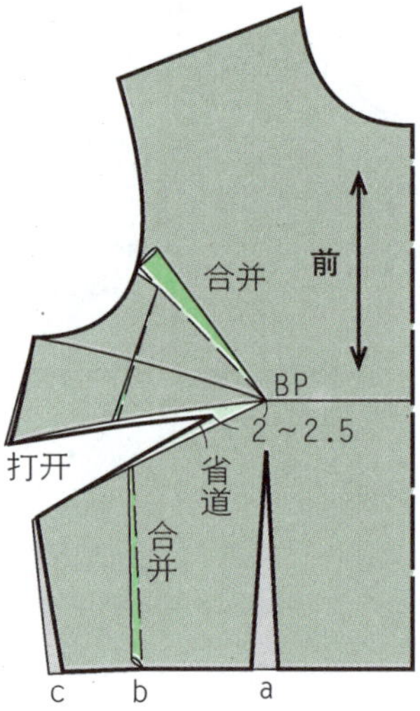

例 B

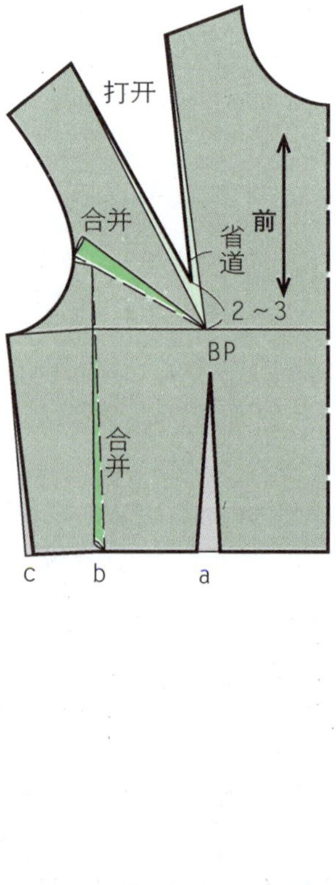

例 C

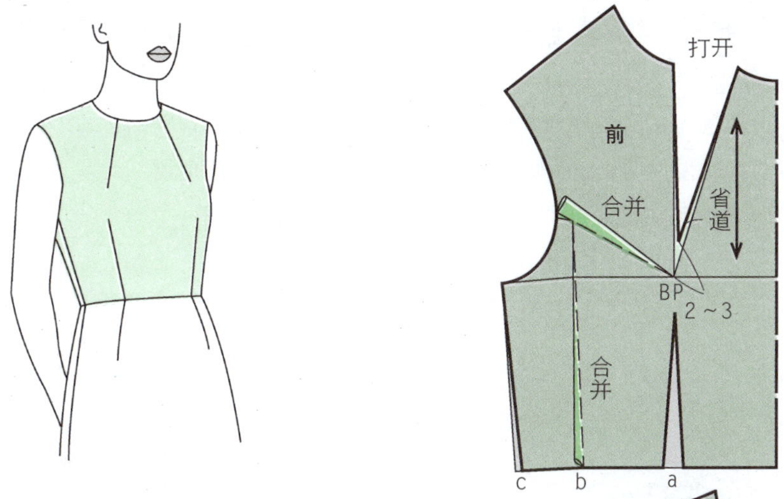

例 D

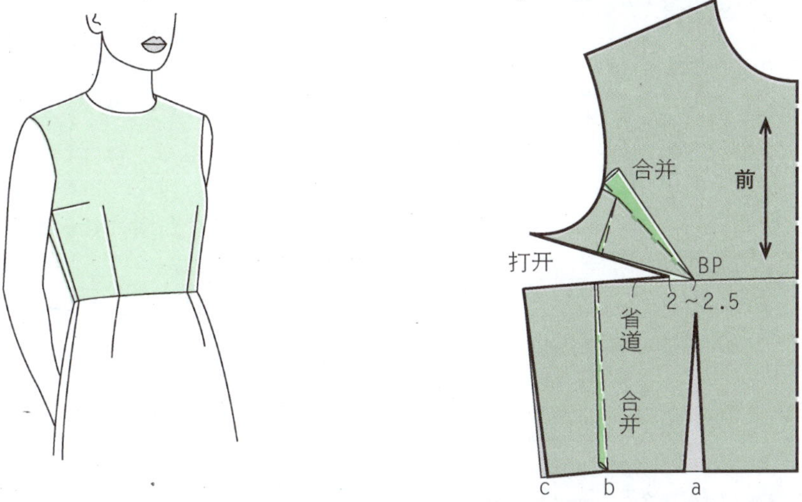

例 E

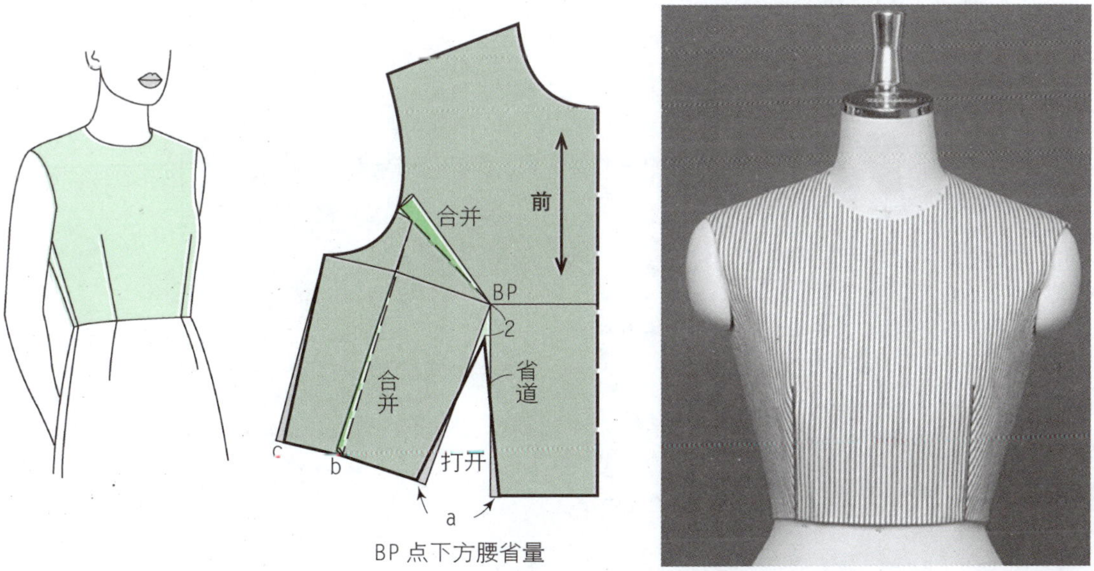

图 8－15　胸省转移的应用与纸样

1.2 胸省和腰省的转移与 b 省道的消除应用

图 8－16 为同时转移胸省和腰省以增强装饰效果的设计应用实例（F～H）及其纸样构成。当胸省和胸点下方的腰省同时合并转移形成一个省道或作为褶裥后，其省量或褶量都比图 8－15 中例 A～例 E 多。

另外，合并腰省后纸样的腰线变成曲线状态，但在穿着时腰线会呈现水平，同时也更能突显胸部的效果。

例 F

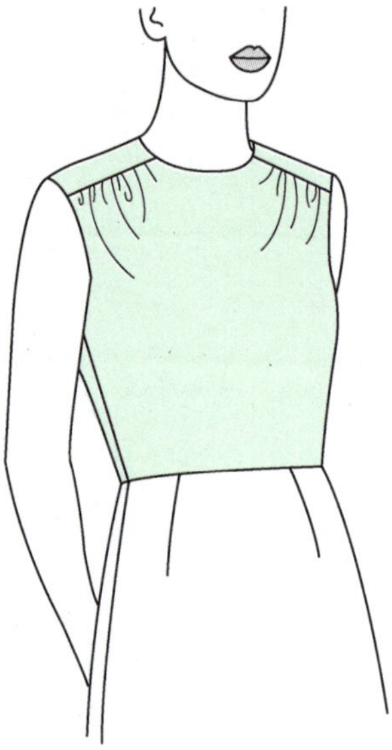

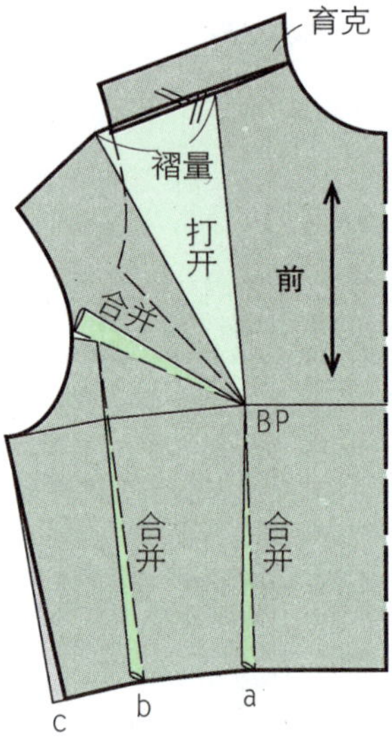

例 G

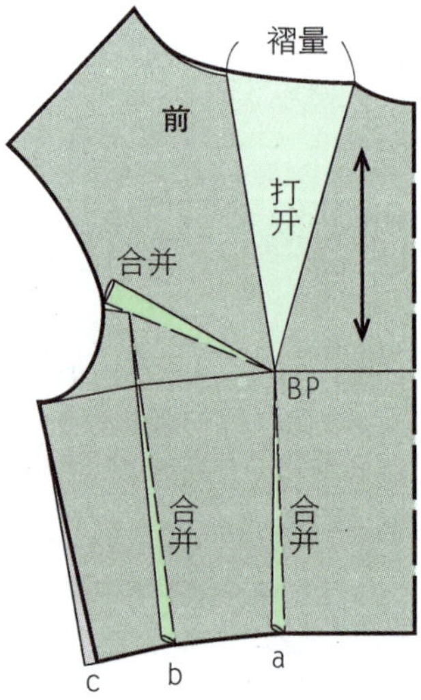

例 H

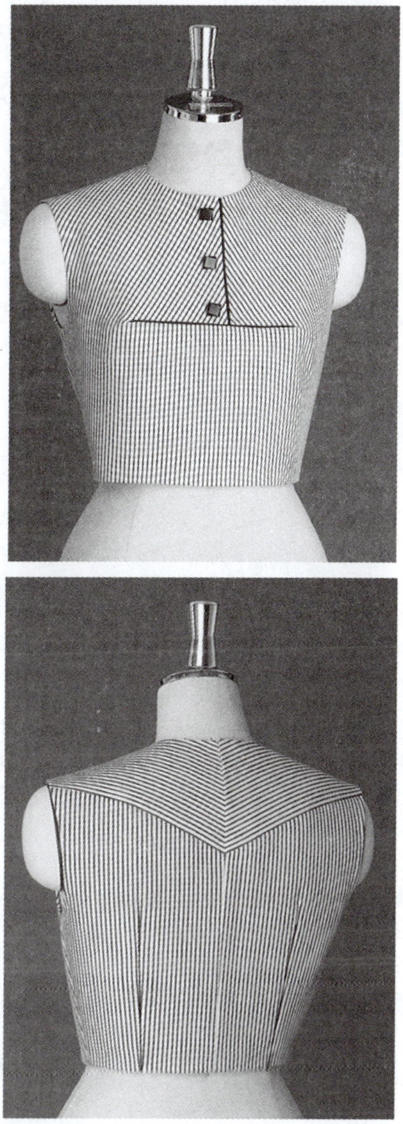

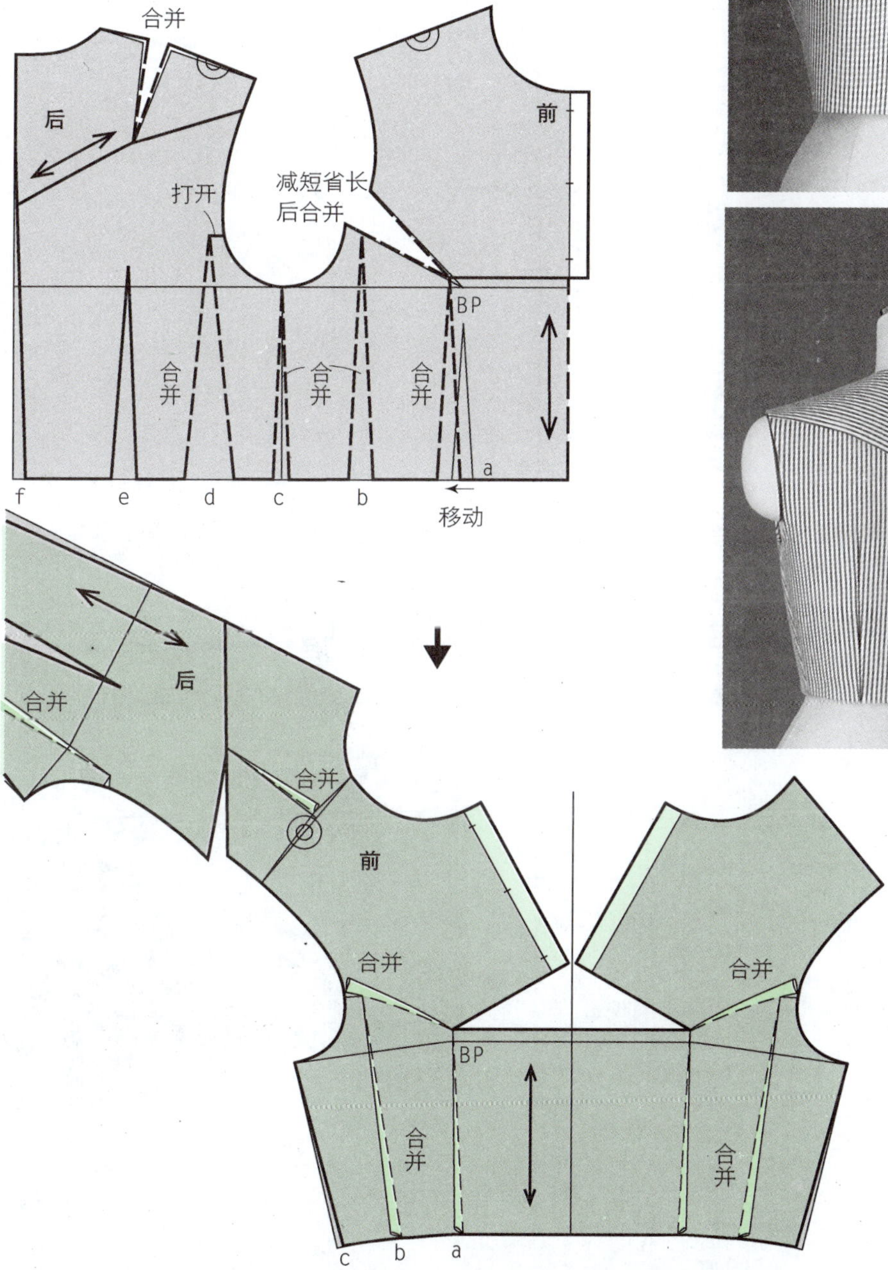

图 8－16　胸省及胸下省的转移应用与纸样

1.3 将胸省、腰省转移到分割线处并消除 b 省道的设计应用

图 8－17 展示了将胸省、腰省转移到分割线处的设计应用实例（I～L）及其纸样构成。例 I 是利用纵向分割线来处理省道的款式。与图 8－15 中例 B 纸样的处理方法相同，将胸省转移到肩部，其后将后肩省和腰省连接起来作为分割线。

J 款式是用逐渐倾斜的横向分割线来处理原型所有省道的应用实例，纸样处理从前身向后身进行。首先，将胸省和 a 省同时转移至通过胸点的横向设计线中，然后在后身的腰带状分割线中将剩余腰省闭合，从前向后纸样的腰线呈现明显的弯曲状态。

闭合 b 省（前腋点下方）以达到消除的目的。

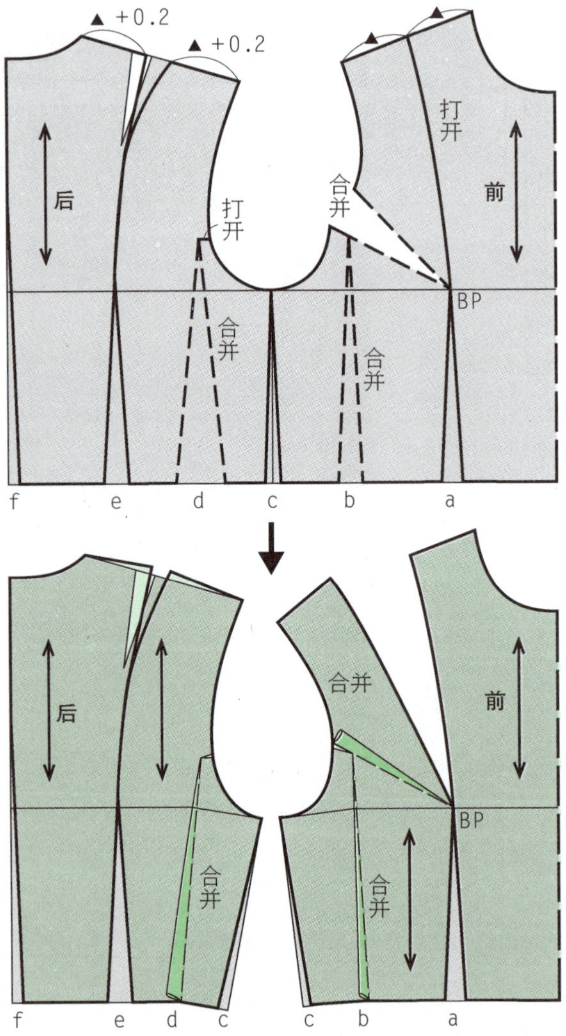

例 I

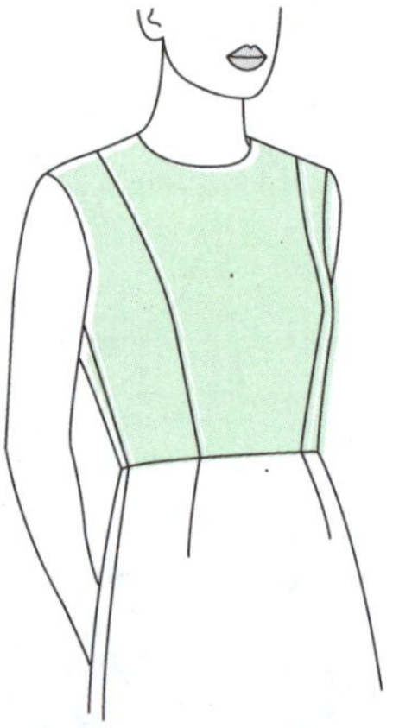

例 J

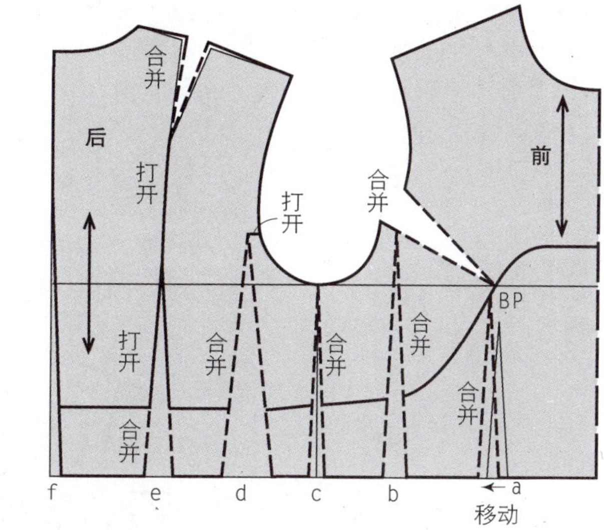

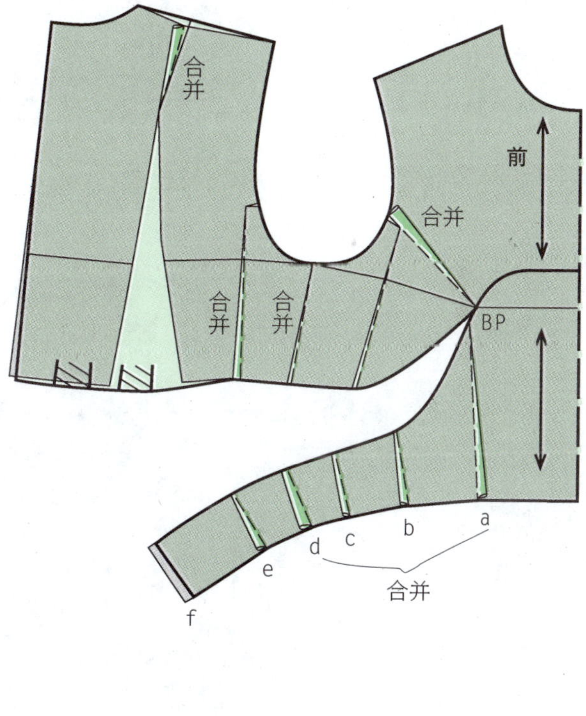

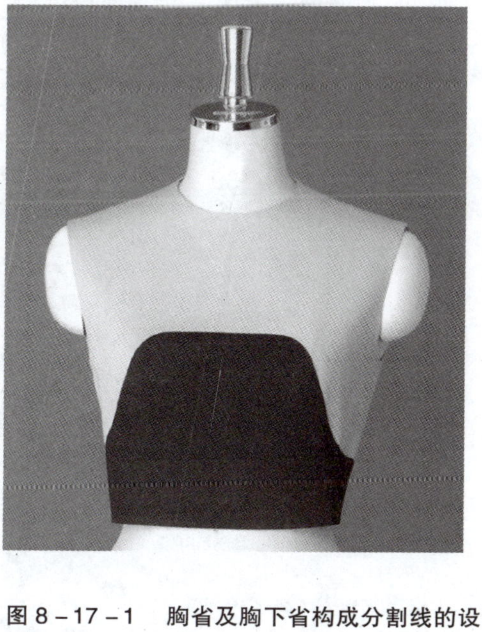

图 8-17-1　胸省及胸下省构成分割线的设计应用与纸样(例 I、例 J)

K 款式采用曲线幅度很大的分割线。首先将胸省和 a 省延长，使其省尖点至分割线处，然后通过合并原有省道将其省量转至育克缝线中。合并 b 省道并消除。

L 款式为菱形分割线的设计。菱形角的尖角若设定在胸点附近，将有利于转移胸省和 a 省。在该图中，a 省的长度并没有改变，只是移动到靠近前中心的位置后，再进行合并。

例 K

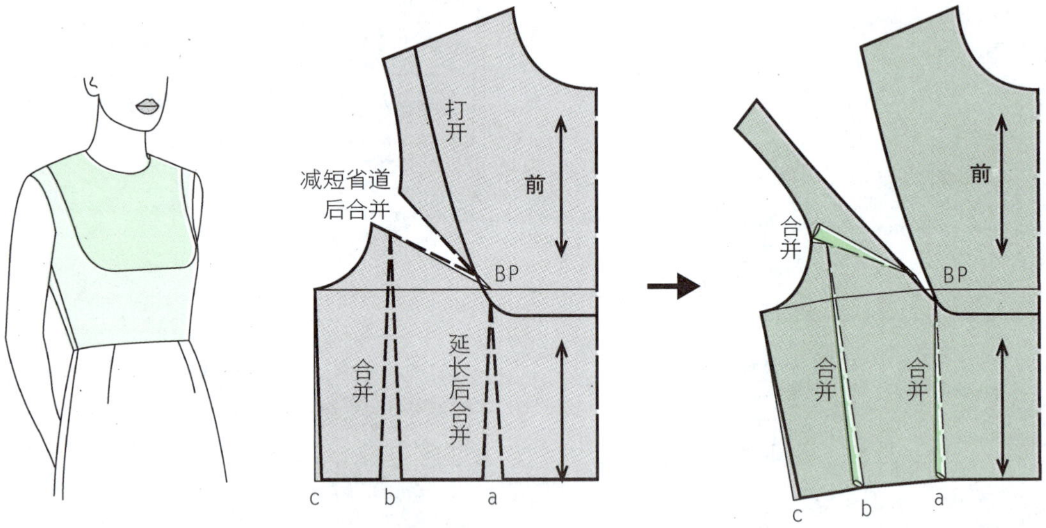

例 L

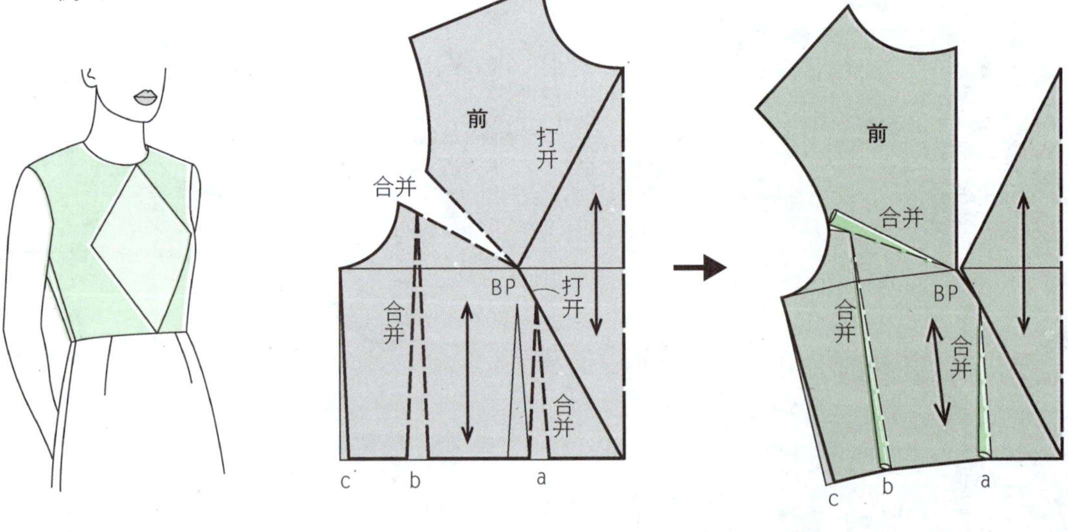

图 8－17－2　胸省及胸下省构成分割线的设计应用与纸样（例 K、例 L）

1.4 利用追加面料松量来强调装饰性的设计实例

图 8－18 所示实例（M～R）为强调装饰性的款式设计及其纸样构成。除了胸省和腰省之外，可以通过追加剪切线处的面料松量来增加装饰效果。纸样中松量的加入方法有以下两种。

方法一：如例 M～R 所示，改变合并省道的长度和纸样剪切线的长度比（图 8－5），即减短合并省道的长度，延长剪切线的长度，从而增加褶量。

方法二：也可以按照例 P、例 Q 那样，在不利用省道的情况下，直接展开纸样以追加褶量。

在穿着的过程中，这些装饰褶量会因为面料垂感和不同的纱向等问题，很容易产生变形。因此，有效地利用面料的物理性能（包括悬垂性和变形效果等），并通过立体裁剪进行修正和确认效果非常必要。也就是说，将平面作图和立体裁剪结合使用，才能创造出理想的效果。

M 款式的设计特点是将原型在腰部做横向分割，通过增加分割线处的褶裥设计使胸部显得丰满。褶量的追加采用方法一，通过胸下省并利用 b 省来追加胸部褶量。

例 M

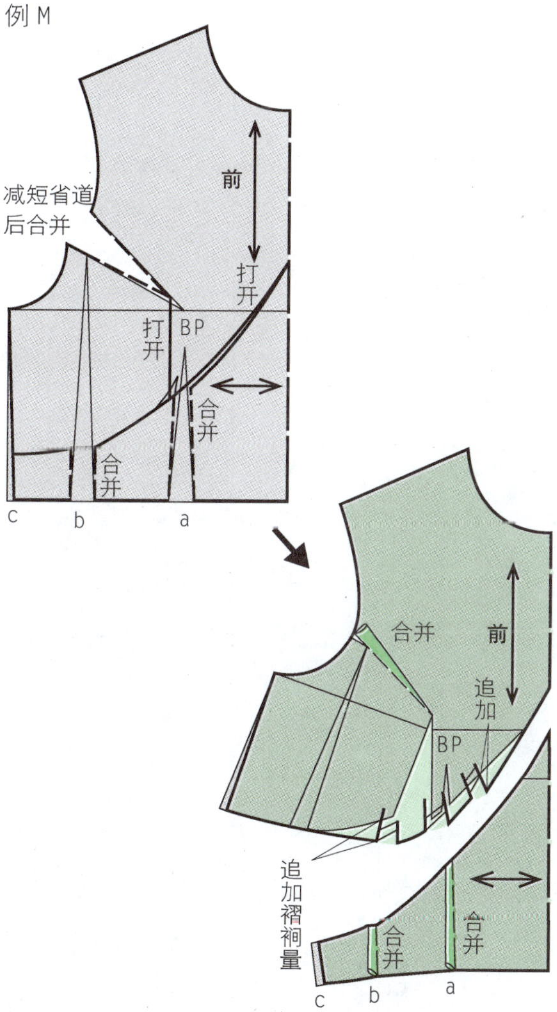

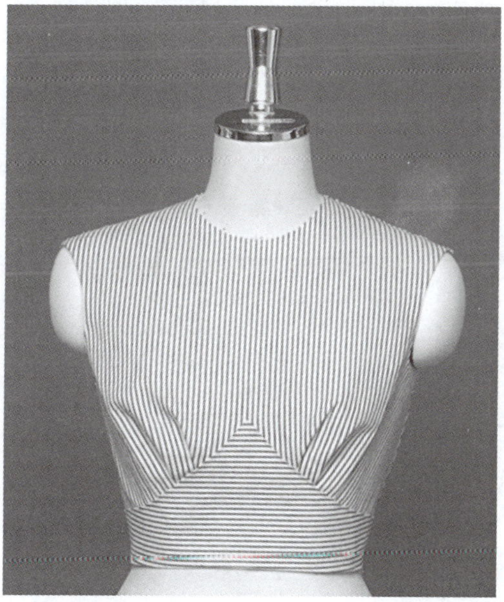

图 8－18－1　强调装饰性的设计应用与纸样（例 M）

例 N

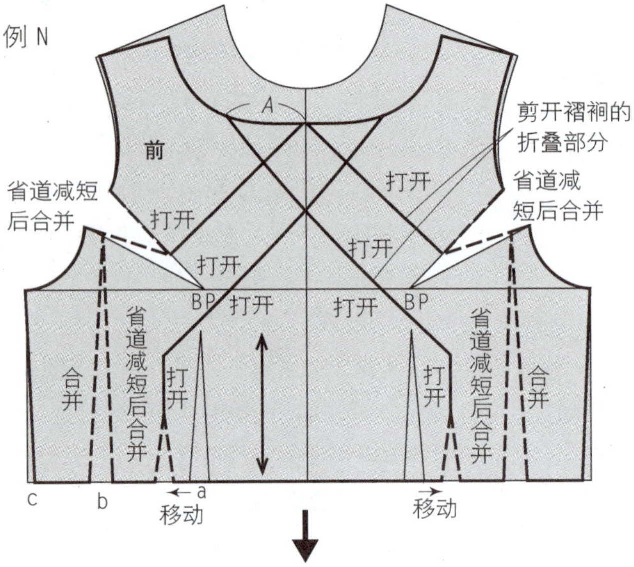

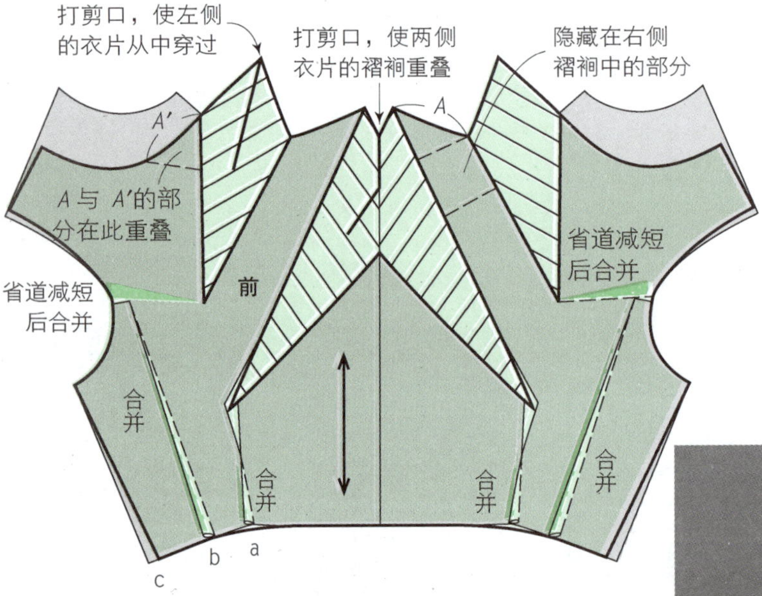

N 款式是将所有的褶量集中在领口形成交叉状褶裥的设计。

O 款式和 N 款式的纸样构成相同，但其所有的剪切线都设计在腰线上。由于剪切线越长，打开的褶量就越多，所以利用这一点在箱型褶裥的表面上又增设了小的褶裥。

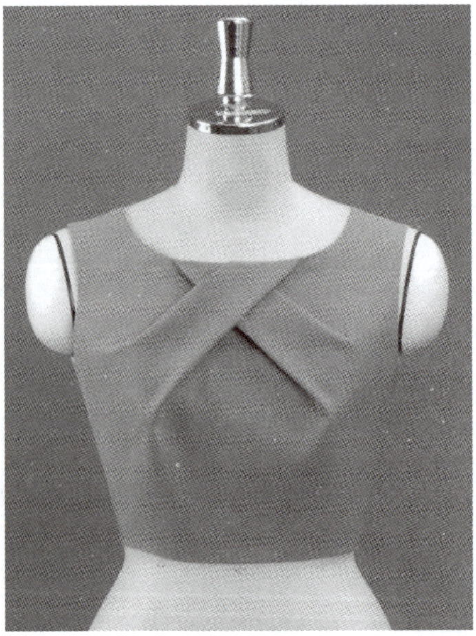

图 8－18－2　强调装饰性的设计应用与纸样（例 N）

例 0

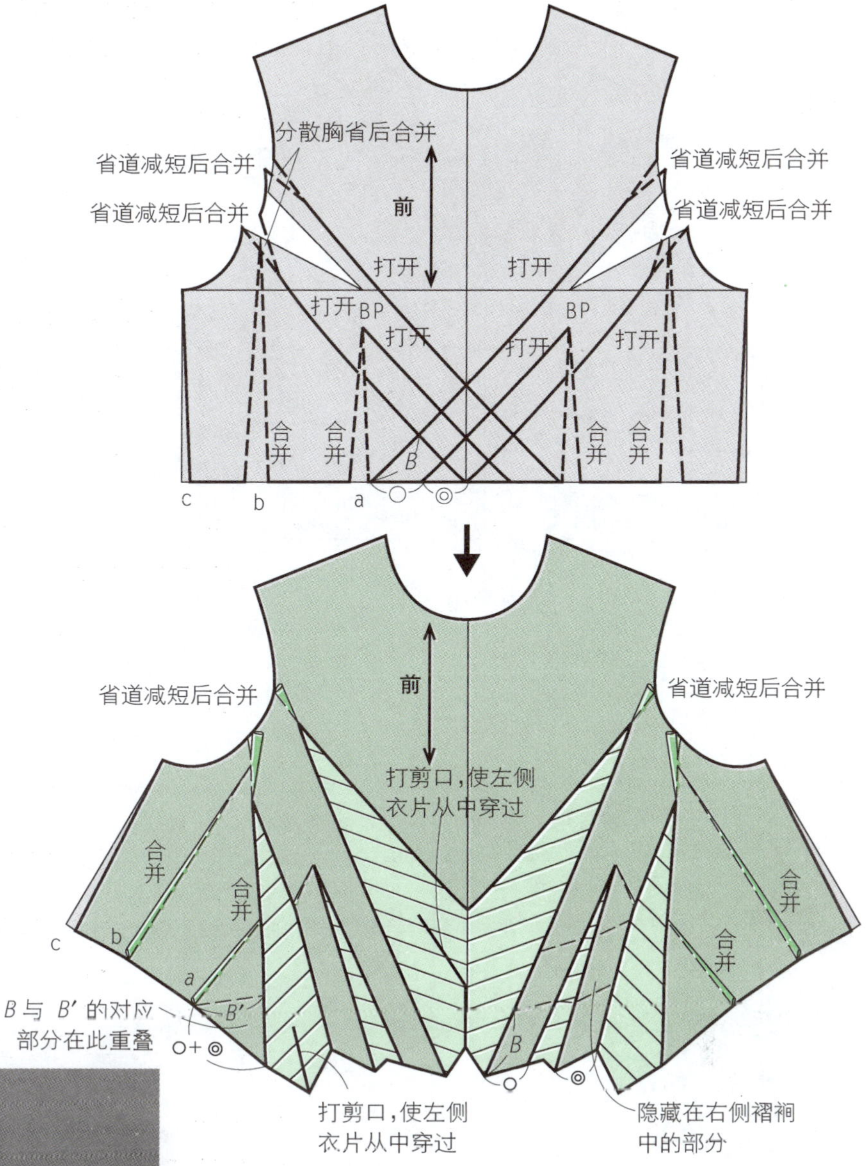

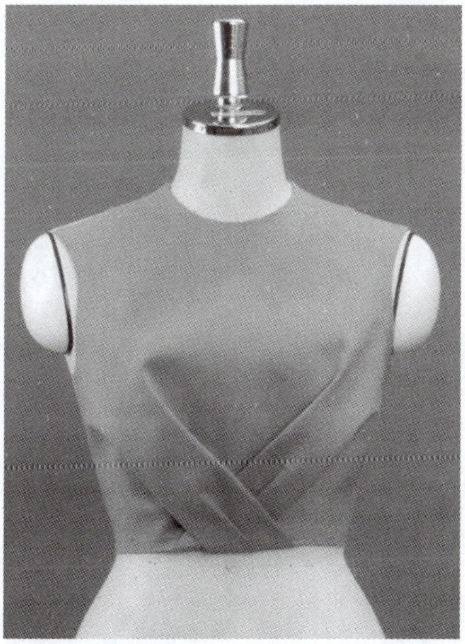

图 8－18－3　强调装饰性的设计应用与纸样(例 O)

例 P

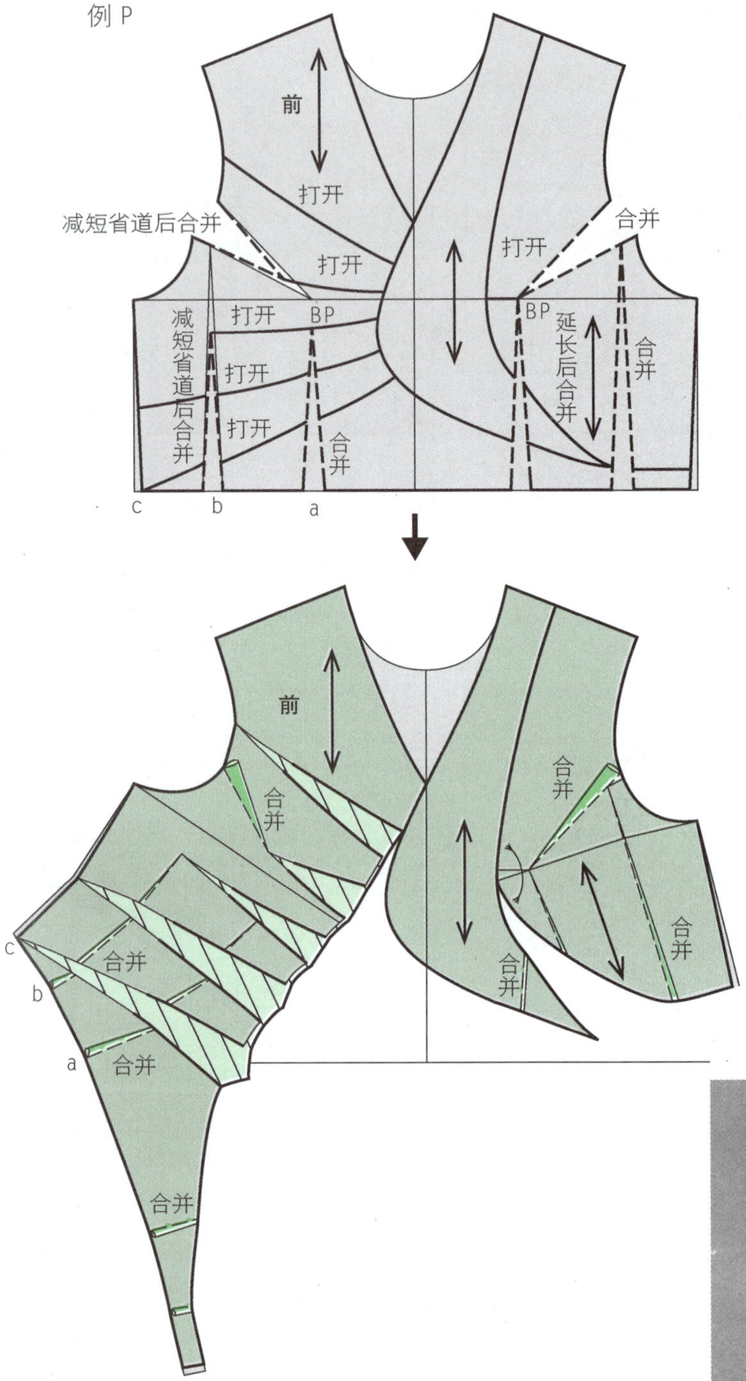

P、Q 款式是同时利用方法一和方法二两种处理手法的不对称设计。

P 款式中，根据方法一、方法二的纸样剪开方法在右身加入褶量，左边则加入设计分割线。在左身片操作中，省尖点与分割线对接后将省量转移至分割线处。

Q 款式是将褶皱的固定位置从肩线略向前移的设计。这是为了避免绱袖后袖子的重量会导致褶皱松散的情况出现。

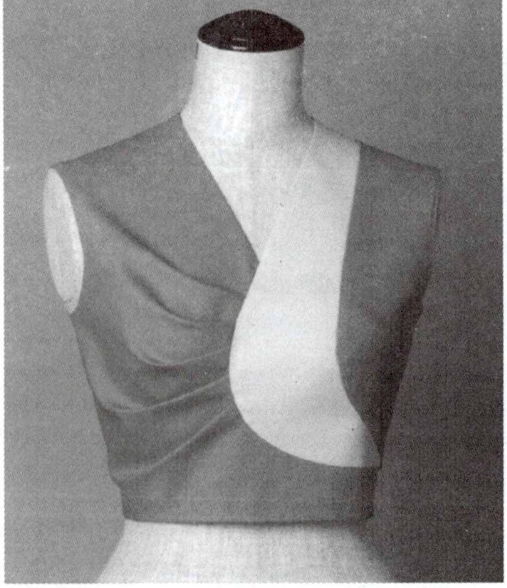

图 8－18－4　强调装饰性的设计应用与纸样（例 P）

例 Q

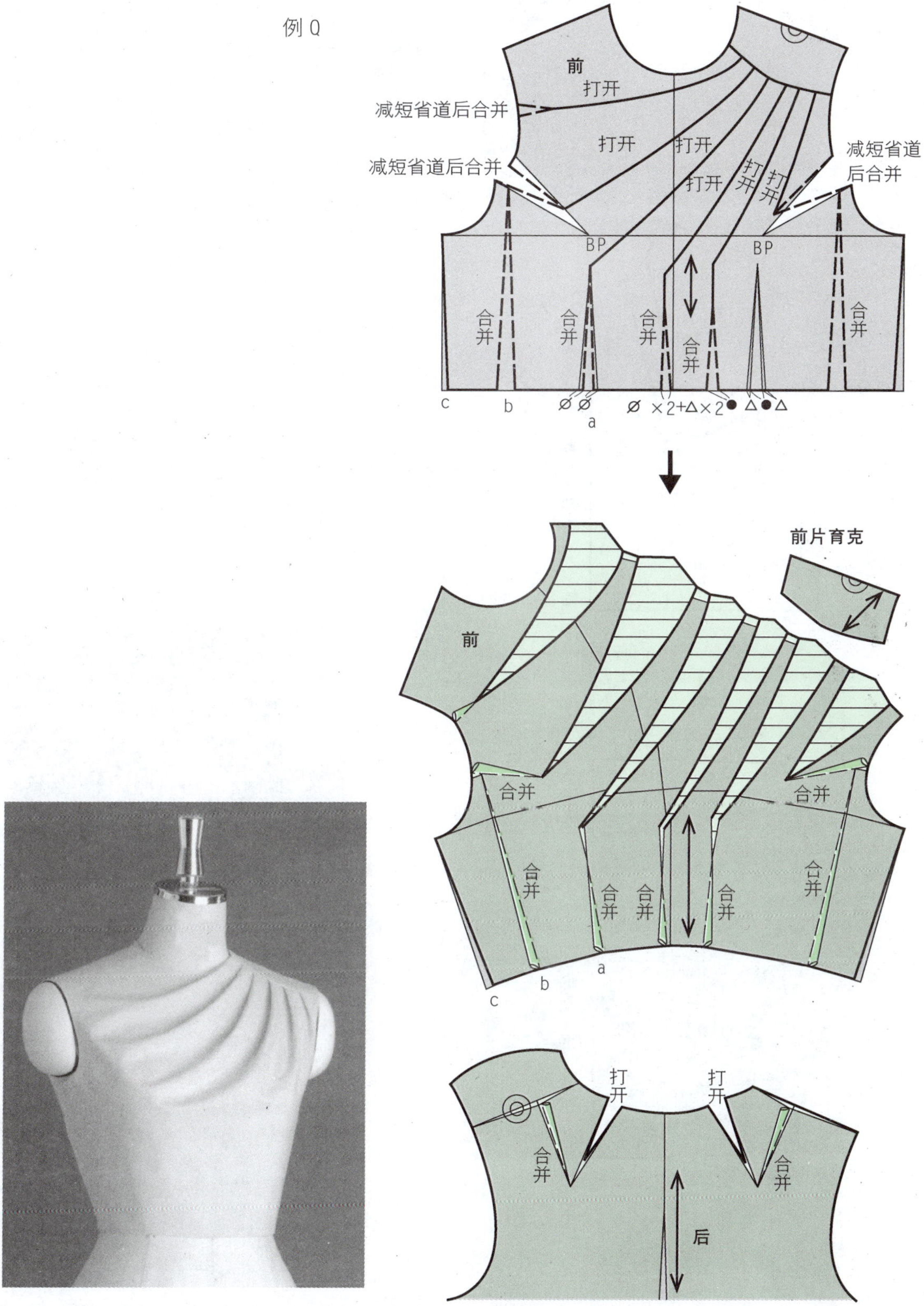

图 8－18－5　强调装饰性的设计应用与纸样(例 Q)

例 R

R 款式的设计重点是荡领。将胸省和 a 省道稍微减短后合并转移至领口，然后沿前中心线向领口上方追加荡领的褶量。

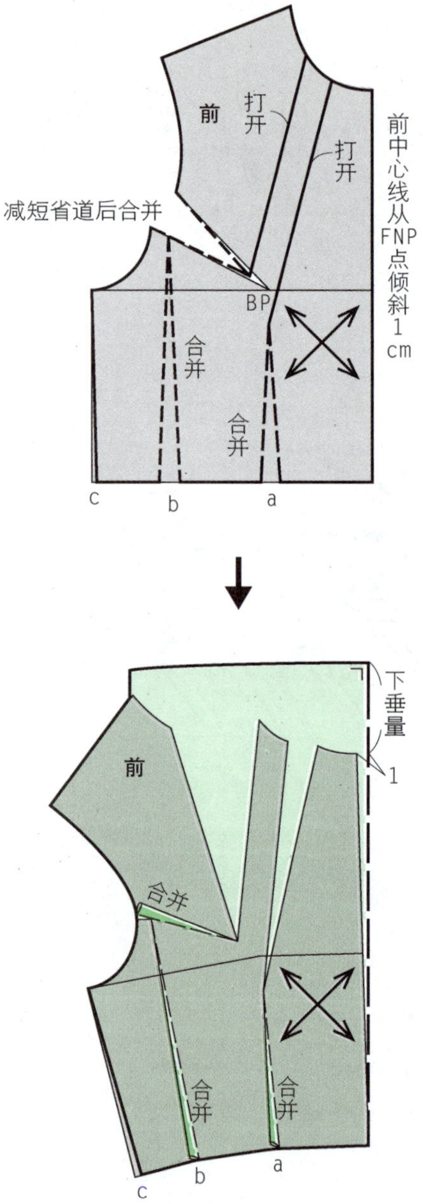

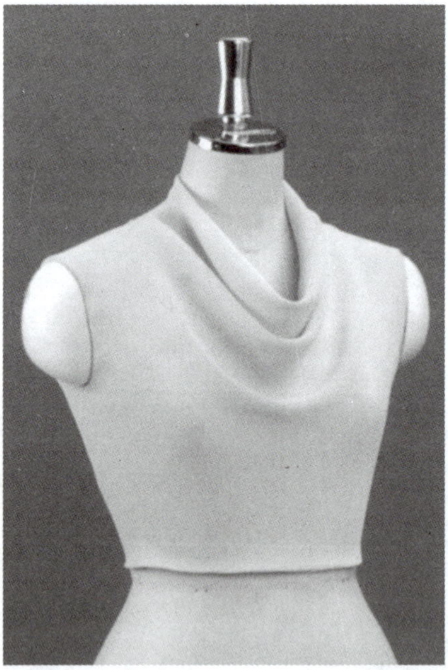

图 8－18－6　强调装饰性的设计应用与纸样(例 R)

2. 后片省道转移与消除的设计应用

后片省道的处理原则与前片相同，可以结合款式设计转移肩省和腰省或消除省道。与前片不同的是，后片没有像胸点那样明确的突出点，只是在肩胛骨的上下区域有突起量。同时还需要考虑脊柱弯曲形成的背中上部的突出状态。

以下制图中的后肩省使用 202 页所示的修正线。

2.1 转移后肩省、消除 d 省

图 8－19 是后片的款式设计实例（A～E）及其纸样构成的图示。

由于腰省和肩省的省尖点是上下分离的，将两者合并形成一个省道会比较困难，所以可以如例 B 所示通过公主线分割线来实现。

d 省（后腋点下方），如款式 A～D 所示，如果腰线处有分割设计，合并并消除是可能的。d 省合并后，袖窿和侧缝线会发生变化，腰线则在侧面呈现下弧的状态。腰部弧线在穿着过程中呈直线状态，后腋点部位会具有立体量。

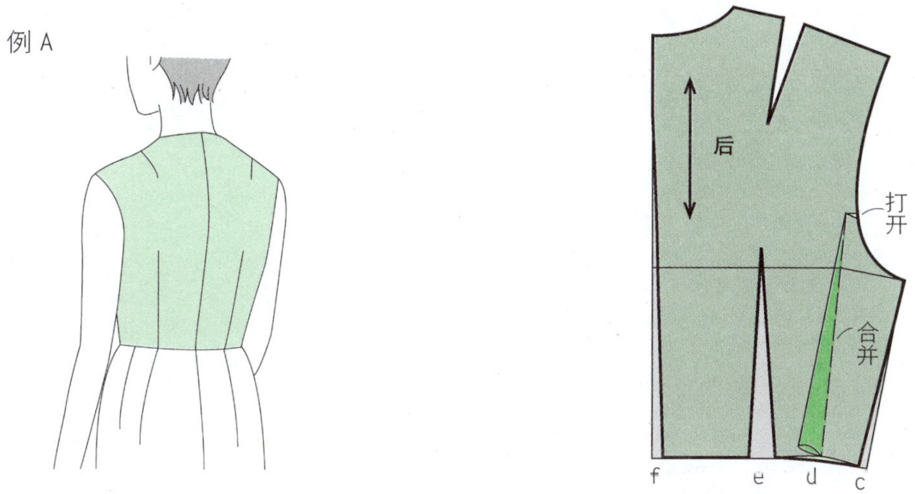

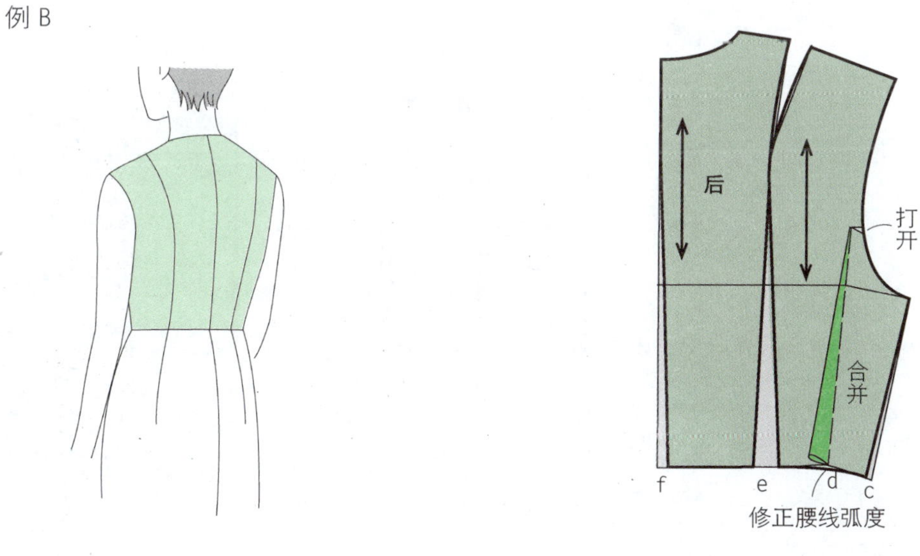

图 8－19－1　后片的设计应用与纸样（例 A、例 B）

C 款式是将肩省转移到领口的实例。

具有育克分割线的情况下，可以将后肩省像 D 款式所示转移至袖窿处，然后按照图示的方法，将前肩的一个很窄的育克分割片与后育克拼合，以避免肩缝和分割线太接近而产生烦琐的感觉。这种情况下，需要将前育克纸样切开，拉开一定的量（0.2～0.4cm），然后与后育克对接。注意调整后肩省的合并量，使前、后肩的宽度保持一致。

2.2 转移肩胛骨下方的省道

设计 D 和 E 是转移肩胛骨下方省道的实例。

D 款式中，将后肩省转移到育克分割线的同时，e 省（肩胛骨下方）也被转移并形成育克分割线处的褶量。

肩胛骨下方省道根据不同情况可以有不同的处理。如 E 款式所示，虽然有些勉强，但也可以将省量重新分配至侧缝、后背中缝以及 d 省（后腋点下方）内。这种情况下，由于后腋点下方的省量增多，缝合省道时，为了让腰线呈现圆顺的弧度，需要将省道两边略微下弧。

例 C

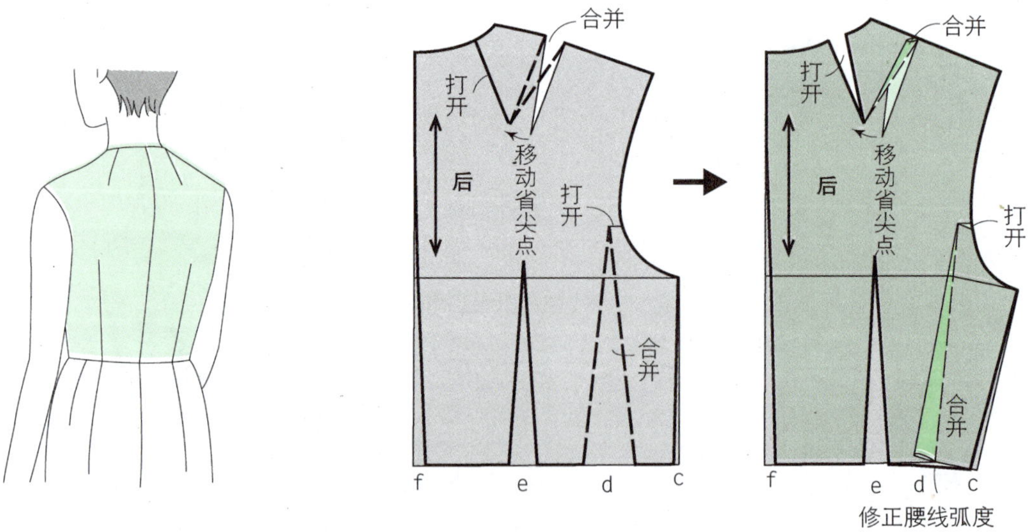

例 D

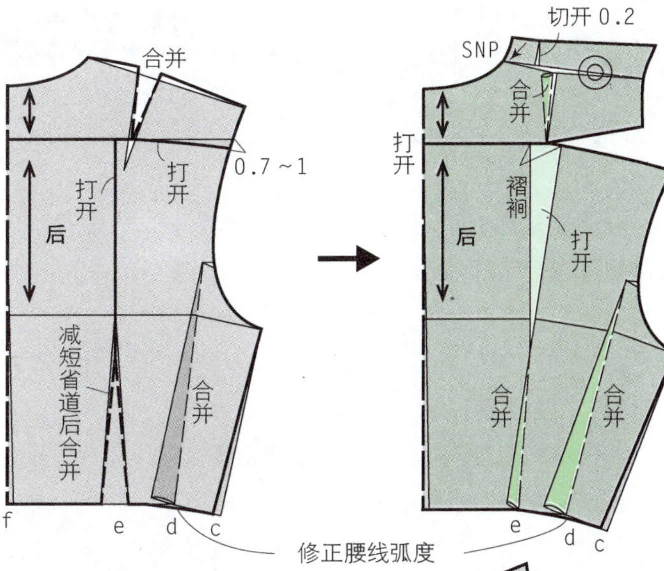

例 E

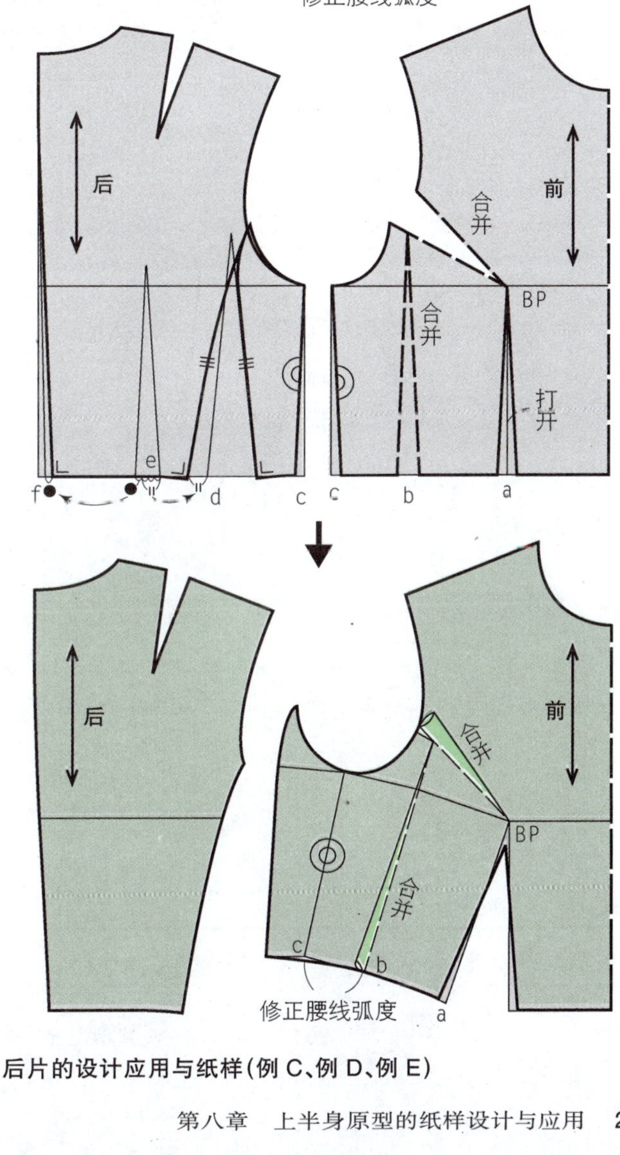

图 8－19－2　后片的设计应用与纸样(例 C、例 D、例 E)

三、设计应用
——腰线不断开的情况

腰部合身型、有一定松量的半合身型及松身型服装，当腰线不设分割线时，与腰线断开的女装类不同，需要考虑原型省道的转移及分配问题。

在制作这类纸样时，由于从腰线开始纸样要向下延伸，将原型设定为箱型并保持腰线呈水平状态会使制图过程相对简单些。如果像图8－15～图8－18等款式那样，在a省(胸点下方)、b省(前腋点下方)、d省(后腋点下方)等腰省合并的情况下，直接从腰线开始向下延长衣长是不可能的，另外也会增加制图的难度。以下制图中的后肩省使用202页所示的修正线。

1. 立体造型的情况

图8－20所示为没有腰部分割线的装袖衬衫及连衣裙的设计实例(例A～D)及其纸样构成。

在纸样的绘制过程中，可以参照本章一、1.～4.中讲述的基本原则，并参考二、设计应用实例中针对胸省、后背省的基本处理方法进行制图。

例A

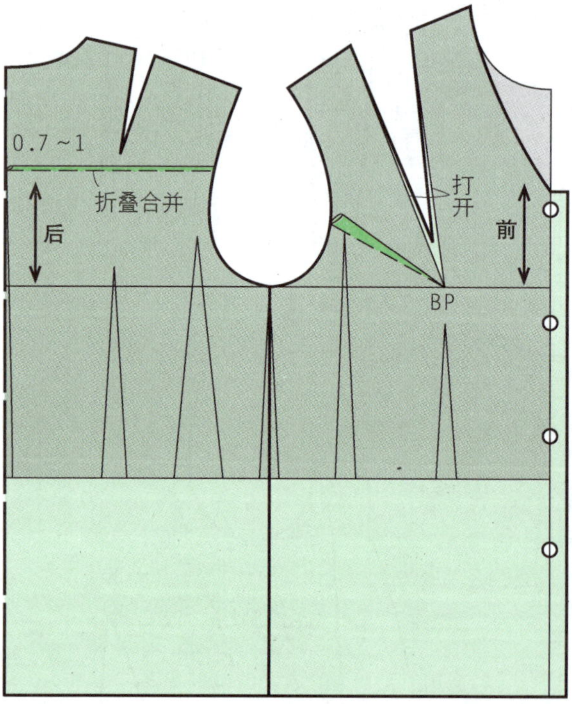

图8－20－1　A款箱型外衣的纸样设计思路

与有腰部分割线的款式相比，对于腰线不断开的款式来说，适当地增加衣身的宽度和腰部的松量，在结构上可以制作出相对流畅的外形。

A 款式为箱型衬衫的设计。B、C 两款连衣裙则为利用纵向分割线处理腰省和胸省的实例。

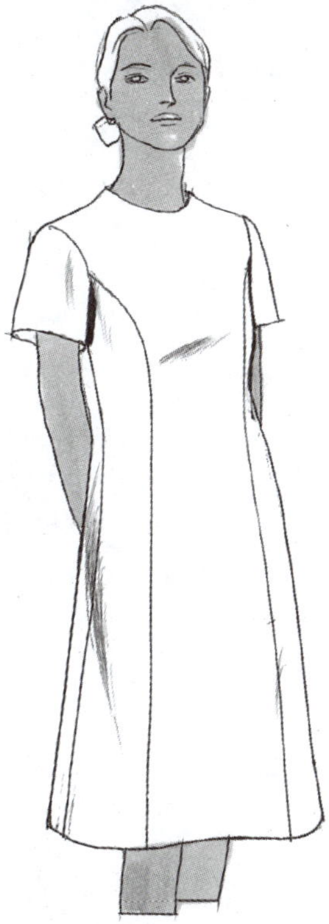

例 B

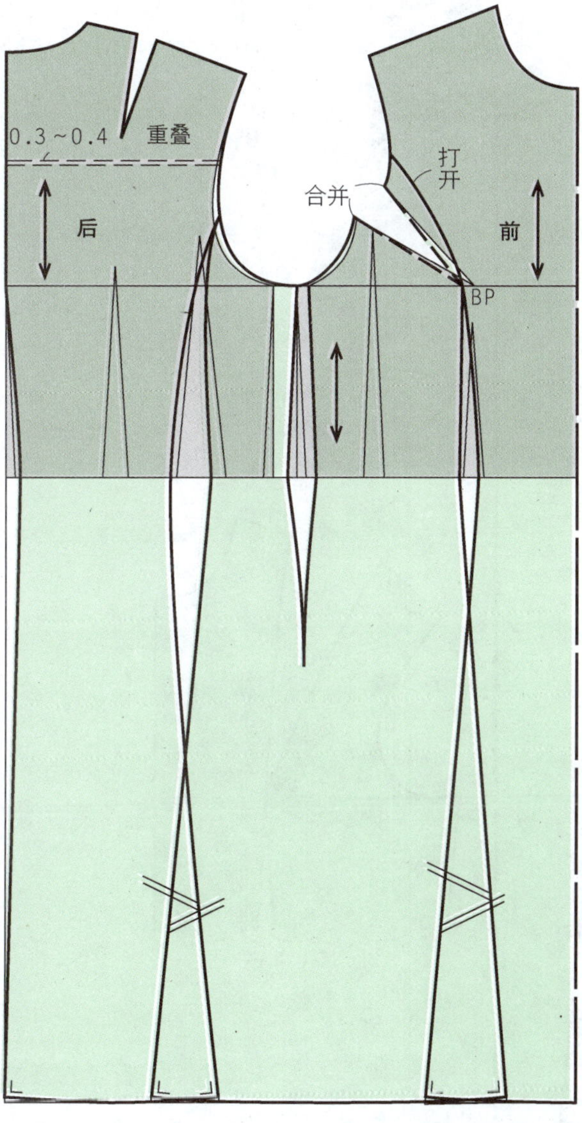

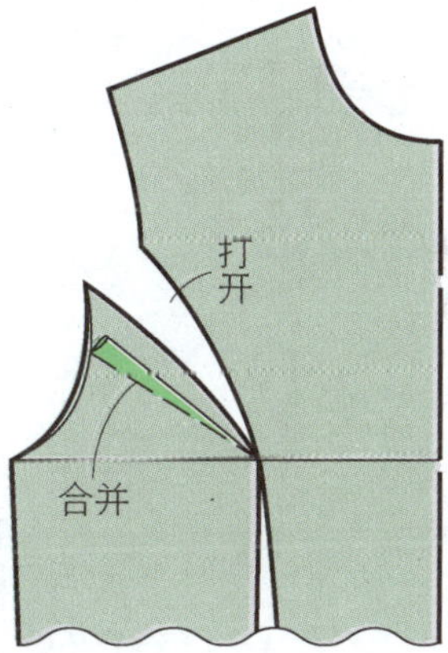

图 8－20－2　B 款刀背缝小喇叭型连衣裙的纸样设计思路

例 C

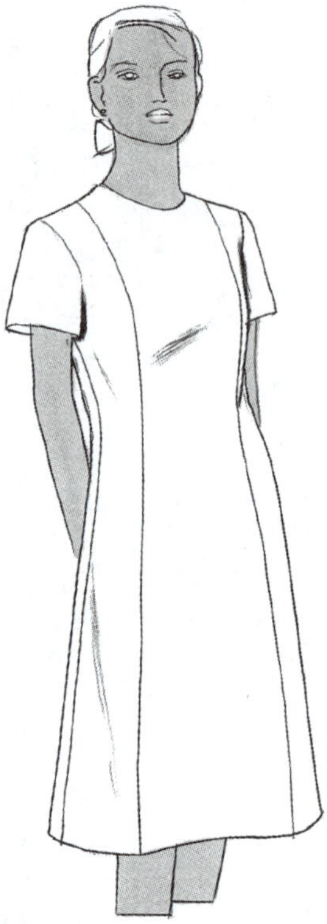

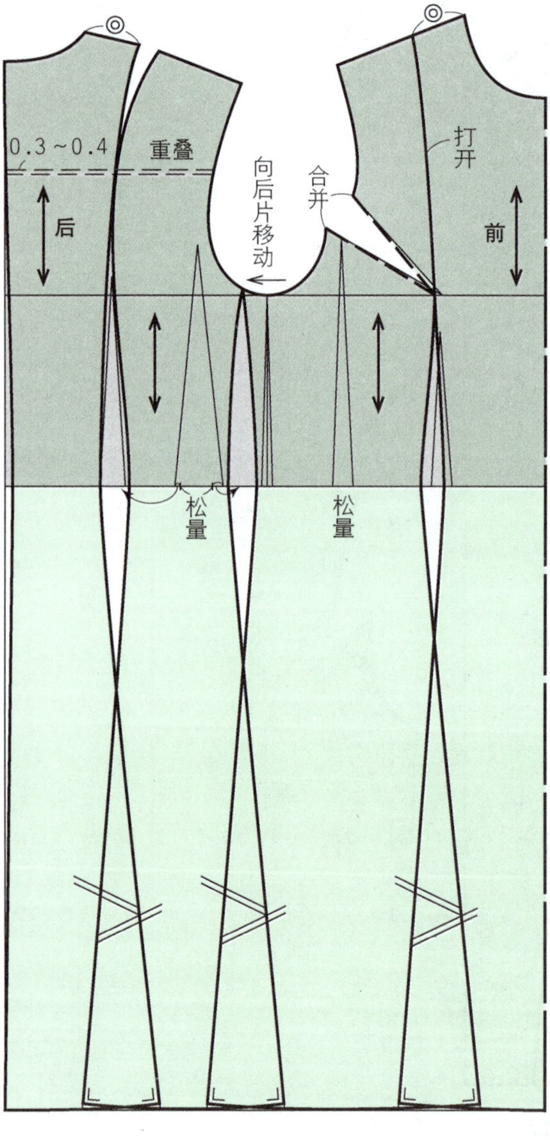

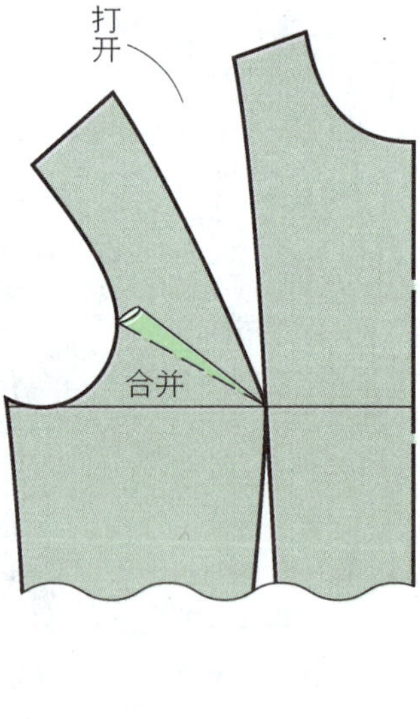

图 8－20－3　C 款公主线小喇叭型连衣裙的纸样设计思路

例 D

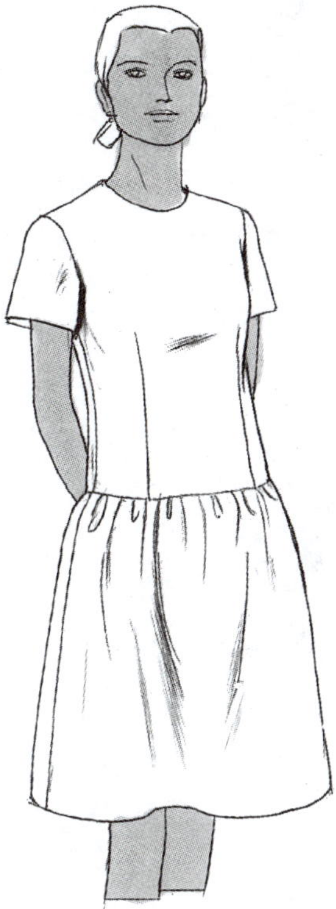

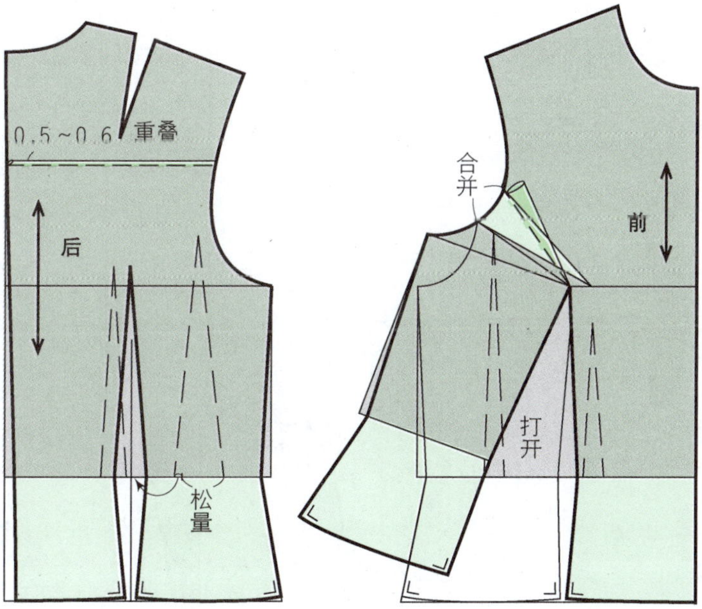

图 8-20-4　D 款低腰线连衣裙的衣身纸样设计思路

2. 平面造型情况下的省道处理

没有单独的省道构成，同时在缝合线、褶裥、叠褶等部位均没有省道处理的服装，其造型为平面造型。图 8－21－1 为这类服装的设计举例，图 8－21－2 为相应的纸样构成。这类平面造型设计不需要腰省。而且如 A 款式，在衣身和袖子连成一体构成连袖时，为了便于手臂的前方上举，最好将胸省转移至袖窿中。B 款式是短袖连袖实例。

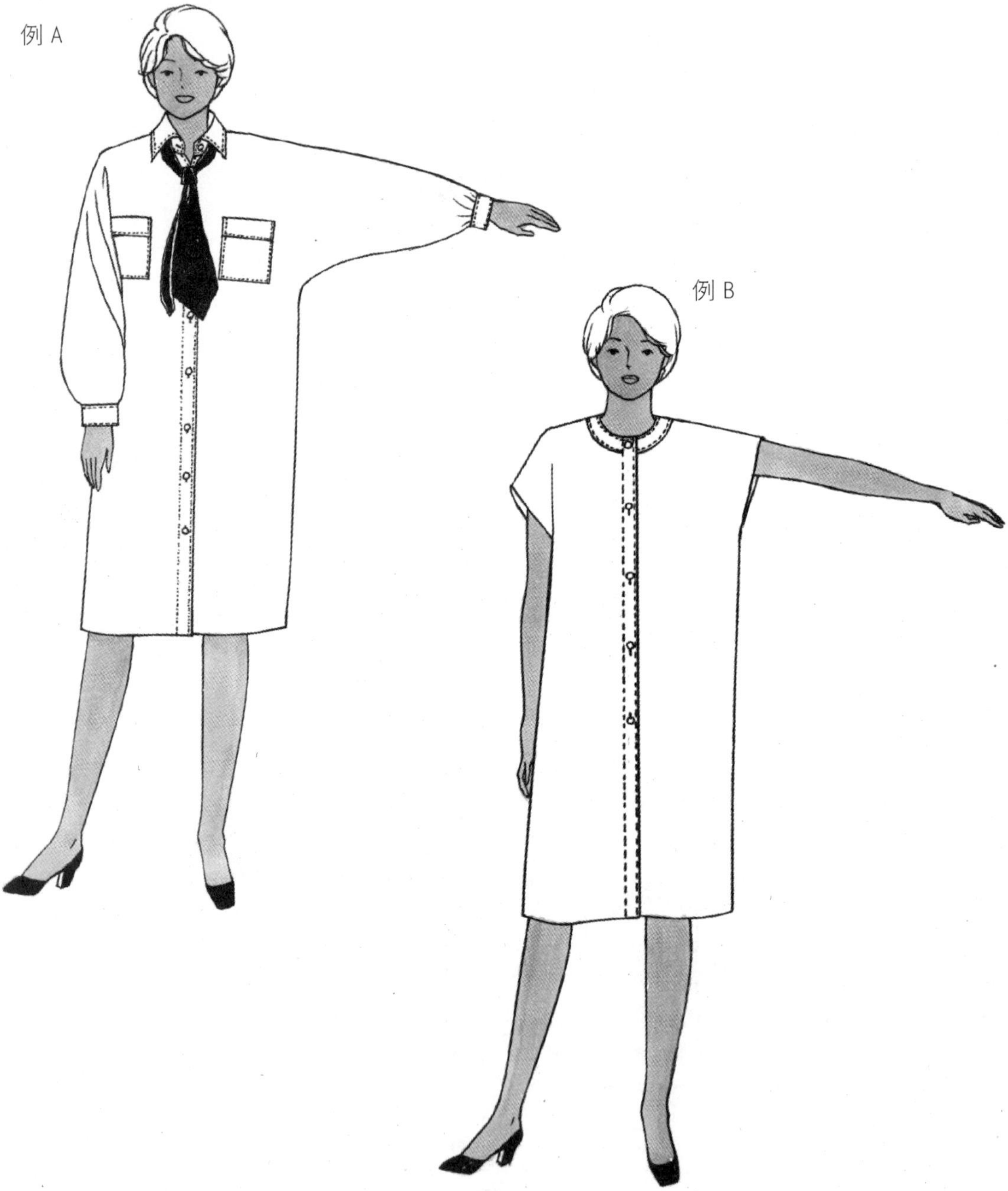

图 8－21－1　平面化和服袖的设计应用

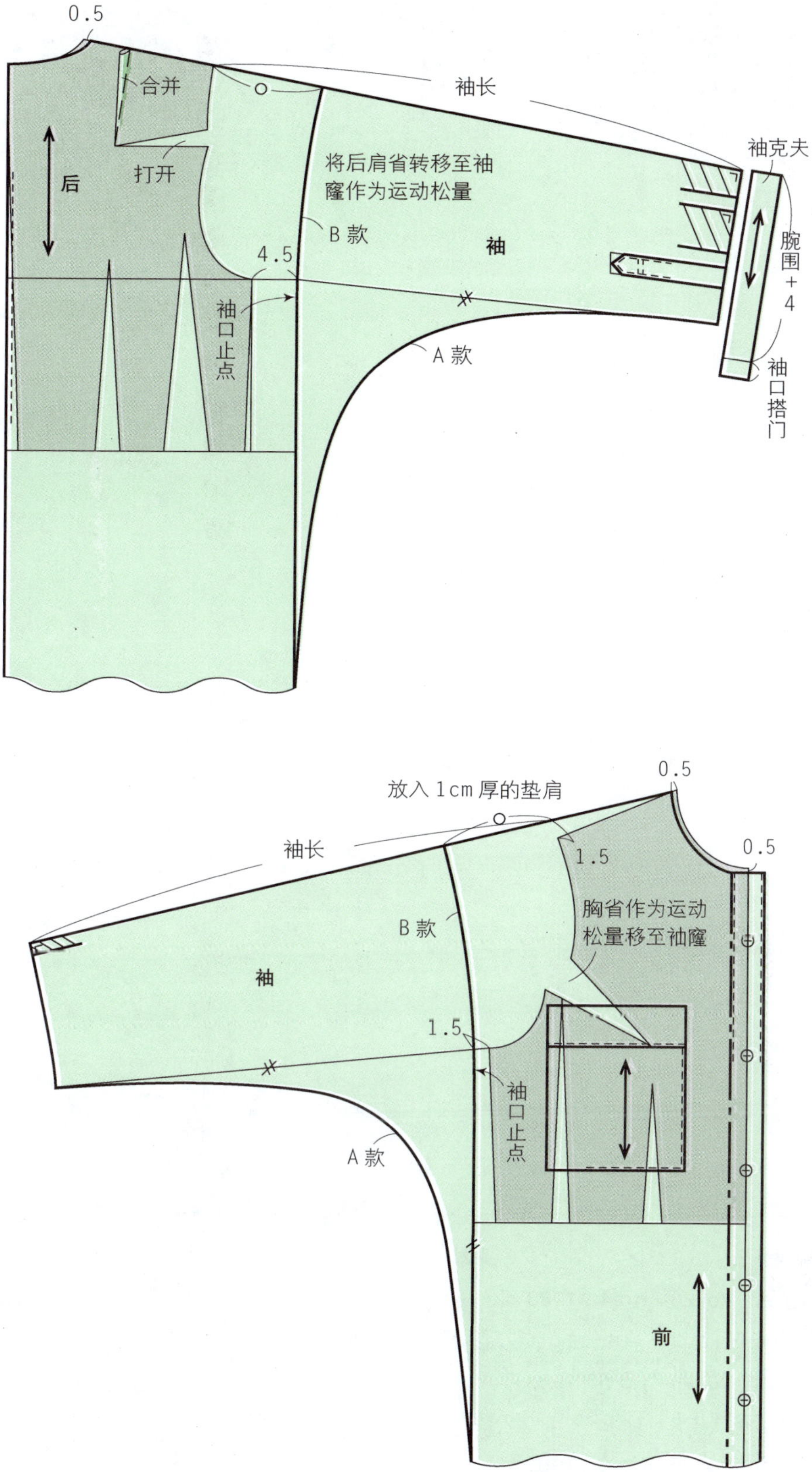

图 8－21－2　平面化和服袖的纸样

[参考资料]

1　三吉满智子「パターンメーキングの要因Ⅵ—デザインからパターンへ（5）—」
衣生活　Vol.26　No.4　1983 年

2　三吉满智子「パターンメーキングの要因Ⅵ—デザインからパターンへ（6）—」
衣生活　Vol.26　No.5　1983 年

3　三吉满智子「パターンメーキングの要因Ⅵ—デザインからパターンへ（7）—」
衣生活　Vol.26　No.6　1983 年

第九章

袖子纸样构成因素与纸样设计原理的关系

袖子是指服装上覆盖人体手臂的部分。

本章首先从分析袖子基本立体形态的构成因素入手，依次对构成因素与具体袖型设计之间的关系进行说明，从而使读者能够理解袖子纸样的制图原理。

袖子的设计多种多样，主要可以分为三类，包括立体化包裹人体的立体造型袖、将绱袖线延伸至衣身的插肩类袖型和平面化的袖型。

一、人体与袖子基本立体形态的关系
——袖子纸样的构成要素

人体的手臂如图 9－1 所示，在靠近肩头的部分是类似球面的复曲面，与侧视图中用虚线表示的下方扩张的近似椭圆面在上半身处相接合。手臂的根部形态无法直接看到，但是如图 9－2 所示用石膏拓型的方法可以观察到。

另外，从石膏型上还能观察出，上臂在腋窝水平线（CL）处拥有最大周长，从侧视图照片上观察臂根形状时可以发现，在靠近上方处与体干部相接的前腋点和后腋点部位，前、后方向上的厚度变得更厚。

如果用十分简单的形态来概括基本袖立体的话，可以将其视为是覆盖前、后腋点之间的厚度，总体围度比上臂最大围稍大一些的圆柱体。

图 9－3 显示的是覆盖上臂的袖子基本立体形态。可以将这个立体形考虑成从腋窝开始向下是单纯的类似于圆筒的形态，而从腋窝开始向上只有外侧一直延伸到肩头部位。也就是说，这个外侧的长度部分就是袖山高，将圆筒沿斜向切断后，就形成了袖子的基本立体形态。

袖子基本立体形态的展开图和人体尺寸的关系如图 9－4 所示。其中 *a*、*b*、*c*、*d* 部分的尺寸就是袖子纸样的构成要素。即构成要素包括袖长、袖山高、袖下尺寸和袖肥等。在实际应用过程中，衣片的袖窿深度、袖窿弧线的长度、衣身及袖子设计要求的变化等等，都会影响袖子纸样的构成要素。如图所示，大约在臂根线附近具有立体形态的袖子被称为普通装袖（setin sleeve）。

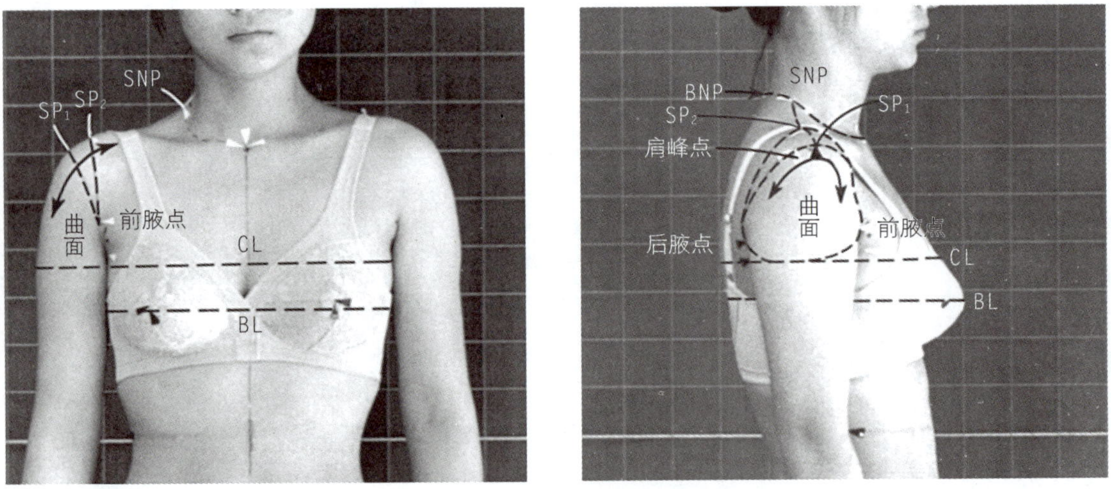

图 9－1　肩部的复杂曲面

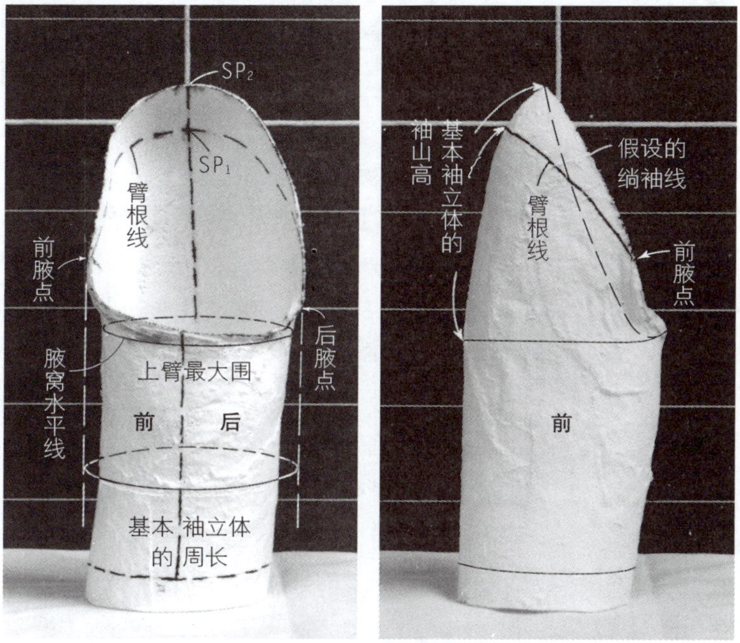

图 9－2　通过石膏型观察臂根形态及基本袖立体的人体因素

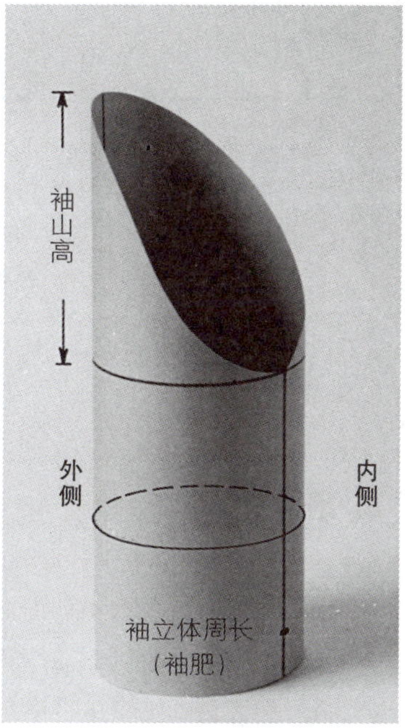

图 9－3　基本袖立体

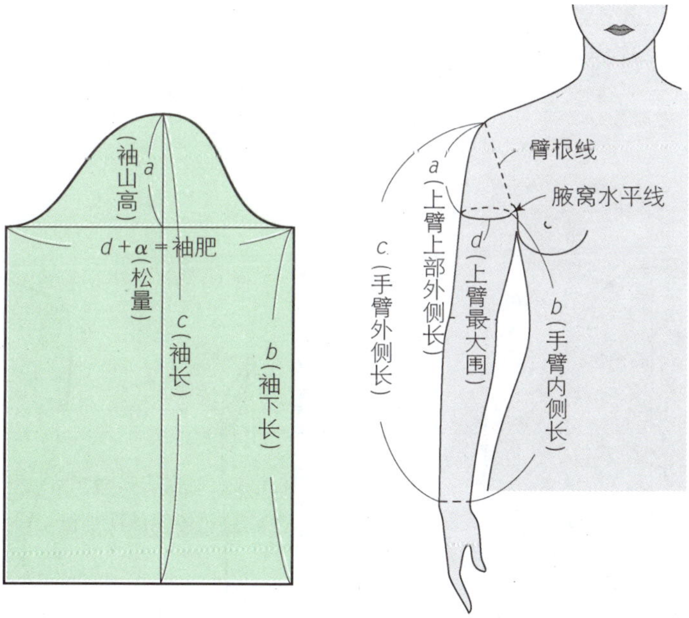

图 9－4　基本袖立体平面展开图的构成因素与人体的关系

二、袖子基本立体形态向袖子纸样转化的构成条件

将袖子基本立体展开图转化成实用袖子纸样的过程中，必须考虑以下几点。在此，分别针对袖子的构成要素进行论述，但是由于袖长、袖下尺寸等因素随着设计及袖山高的变化而变化，文中不再提及。

1. 袖山高

如图 9－2～图 9－4 所示，决定袖山高的主要因素是手臂外侧长（即袖长）和手臂内侧长（即袖下尺寸）的差所形成的上臂上部外侧长尺寸（*a*）。将人体的腋窝水平位对应标记到上臂，测量从这条线开始到上方肩头处自行设定的绱袖线处的外侧长度，便可以得到袖山高的尺寸。然而，作为实际“袖子”来使用的纸样的袖山高，会随着腋窝位置的上下设定、肩部的绱袖位置、绱袖角度、材料特性等要素的不同而变化，其中绱袖位置及材料特性会影响袖长的变化。以下分别就这些要素进行论述。

1.1　衣片的袖窿深和袖山高的关系

袖长依腋窝水平线分为袖山高和袖下长两个部分（图 9－4）。对于腋窝位来说，无论是在衣身原型还是在其他衣片纸样的设计过程中，通常将袖窿最低位设定在从腋窝开始稍微向下的位置上，袖子也随着将袖肥线设定在从人体的腋窝开始稍微向下的位置上，因此袖山高的高度会随之增加。

文化式原型的袖窿深大约设定在从人体腋窝开始下落 2cm 处，如图 9－5 所示，人体中的“*a*”数值加上 2cm，即得到袖山高。对于大衣类等服装，由于多层穿着，衣片袖窿深下落较多的情况，一般以袖窿下落量的一定比例来追加袖山高。以此为原则，在袖长保持不变的前提下，从袖肥线向下追加一定量即可。

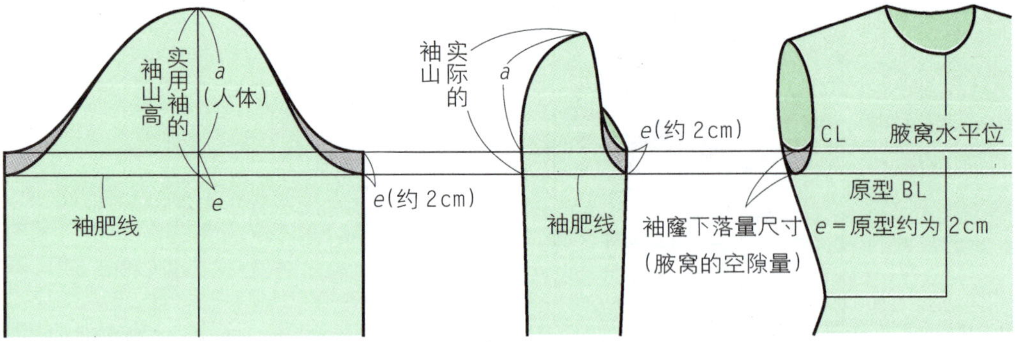

图 9－5　衣身与袖片的腋下尺寸调节

1.2 肩部绱袖位置与袖山高、袖长的关系

人体的臂根线基本上是以骨骼为基准（通过肩胛骨肩峰外侧端）来设定的，根据人体的个体差异和袖子的设计不同，一般的绱袖位置并不一定与臂根线重合。人体肩头曲面，如图 9－6 所示，存在着各种各样的个体差异。如果将衣片纸样的肩线设计为直线，与这条直线相接触的人体肩棱线外侧端点和臂根线之间大约会有 0.5～3cm 的差值。因此，考虑到肩宽需要保持一定的宽度，普通装袖的绱袖位置通常会设定在从肩峰外侧端点稍微向内一些的地方。此外，个人的喜好和流行变化均会对普通装袖的绱袖位置产生影响。由此可知，人体计测值“*a*”所对应的袖山高尺寸根据个人和设计的不同而变化。

图 9－7 显示的是到绱袖线处的人体计测值“*a*”值，根据绱袖位置和设计（加入垫肩等）的不同而变化的实例。

A 为肩线为直线构成的情况下，普通装袖中肩宽最窄的情况。由于人体肩头的复杂曲面全部被袖子包覆住，比起到人体臂根线为止的上臂上部外侧长来说袖山高变高，袖山高向上方追加，吃缝量随之加大，袖长也相应地增加。纸样如图 9－8 中的 A 所示。

B 为绱袖线位置设定在原型袖窿处的例子。这种情况如下文所述，不改变绱袖角度而保持原型原有状态会较好。纸样如图 9－8 中的 B 所示。

C 为肩宽呈稍微宽大的落肩类型，即肩宽增

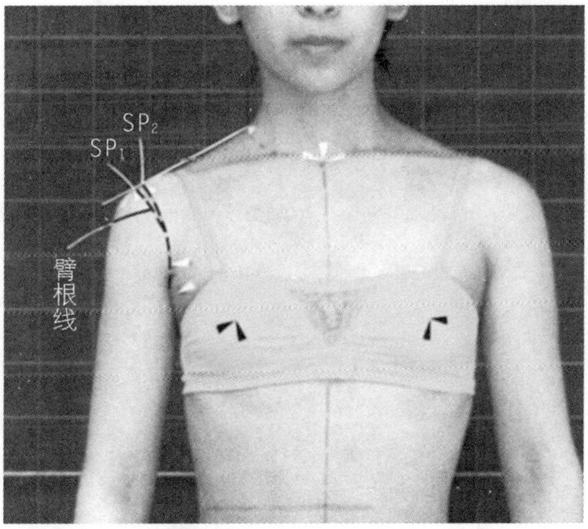

直线肩线最外侧接触点（SP₂）与臂根线的 SP₁ 点距离小的类型

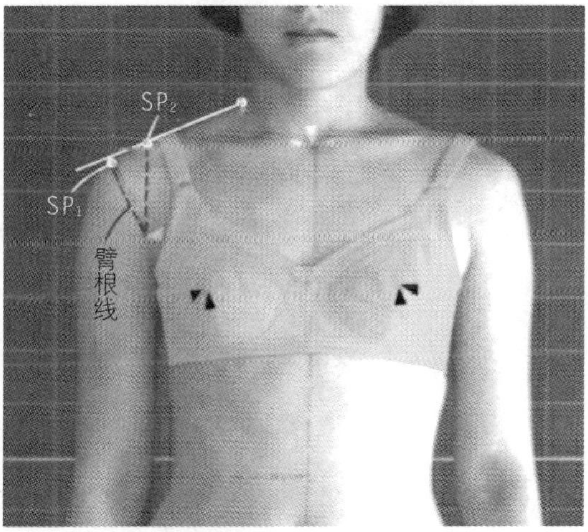

直线肩线最外侧接触点（SP₂）与臂根线的 SP₁ 点距离大的类型

图 9－6　肩部曲面的个体差异

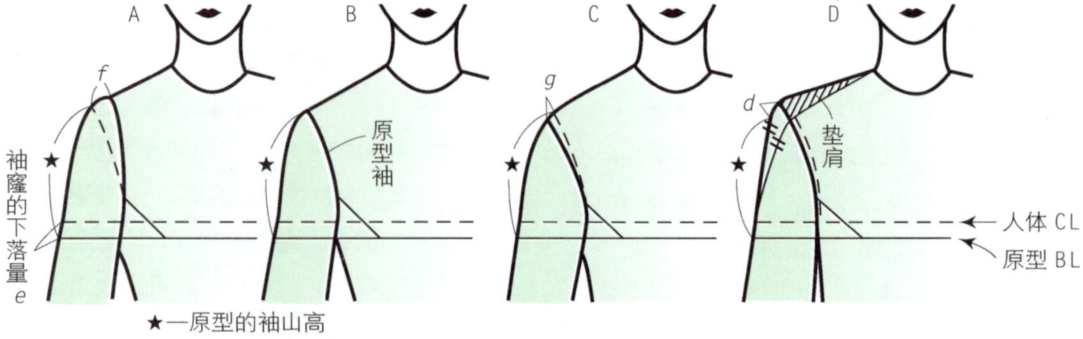

图9－7　绱袖位置不同引起的袖山高变化

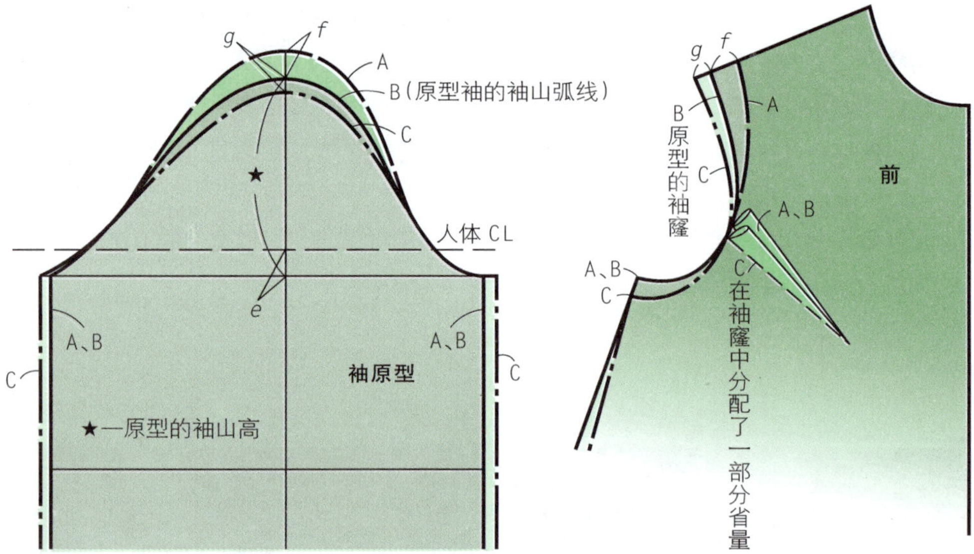

图9－8　绱袖位置不同引起的纸样变化(A、B、C)

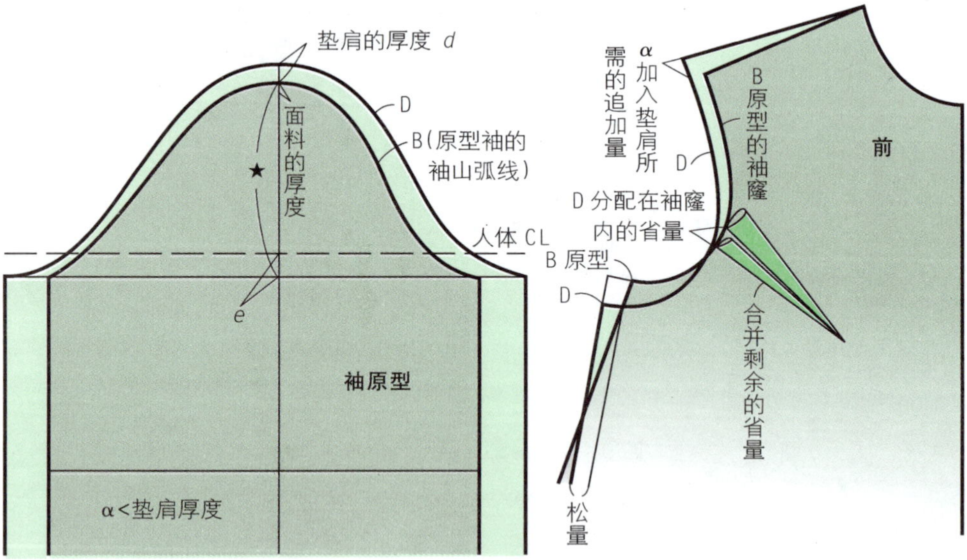

图9－9　绱袖位置不同引起的纸样变化(D)

加而袖山相应下落降低的情况。在肩下落量多于 3cm 的情况下，衣片形态呈舒适宽松的状态，绱袖角度也需随之变化，而袖山则为低袖山。纸样如图 9－8 中的 C 所示。

D 为肩宽比人体的肩宽稍大些，加入垫肩抬起肩头的例子。在袖山高的纸样构成上只需追加垫肩部分的量，袖子上所构成的复杂曲面面积最小，吃缝量也变小。纸样如图 9－9 所示。

原则上讲，袖山高在随肩宽大小变化的过程中，袖山上部会随之追加或减少，因此整个袖长也跟着变化。

1.3 绱袖角度和袖山高的关系

绱袖角度指的是针对袖子形态和绱袖设计，当上肢抬起到一定程度使袖子呈现出完美状态——“袖子上没有折皱，腰线和袖口没有牵扯量”时的角度。静立时袖子很美观地呈下落状态称之为“下垂”；慢慢地侧抬手臂至一定角度使袖子呈现漂亮的状态，从手臂外侧计测这个角度，即手臂与垂直方向的夹角，称之为绱袖角度(图 9－10)。

关于绱袖角度是从手臂的外侧进行测量还是在内侧进行测量，根据袖子的设计是很难决定的，在此建议在外侧测量。在设计袖子纸样的过程中，应事先确定绱袖角度，然后考虑袖山高。

手臂侧抬 (手臂在侧面举起的状态，如第 4 章中所述指解剖学上的外转运动，本书中称为侧抬)角度也是相对于垂线进行测量。手臂侧抬角度同样存在着是从手臂的外侧进行测量还是在内侧测量的问题，根据袖子的设计依然很难决定，在此建议在外侧测量。

绱袖角度和袖山高的变化关系如图 9－10、图 9－11 所示。

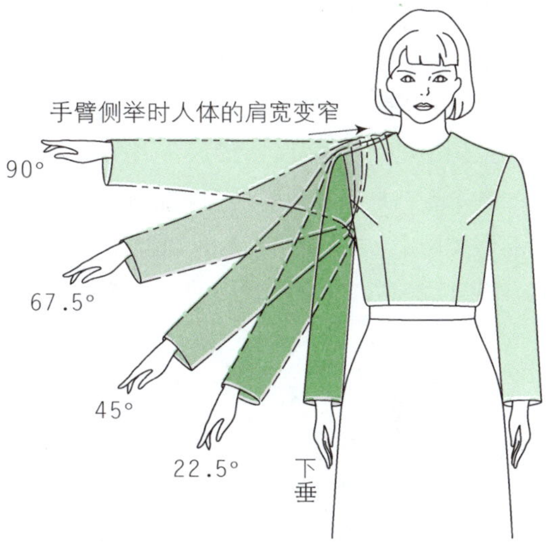

图 9－10 绱袖角度

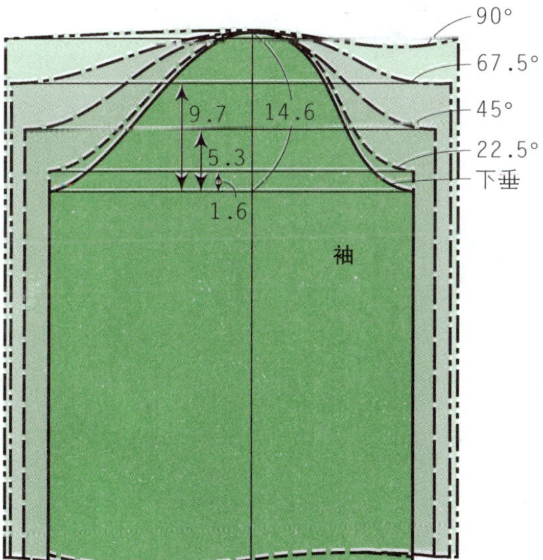

图 9－11 绱袖角度不同引起的袖山高变化(实验举例)

基本袖立体是呈下垂状态的筒状结构，即指静立时（以前面 1.1、1.2 所述的下垂状态为基准）对应手臂形态，袖片没有折皱，且具有基本松量的袖子形态。袖子的绱袖角度需要随设计和动作姿势等因素而调整变化。

图 9－12 的 A 为针对文化式上半身原型，以静立时的姿势为前提，呈下垂状态的绱袖，其袖山高比文化式原型的袖山高出约 0.3～0.5cm。B 则在下垂状态时多少会有折皱，将手臂向上侧抬至一定角度，折皱就会消失，即该袖子的基本姿态是绱袖角度为 20°左右。在衬衫、女礼服类型中，这是使用较多的袖型。从图 9－13 中可以看到，与下垂状态的袖子纸样比较，绱袖角度为 20°的袖子的袖山高较低。同时，与 A 相比绱合在同样衣身上的 B 袖的吃缝量较少。此外，由于袖山高变低，为了满足前后袖窿尺寸，袖肥必然要增大。这一点，在 2．关于袖肥中会详细论述。

在西装和大衣纸样中，袖子基本设定为下垂状态比较合适。

为了将这些绱袖形态能从理论角度进行归纳，本书设定了“绱袖角度”这一概念。通常，与绱袖角度相对应的袖山高的增减是在袖肥线的上、下处进行，由于袖长没有变化，所以绱袖角度大的时候袖下线会变长，袖子也更加便于活动。

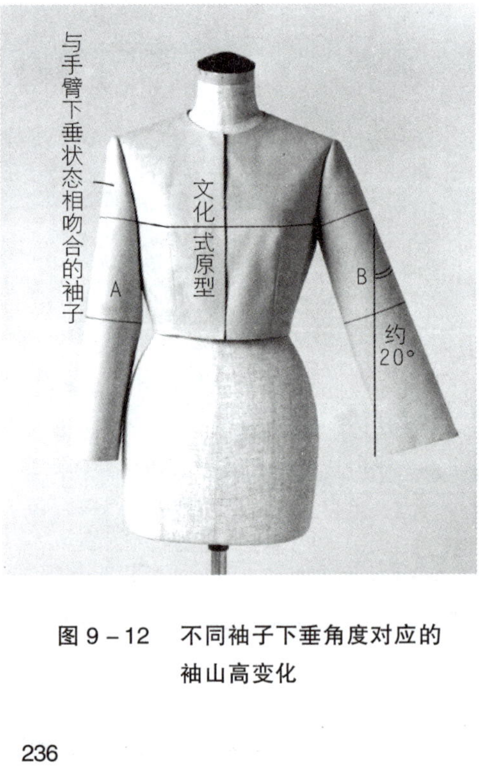

图 9－12　不同袖子下垂角度对应的袖山高变化

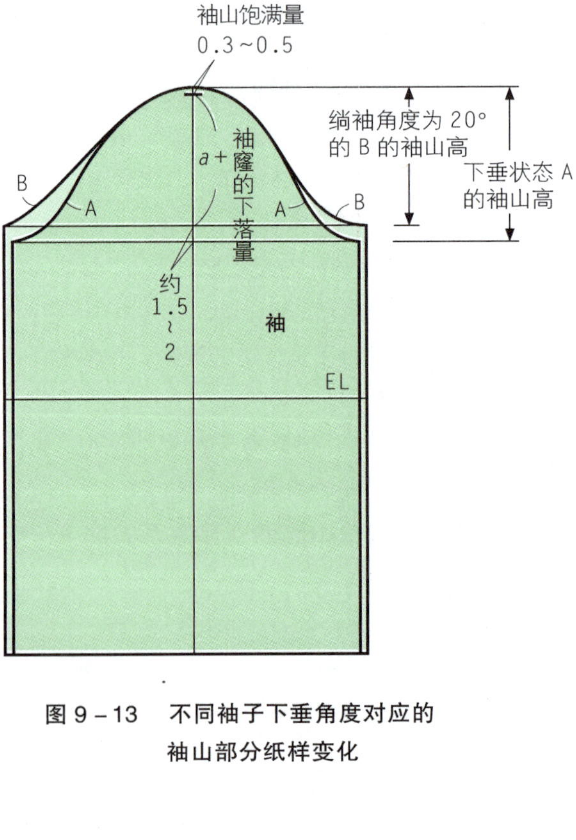

图 9－13　不同袖子下垂角度对应的袖山部分纸样变化

1.4　绱袖缝线处袖山饱满量的追加

袖山饱满量的尺寸虽然通常很小，但是作为与袖子纸样设计相关的因素，除了人体和袖子之间的关系外，还受到材料特性、缝制因素的影响。

普通装袖的绱袖缝头一般倒向手臂一侧，另外，在袖山曲线的上半部分，为了形成肩头的复杂曲面构成，需要加入吃缝量。针对这些绱袖时的缝制要素，如图 9－14 所示，针对不同的面料厚度需要增加面料的造型饱满量，细平布等薄料加入 0.1～0.2cm，大衣等纸样设计中袖山的饱满度追加量一般为 0.5～0.7cm。需要强调的是，这个饱满量是从袖山上部追加的，因此作为纸样的袖长虽然会变长，但是由于在缝制过程中转化为缝线处的袖山饱满量，成品袖长不会发生变化。

当绱袖缝头劈缝处理或倒向衣身一侧时，不需要追加袖山饱满量。

综上所述，袖山高的尺寸需要由综合因素来决定，除了人体上臂上部外侧长（a）的尺寸外，还需要考虑袖窿深的位置、肩头部的绱袖位置、绱袖角度以及与袖山相关的面料物性因素、构造因素等。

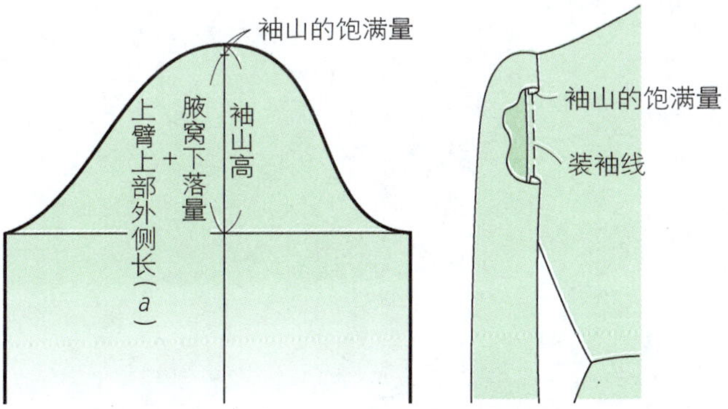

图 9－14　袖山的饱满量

2. 关于袖肥

袖肥如前面人体与袖子基本立体形态的关系一节中所述，由于需要包覆住与上臂最大围位相比在前、后方位上更突出的前腋点和后腋点，因此，在上臂最大围的基础上需要追加一定的松量。然而，实用的袖子如前所述，必须考虑到绱袖缝线处袖子的饱满量。在考虑到所有上述因素后，如图 9－15 中所示，袖子在前、后上臂最大围位处至少各自需留出 1cm 左右的空隙量。图 9－15 显示了袖子和手臂关系的断面形态。袖原型的袖肥在上臂最大围尺寸的基础上必须加上 4～5cm 的松量。

在文化式袖原型的制图方法中并未指定袖肥，而是在决定袖山高的基础上，利用袖窿尺寸形成袖山斜线，根据这一制图顺序来确定袖肥。如果以人体上臂最大围为出发点，另一制图

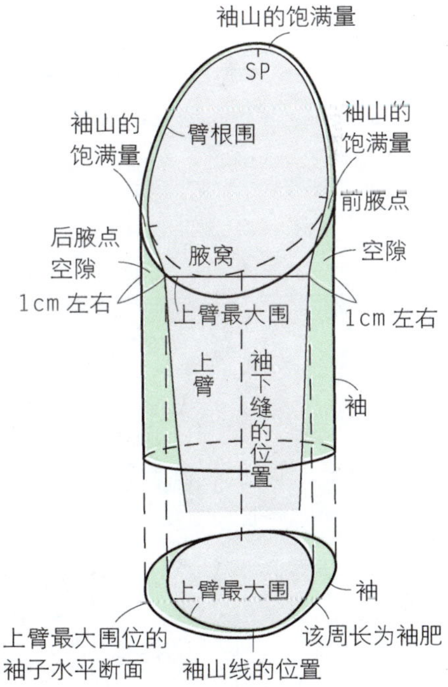

图 9－15　上臂最大围与袖肥的关系

方法如图 9－16 所示，利用上臂最大围＋(4～5)cm 来制图，然后通过袖山斜线的长度来修正衣片的袖窿尺寸。

袖肥由于容易受到流行因素的影响，与原型袖相比，应用袖肥可能随着时代的变化而变化，因此把握袖子和人体尺寸之间的关系非常重要。

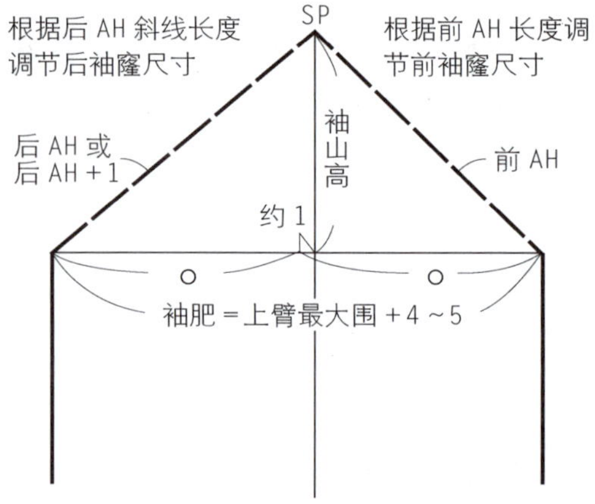

图 9－16　以袖肥为依据的作图方法

3. 与袖窿相匹配的吃缝量

袖子最终与衣片绱合，形成完整的结构。绱合部位的衣片袖窿弧长和袖山绱袖线的长度（袖山弧长）存在着一定的对应关系。但袖窿弧长和袖山弧长不一定会完全相等，如图 9－2、图 9－3 及图 9－17A 所示，利用袖山高所形成的袖片，与衣片的袖窿弧长相比，通常袖子纸样的袖山弧线相对较长。这个差值就是吃缝量。利用吃缝量可以构成袖山部分的复杂曲面。因此，如图 9－17B、C 所示，随着绱袖角度的增加，袖山高随之减小，吃缝量也相应减少。以静立姿态为前提时，肩宽的设定较窄，绱袖所形成的复杂曲面的构成面积变大，吃缝量也随之增加。通常从前、后腋点开始向上加入吃缝量，吃缝量最多可达 7～9cm 左右。前、后腋点向下基本不需要吃缝量，衣片和袖子的尺寸会较接近。

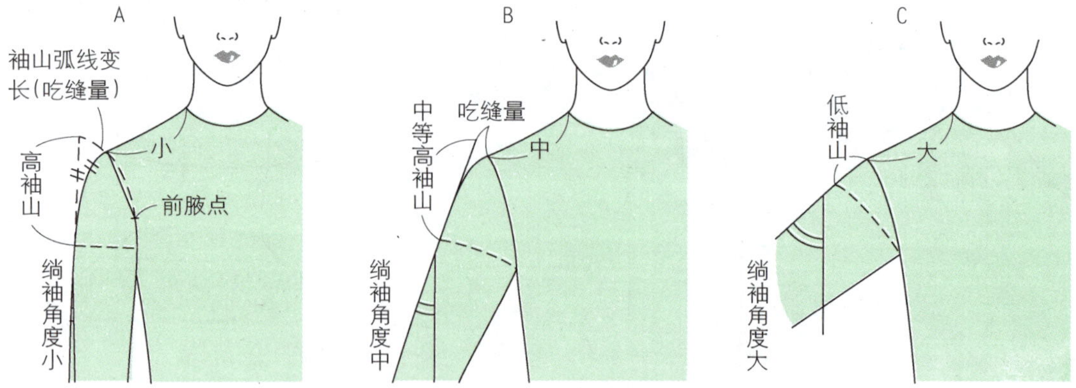

图 9－17　绱袖位置、绱袖角度与吃缝量的关系

图 9－17B、C 中的袖子，由于复曲面的面积较小或是不需要复曲面，吃缝量自然就会减少。如前所述，即便是在完全没有复曲面的情况下，当绱袖缝头倒向袖子一侧时，绱袖缝线处的布料重叠量根据不同的布料厚度（概要计算如图 9－18 所示）会影响到袖山弧线的追加，因此含有一定的吃缝量比较好。例如薄毛料的情况下，B 的吃缝量应为 3～4cm，C 应为 1cm。

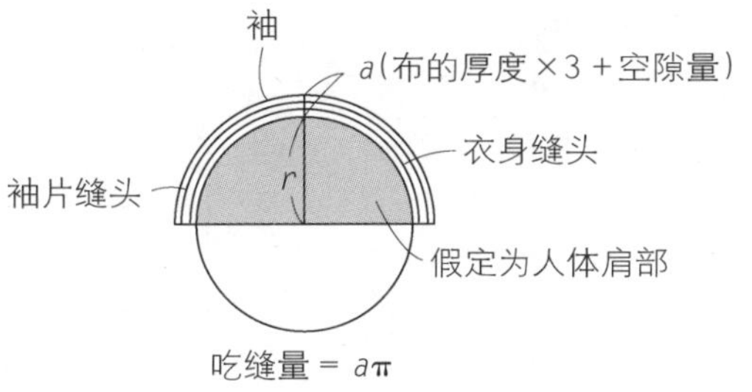

图 9－18　袖子最小吃缝量的计算方法（不考虑复杂曲面的因素）

4. 手臂的前摆趋势

观察人体手臂在自然下垂状态时的侧视图照片，如图 9－19 中所示，手臂从肘关节向上上臂基本保持垂直，肘关节下面的前臂则呈前倾状态。根据 246 名 20～21 岁青年女子的侧视照片，测量了手臂前摆角度、前摆尺寸的平均值，结果如图 9－20 所示。

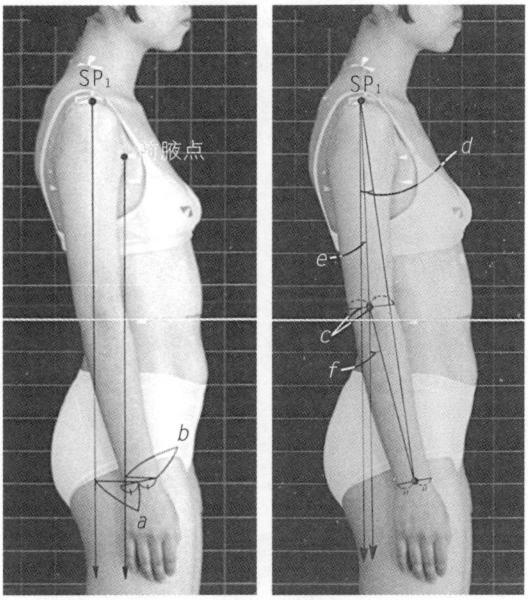

图 9－19　手臂前摆角度的计测方法

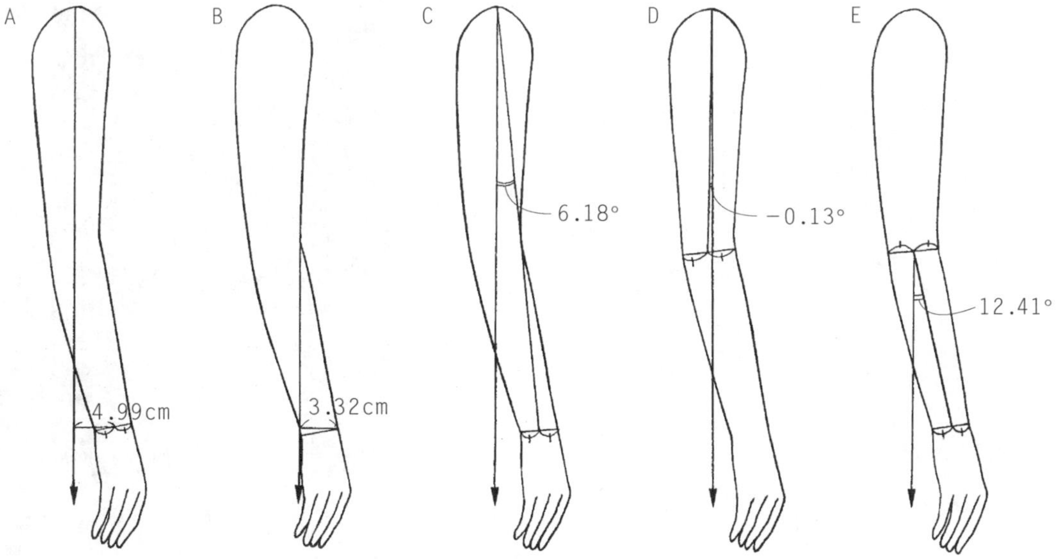

图 9－20　手臂前摆角度的计测值（246 名的平均值）

由于手臂前倾，因此在袖片纸样的设计过程中，必须考虑与之相匹配的袖子的整体摆动趋势和袖口在手腕部的形态等问题。图 9－21 为袖原型绱合到上半身原型后的着装状态。观察图 9－20 D 可知上臂几乎是垂直的，因此在半袖或加大袖口的喇叭袖设计中，直接利用原型袖的原有状态就可以。但如果是长袖设计，则应整体呈前摆状态较好。

图 9－22 为在前袖窿处追加了一定吃缝量后的纸样，图 9－24 是其着装状态。袖子呈略前摆的趋势，形成与人体形态相对稳定的袖子。也可以保持袖原型的纸样不动，将袖片与衣身的对位点在肩和侧缝处稍向后错开，同样能做成略带前摆效果的袖子。

另外，由于前臂呈前摆趋势，如果袖口保持水平则前端会显得过长，如图 9－23 所示将其减短 1～1.5cm 会更好些。纸样中的袖口，如图所示在前袖口的两等分点处最短，在后袖口的两等分点处最长。由于原型袖为直筒状，因此将袖口形态两侧对称即可应用于实用袖子纸样。针对前臂的前摆，袖口较小的纸样设计将在下一节中具体论述。

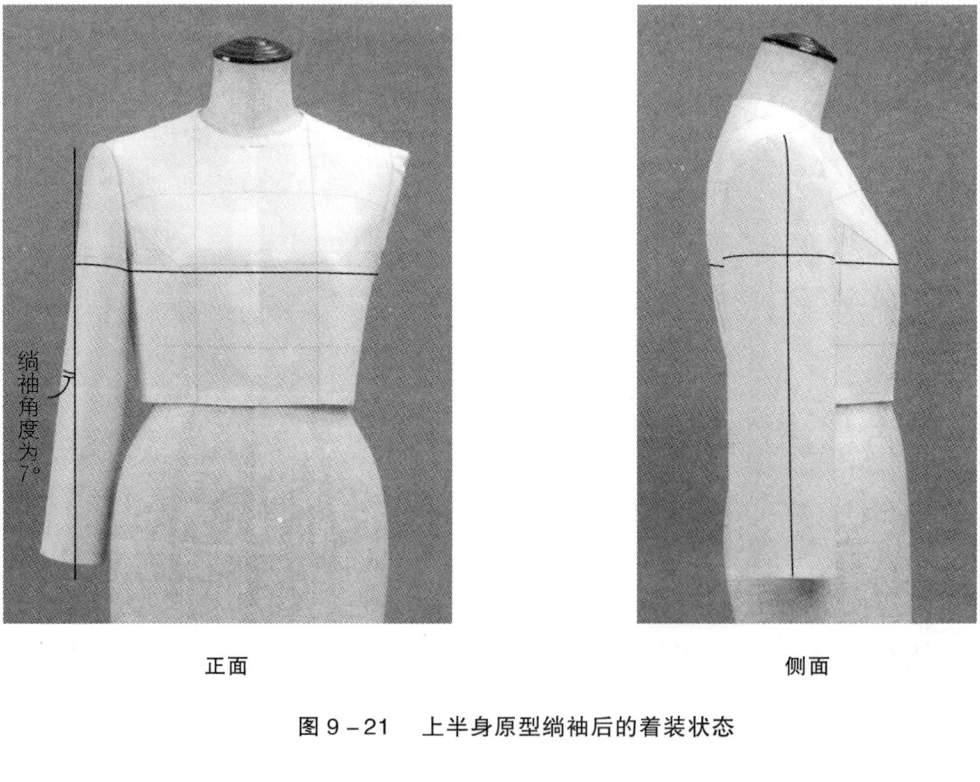

正面　　　　侧面

图 9－21　上半身原型绱袖后的着装状态

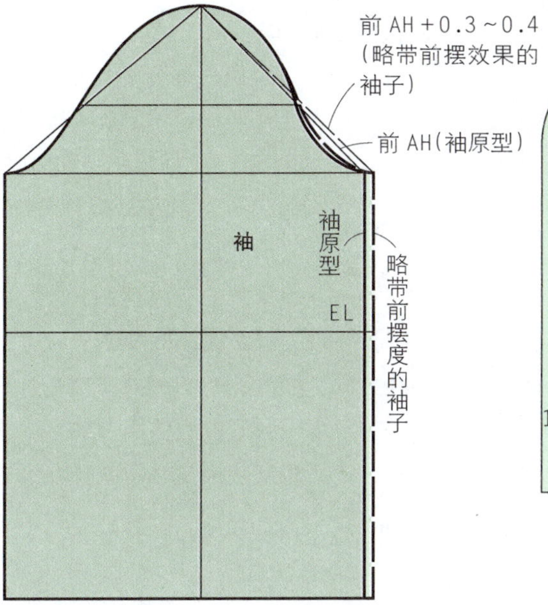

图 9－22　略带前摆效果的袖子纸样

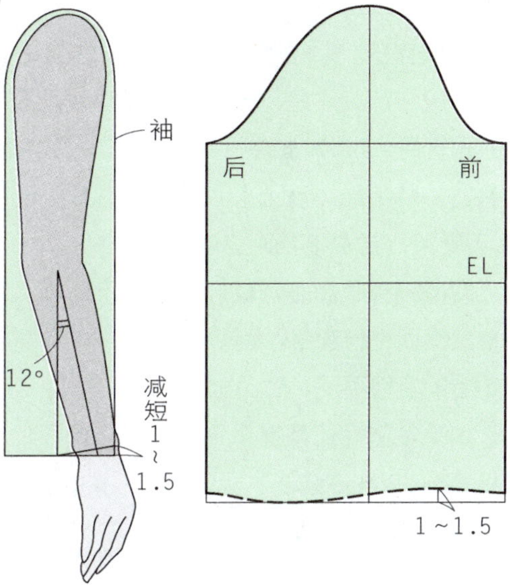

图 9－23　袖口线的画法

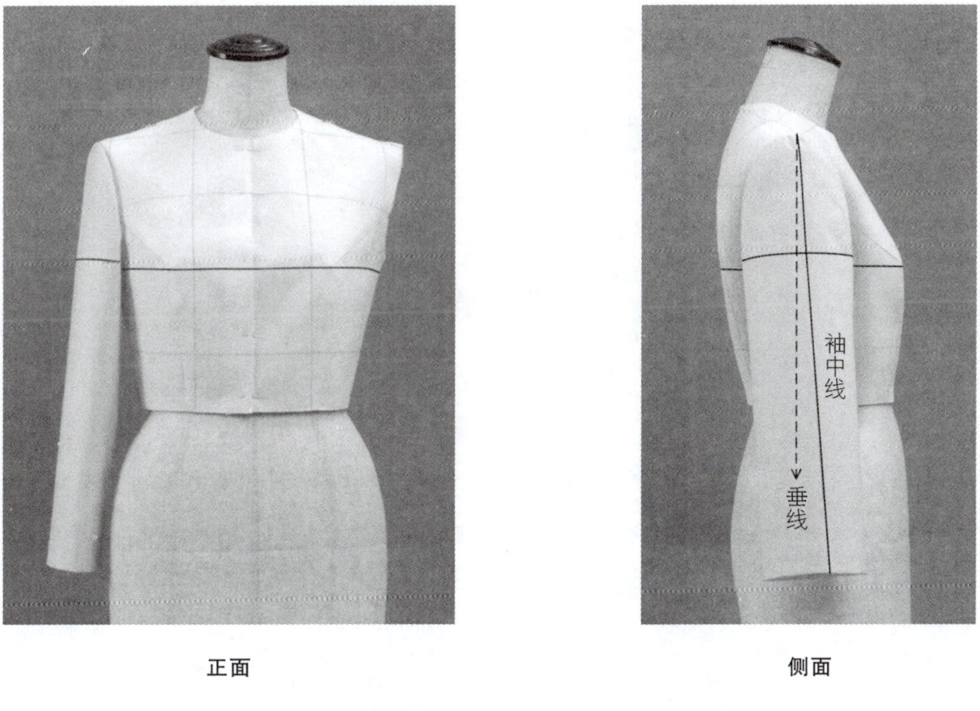

正面　　侧面

图 9－24　略带前摆效果的袖子着装状态

5. 手臂与躯干接合面的倾斜角度

从人体的侧面观察手臂与躯干的接合面时，一般会认为它是与人们的侧面视线垂直相交的垂直面，但事实上并不完全如此。比较背宽和胸宽，从平均关系上来看，通常背宽大于胸宽，因此可以推测接合面应该是倾斜的。

判断绱袖状态是否良好，一般不是在人体的自然侧面进行观察，而是从斜前方观察，根据评定者的习惯不同，站立的位置也会不同。

如果希望确切掌握手臂与躯干接合面的倾斜角度，可以先在体表上标记臂根线的位置，然后采用从肩部正上方拍摄照片的方法或是三维测量的方法来实现。

图 9－25 是利用三维测量方法得到的其中一名被测者从后颈点（BNP）到乳下围线之间的人体水平断面重合图。连接后腋点和前腋点，然后观察臂根线的形态，A 线呈倾斜状态，同样地连接后背躯干部到上臂体表之间的 B 线也是倾斜的，A 线与 B 线构成一定的倾斜角度。由此可以判断，手臂的侧面视线一般是与 A 垂直相交的 C 线方向。由此可知，如果将来需在计算机中实现依据三维设计形成立体服装的平面展开纸样时，该倾斜角度应当是袖子纸样设计中的重要构成因素之一。

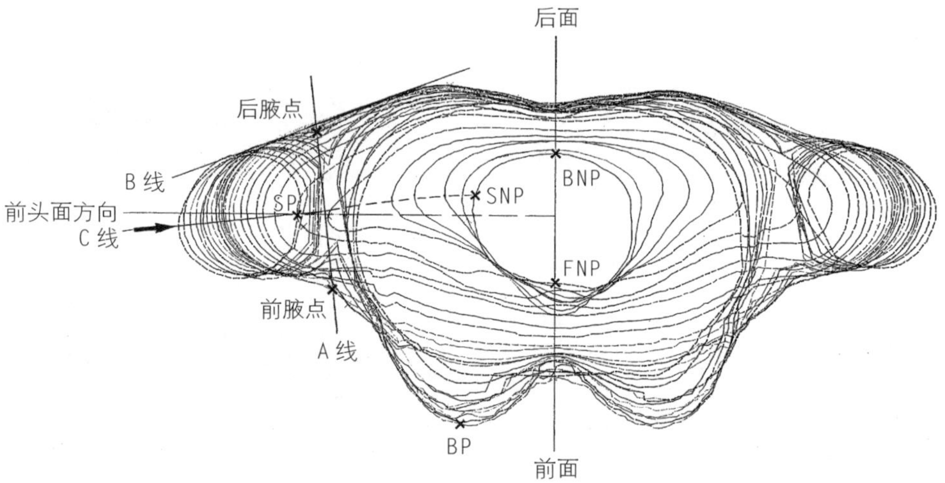

图 9－25　通过人体水平断面重合图观察到的手臂侧视方向线(三维测量)

三、普通装袖的设计与纸样构成的基本原理

普通装袖是在人体臂根线附近绱合的立体袖的总称。

普通装袖的设计名称中，有根据袖长不同而进行分类的名称，有根据袖子的款式而命名的名称，也有根据构成袖子的袖片数量而分为一片袖、两片袖的情况。在此，以绱袖角度为基准对袖子的设计展开论述。

1. 袖长的变化设计与纸样

图 9－26 是根据不同袖长进行分类的名称。半袖并非是袖长的一半的意思，而是指从腋窝到肘关节的一半，也就是说占整个袖子的 $\frac{3}{10} \sim \frac{4}{10}$ 左右。长度在肘关节位置的袖子叫做 5 分袖。

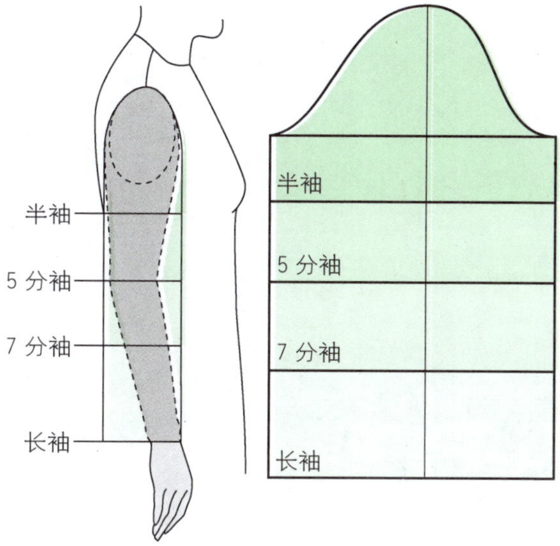

图 9－26　袖长的变化

2. 袖子构成因素变化基础上的袖型变化与纸样

在普通装袖中包括多种不同的袖型。图 9－27 中针对装袖的构成要点进行了分类，从而比较容易理解纸样和袖子的构成关系。

左侧一列①～⑦显示的是袖子构成因素的变化和构成因素的组合变化。第二列为构成因素变化基础上的袖子形态变化。设计图展示了各种构成因素变化前提下的多种款式。

①是利用吃缝量进行设计的例子。袖山部分除了单纯的复曲面构成款式外，还有重新设计的单曲面组合构成，同时又具有立体感的款式。

②～⑦的设计重点是一方面将袖肥、袖口宽、中间部分的肘宽部分扩大或夸张，一方面又保持与人体密切贴合，是将纸样进行大小组合构成的设计。将袖口无限增大就会形成 C 的喇叭袖和半伞袖等袖型；相反，缩小袖口就形成了 B 的合体袖型；如果袖口保持原有尺寸而只增大袖肥，就可以形成接近于⑤的羊腿袖。

此外，若只增大袖山的中间宽度就可形成⑥的灯笼袖，而将袖山高增长到极端状态，就可形成⑦有悬垂褶裥的袖子。

该图中标有 A～H 编号的袖子，在后面的内容中将详细讨论其纸样的设计。

袖子的纸样构成与款式变化的关系

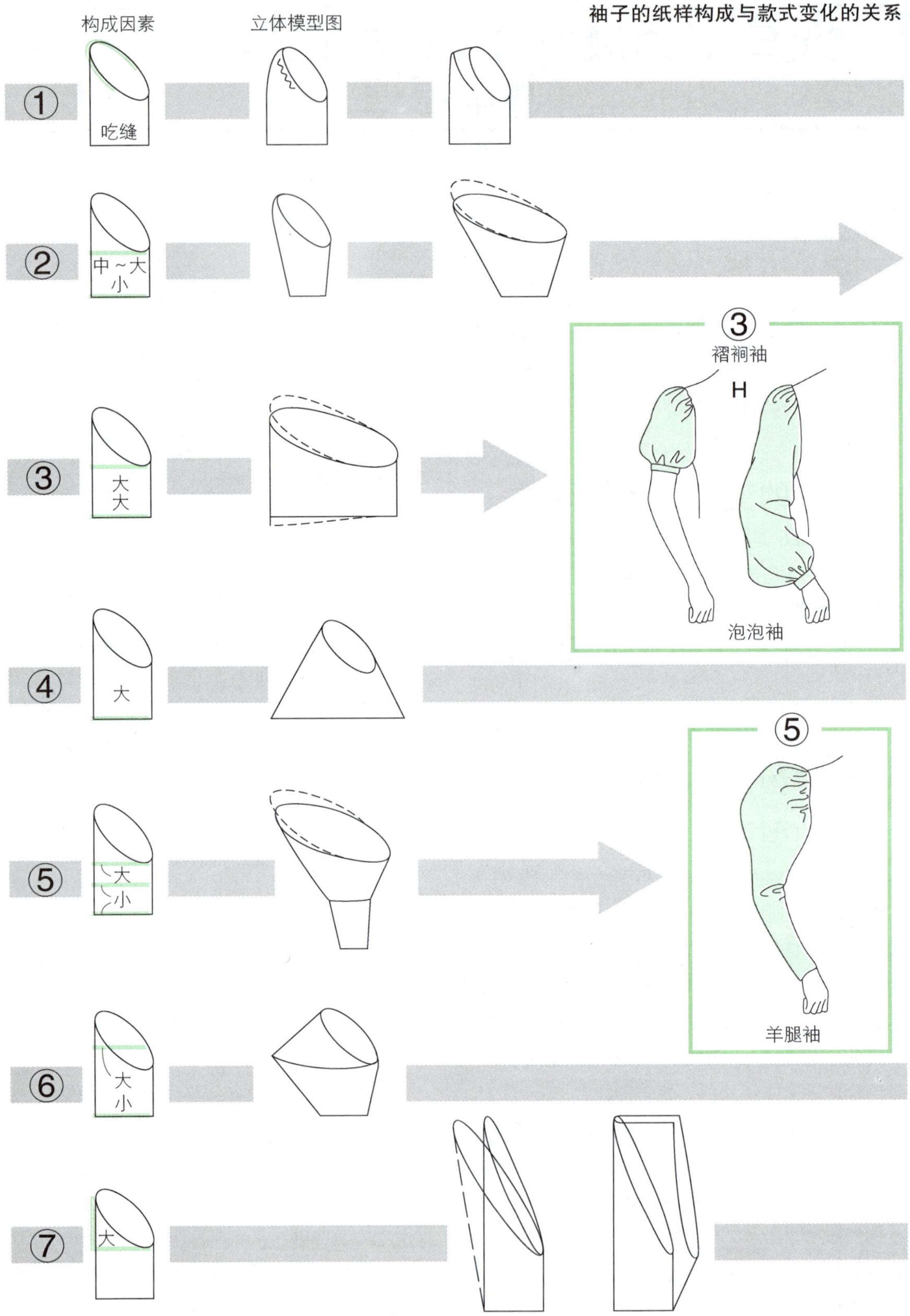

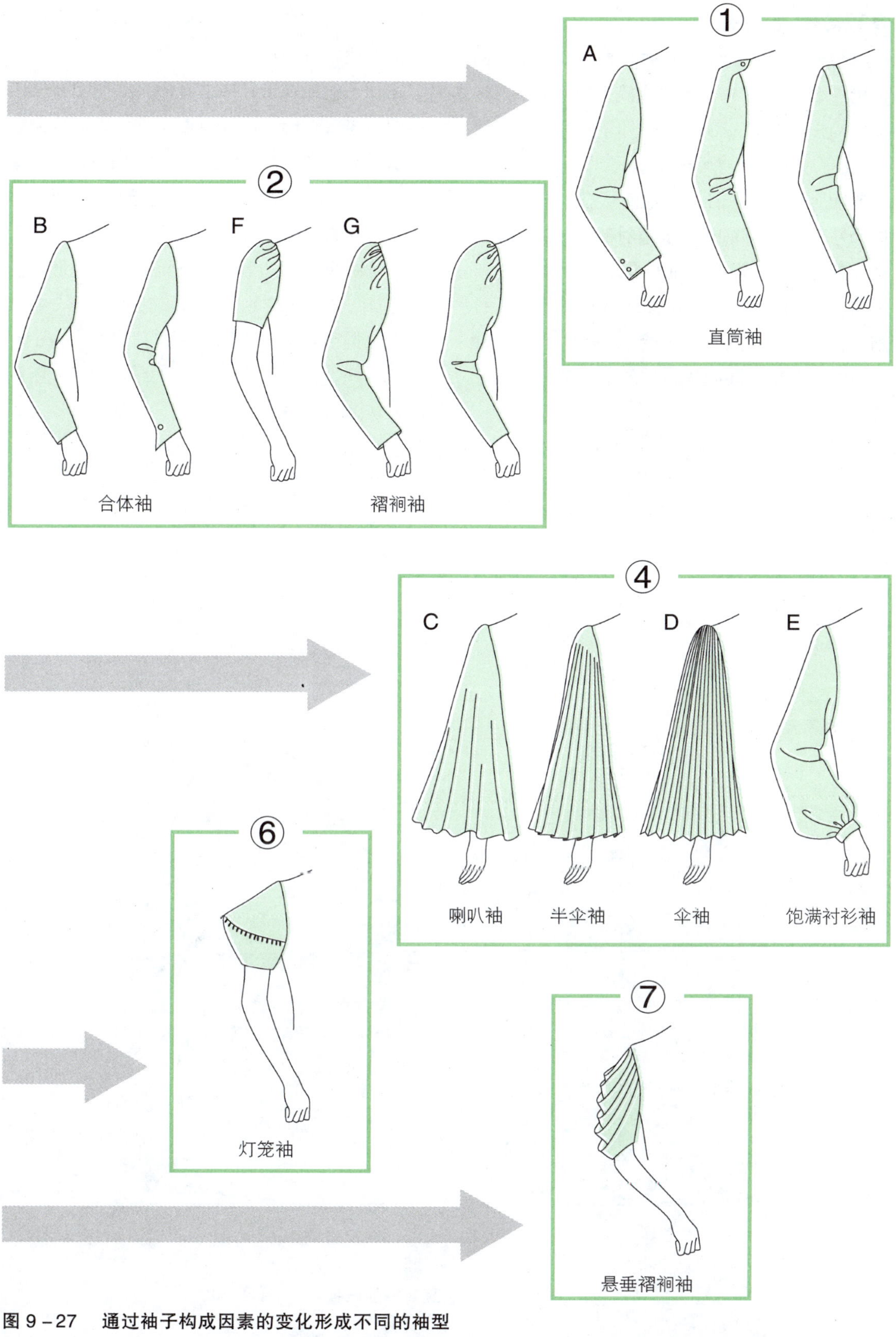

图 9－27　通过袖子构成因素的变化形成不同的袖型

●直筒袖、合体袖

图 9－27 中的①组款式，与原型袖相比袖口稍变细，形成了看起来像直筒形状的袖子。其纸样构成如图 9－28A－1 所示。直筒袖的设计中，为了使袖口尺寸大于手腕尺寸，并不要求一定要使肘关节处的袖子呈弯曲状态，但是当袖口尺寸在 28cm 以下时，应做肘部拔开的处理。也就是说，袖口较细的袖子如 A－2 所示，需要考虑前臂的前摆趋势，当袖口稍向前调整后，前、后袖下缝尺寸会存在一定的差量，因此后袖下缝线在肘部需要归拢，前袖下肘部则要拔开（图 9－29）。

图 9－27 中的 B 是袖口相对更细的合体袖。图 9－31 的 B－1、B－2 为合体袖的纸样。如前所述，针对该袖型有必要将肘部的弯曲状态在袖子的纸样设计中体现出来。如图 9－30 所示，将手臂肘下的剩余面料作为省道缝合就可以形成贴合手臂形态的合体袖。通常，由于图 9－31 B－1 中袖子纸样的省道较长，所以被称为 1 片半袖。

可以将肘下的省道转移至后袖下缝形成短省道（B－2 的纸样）。与图 9－29 相同，B－2 的纸样也需要在前袖下缝处做拔开处理。为了减小该拔开量，也可采用如 B－1 纸样中虚线所示的方法，即移动袖下缝线。

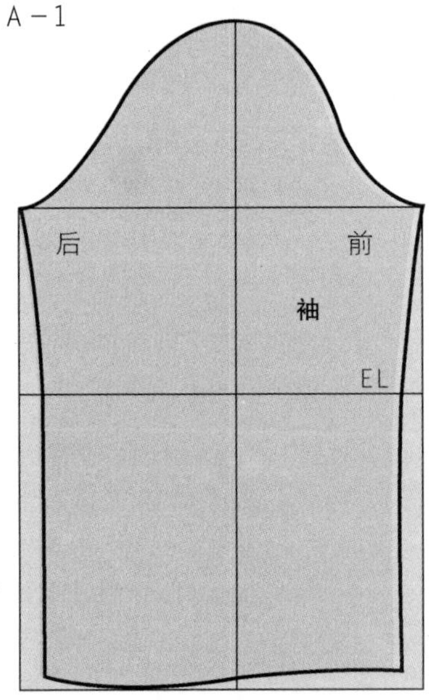

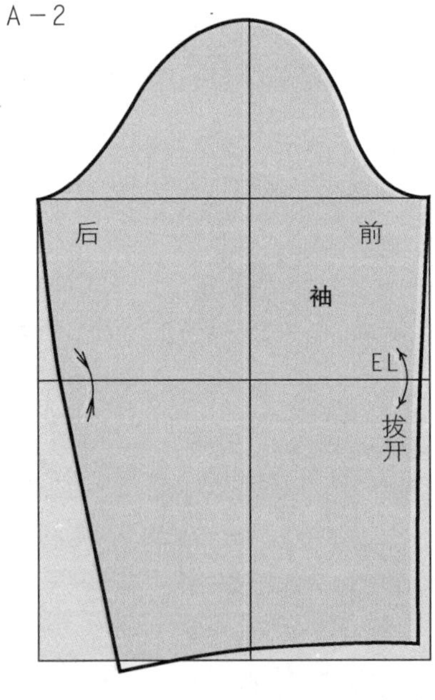

图 9－28　A 直筒袖的纸样

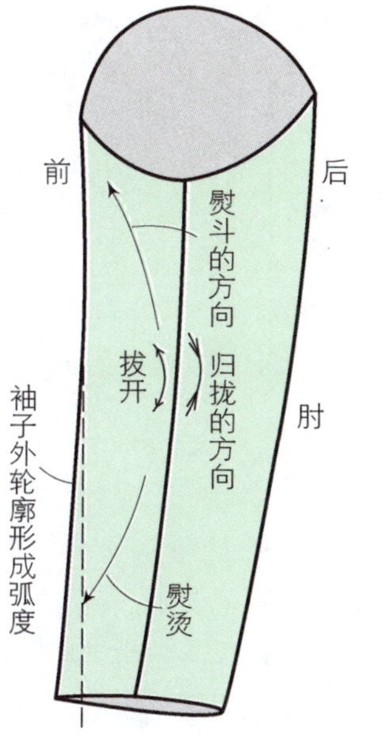

图 9－29　袖子肘部的归拔处理

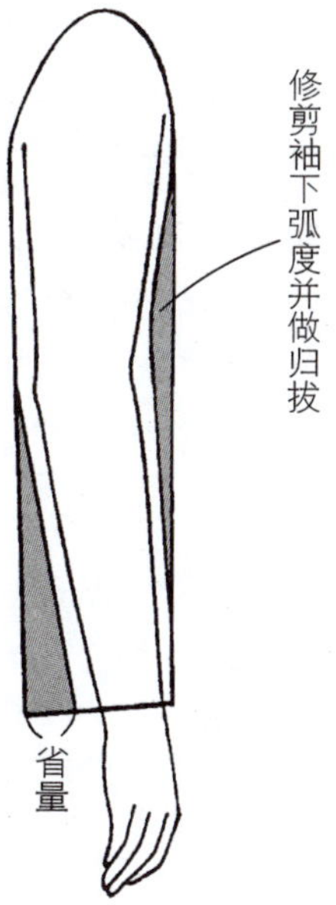

图 9－30　合体袖的肘下省量

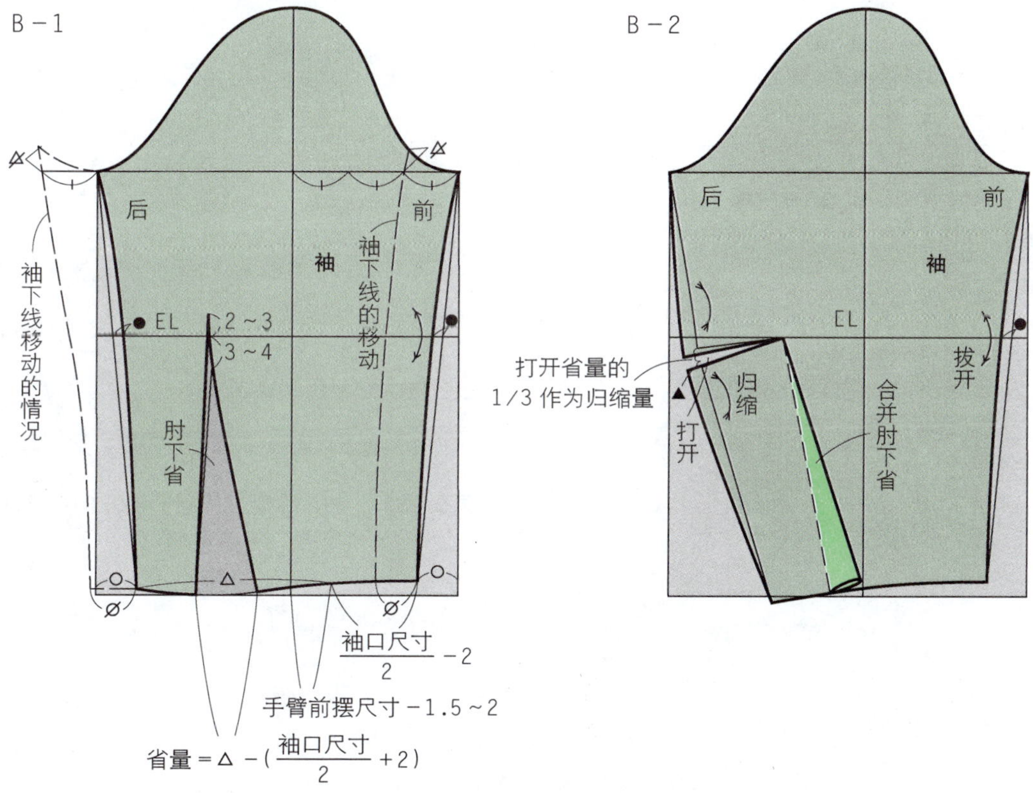

图 9－31　B 合体袖的纸样
（手臂前摆尺寸即图 9－19 中 a 的尺寸）

●喇叭袖

图 9－27 中，④组的 C、D、E 都是袖口肥大的袖型。图 9－32 是普通喇叭袖 C 以及饱满衬衫袖 E 的纸样构成。图 9－27 中伞袖 D 的纸样与 C 相同，在纸样剪开处需要大量地加入褶量。由于喇叭袖袖口呈张开状态，可以保持纸样的原有袖口状态。但对于饱满衬衫袖来说，为了使袖口保持良好的膨起状态，需要在袖口处追加褶裥饱满量，然后用袖克夫或抽褶来固定袖口。

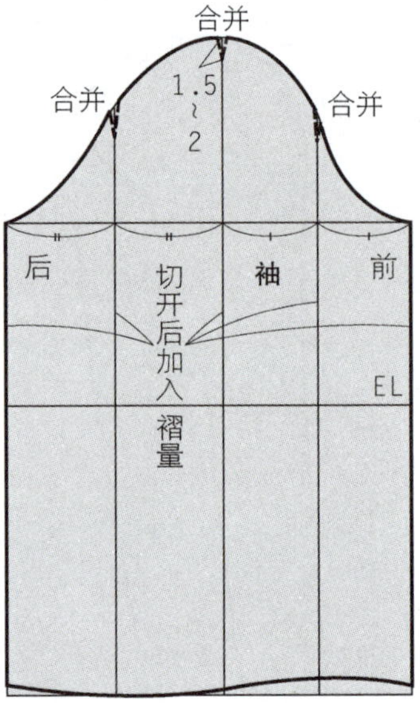

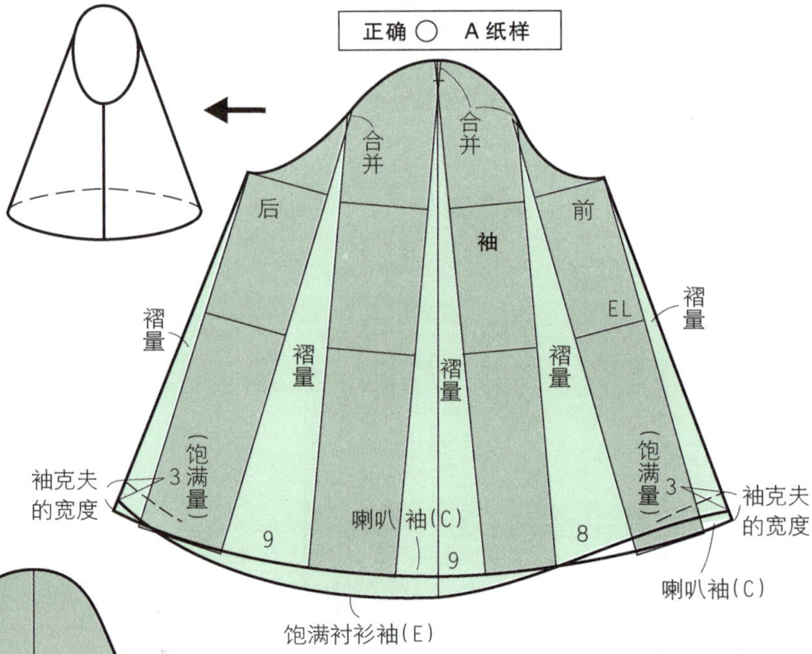

图 9－32　喇叭袖 C、饱满衬衫袖 E 的纸样（正确）

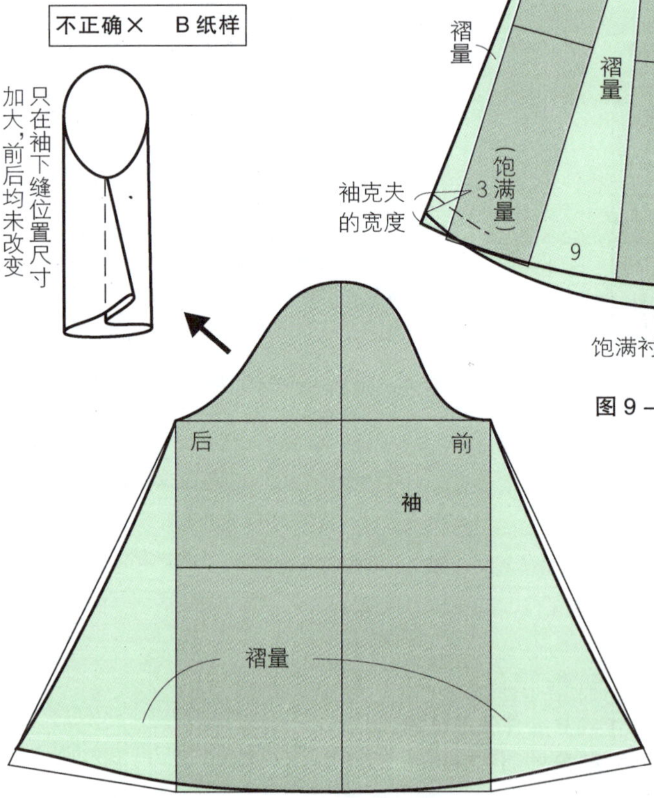

图 9－33　喇叭袖 C、饱满衬衫袖 E 的纸样（不正确）

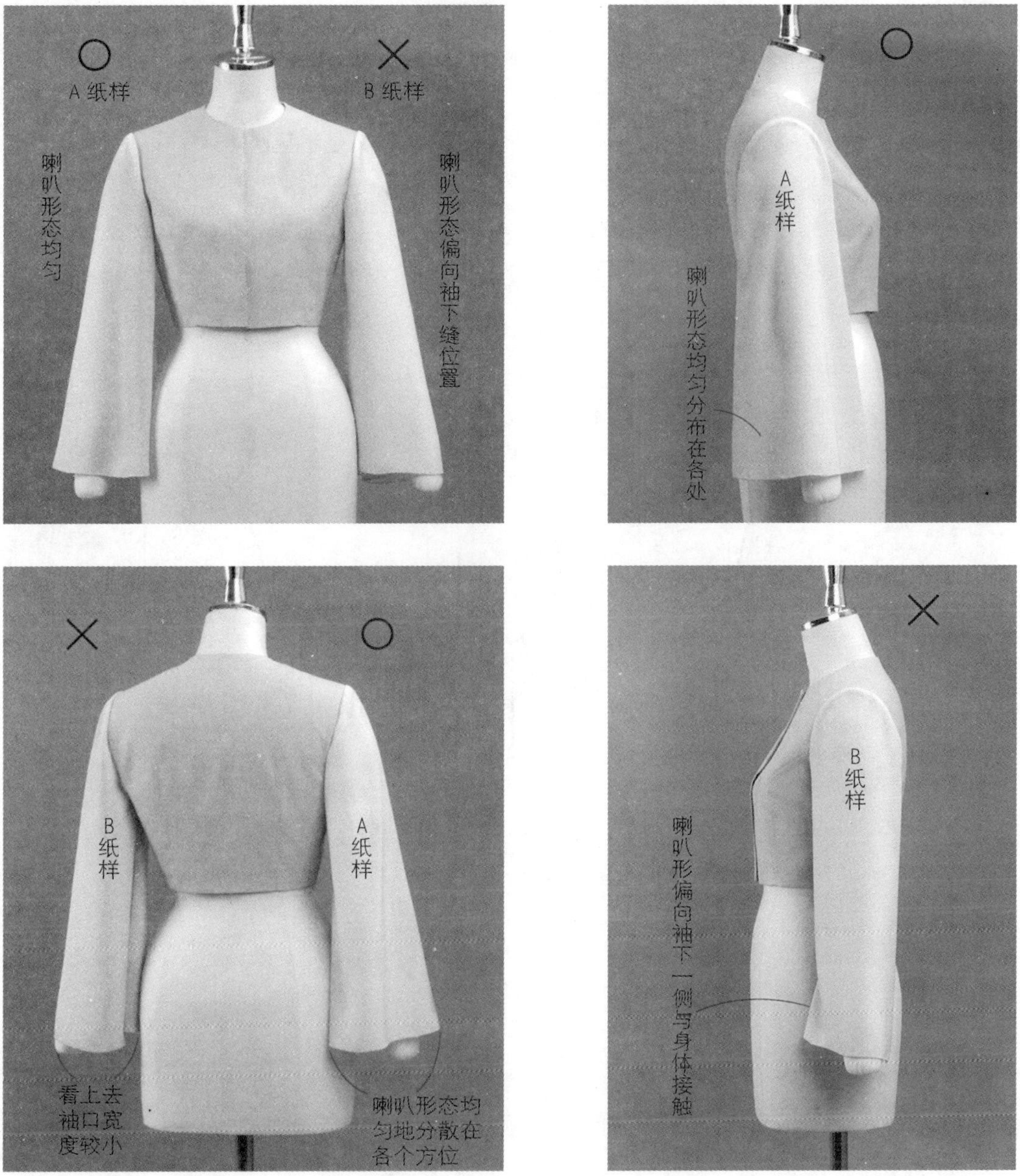

图 9－34　A、B 纸样的喇叭形态比较

如图 9－34 所示，为了使褶量呈立体分布状态，必须在纸样的不同部位加入褶量，这一点非常重要。如果像图 9－33 那样只在袖下缝处加入褶量，不但会形成难看的褶皱，袖子的运动机能性也会受到影响。

此外，在纸样袖口加入褶量的同时，还需将袖山弧线的吃缝量分别叠合掉。也就是说，剪开线在袖山弧线下方 1.5～2cm 处停止，叠合纸样使吃缝量消失，这样会使袖山弧线比较容易缝制。正是因为喇叭袖在肩头部无需形成复曲面，因此吃缝量应相应变小。

●褶裥袖类型

图 9－27 中的 F、G、H 是在袖山部位加入褶裥的设计。F 款式是在袖山头加入褶裥，但不增加上臂处的袖肥的例子。如图 9－35 所示，可以直接将袖山头部分打开，使袖山高变高，然后重新绘制袖山弧线。该款式的纸样操作曾经出现过如图 9－36 那样加入褶量的方式，但这样处理的纸样，在缝合袖下缝时，袖窿底部会呈 V 字形，与衣片袖窿的弯曲状态很难对合，而且还会出现不必要的皱褶，是不正确的褶量加入方法。

图 9－37 是羊腿型褶裥袖 G 的纸样。

图 9－38 是袖肥和袖口同时增大的衬衫袖 H 的纸样。与 F 款对应的上臂处松量很少的状况相比，为了使手臂运动方便，该方法很有效。

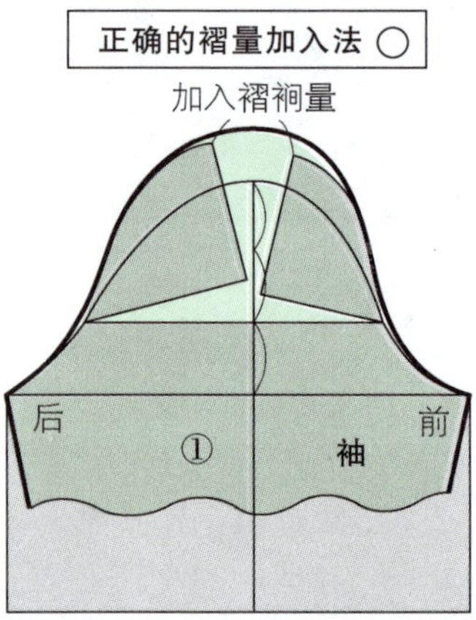

图 9－35　F 褶裥袖的纸样

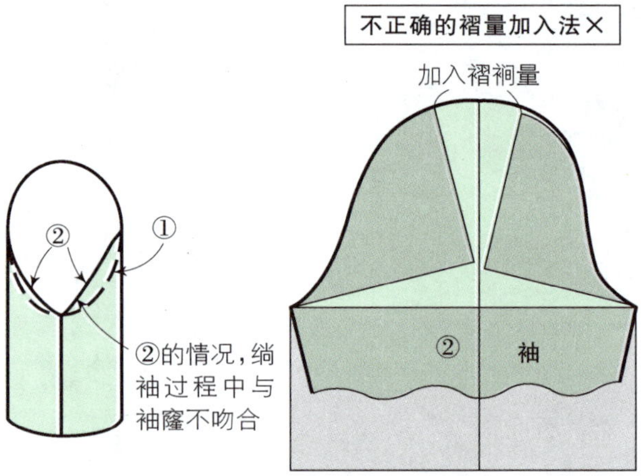

图 9－36　不正确的纸样操作

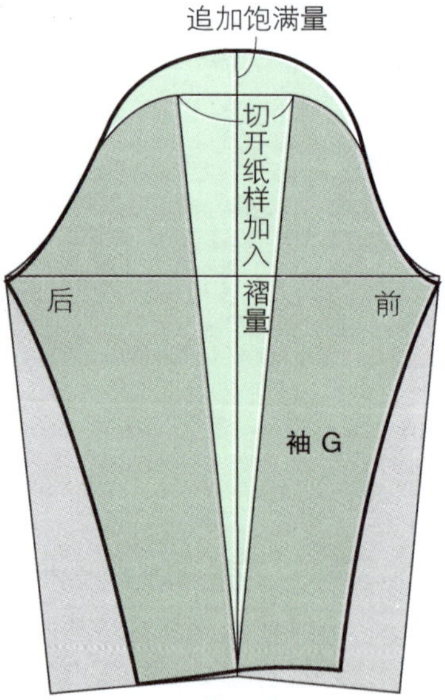

袖山区域丰满度加大的情况

图 9－37　G 羊腿型褶裥袖的纸样

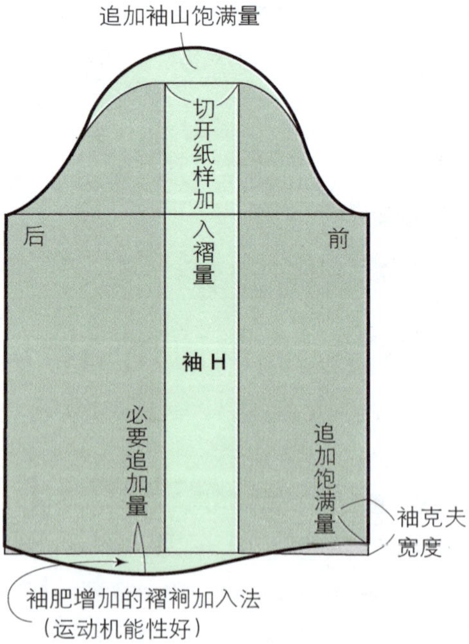

图 9－38　H 褶裥袖的纸样

3. 袖窿变化与袖肥及袖山高的关系

即便是看上去类似的普通装袖，对于衣身的袖窿来说，根据设计的不同也可以有多种变化，如下挖袖窿使其尺寸变大或是通过加入衣身松量使袖窿变大等。因此，在考虑与衣片袖窿变化相对应的袖子纸样基本构成方法时，就需要考虑在绱袖角度确定的前提下，是改变袖肥还是改变袖山高。

前面讨论的是绱袖角度保持下垂状态时的袖片设计方法。在此，分别讨论以静立姿势下的绱袖角度为前提，下垂状态袖子的基本构成方法以及以某种特定动作姿势为前提的情况下，绱袖角度加大时的袖子基本构成方法。

3.1 不改变绱袖角度的情况

图 9－39 是以静立姿势为前提的下垂状态袖子的构成方法。袖窿下落变大的情况下，需要如图 A 所示通过下落袖肥线来增加袖山高。但是，当衣片袖窿的下落量超过 3cm 时，如果按此方法同样追加袖山高，就会妨碍手臂的运动，因此这种情况下需要微调绱袖角度。也就是说，此时需要在一定程度上控制袖山高，然后利用与前后袖窿等长的袖山斜线来确定袖肥。图 B 是衣片的袖窿由于衣身加入松量而变大的例子。原则上不改变袖山高，只增加袖肥即可。

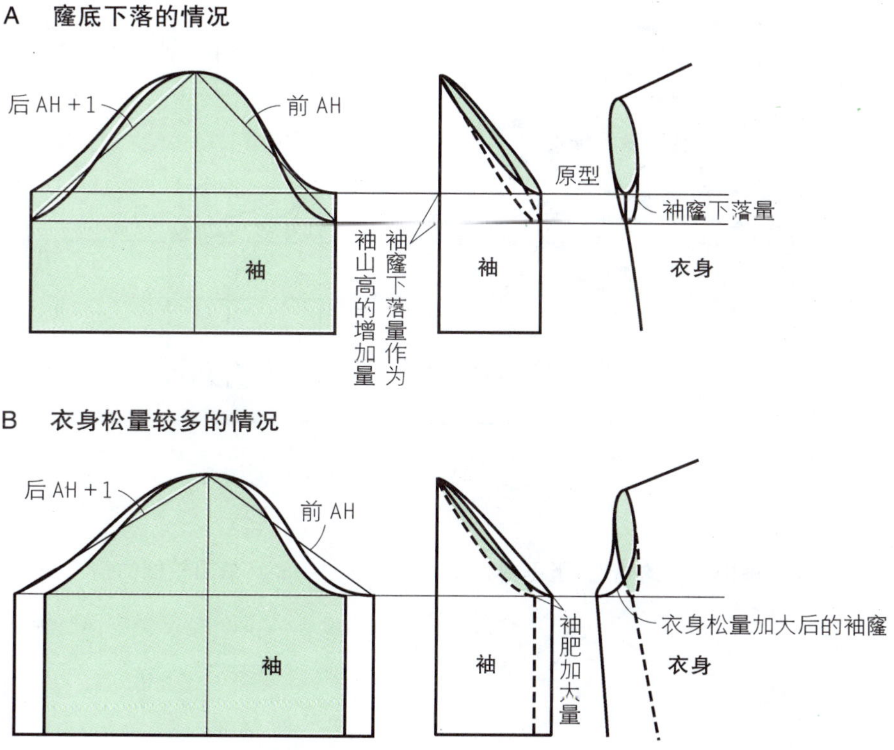

图 9－39 不改变绱袖角度的情况

3.2 改变绱袖角度的情况

图 9－40 中的 A、B 是以改变绱袖角度为前提的纸样构成方法。A 是衣片袖窿下落时，不改变袖山高，只增加袖肥的方法。绱合后的袖子不会呈下垂状态，而是绱袖角度在侧面稍打开一定的量。B 是衣身加入松量后袖窿变大，降低袖山高，袖肥因而加大的例子。在该图中绱袖角度约为 70°左右，是侧抬状态的宽松袖，因而便于手臂的多方位活动。

3.3 利用绱袖角度设定袖山斜线长

在量取前、后袖窿弧长后，为了构成肩头部的复曲面结构，袖山斜线的长度可以根据需要取得比袖窿弧长略长些（图 9－39、图 9－40）。也就是说，以静立姿势为前提的袖子，由于构成复曲面的面积较大，要求的吃缝量较多，因此如图 9－41A 所示，前斜线长在衣片袖窿弧长的基础上需要追加 0.5cm 左右，后斜线长则以后袖窿长度为基础加上 1～1.5cm。另外，以利于运动为前提的低袖山袖子，前、后的袖山斜线长取袖窿尺寸就可以了（图 9－41B）。

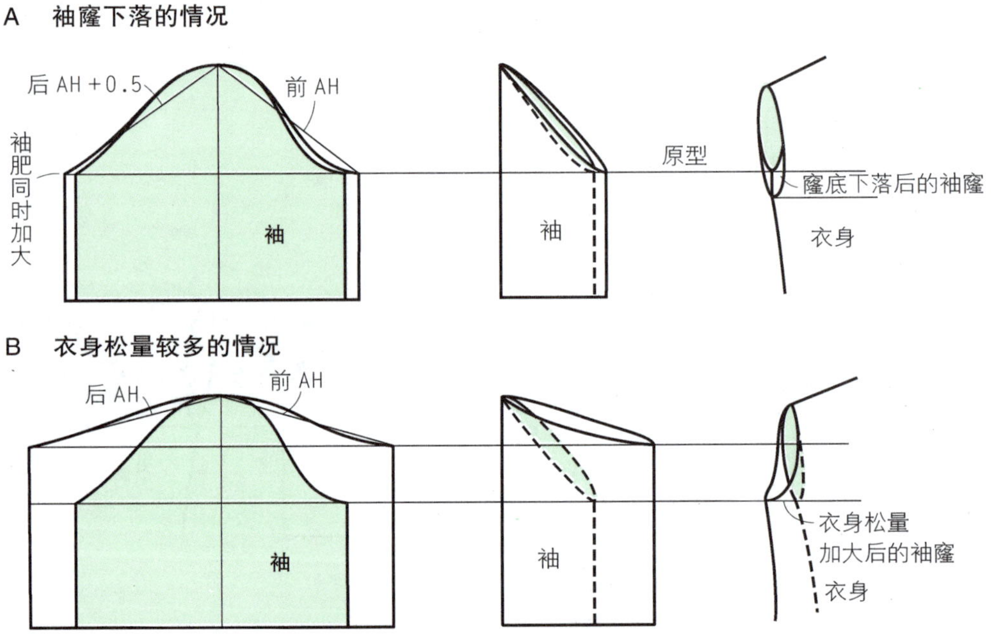

图 9－40 改变绱袖角度的情况

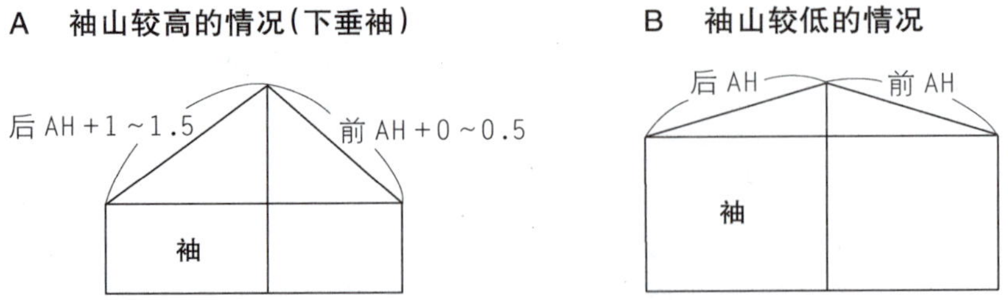

图 9－41 袖山高的变化对袖山斜线的影响

四、绱袖线的设计变化与纸样绘制的原理

1. 绱袖线的设计变化——立体造型与平面造型

绱袖线可以设定在臂根线的周围，如普通装袖，其位置可以随着设计的变化而改变。普通装袖在人体侧面将袖窿作为对合线绱合袖子，除了袖山高度极低的袖子外，大多具有立体造型感。即由衣身的侧面与袖子的内侧面相对应形成立体造型。从袖子的设计来看，随着绱袖线位置的变化以及款式的变化会形成不同的袖型，有时也会出现没有绱袖线的袖子。图 9－42 所示为常见的袖型举例。从袖子的侧面构成状态来观察，A～E 是立体造型的袖子，F、G 是平面造型的袖子。

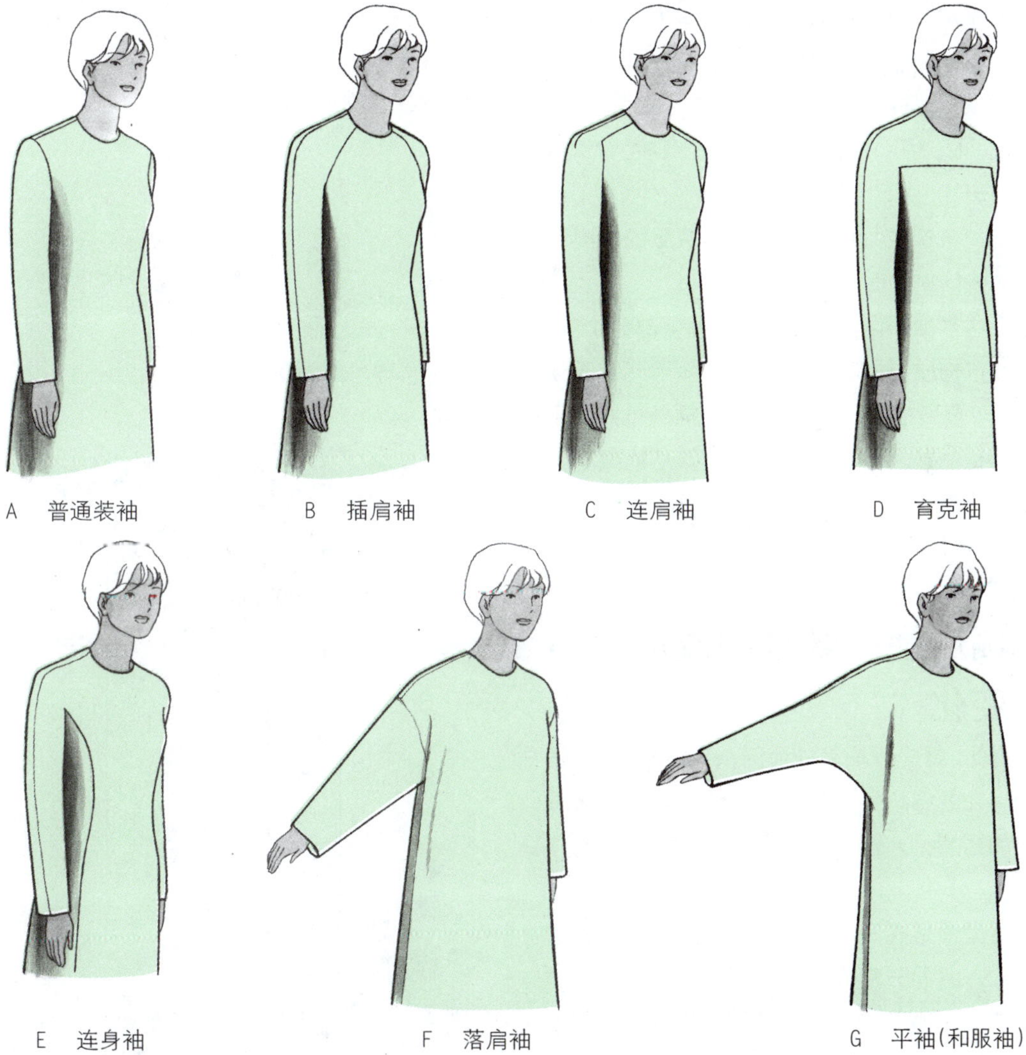

图 9－42　装袖线的变化

可以根据立体感的不同将袖子分为两组：一组为与普通装袖的立体造型相接近的立体袖型组（包括插肩袖、连肩袖、育克袖、连身袖等），另一组为稍有平面感或者完全是平面状态的落肩袖和平袖等。

通过细部比较，可以发现插肩袖、育克袖的立体感和普通装袖的立体感不同。在普通装袖中，袖子的肩头部分通过加入吃缝量形成了肩头部的复曲面；而在插肩袖类型中，是由肩线与袖山线连成曲线来构成肩头曲面。同时，前、后肩部和袖部是由两块连续的布片构成，因此很难形成肩部的复曲面结构。

另外，对于普通装袖来说，纸样的袖山曲线和袖窿曲线缝合后就可以清晰地通过袖子的构成形成衣片的侧面部分，但对于插肩袖和育克袖来说，前、后片的纸样分别从肩部到手臂构成完整的一片，从而会形成稍有平面感的造型。这些纸样的各部位具体尺寸，根据衣服的种类和袖型的整体差别而有所不同。

在这些袖子类型中，平袖的袖下部分由前、后两片布构成，没有形成侧面结构，因此缺乏立体造型。落肩袖和平袖相类似，但插角袖则由于插角结构的加入形成了侧面部分，从而具有一定的立体感。这些立体感的差别表现在纸样的构成上也各不相同。

2. 插肩袖的纸样构成因素与变化

在此，首先以插肩袖为例，讨论衣片和袖子之间存在的结构关系。对于立体感与普通装袖相近的插肩袖，首先需要考虑纸样设计的构成理论。

插肩袖是在衣身前、后分别从领口到袖窿下方加入斜向分割线，使衣片肩部和袖子连成完整结构的袖型。插肩袖包括一片袖（袖山处没有缝线）、两片袖（由前、后两片构成）、三片袖（由外袖的前、后两片，加上一片内袖，共三片构成，在男士外套中使用广泛）等种类。插肩（Raglan）这个名称来源于英国人 Raglan 的名字，克里米亚战争（1853～1856 年）期间，他所制作的外套袖子被称为插肩袖。现在的插肩袖种类繁多，变化丰富。在此着重对两片袖进行讨论。

插肩袖的构成如图 9－43 所示，衣片的一部分连接到了袖子上。对于纸样绘制来说，如果按照以下思路考虑问题，会比较容易理解。

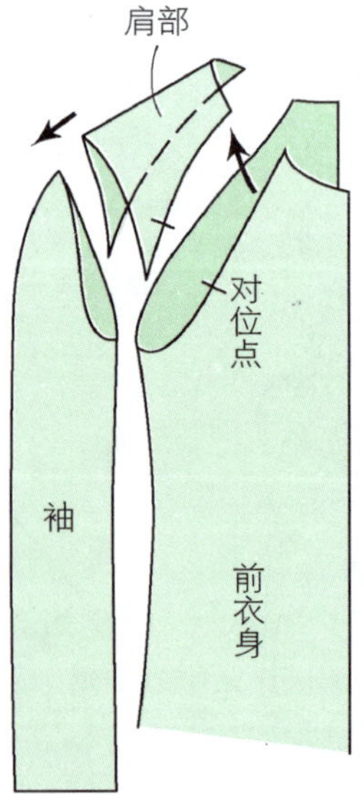

图 9－43　插肩袖的构成

2.1 基本构成方法——从普通装袖到插肩袖

图 9－43 的构成方法反映到纸样上如图 9－44 所示，沿着插肩线将衣片剪下后对合到袖山上(A 图)。在下面的图示中,为了便于说明袖山线的纸样构成,以合并袖窿省道为前提。

如图所示,由于袖子纸样中含有吃缝量,如 A 图所示吃缝量集中在肩头部，从肩缝向袖片方向修剪纸样形成省道，以省道代替吃缝量构成复曲面。由于省量较大,所以需注意弧线上从肩部到上臂所构成的曲面的平滑度。

如 A 图所示将剪下的衣片对合到袖片上，衣片的袖窿底部与袖子相交。在制图过程中,尽量调整衣片袖窿底部的绱袖线长度(○印、 印)与袖子的绱袖线长度等长。B 图为袖山和衣片肩部连接后的完整形态。

2.2 插肩袖对合到衣片上制图时的构成方法

与图 9－44 的原理相同，顺沿衣片肩部也可以完成插肩袖的纸样。

如图 9－45 所示将袖原型分为前、后两片，依照衣片的缝合状态分别放置，然后在 G 线附近设置对位点调整纸样。这一过程可以理解为将图 9－44 的插肩袖在袖中线处分割成前、后片,以前袖部分对应前衣片、后袖部分对应后衣片为基础来制图。

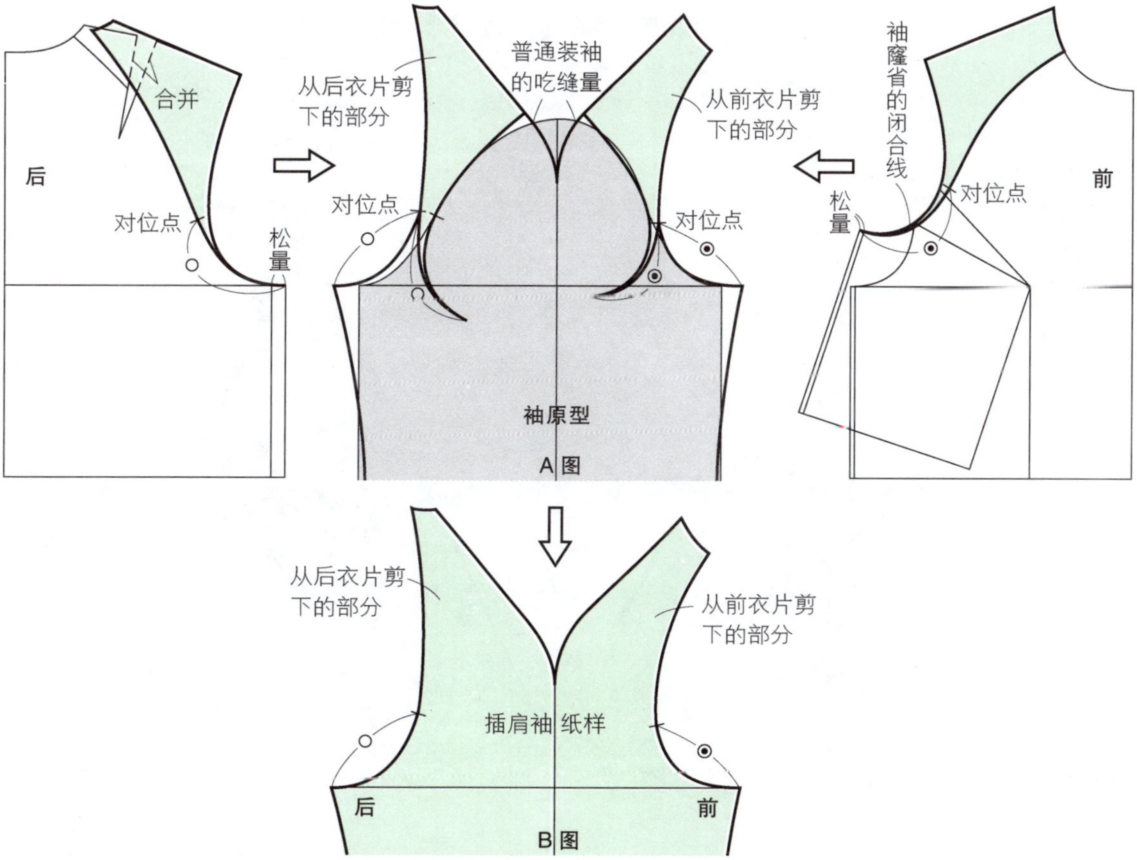

图 9－44　插肩袖纸样的构成

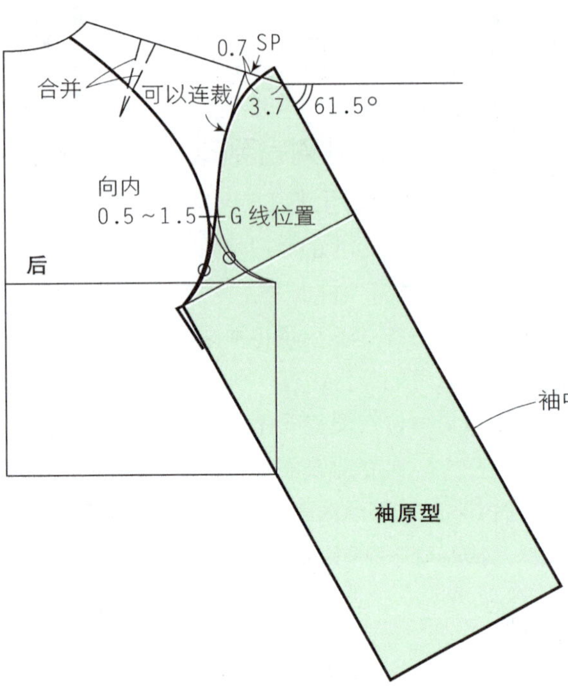

图9－45 装袖线变化后的袖子纸样构成(使用袖原型)

插肩袖原型的袖山高:袖原型的袖山高＋0.8＝15.3cm

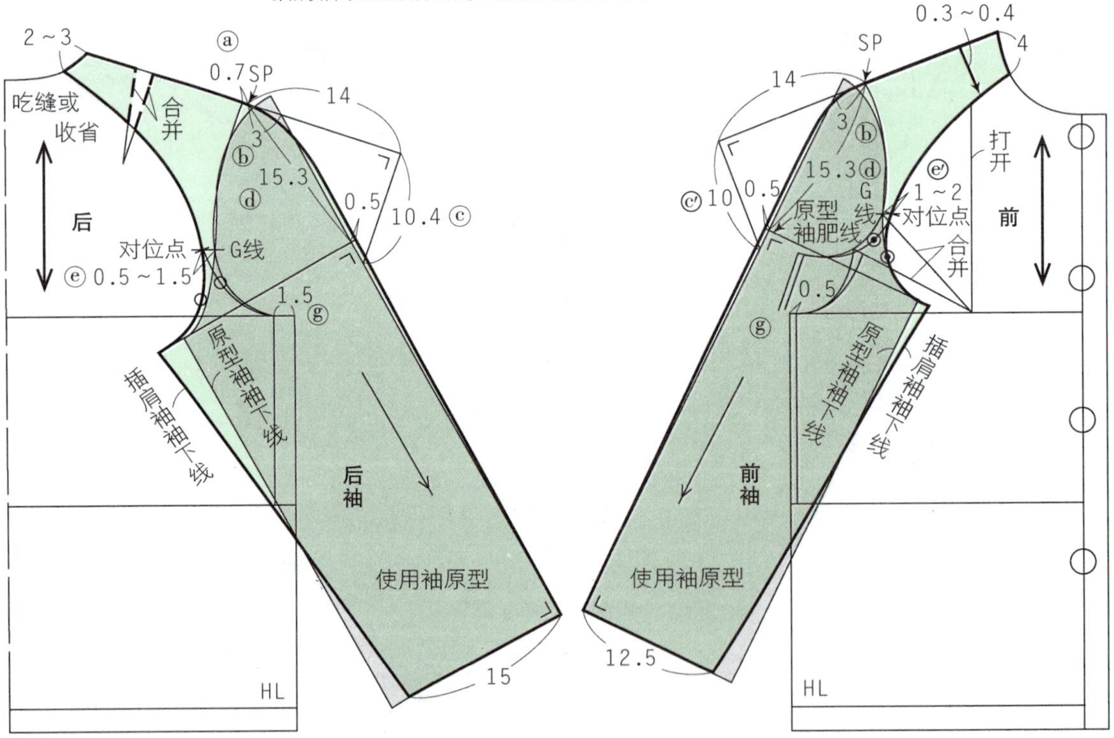

图9－46 “插肩袖原型”的制图

在该状态下观察袖中线的倾斜度。如图 9－45 所示，袖中线的倾斜度在前、后片是不一样的，以水平线为基准，前片大约是 64°，后片是 61.5°。此外，延长原型肩线与袖中线相交，前面大约离肩头 3cm，后面则为 3.7cm（比 4cm 小）。这个形态是将原型袖装到原型衣片时的数值。由此可知，在插肩袖制图中先增大后肩宽，使后衣片肩宽比前衣片肩宽多 0.7cm 左右，将此点考虑为新的后肩点会更好些。

2.3 在衣片上直接绘制插肩袖——插肩袖原型

如图 9－46 所示，根据插肩袖的设计要求，在衣片上加入一定的松量。将图 9－45 的袖中线倾斜角度换成其他的表达方法（利用肩线的延长线决定袖中线倾斜度的方法）。制图顺序和要点如下：

①决定袖中线的倾斜度。同时延长前、后原型衣片的肩线，从肩点处取一定的尺寸（在此设定为 14cm），做这条线的垂线并取某一尺寸，求出袖中线的倾斜度。

将袖原型保持不变对合到衣片上，中号原型（胸围 83cm）的情况下，后片取 10.4cm、前片取 10cm 的直角线，分别与距离肩点大约 3cm 的点相连接，就可得到与前图（图 9－45）所示角度相同的袖中线倾斜度。一般来说，插肩袖和育克袖等按照图示的方法绘制袖中倾斜线后，即使不使用袖原型也能绘制插肩袖的纸样。

②袖中线的倾斜度设定好后，如图 9－46 所示，从肩点处向下确定袖山高后画出垂直的袖根肥线。袖山高根据绱袖角度的不同而不同，如果选择与图 9－45 相同的袖山高时，则从肩点处向下取原型的袖山高＋0.8cm，再加入袖根肥线。

③合并前衣片袖窿处的省道，确定插肩线（或者其他绱袖设计线）。一般情况下，插肩线从原型袖窿弧线的前腋点高度附近（原型 G 线附近），沿背宽线向内 0.5～1.5cm，胸宽线向内 1～2cm 来确定。这样设计的结果会使手臂的活动比较方便，同时着装效果也较好。

④将衣片插肩线的长度沿对位点画弧线圆顺至袖根肥线，从而决定袖肥。

前、后片在原型 G 线位置上部的插肩线作为袖片和衣片的共用线，而在下部袖片和衣片的轮廓则呈相反的弧度，在袖根肥线上取得与插肩袖袖窿相同的尺寸来最终确定该曲线。

⑤确定袖长、袖口尺寸，画袖下线。

图 9－46 的插肩袖采用的是与袖原型相同的袖中线倾斜度和袖山高，与普通装袖相比，插肩袖有相对宽松的袖肥，运动性能良好。此外，在外套和西装类的制图中，随着袖肥宽松度的增加，事先设置了袖窿底部的重叠量，这更有利于袖子的造型。在后面的解说中，此图暂称为插肩袖原型。

⑥关于肩部曲面。

在人体肩部结构中，肩部前端略细，上臂骨向前方突出。与之相配合，在服装制作的过程中，一般需要拔开前肩。如果是具有育克或插肩线的款式，可以利用适当的分割线打开纸样作为肩部的伸展量效果会更好。此外，后肩部的省量，可以利用插肩袖的绱袖线来折叠合并肩省，也可以将其转移至插肩线中。在加垫肩的外套中，由于垫肩的缘故，肩部前面的凹处和后肩胛的突出会变成单曲面，因此没有必要做这些处理。图 9－47 是完成该省道处理作后的纸样。

图 9－48 是该纸样的着装效果。图 1 显示了伸开右臂时该纸样的绱袖角度，即在没有褶皱、袖口和下摆没有起翘的情况下观察得到的手臂侧抬时的角度（绱袖角度）。此时与垂线对应的绱袖角度大约为 17°。

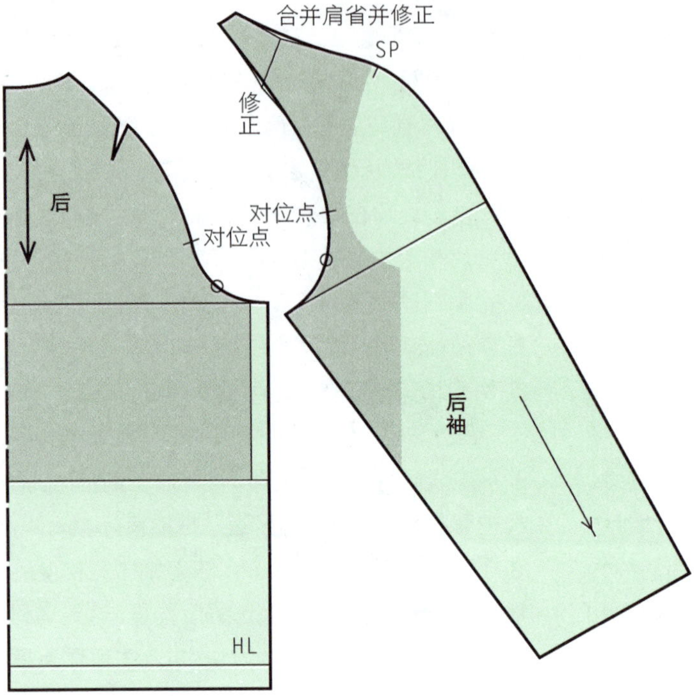

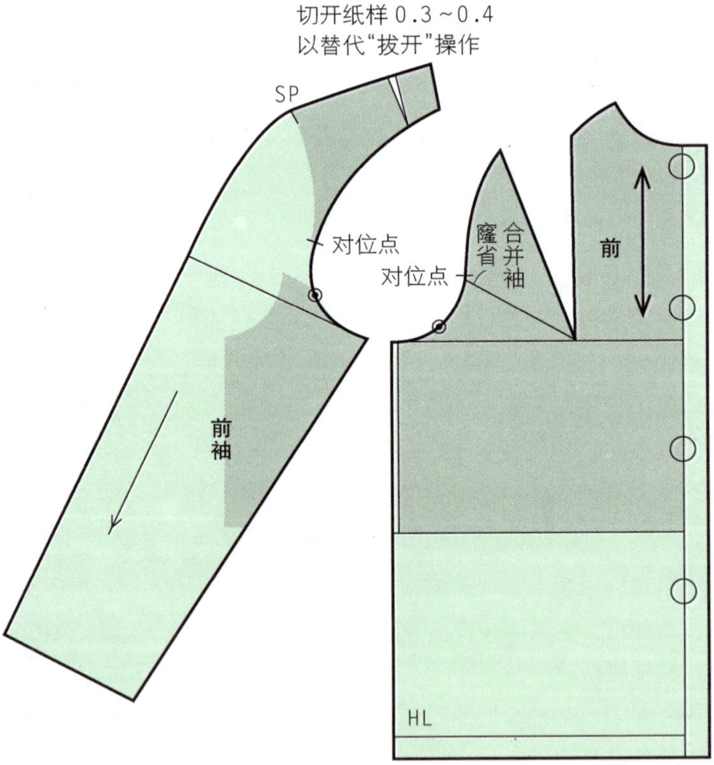

图 9－47　完成省道及肩部处理后的“插肩袖”纸样

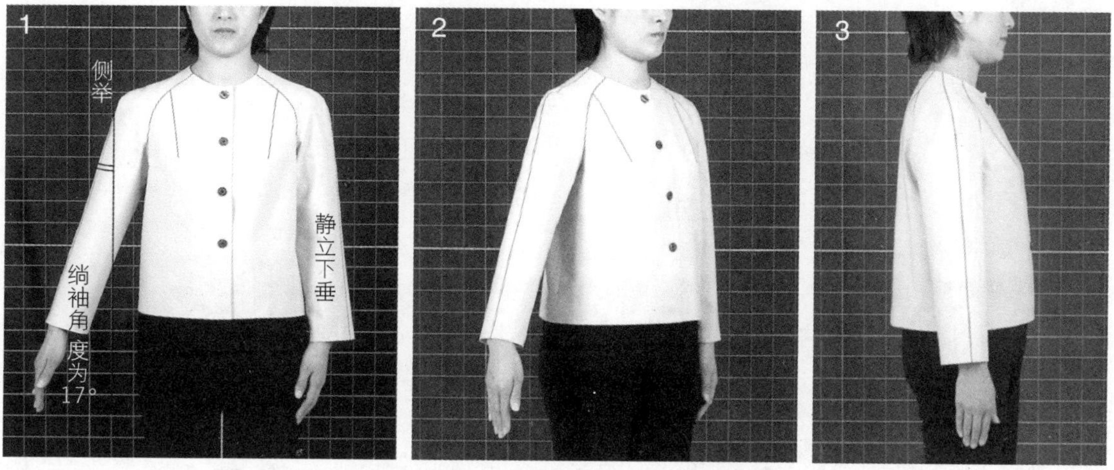

图 9－48 “插肩袖原型”的着装状态

2.4 插肩袖构成因素的变化及其造型——绱袖角度“中”的情况

以“插肩袖原型”的构成方法为基础，改变构成因素的相关构成条件，就可以绘制出需要的插肩袖纸样。

图 9－49 为基本插肩袖女外套的着装照片，其中绱袖角度稍微加大，外形轻便，袖子构成因素的各部位尺寸也随之改变。侧抬手臂使臂根周围的褶皱消失，从中可以观察出绱袖角度约为 35°。

绱袖角度为 35°的插肩袖和插肩袖原型相比，更便于活动，可以作为轻便式西装的袖中线倾斜度。纸样如图 9－50 所示，其中的ⓐ～ⓖ是构成因素各部位的记号。另外，前、后衣片构成因素名称相同的，在前衣片的记号上加注了′。

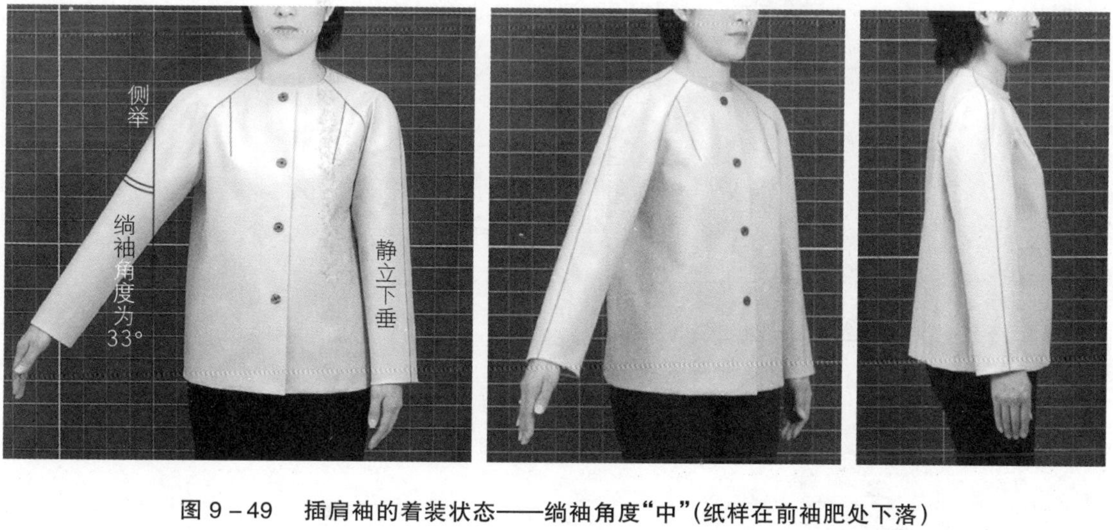

图 9－49 插肩袖的着装状态——绱袖角度“中”(纸样在前袖肥处下落)

该纸样与“插肩袖原型”的不同点如下所示。

①由于减小ⓒ、ⓒ'，袖中线倾斜角度也变小（以水平线为基准）。

②由于ⓒ、ⓒ'之间的差值增大，袖中倾斜线的前、后角度差与插肩袖原型相比变大。

③袖山高变低。

④只有纸样的前袖底部下降了1cm。

⑤前衣片的胸省除保留了一部分在袖窿外，其余的省量作合并转移。

也就是说，在绱袖角度发生变化时，衣身造型和袖子造型等构成因素是同时变化的。

关于纸样构成因素变化的说明，按照以下几个方面进行讨论。

①对于袖中线倾斜角度来说，随着ⓒ、ⓒ'数值的变小，该袖子较插肩袖原型稍宽松，因此着装图所看到的绱袖角度也随之加大。也就是说，日常穿着的上衣类款式如果希望设计得更加便于活动时，倾斜角度越大越好。但是这种情况下，当手臂下垂时，倾斜角越大，在臂根处的褶皱也就越多。

②袖山高是和“绱袖角度稍加大”这一条件相符合的，该袖子的袖山高比插肩袖原型低，同时袖肥加大、袖下线尺寸变长，是便于活动的设计。

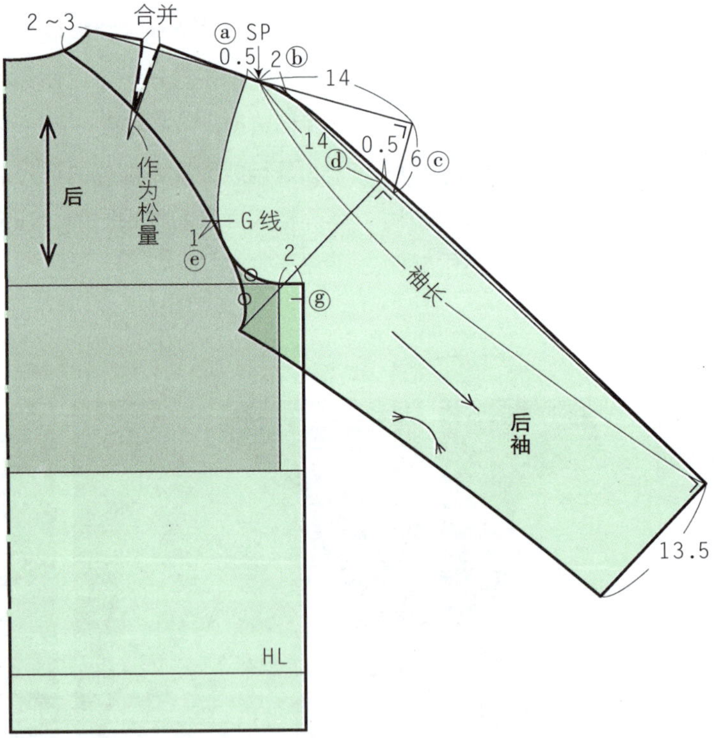

③与“插肩袖原型”相比，前、后袖中线倾斜角度差（ⓒ、ⓒ'的差）加大的原因是，希望与手臂的前倾趋势相吻合（参照图 9－19、图 9－20），如图 9－51 所示，将袖中线在袖口侧向前调节。

如本章中所述，人体静立时，手腕前端至肩点下垂线的水平距离，年轻人的平均值大约为 5cm（约 6.2°）。在插肩袖中，袖中线常常作为分割线，因此就如在紧身袖中所述，袖口倾斜量大约为手臂前倾量的 1/2，袖中线在袖口处向前移动，这样看起来袖子的形态与手臂下垂的自然状态基本吻合。

图 9－52 是将插肩袖原型与该纸样重叠后的图示。在该插肩袖的纸样设计中，与插肩袖原型的袖中线相比，前袖片的袖中线在袖口处大约向前倾斜了 3cm，后袖中线在袖口处也同样向前倾斜了 3cm。

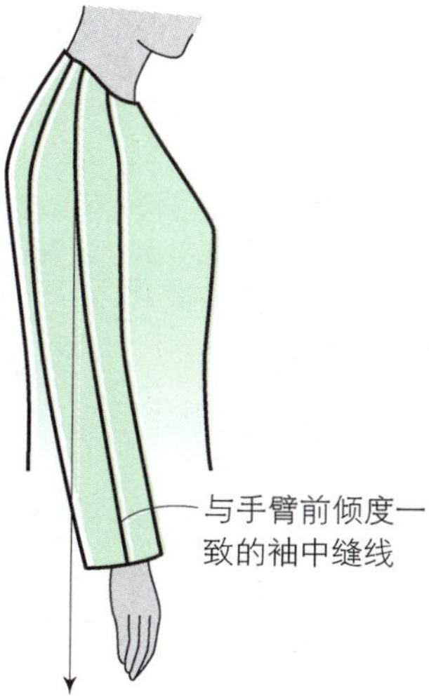

图 9－51　袖中缝线的位置

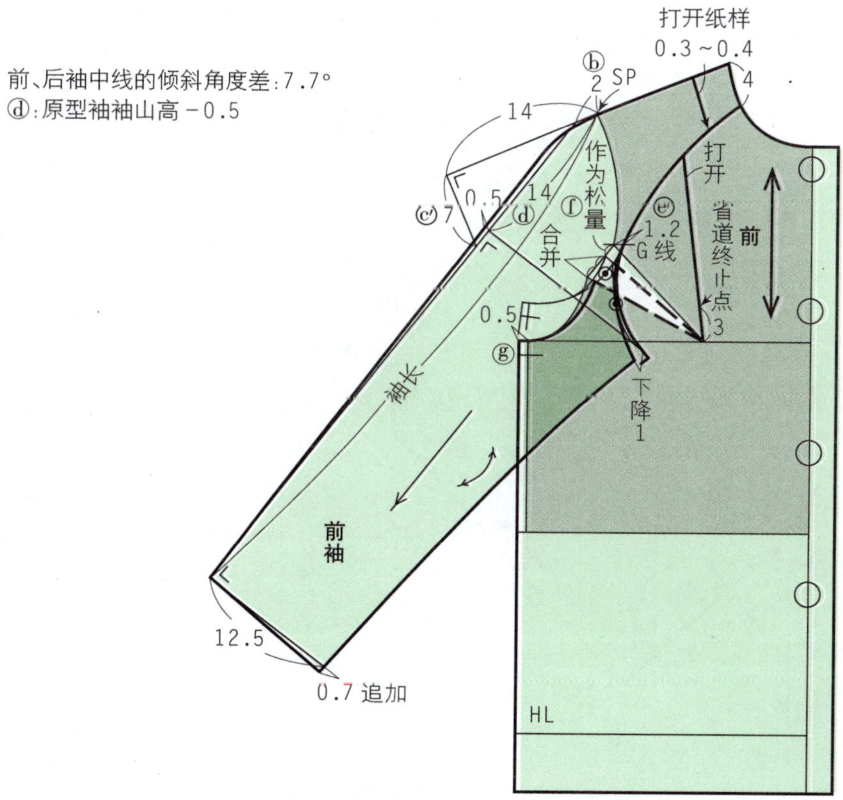

图 9－50　插肩袖纸样——绱袖角度“中”

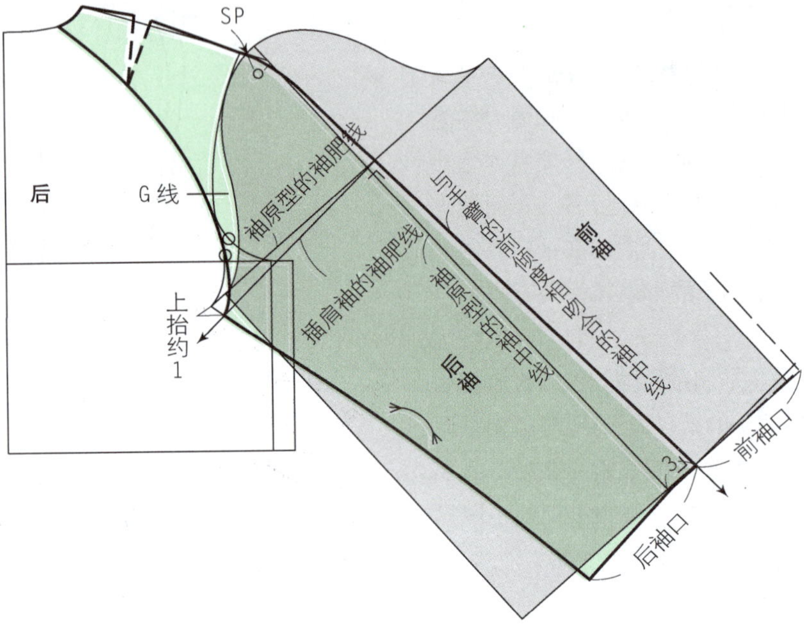

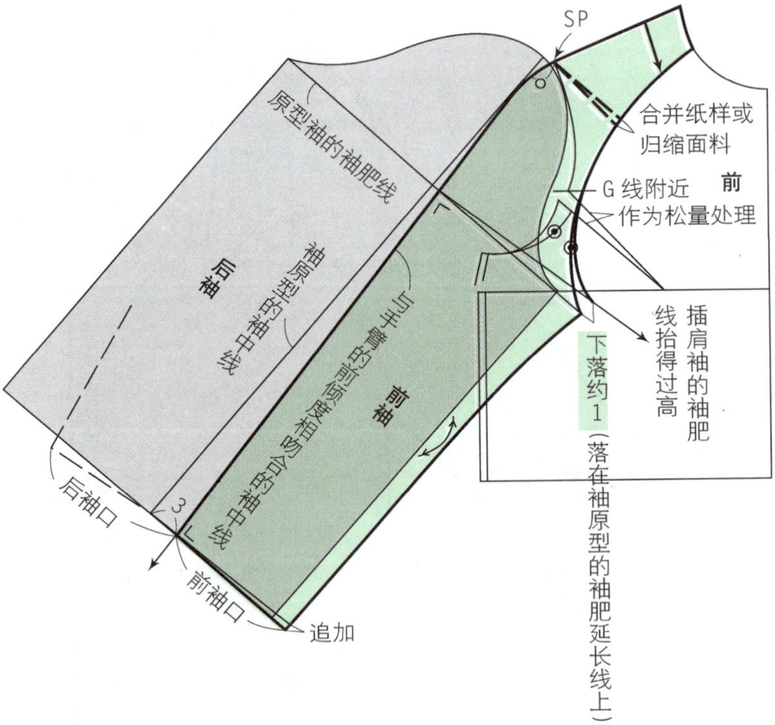

图 9－52　与手臂前倾度相吻合的袖中线的调节

从放置了袖原型的比较图中可以观察到，与“插肩袖原型”相比，袖中线的前、后倾斜角度差值加大，从而形成了袖中线的向前调整。

④在该纸样中，前袖根肥线调整下落了 1cm，其理由如下。

观察图 9－52 的前衣片，其袖片与原型袖的袖山高相同，在插肩袖的袖中线处作直角线所形成的袖根线与“插肩袖原型”的袖根线方向稍有不同。即为了满足袖口前摆，制图中改变了袖中线的倾斜角，这样就造成与之垂直的袖根肥线在袖底部偏高。因此，将前袖根线底部下落 1cm 左右就可以恢复到“原型插肩袖”的袖根线位置。

也就是说，在直接绘制插肩袖纸样时，如果插肩袖的前袖中线的倾斜角度较大，在绘制了与之相垂直的袖根线后，将袖根底部下调 1cm 左右非常重要。

如果不做袖根底部的下落处理，袖子整体会向后摆。

与前衣片相反，在后衣片中，与“插肩袖原型”的袖根线相比，与插肩袖的袖中线呈直角关系的袖根线则下落过多，因此，要恢复到“原型插肩袖”的袖根线位置时，需要上抬 1cm。但是这样一来，如图 9－53 所示，袖中线会有些过于前摆，因此，后袖根线的方向不一定需要改变。

⑤袖窿省道。便装或衣身宽松的情况下，保留部分袖窿省作为松量处理会更便于着装。

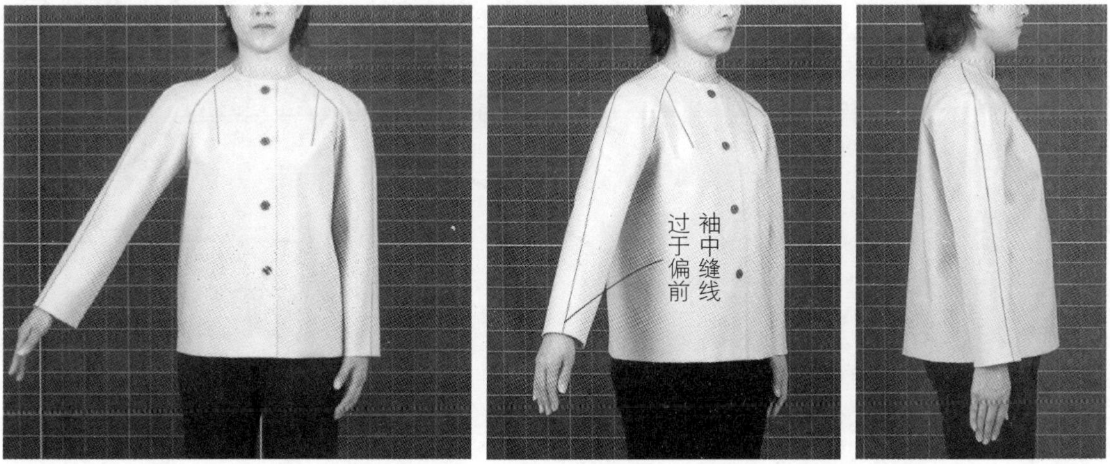

图 9－53　前袖肥线下落、后袖肥线上抬后纸样的着装状态

2.5 插肩袖构成因素的变化及其造型——绱袖角度“大”的情况

绱袖角度大的例子如图 9－54 所示，该纸样的特点是手臂下垂时不会出现过多的褶皱，绱袖角度在 50°~60° 左右时，在袖口、上衣下摆等处不产生上翘。由于是宽松的袖子，袖中线倾斜角变小（以水平线为基准），袖山高较低（表 9－1 ⓓ），袖肥相应增大，袖下尺寸也随之变长，因此便于活动。图 9－55 是其着装照片。纸样如图 9－54 所示。

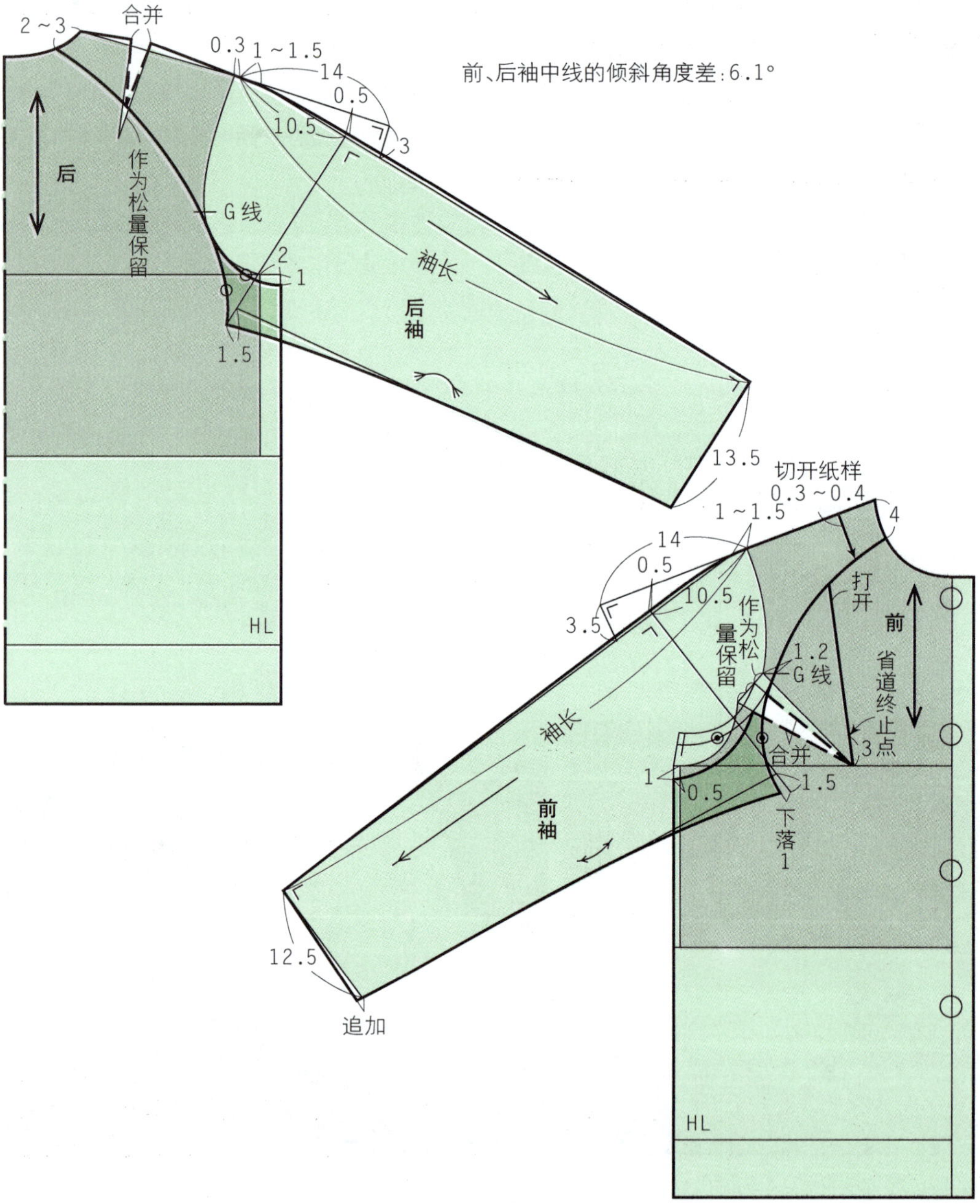

图 9－54 插肩袖纸样——绱袖角度“大”

表 9－1 描述了上述三种插肩袖的绱袖角度和纸样构成要素的关系以及制图中涉及到的各部位尺寸。表中ⓐ～ⓖ记号所代表的纸样部位如图 9－50 所示。

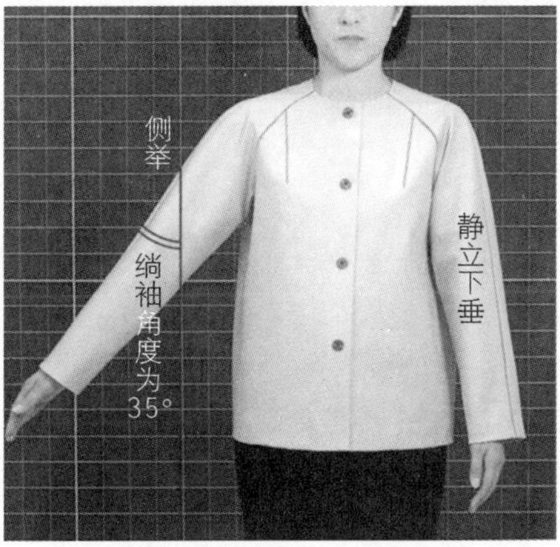

肩部状态很好，袖窿底部略存褶量

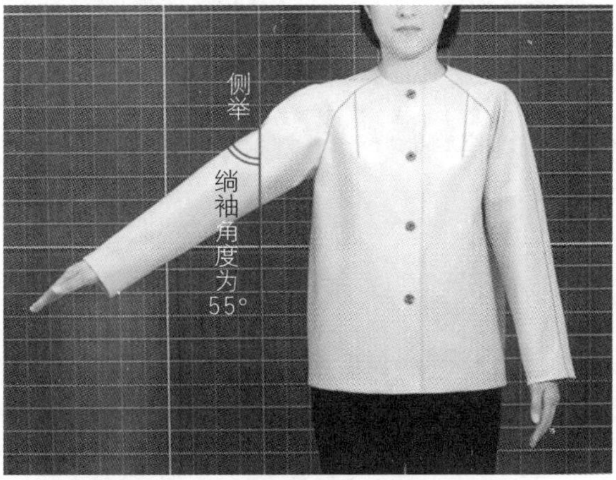

袖下缝位侧举至极限角度，肩部出现褶量
（袖口及底摆不出现上提的极限角度）

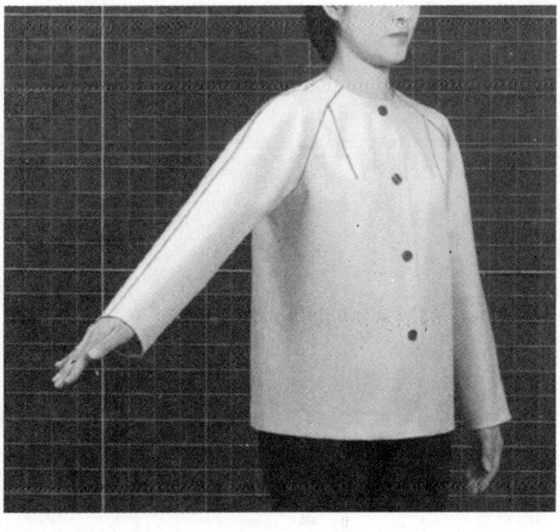

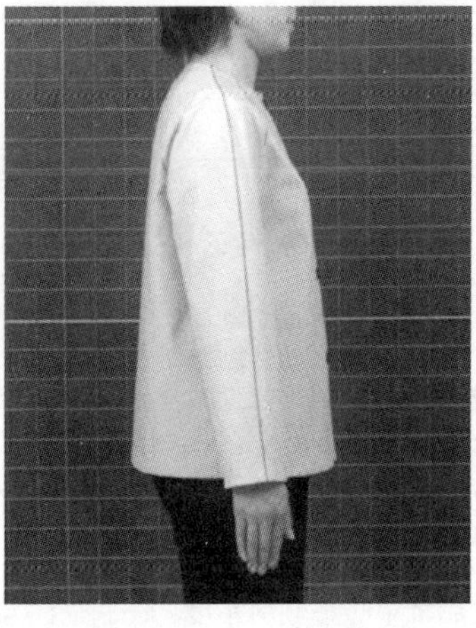

图 9－55　插肩袖（袖中缝线倾斜度小的设计）的着装状态——绱袖角度“大”

2.6 插肩袖构成因素的变化量与造型、服装品种间的关系——小结

利用衣片直接绘制插肩袖纸样时，袖中线的倾斜度与袖山高是决定袖子立体感及绱袖角度的主要因素。

将袖原型的前、后片分别置于原型前、后衣片的绱袖位置时所形成的袖中线倾斜度被认为是最大倾斜；根据设计的不同，可以将该倾斜度调整减小以获得更宽松的袖型。

图 9－56 归纳了上述三种插肩袖的纸样在对应不同袖中线倾斜度时，ⓑ、ⓒ（决定袖中倾斜的尺寸）、ⓓ（袖山高、肩厚度）等各纸样构成因素（ⓐ～ⓖ）的变化关系。

即根据绱袖角度的不同，袖中线倾斜度也随之发生变化。对于静立状态来说，袖山高最高，绱袖角度较小，同时也缺乏便于运动的感觉。此外，对于静立状态的袖子来说，虽然袖山高可以随袖窿下落量同步增加，但如果从便于运动的角度来考虑，袖山高应适度降低。

表 9－2 是以上述三种造型为基础，显示了针对不同插肩袖造型时，人体宽松度的大小、运动适宜度的要求等纸样构成因素的变化。同时也讨论了针对外衣、内衣、面料质地薄厚等不同服装品种时，纸样制图中的注意事项。另外也显示了穿着要求变化时，对于各部位尺寸的改变量及其范围。

表 9－1　插肩袖制图中绱袖角度与纸样构成因素的关系　　单位：cm

项目			绱袖角度		
			小	中	大
			17°（插肩袖原型）	33°	55°
纸样构成要素	ⓐ	后肩点追加量	0.7	0.5	0.3
	ⓑ	袖中线倾斜的起始点对应尺寸	3	2	1.5
	ⓒ	后袖中缝线倾斜的决定尺寸	10..4	6	3
	ⓒ'	前袖中缝线倾斜的决定尺寸	10	7	3.5
	ⓓ	袖山高	15.3	14	10.5
	ⓔ	后宽对应的袖窿弧线位置	沿 G 线向后中心移动 1cm	0.5	0.5
	ⓔ'	前宽对应的袖窿弧线位置	沿 G 线向前中心移动 1.2～1.5cm	1	1
	ⓕ	前袖窿剩余省量（松量）	0	1/3	1/3
	ⓖ	袖窿下落量	0	0	1
		后袖中缝线倾斜角度	61.5°	44.6°	31.5°
		前袖中缝线倾斜角度	64°	52.3°	37.6°
备注			ⓐ～ⓖ的记号部位，如图 9－50 的纸样上所示		

如图 9－56 所示，通过衣片直接绘制袖子纸样时，袖山底部与衣片的袖窿底部会产生交叉重叠量。当插肩袖设计为下垂袖型时，就会产生类似图中插肩袖原型所示的相当大的交叉面积。

交叉重叠的面积越大，袖子的立体度就越好，也越接近于下垂状态；反之，面积小，就会形成袖中线倾斜度宽松的休闲袖。

如果没有交叉重叠量，则形成平面造型的和服袖(平袖)。

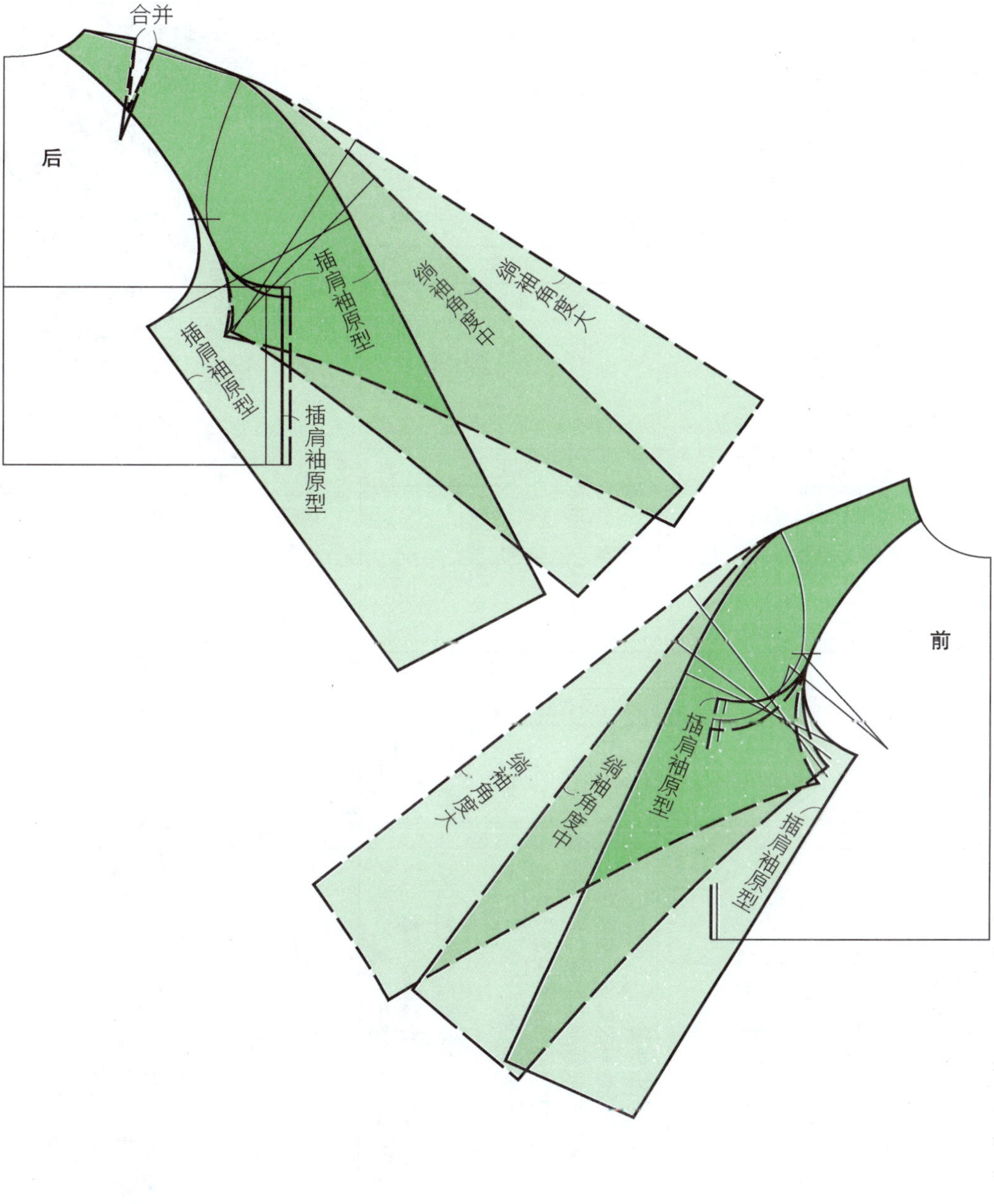

图 9－56　插肩袖三种纸样的重合图

表 9－2　不同服装品种插肩袖绱袖角度与纸样构成因素的关系及参考尺寸

单位：cm

条件	服装品种	外套·连衣裙					西服				大衣			
条件	衣身的松量	小		中～大			小		中～大		中		大	
条件	绱袖角度	中	大	小	中～大	大	小～中	大	小	中～大	小～中	大	小	中～大
条件	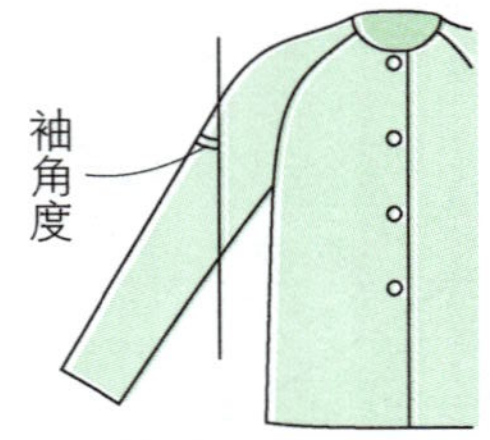													
纸样构成因素	ⓐ 后肩点追加量	0.7	省略	省略	0～0.5	省略	1	省略	省略	0.5～1	1	省略	省略	0.5～1
纸样构成因素	ⓑ 袖中线倾斜的起始点对应尺寸	2			1.5～1		3～2			2～1.5	5～3.5			3.5～3
纸样构成因素	ⓒ 后袖中缝线倾斜的决定尺寸	5.5～4			比“小”更小的值		6			比“小”更小的值	6.5～5.5			比“中”更小的值
纸样构成因素	ⓒ' 前袖中缝线倾斜的决定尺寸	6.5～5			比“小”更小的值		7			比“小”更小的值	8.5～6.5			比“中”更小的值
纸样构成因素	（袖中线的倾斜角度）	大			小～中		大			小～中	大			小～中
纸样构成因素	ⓓ 袖山高	14.5～14			比“小”更小的值		16～15			14～13.5	18～15			比“中”更小的值
纸样构成因素	ⓔ 后宽对应的袖窿弧线位置（G线）	0.5～1			0		0～0.5			0	随设计变化			随设计变化
纸样构成因素	ⓔ' 前宽对应的袖窿弧线位置（G线）	1～1.5			0.5～1		1～1.2			0.5～1	0.5～1			0.5～1
纸样构成因素	ⓕ 前袖窿剩余省量（松量）	1/4			1/4～1/2		1/4			1/3～4/5	1/3～4/5			1/2～4/5
纸样构成因素的对应位置		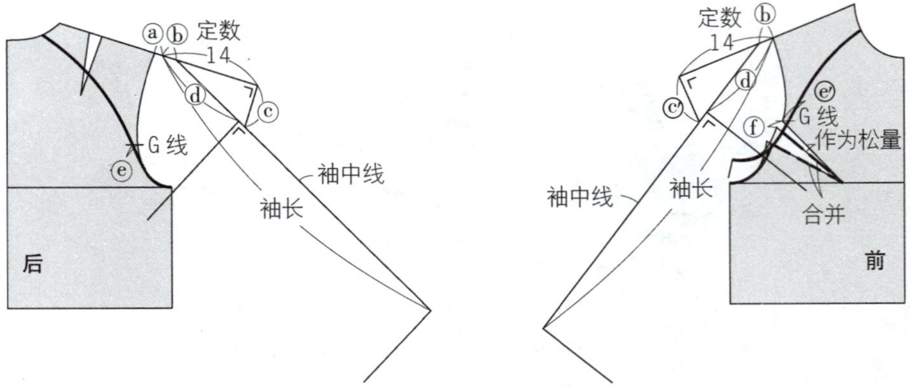												

2.7 衣片袖窿下落对应的袖山高度变化

图 9 - 57 显示的是随着袖窿深度（下落量ⓖ）的变化所引起的袖山高度变化。大衣类服装的袖中线倾斜度较大（穿着时要求接近下垂状态），当衣身的松量在一定程度上增加时，袖窿以插肩袖原型为基础，袖片与衣片采用相同的下落尺寸，通过增加袖山高，使袖根线下落，在不改变绱袖角度的前提下绘制袖子纸样。但是，当衣身在原型袖窿的基础上下落量大于 3cm 时，袖山高如果也增加相同的量，手臂将难以抬起，因而缺乏实用性。所以如图所示，当袖窿下落超过 3cm 以上时，袖山高的增加量应逐渐减少，这样运动机能性会较好。

2.8 通过拔开面料使袖中缝线配合手臂的前摆趋势

为了使袖中线呈现自然的弯曲（或者前摆）效果，可以采用以下两种方法：一是通过调整纸样实现摆动，另一种是在缝合时将一边拔开，一边缝合归缩，从而实现自然摆动（这种情况是朝拔开方向弯曲）的效果。

通过调整纸样实现前摆的方法在图 9 - 50 中已经进行了说明。对于插肩袖制作来说，有时是将袖中缝线沿直纱方向裁剪；如果将前中心线裁成直纱，则袖中缝线为正斜纱方向。下面介绍的育克袖及连身袖就是这种情况。

在这种情况下，利用布料的特性，通过归拢和拔开就可以实现袖中线向前摆动的效果。图

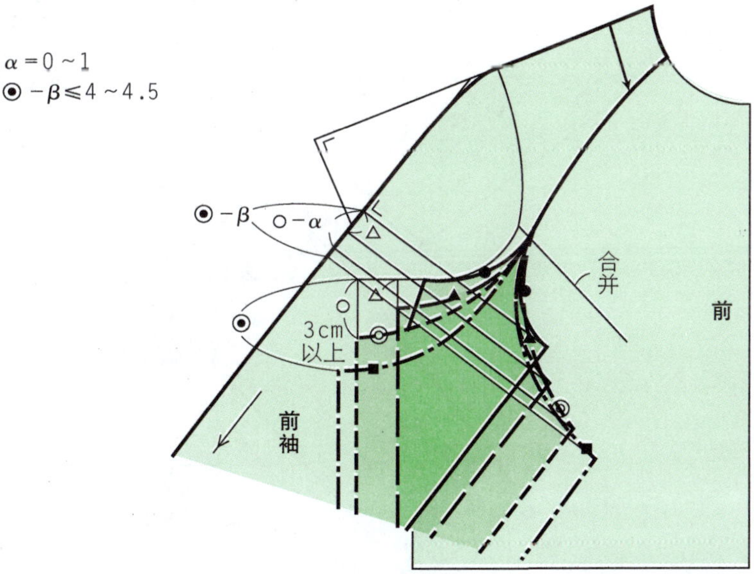

图 9 - 57　袖窿弧线的变化

9－58 标示了纸样的拔开位置以及以拔开为前提时缩短前袖长度的操作。将前袖中线的长度略缩短，从上臂部分至肘线附近拔开，然后与后袖中缝线缝合，便可以形成如图 9－51 所示的肘部以下向前摆动的状态。

后袖片的操作与前袖片相反，袖山底点稍上提，与前片相比袖下线长出的部分在袖口侧修剪掉形成袖口曲线或者不剪掉而是在肘部直接作归缩处理。

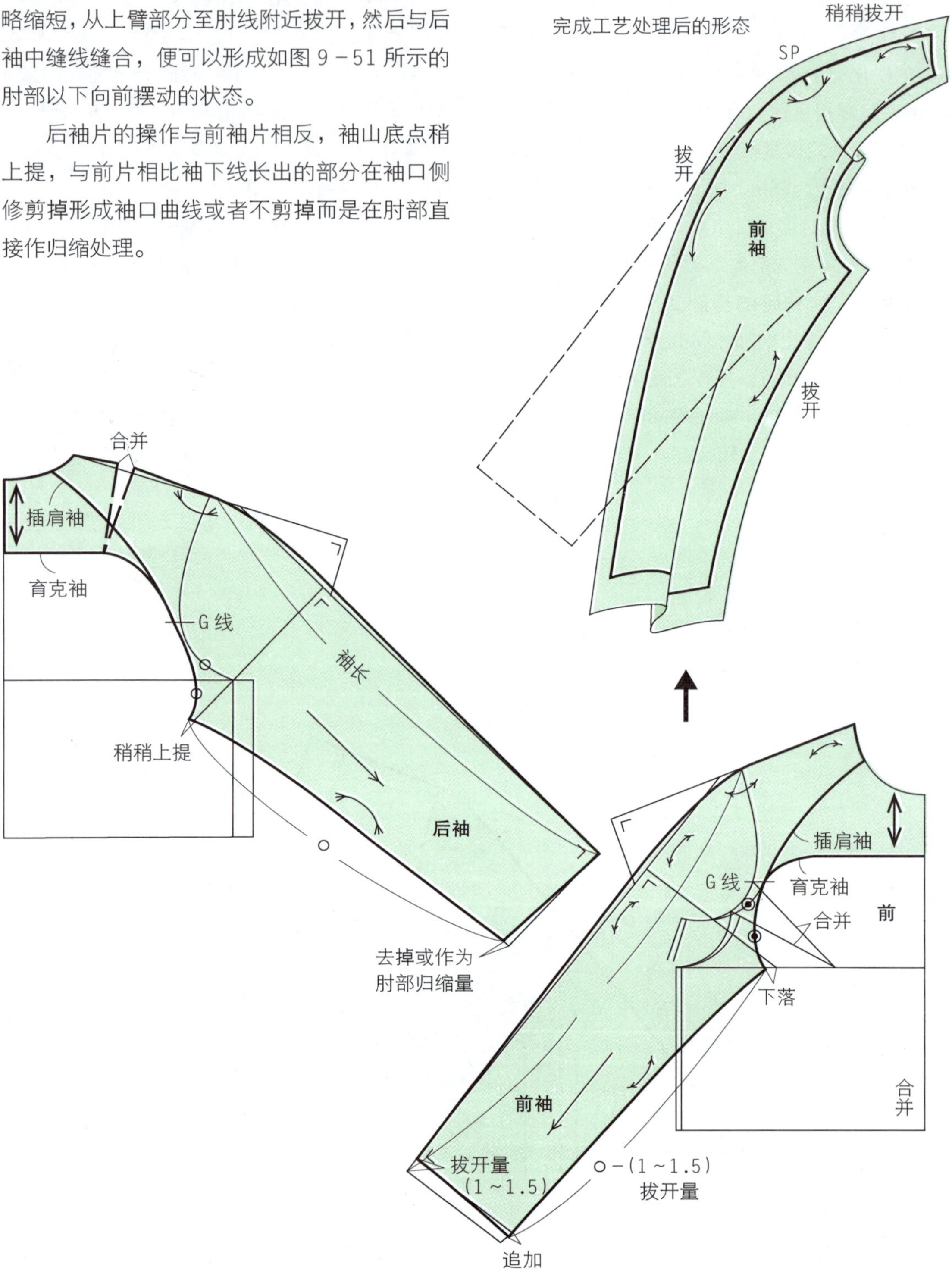

图 9－58　通过拔开前袖中缝使袖中线向前摆动

3. 其他绱袖线的设计与纸样

其他变化款式的绱袖线设计与普通插肩袖一样，在确定袖子的绱袖角度后，依次①设定袖山线倾斜角度，②决定袖山高度，③采用与插肩袖方法相同的制图理论。

在纸样上确定绱袖设计线的要点是：在G线附近确定与插肩线纸样上相同的对位点，以该点为界，在上方可以设计各种不同的绱袖线，袖子和衣片构成在G线下方分开，然后可以采用与插肩袖完全相同的制图理论来绘制纸样。

如图9－59所示，利用绱袖角度“中”的插肩袖的袖中线倾斜角度、袖山高，进行肩章袖、半插肩袖和育克袖的制图。绱袖设计线基本上在G线高度处通过。

图9－60是连身袖的纸样。在连身袖中，袖山底部与衣片的分割线之间必须要保留适度的间隙(最少为1.5～2cm)作为缝头量。对于衣身的松量、绱袖角度以及袖山高的确定等，方法与插肩袖完全相同。

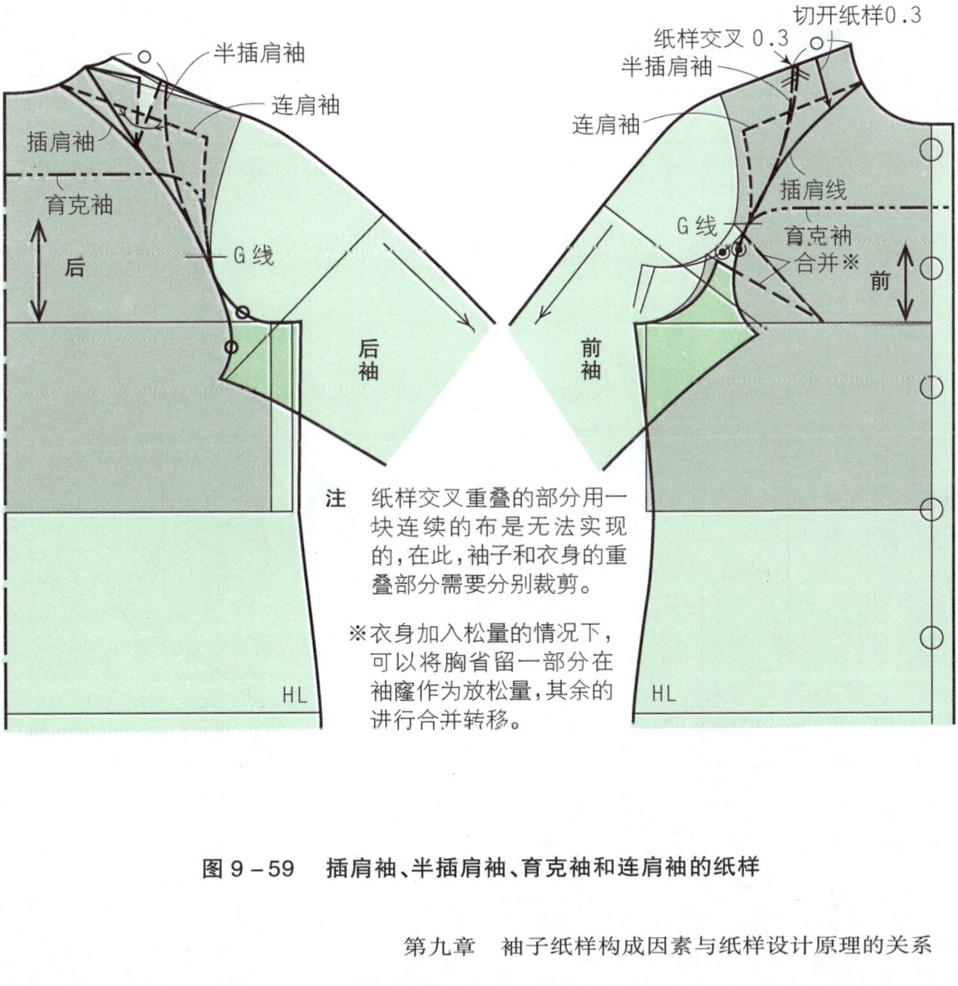

注 纸样交叉重叠的部分用一块连续的布是无法实现的，在此，袖子和衣身的重叠部分需要分别裁剪。

※衣身加入松量的情况下，可以将胸省留一部分在袖窿作为放松量，其余的进行合并转移。

图9－59 插肩袖、半插肩袖、育克袖和连肩袖的纸样

图 9－61 是方形袖窿插肩袖的制图方法。可以看到袖中线采用相同的倾斜角度，与同样袖山高的其他绱袖设计的纸样相比较，方形袖窿插肩袖的袖肥最宽。

如上所述，根据绱袖形态的不同，即使衣片袖窿底部不发生变化，袖肥也有可能发生变化。袖肥增大时袖子会便于活动，按照运动机能性的要求，在绱袖线的设计上应多下功夫。

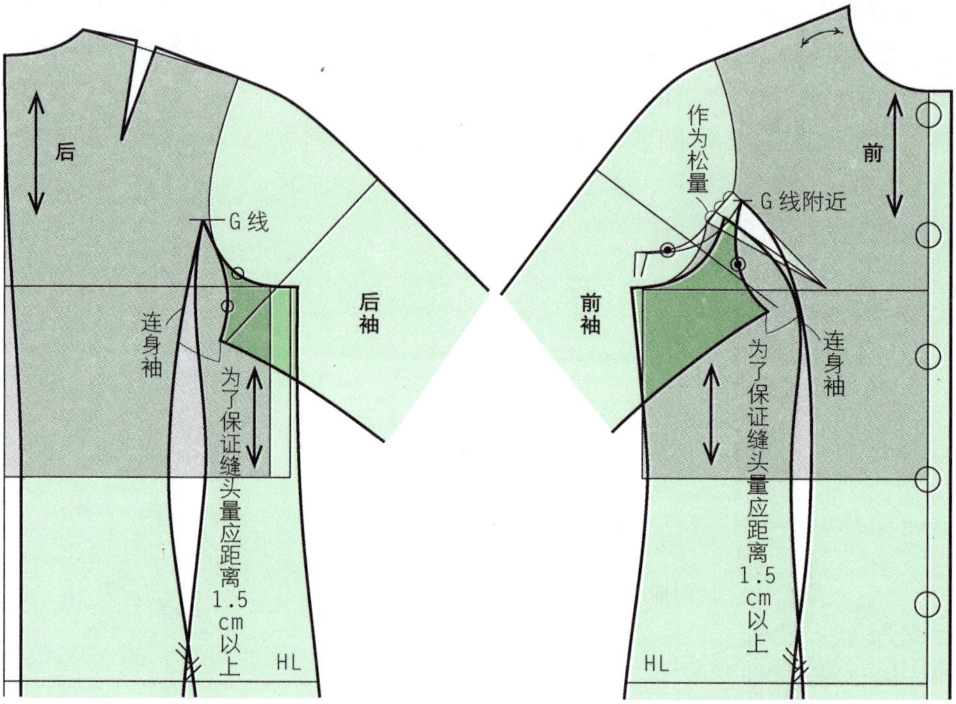

图 9－60　连身袖的纸样

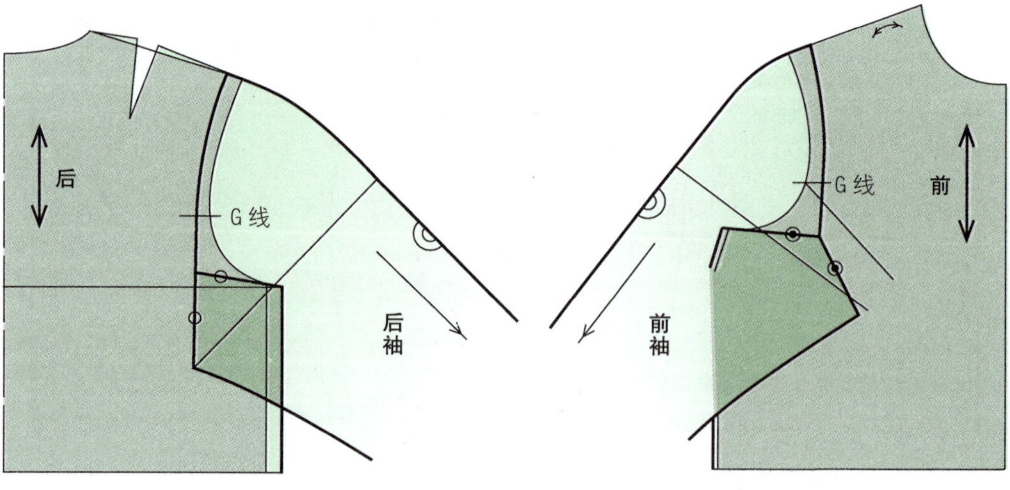

图 9－61　方形袖窿插肩袖的纸样

五、平面造型袖

1. 立体袖与平面袖的纸样差异

如图 9－42 所示，平袖与和服袖等都属于平面造型的袖子类型。而图中的落肩袖和加入插角的平袖，虽然接近于平面造型，但袖下部分使袖子的整体造型多少具有立体感。

在立体造型袖的纸样构成中，如图 9－45 所示，将袖原型和衣片袖窿对合，由于袖山弧线中包含了吃缝量，因此，衣片的袖窿与袖山弧线的长度和形状都不一致，而在袖窿下部，衣片和袖子则存在着一定的交叉重叠部分（图 9－54）。另外，插肩袖也如图 9－45～图 9－55 所示，袖下部分在纸样上和衣片相交叉，可以看出这些就是形成“立体形态”的结构部分。

而在平面袖的纸样中，则不存在这两种现象，如和服袖（平袖）的衣片和袖子是由一块连续的布形成的，再如落肩袖，即便有绱袖线也是接近于平袖的状态。

这类平面袖型，其纸样在制图过程中需要注意以下几点。

●增大衣身宽度和袖肥

平面造型在构成上缺乏厚度量，如图 9－62 的模型图所示，用前、后两个平面结构的衣片包裹相连的两个圆柱体时，需要加入更多的松量才能够将袖下及腋下对合起来。

●减小袖山的倾斜角度

像插肩袖和育克袖那样，在衣片前、后腋点位置加入绱袖线时，袖肥有可能会增加；对于平袖或平面造型的落肩袖来说，在制图时袖中线的倾斜角度减小，袖肥增加，袖下尺寸加长。随着袖中线倾斜度的减小，衣身和袖片会逐渐远离身体，袖中线前、后的倾斜差也随之减小，易于缝合。在袖中线呈水平时，前、后倾斜度完全相同。尽管袖中线的倾斜角度越小手臂就越容易活动，但当手臂下垂时，袖子在腋下部位的褶皱也会相应增多。

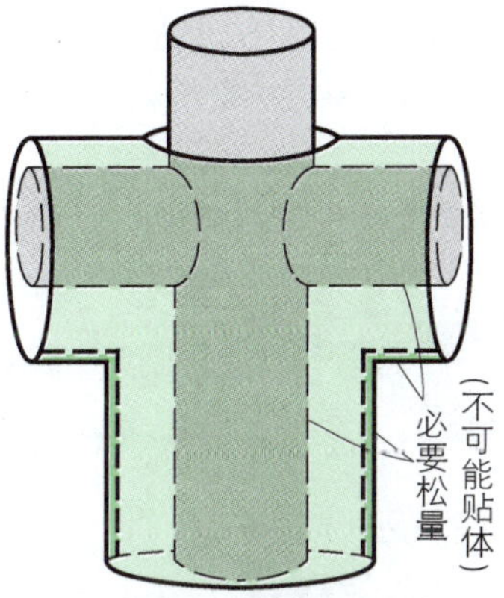

图 9－62　平面结构衣片包裹立体造型时的必要松量

2. 平面造型袖的设计与纸样

2.1 平面造型袖

●平袖的纸样

图 9－63、图 9－64 是图 9－65 纸样 A、B 的着装图。

A(图 9－63)是尽量使袖原型的袖肥、袖下尺寸和上半身原型的腋下长不变短的平袖，这种不加入插角的平袖采用直接延长肩线形成袖中线的结构。但是，由于该纸样的衣身宽度、袖肥的松量在平袖设计中为最小限度，因此用一块连续的布包裹人体时，如照片中所看到的，松量是远远不够的。

图 9－64B 在袖中线的做法上与 A 相同，但衣身宽度和袖肥同时变宽，图 9－65 中的 B 是其纸样。B 在穿脱衣服的过程中手臂更容易进出。在手臂侧举大约 60°以下以及向前、后方向运动时，B 是有利的。但是在 60°以上的侧举中与 A 相比，由于袖下尺寸、腋下长度变短使上举困难，此外，袖下长、腋下长不足造成手臂上抬时整件衣服都会随着上提。

图 9－66 是蝙蝠袖的纸样。由于袖窿加深，腋下长加上袖下尺寸变得更短，这样就造成手臂上抬运动不自由。为了修正这一点，可以采用夹克的设计方式来提高运动机能。

●落肩袖 A

图 9－67 是接近普通衣服的裁剪方式，袖子为完全的平面式结构，袖中线呈水平状态。

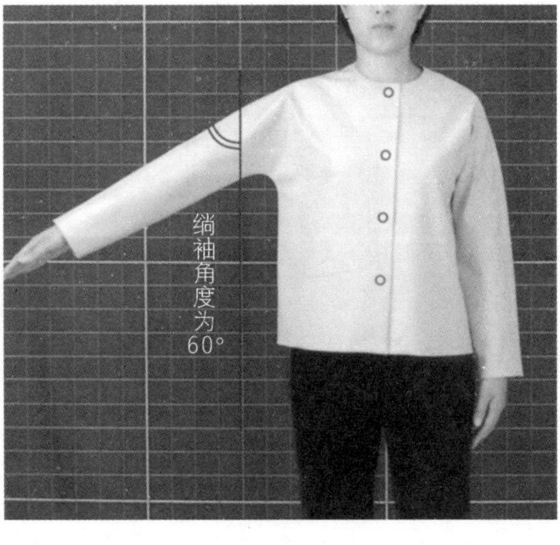

图 9－63　和服袖(平袖)A 的着装图

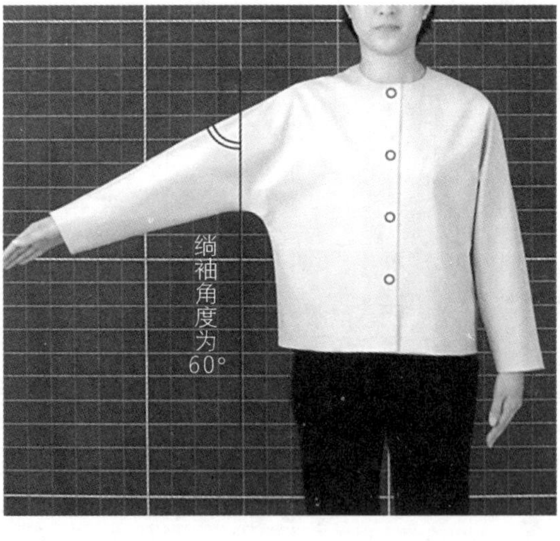

图 9－64　和服袖(平袖)B 的着装图

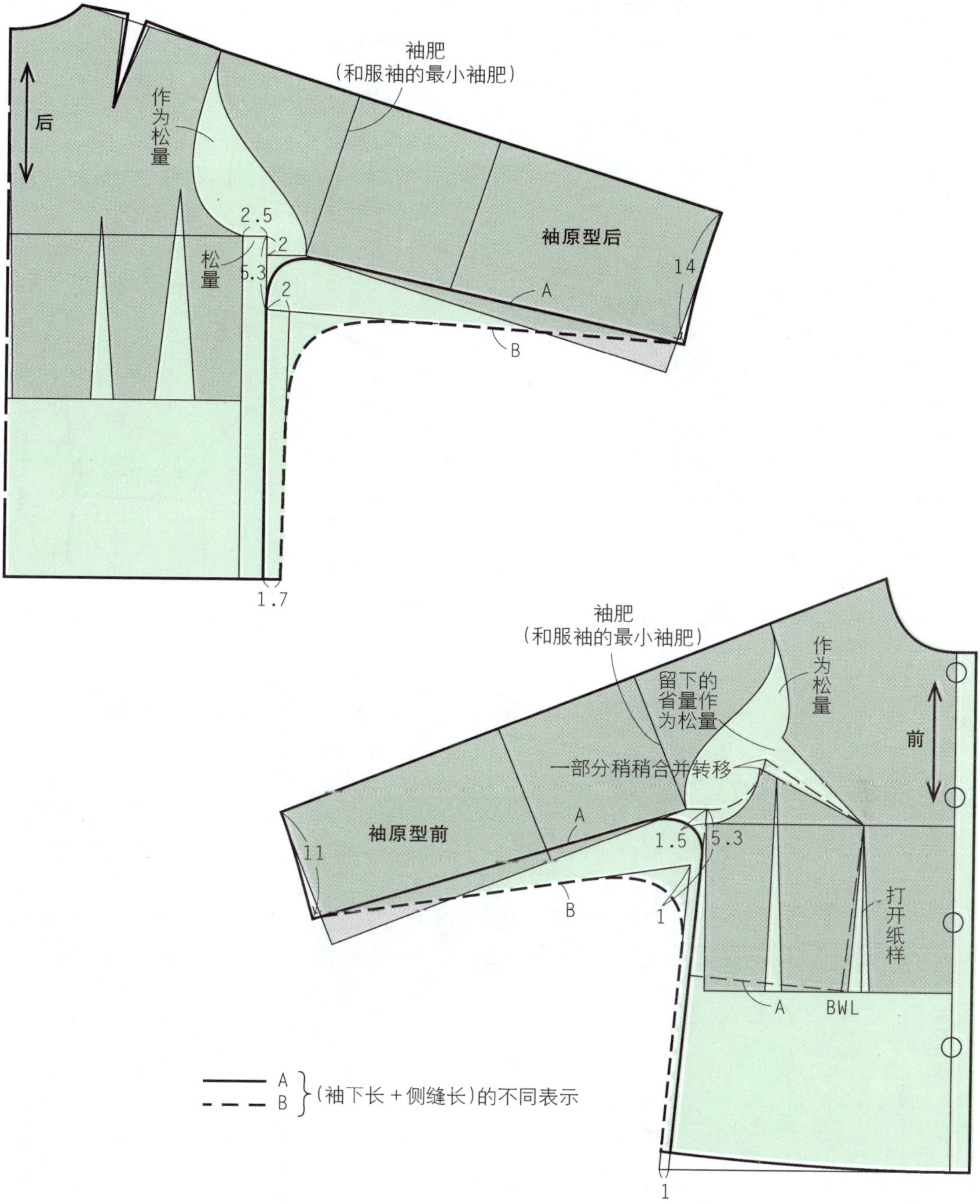

图 9－65　和服袖(平袖)的纸样构成要素

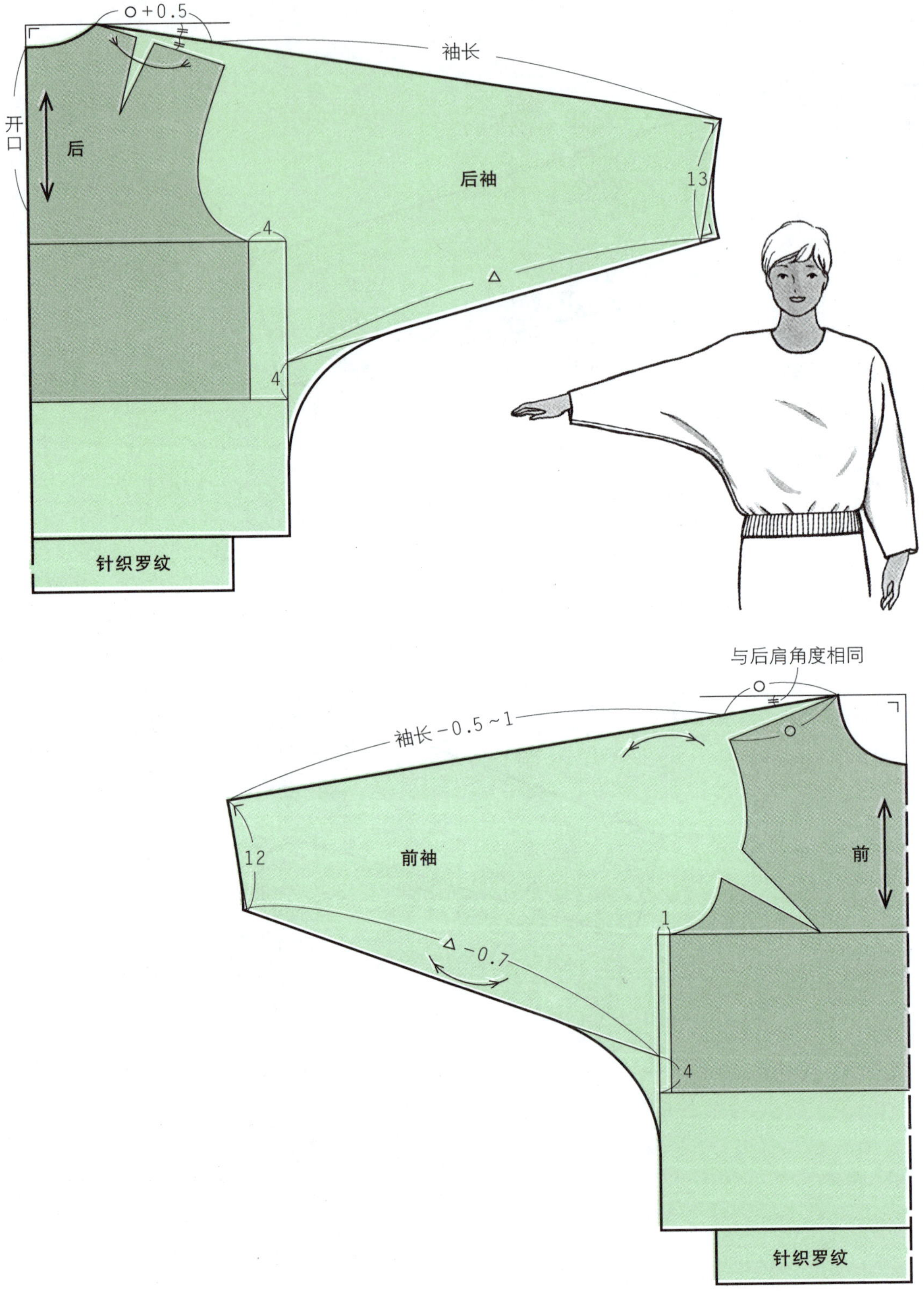

图 9－66　蝙蝠袖的设计与纸样（平面造型）

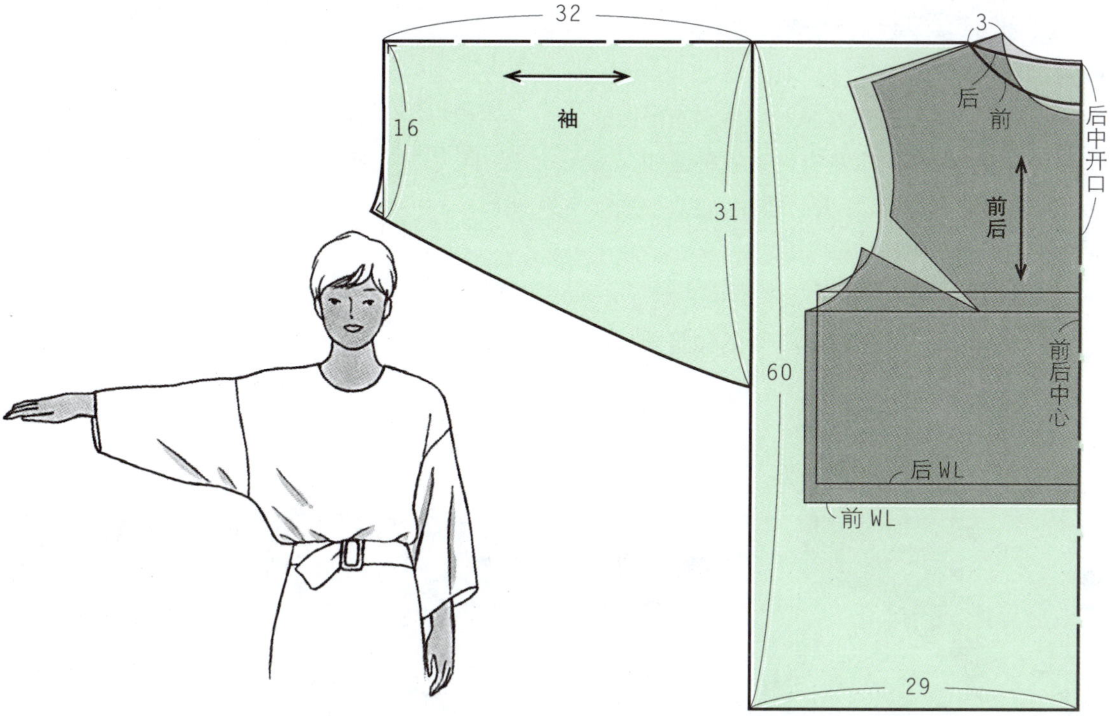

图 9－67　落肩袖 A 的设计与纸样（平面造型）

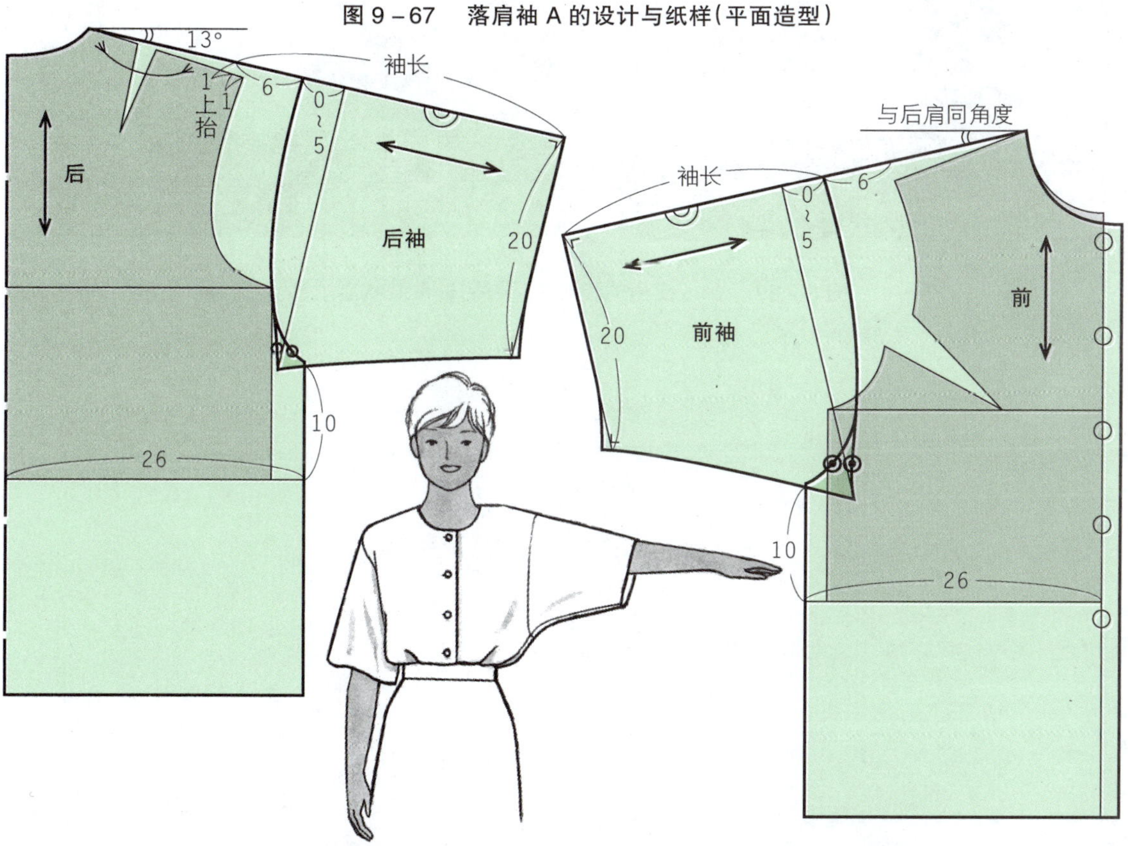

图 9－68　落肩袖 B 的设计与纸样（平面造型）

2.2 平面造型——略带立体感的袖子

●落肩袖 B

图 9－68 的袖子纸样是袖中线具有一定的倾斜度，袖根底部与衣身有交叉重叠量的落肩袖。和落肩袖 A 相比，手臂下垂时，袖底部的褶皱稍微少些。

●加入插角的和服袖

图 9－69 是加入插角 A、B 的和服袖（平袖）的着装图。图 9－70 是 B 插角袖的示意图，由于插角的加入，既补充了腋下及袖下尺寸的不足，同时也产生了一定的立体感。

图 9－69 是加入插角 A、B 的和服袖的纸样图。

A、B 采用同一衣片纸样，插角的加入补充了胸部位置的衣身厚度，与 A 相比，B 的立体感更强些。

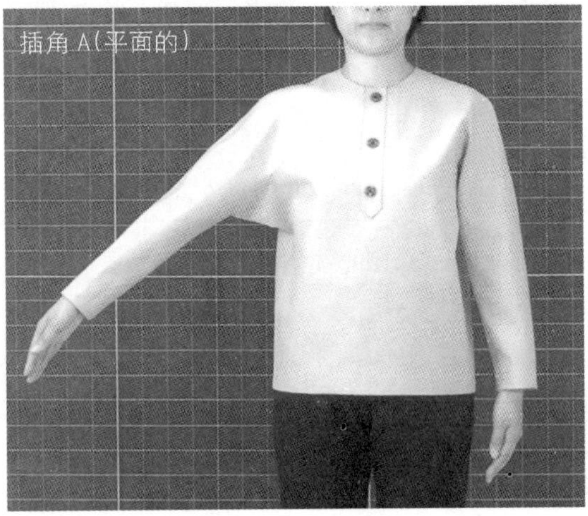

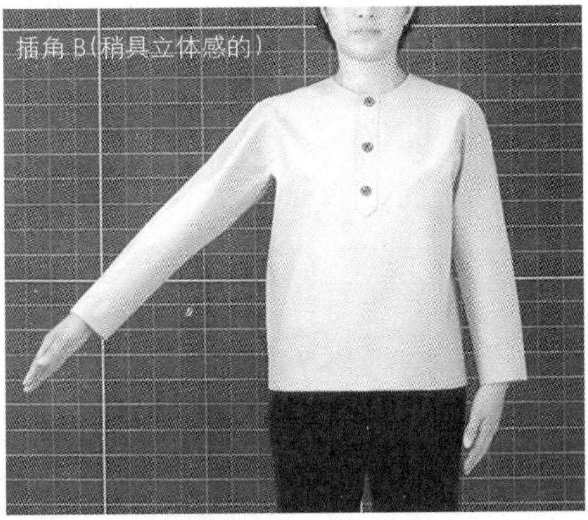

图 9－69　加入插角的和服袖(平袖)的着装状态

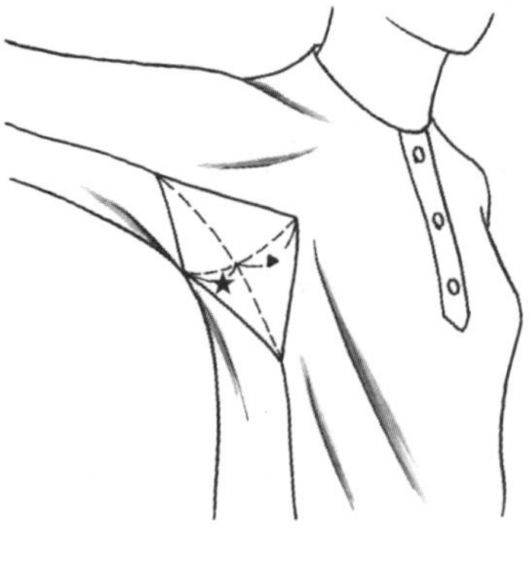

图 9－70　加入插角 B 的和服袖(平袖)的着装图

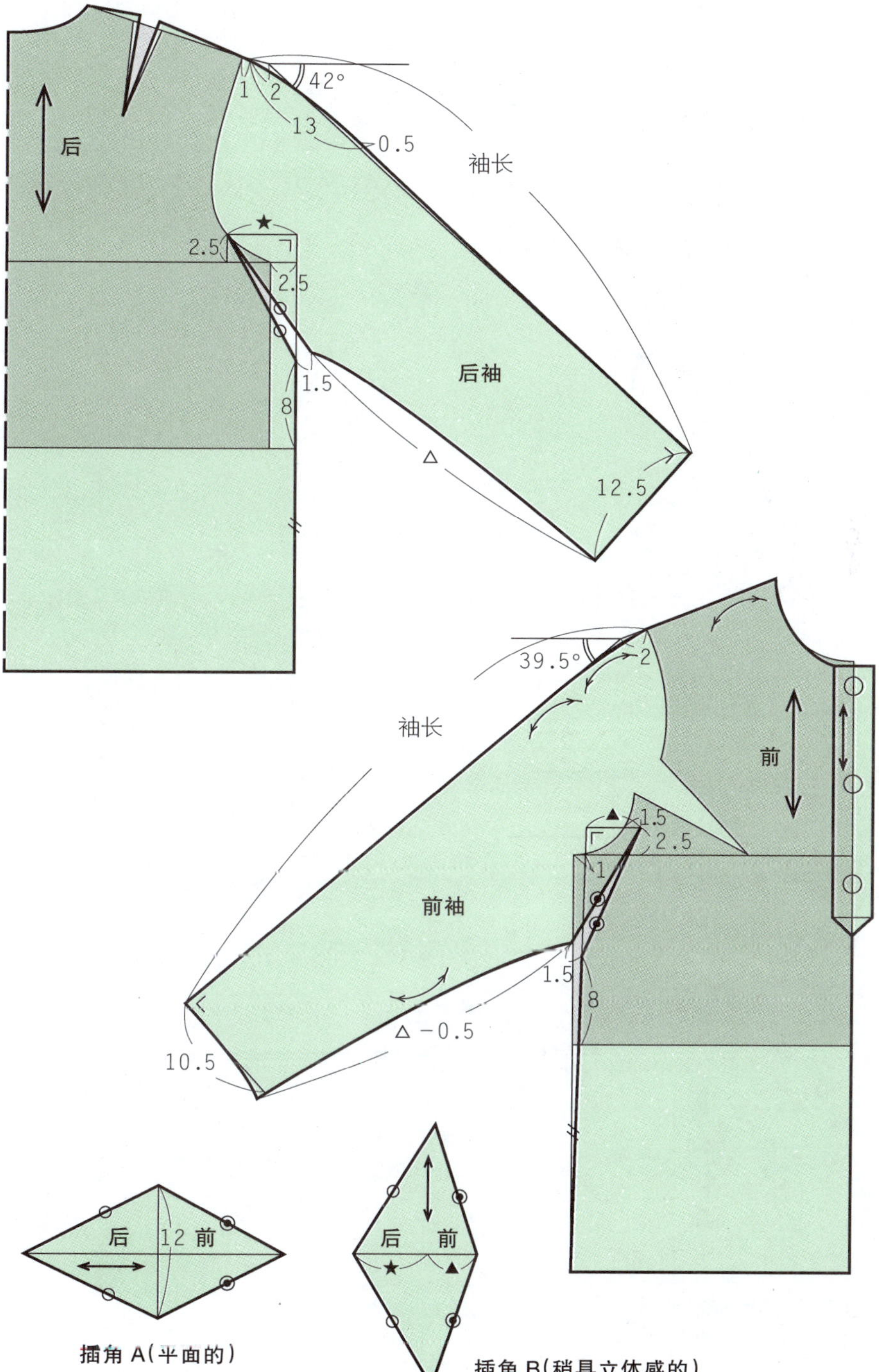

图 9－71　加入插角 A、B 的和服袖(平袖)的设计与纸样

第十章

裙子制图的基本原理

裙子是覆盖人体下半身的一种服装。系用筒型或圆台型裙包裹两条腿。

裙子的造型变化多种多样，其制图的基本理论，可以从接近圆柱体造型的筒裙入手进行研究。

在本章中，首先将裙子的造型归纳为单纯的立体几何造型，由此获得平面展开纸样的构成因素，并求得与之相关的人体数据，在此基础上讨论裙子纸样的制图理论。本章所使用的人体数据，除了手工测量数据以外，还包括从三维人体扫描中获得的水平横截面数据。

一、裙子基本纸样的构成要素

1. 裙子基本立体形态与人体因素

图 10－1 是人体下半身被筒型结构包裹后的形态（直筒裙的基本立体形态）示意图。该中空的圆柱体，前方与腹部前突位相接触，前侧面大约在髂骨附近或是大腿的前部，侧面则与体侧的突出点相接触。不同个体之间体侧的突出位存在着较大的个体差异，有的是在臀围线的对应位置上，有的则是在大腿位的侧面位置更加突出。筒型后面与臀部后突点相接触。也就是说，直筒型裙子的基本立体构成是以人体下半身各个方向上的突出点为接触点，由此垂直向下形成柱面结构（直筒形面）。

因此，该直筒型裙的围度并不等于人体的臀围，是比臀围尺寸略大的下半身整体外包围长。在人体上直接用卷尺测量下半身外包围度存在着一定困难，但可以按照以下方法来计测。

①如第四章三、4．所示，经腹部前突位加一垂直垫板，在测量臀部时包含垫板进行计测。

②如图 10－2 所示，利用人体平面图（水平断面重合图）来计算。平面图上把包含了整体下半身的外包围线叫做下半身外包围线，这一尺寸比臀围位的尺寸（臀围）大 2～3cm 左右。在此所说的臀围长度是指不包括腹部的臀部轮廓曲线周长。

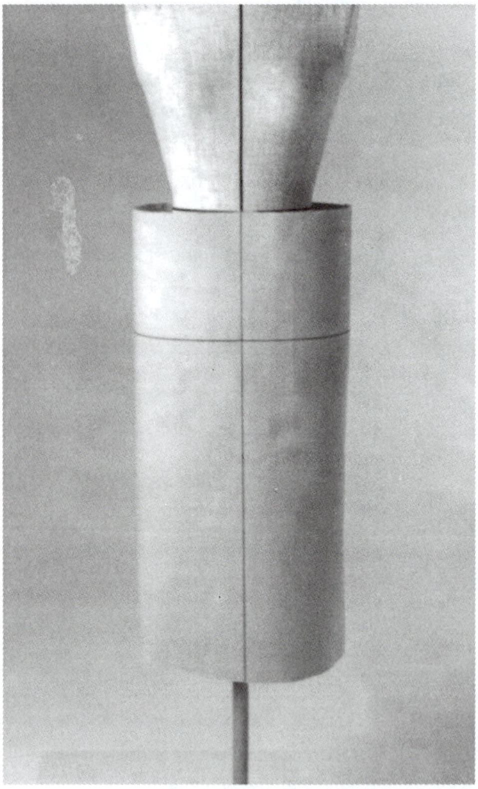

图 10－1　直筒裙的基本立体形态

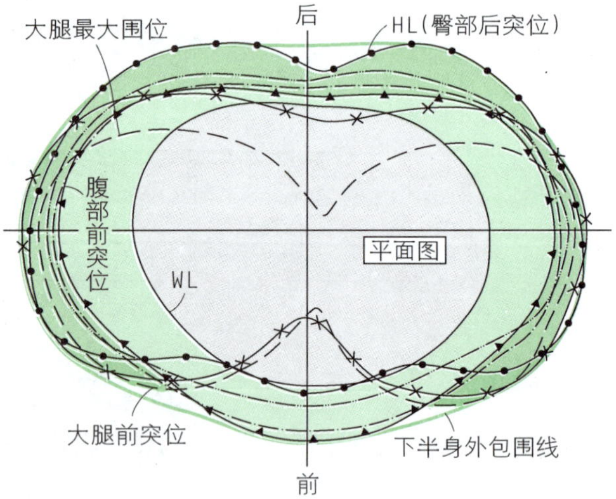

图 10－2　下半身水平断面重合图

2. 裙子基本立体形态与平面展开图的制图原理

2.1 直筒裙的基本立体形态

为了获得裙子的基本立体展开图，首先需要求得构成其外包围的圆柱体的展开图。圆柱体的展开图是横向为围长，纵向为高度的长方形展开图(图 10－3)。

如图 10－1 所示，直筒裙立体的上部与人体之间存在着一定的空隙。为了形成裙子的立体形态，需要在腰部利用省道及其他方法使圆柱体与人体形态相贴合。

从腰线到臀围线的体表曲面是类似椭圆球面形态一部分的复曲面(图 10－4)，严格地说，这一复曲面结构要在同一块平面布料上形成是不可能的，但是利用布料组织的柔软性，再配合数条省道，便可以作出接近人体曲面的结构(参照图 3－9～图 3－11)。

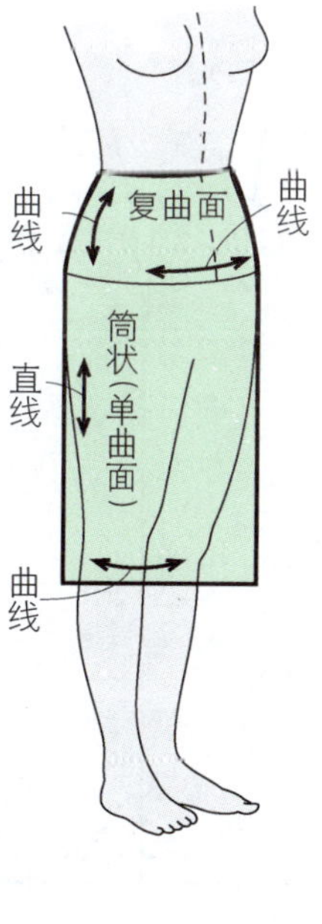

图 10－4 裙子的曲面构成

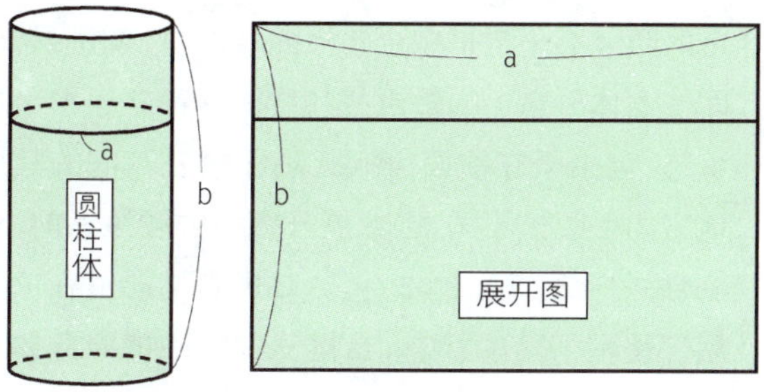

图 10－3 圆柱体的平面展开图

2.2 腰省

如何确定省道的位置和大小，并使其适合人体，可采取以下几种方法。

①与上半身相同，采用立体裁剪的方法获得(图 10－5)。

②得到水平断面后，利用平面重合图进行计算。

③从石膏型及其他三维复制方法中得到体表展开图。

通常利用这些计测方法所得到的省道平均分配值，再加上皮尺测量所得的数据便可简便地绘制出裙子纸样。

无论哪种情况，基本上是应用圆柱体展开法，可以将满足以下设定条件的省量作为基本省量。

①裙立体前、后中心线处的面料纱向为直纱。

②臀围线为面料的横纱方向。

③在立体姿态下，从前面、前侧面、侧面、后侧面、后面及其中间的位置等方向，将视线朝向腰部及腰部体表曲面曲率中心进行观察，省道应是垂直的。另外，在这些位置上，两个省道之间的面料经向也应是垂直的(图 10－5)。

按上述原则进行立体裁剪，其结果如图 10－6 所示，前、后片各有两条省道，由于布料的柔软性，可以保证裙子较自然地覆盖人体腰部。这个形态的展开图如图 10－7 所示。展开图上的腰线不一定是完全水平的状态，也就是说，即使立体形态上的臀围线和腰围线都处于水平状态，但由于在前面、侧面、后面或在其间的其他方向上腰长不同，因此展开图中的腰线在前、侧、后呈不同高低的曲线。人体的自然腰线在体后部呈稍下落的状态，当裙子的腰线按照身体的自然形态设计时，展开图的腰线在后中心也会呈现稍下落的状态。反之，如果将腰线设计为水平状态，后中心的腰长由于身体表面的倾斜度较大而加长，展开图的腰线在后中心则呈上弧形态。腰部侧面无论在什么情况下都呈现上翘状态。

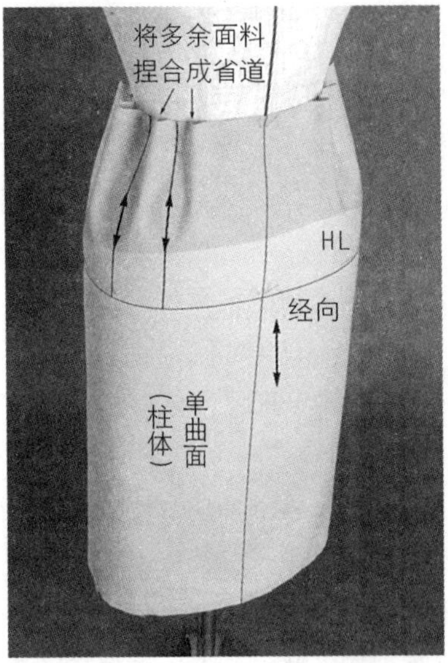

图 10－5　裙子基本立体形态的纱向运用

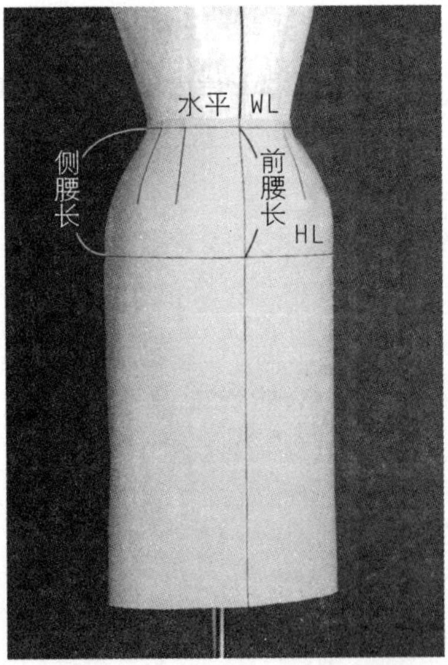

图 10－6　直筒裙（两个省道构成）

此外，也可以通过理论计算来确定省量大小。如图 10－2 所示，可以根据腰线和下半身各方向上的突出点所构成的水平断面的重合图为依据进行计算。

图 10－8 是计测省量方法的其中一例，间隔 15° 加入分割线，求出各区间内的外包围和腰围的差值，图中显示了在每个 15° 间隔中所划分的各部分省量大小的计测方法（参照 117 页）。侧缝线的位置在 O_1 和 O_2 之间，决定了侧面突出点和外包围之间的关系。用该平面重合图的方法计算得到的 50 名女生的平均值结果如图 4－87（117 页）所示。图 10－9A 是将图 10－8 中间隔 15° 分割的省量归纳为 7 个区间的展开图，图 10－9 B 是归纳为 5 个区间的图示，每一部分的中央部位都取有省量。观察这些图，可以看出下半身外包围比臀部尺寸大。此

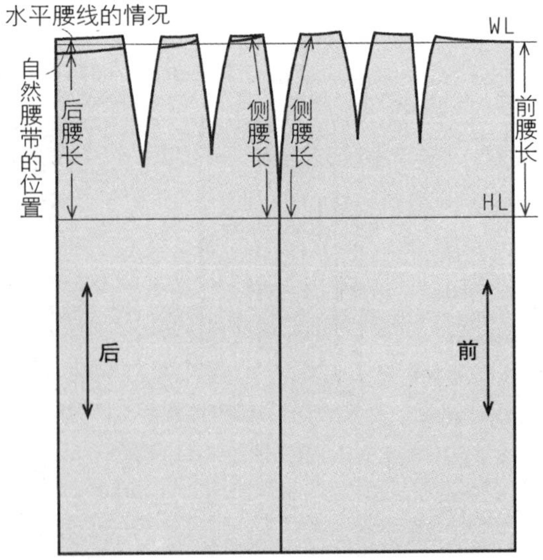

图 10－7　直筒裙立体裁剪后的平面展开图

外，如图 10－8 的下半身横断面重合图所示，在下半身外包围线与腰线形状呈垂直的后中心线及前中心线附近省量很少，而在两者形状呈现类似同心圆的部分（侧腰附近的部分）则明显增多。尤其是外包围的曲率发生变化，腰线和外包围线距离偏离比较大的地方，由于外包围和腰线的差值增大，省量也明显变多。

从以上结果可知，在前、后中心线附近基本上不需要腰省，同时可以判断出从斜侧面到侧面在腰线处应取省道的数量及其合理性，并可证明立体裁剪的结果。

从以上的讨论中可以看出，与直筒裙相关的基本人体因素除了腰部、臀部、裙长以外，与自然腰部形态相对的裙子腰身位置以及腰部断面形状和外包围形状的尺寸差距等因素，都会对腰省的分配产生很大的影响。

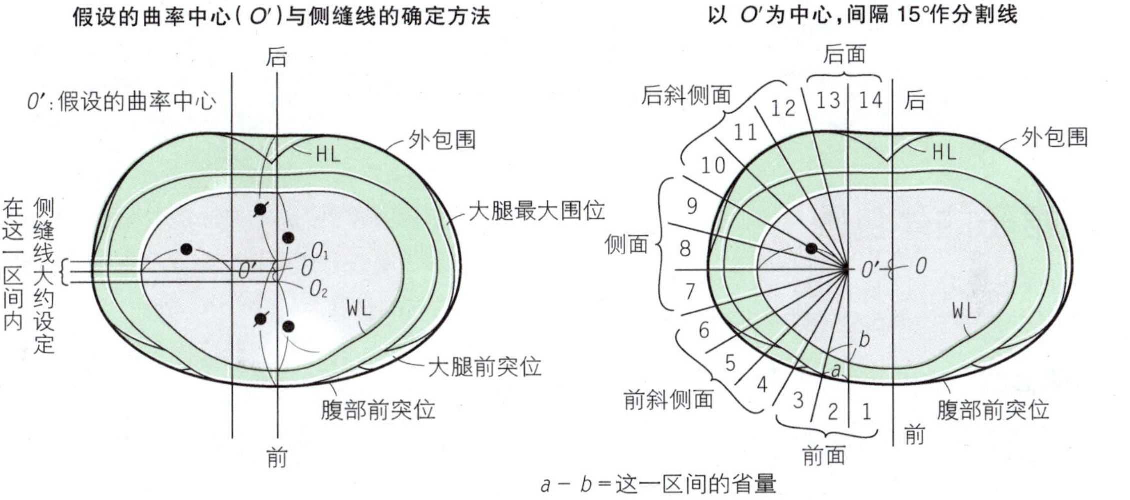

图 10－8　根据下半身的横断面重合图计算省量的方法

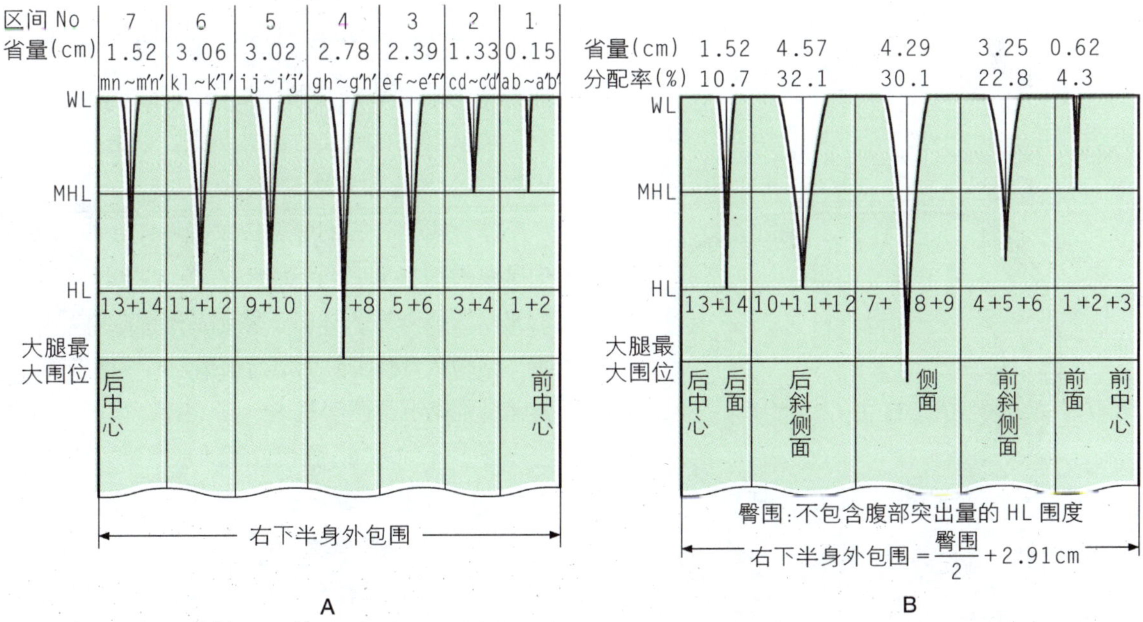

图 10－9　与下半身外包围相对应的腰省分配模式图（测量 50 名女生的平均值）

二、裙子基本立体展开图与实用裙子纸样的关系

如图 10－1 所示，裙子的基本立体形态是包围人体下半身，经过各个方向上的突出点形成的直筒型立体形态。但在裙子的实际设计中，为了与布料的厚度，人的行走、坐立等动作相适应，必须考虑加入适度的松量。此外，裙子的实际立体形态应与基本立体相接近，并同时满足单曲面、构成简单等重要条件。

1. 裙子的外包围

从图 10－9 可知，人体下半身的外包围在半身裙片中相对于臀围处应加 2～3cm。这个臀围的数值包括腹部突出量，实际上是$\frac{H}{2}$的数值，因此运动量不一定充足。在实用裙子的制作过程中，应考虑适当地增加松量。

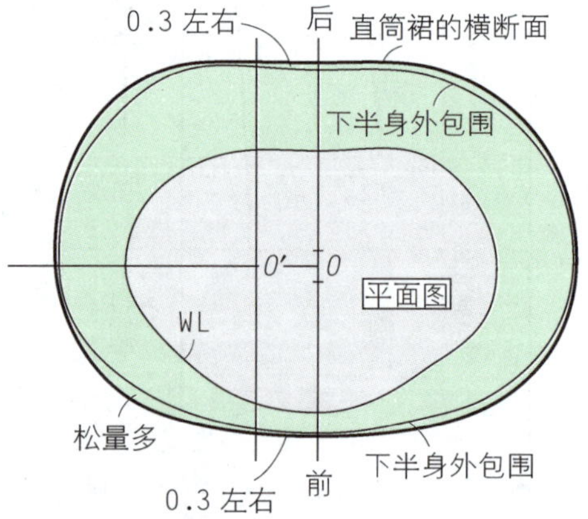

图 10－10　直筒裙的横断面重合图

以下半身平面图为基础，利用上述基本立体形态展开图的计算方法对裙子纸样加以分析。

图 10－10 是下半身外包围和腰部断面的重合平面图。粗线表示在外包围的基础上加入一定松量的直筒裙断面。从裙子的断面图来看，行走过程中迈腿时的斜前方向需要留有少许松量，前、后中心线只需根据布料厚度加入 0.2～0.3cm 左右的松量。

加入松量后的直筒裙断面周长比净体臀围在半身裙片上大约多 3～4cm 左右（20 岁左右的女子），与下半身外包围相比约大 0.5～1cm。

2. 腰线的位置

裙子的腰线位置通常有两种情况：其一是作为裙子的腰线缝合腰头后应贴合人体腰部；另一种情况是作为连衣裙的腰线。根据款式的不同，其位置也会有所改变。

作为裙子，它的腰带位置和人体计测过程中腰线的基本设定不一定一致。图 10－11 显示的是从正面观察人体时，体侧最凹点的水平位置（A）和腰带着装时最适合位置（B）之间的差，差值少的情况下两者基本一致，差值大时，间隔可以达到 5cm 左右（腰带位置低）（参照 70～71 页）。因此，连衣裙和普通裙的裙长多数情况下是不同的，同时腰围也不同。图 10－12 显示了断面图上 A 和 B（腰带位置）的腰线位置及其形态，可以看出图 10－11 中 A、B 的腰线形状和

位置是不同的。

虽然存在着 A、B 尺寸相近的情况，由于存在着个体差异，对于大多数人来说还是 B 的尺寸会大些。当用腰带稍勒紧腰围时，尺寸会变得大体相同。连衣裙的腰线是否一定在 A 处，需另外根据总体比例来考虑。

计测平面图中的腰围和腰省时，需先明确腰围位置的所在高度，然后截取断面。

对于连衣裙来说，首先需要在人体腰围横断面的基础上加入松量，形成“连衣裙的腰围断面图”（图 10－13），然后再计测腰省量会更好些。

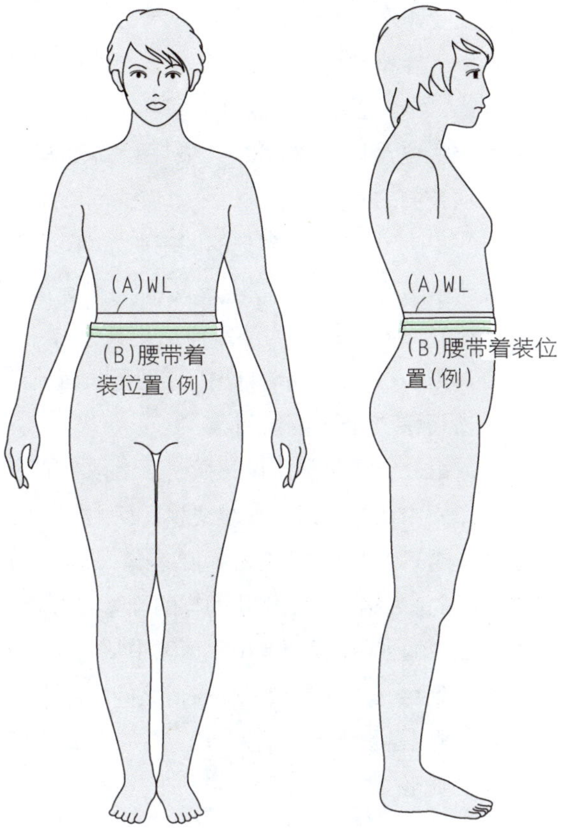

图 10－11　裙子的腰带位置

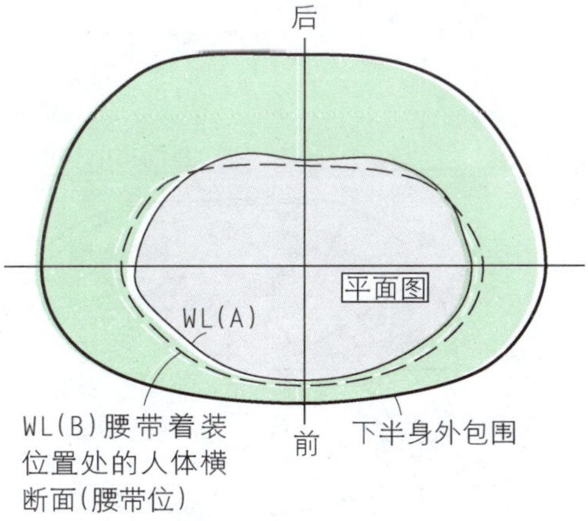

图 10－12　腰围位置的横断面图

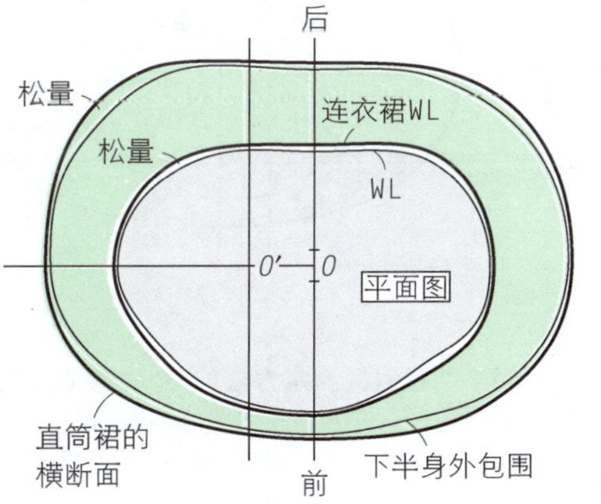

图 10－13　连衣裙的腰围横断面图

3. 腰省构成

现针对预先设定省道位置再确定省量的计算方法进行说明。图 10－14、图 10－15 为裙子腰省测定方法示图。在此的腰围横断面是裙子腰带位置的横断面。

省道的位置因人而异，在此通过直筒裙横断面的曲率和腰线曲率来共同决定。简化构成的情况下，如图 10－14 所示，在前、后各有一个省道，分别位于从 O′点开始沿水平线向前 45°、向后约 40° 左右的位置。

除侧缝省外，当前、后各一个省道的省量超过 4cm 时，将省道分割为两个会更为合适。两个省道的构成情况如图 10－15 所示，前片省道的位置设置在与前中矢状方向夹角约 35°～40° 的直线上和这条直线与侧缝线的中间，后片则是大约 25°～30° 矢状夹角的直线处以及这条线与侧缝线中间的附近。在该情况下，四条省位线基本上是沿直筒裙横断面的法线方向。此外，侧缝线会作为一个省道位置。

为了计算省量，首先在各省道之间确定中间位置，即省道间中点（图 10－14、图 10－15 中的虚线位置）。如图 10－14、图 10－15 所示，从省道的间中点到下一个省道的间中点以及前、后中心到下一个省道的间中点之间，分别测量外包围和腰围的尺寸差量，从而得到省量。

将平面图中得到的测定值运用在纸样中，就成为图 10－16 所示的制图，该图是前面一个省道，后面两个省道的实例。

前裙片省量是利用裙子横断面上前中心线到省道间中点的○尺寸和腰线横断面上前中心线到省道间中点的△尺寸之间的差值（○－△）来形成的。后裙片省量采用同样的计算方法。纸样制图中的省道位置是，由平面图中从前、后中线开始到每一个省道和两个省道之间的距离来确定，对应在腰线上分别为 a′、b′⋯ e′，裙子横断面上则是 a、b⋯ e。

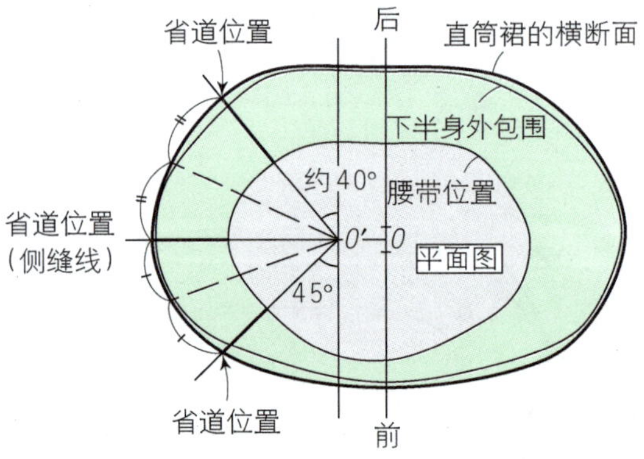

图 10－14　腰省的测定方法（一个省道的情况）

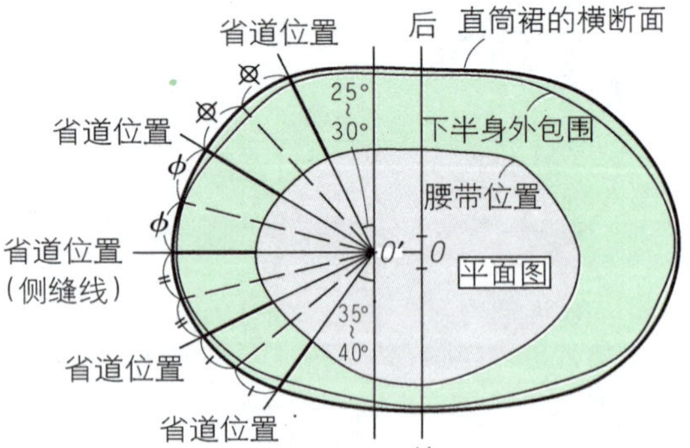

图 10－15　腰省的测定方法（两个省道的情况）

4. 裙吃势

无论是设置一个还是两个腰省，通常都无法完全贴合人体自然形态中从腰围到臀围的复曲面结构。为了弥补这一点，更多是采用减少省量，在腰口加入吃缝量的方法来增加裙子的复曲面形态。图 10－17 是在前、后裙片腰口处分别加入 0.5cm 左右吃缝量的示图。

连衣裙的裙腰尺寸是，对应上半身的腰围加入相同的松量（$\frac{W}{4}$ 中有 1～1.5cm 的松量），因此不需要再加入吃缝量。

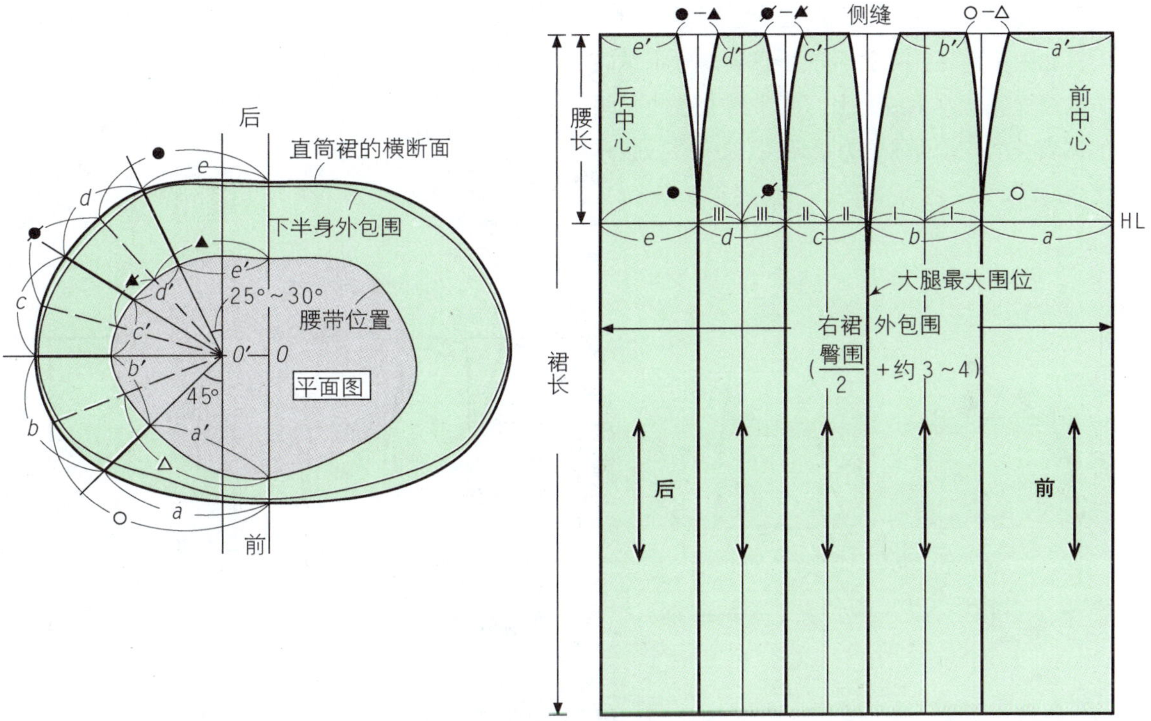

图 10－16　直筒裙纸样的外包围、腰部省道的制图方法
（前片一个省道，后片两个省道）

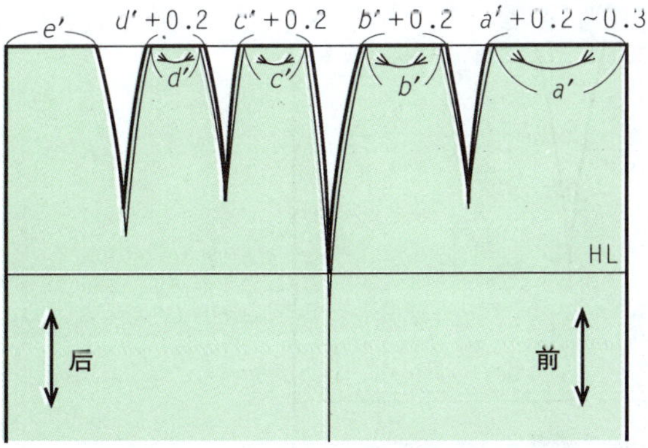

图 10－17　吃缝量的分配

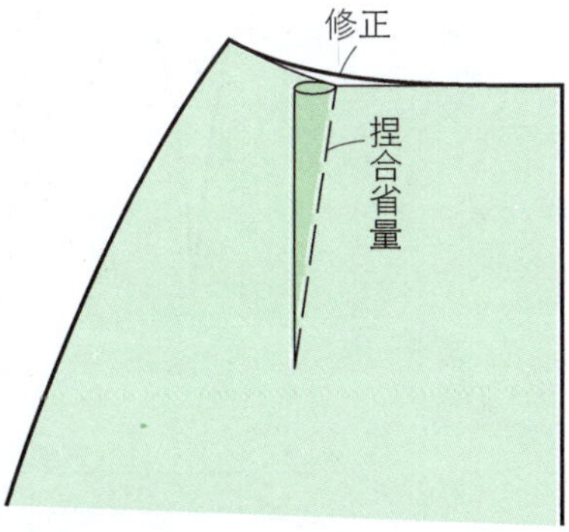

图 10－18　腰围线的修正

5. 腰长与腰线完成线

在制图的第一阶段，腰省是在纸样的水平腰线上测定的，但实际上如立体裁剪的平面展开图（图 10－7）所示，腰线完成线并非水平，需要按照省道缝合后的状态进行修正（图 10－18），另外，还必须根据腰高在前、侧、后几个方向上的长度差来决定腰线的完成线。

如图 10－19 所示，腰长的测量是顺沿纵向方向量取臀围水平线到上方腰带着装腰线之间的体表长度。普通裙子的腰高，以前中线处腰高为基准，一般在侧缝处加上 0.7～1.2cm，后中线处减掉 0.5～1.5cm 左右偏多。另外，连衣裙的腰长和普通裙子的腰长数值是不同的。

具体制图如图 10－20 所示，图 10－21 是放大图，利用与基准腰长（一般制图过程中以前中心的腰长为基准来设定臀围线）之间的差沿腰线水平线向上增加，或向下减少来确定腰线的最终轮廓线。此外，如图 10－20 中的○、◎、△等所示尺寸，需再次确认腰围完成线上的腰围尺寸是否充足。

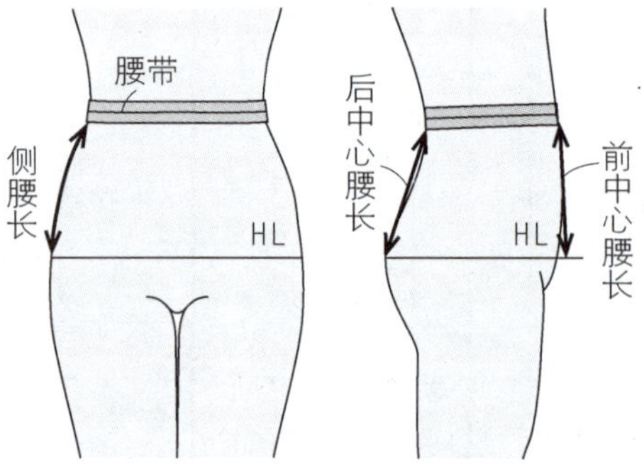

腰长：腰带下端至 HL 的长度

图 10－19　裙子前、后、侧各位置的腰高测量方法

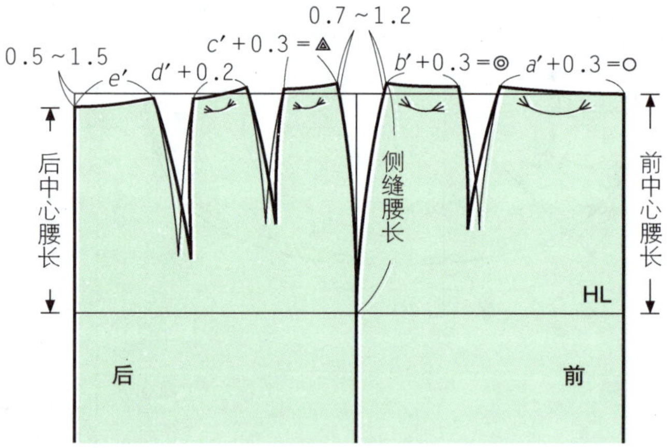

腰长：腰带下端至 HL 的长度

图 10－20　省道方向的修正与腰线的最终完成状态

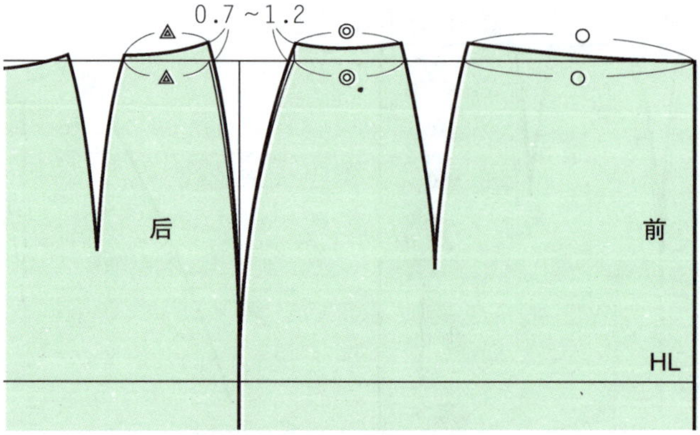

图 10－21　放大图

三、直筒裙的简便制图法

直筒裙的腰省设定根据体型的不同而不同，可用前面讨论的测定结果来进行简便的制图，具体操作如图 10－22 所示。

臀部松量的确定可采取以臀围尺寸为基准的方法，前面是以半身为例的实验数据，净体臀围时需要追加 3～4cm、包含腹突量的臀围（H）则需加入约 2～3cm 的松量。

在人体的腰侧省量分配最多，此外如果考虑到行走时在前侧面需要大量加入松量的话，侧面、前侧面、后侧面的省量应该基本相等，尤其是前侧面的省量为了便于步行时腿的运动，应取得略大些。

对于省道的形状，前片的省道为了与腹部的隆起形态相配合需要处理成曲线；后片的省道，靠近后中线的为直线型、侧面附近的省道为了与体型相对应，也呈现曲线状态。

省长的设定基准是，其设计长度不超过水平断面重合图中形成下半身外包围的各个方位上人体的突出部位。也就是说，前面的省道不要超过腹部前突点的高度（腰线向下 10～12cm），侧缝及靠近后中线的省道长度不要超过臀围线。但是，人体的腹部、腰部是平缓的复曲面，因此如图 10－22 所示，直线省道的省尖点最好比各个突出点的位置高出一些。此外，相对于裙子的复曲面形成来说，裙子的总体比例是否合理、是否便于活动等因素更为重要，所以将省道的位置设定得偏高些，会使裙子的整体效果更好。

根据腰带位置，腰长通常在后中线处比前中线处短 0.5～1.5cm，侧缝处长出 0.7～1.2cm。根据这些调整，按照省道缝合后的形态将腰线修正为圆顺的平滑曲线。而连衣裙的腰线则通常没有必要在后中心下落。

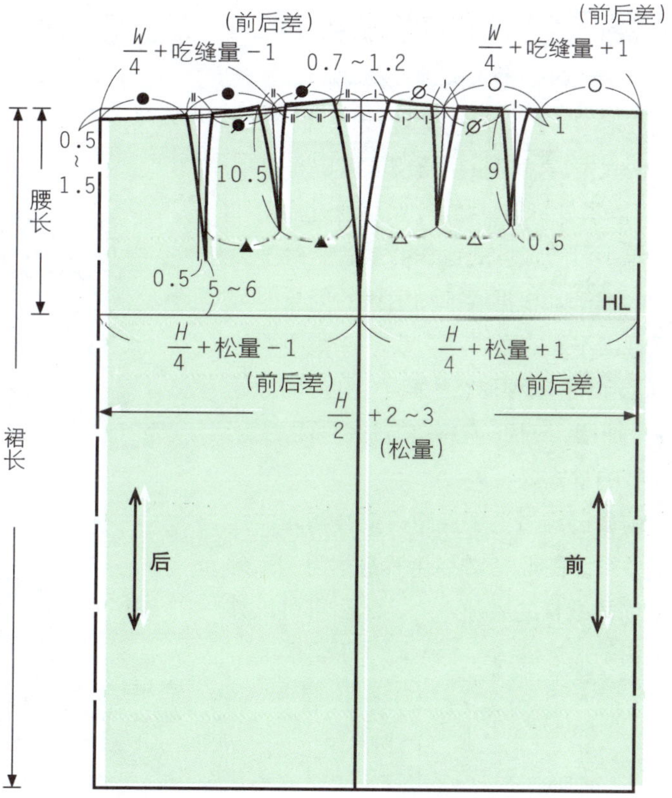

图 10－22　直筒裙的简便作图法

四、裙子的设计与纸样

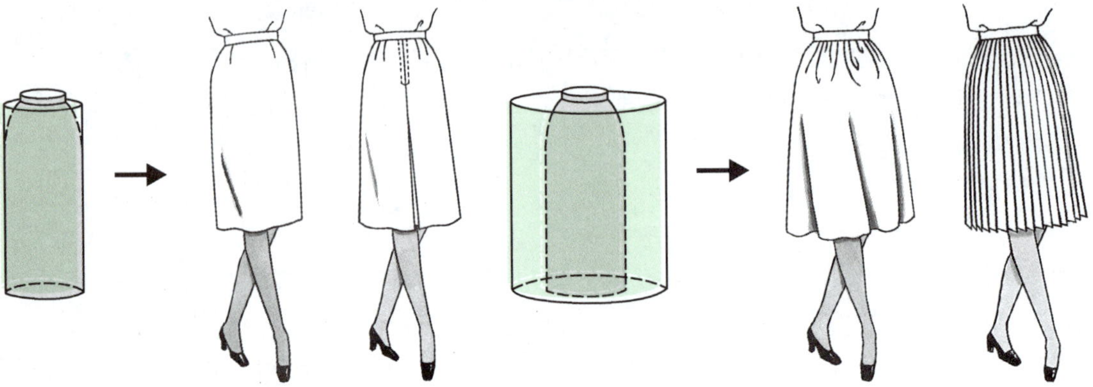

图 10－23　筒裙的设计

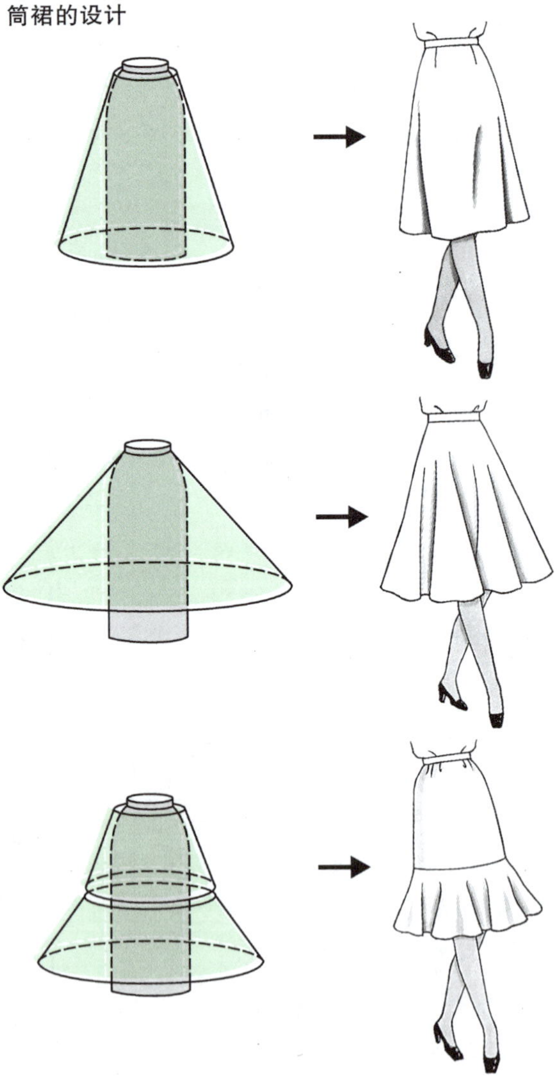

图 10－24　圆台型裙子的设计

1. 裙子设计的构成要素

裙子的设计种类繁多，按其基本要素的构成形态可以分为直筒型（圆柱体）和圆台型两大类。直筒型的裙子如图 10－23 所示，可以预先将周长增加，然后通过抽褶和叠褶等手段变成各式各样的款式。对于圆台型的裙子，根据腰部和裙摆的周长差可以呈现出不同的形态。图 10－24 是不同的实例，无论是哪种形态的裙子，利用增加分割线、抽褶、缝褶、叠褶等方法都可以变化出无数的款式。

前面已经讨论了直筒裙纸样和人体之间的关系。在此，首先以半紧身裙为例来分析直筒裙纸样的展开方法，然后再讨论其他的裙子形态。

2. 半紧身裙的形态与纸样

所谓半紧身裙，是指将直筒裙的裙摆稍微变宽所形成的裙型，但是在前面的研究中并未对裙摆宽度及裙子的打开角度进行定义，一般理解为便于日常行走的裙摆宽度。如图 10－25 所示，在此将半紧身裙定义为比直筒裙的裙摆宽度大些，步行时（最大步幅时）看似直筒状态的裙子。也就是说，作为形态接近于圆柱体的圆台型裙子，静止时裙摆不出现波浪状起伏。

图 10－25　筒裙步行过程中的裙摆宽度

●利用直筒裙纸样来绘制半紧身裙纸样

将圆柱体转化为圆台型，其简便操作如图 10－26 所示，可以通过垂直地切展底面来实现。利用这一方法，在不改变纵向母线长度（裙子长度，高度没有变化）的前提下，就可以将圆柱体转化成为圆台。

这是直接将裙子纸样展开的方法。即可以利用展开直筒裙纸样底摆的方法，将圆柱形的立体展开图转化为圆台型裙子的展开图。通常裙子的结构是受人体着装时的形态影响的。对于圆柱形的直筒裙来说，为了配合人体腰围的纤细状态，在腰部将多余的面料收成为省道。在半紧身裙纸样的制图过程中，还可以如图 10－26 所示，采用合并转移省道来增大裙摆。

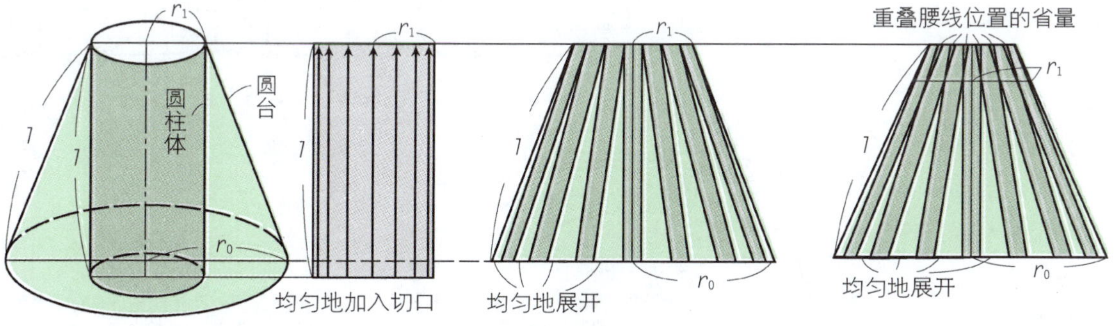

各切口的展开尺寸 $= \dfrac{2\pi r_0 - 2\pi r_1}{切口个数}$

向圆台的过渡(a)　　向立体圆台裙的过渡(b)

图 10－26　从圆柱体向圆台造型的过渡变化

此外，对于半紧身裙，与单纯地将圆台状裙摆增大相比，在步行、坐起和其他一些人体的日常动作中，便于向前迈腿这一要求更为重要。也就是说，半紧身裙应该是在静立时接近于直筒状的简单形态，同时又能满足行走方便等机能需求。如图 10－27 中 A 所示，臀围线以及裙摆处的裙子断面应接近于正方形的形态。与左右方向相比，前后方向的裙摆幅度需要更宽些。同一裙摆尺寸的情况下，如图 10－27 B 所示，裙摆在横轴方向变宽，呈扁平状的状态，则运动机能性较差。

在以上讨论的基础上，利用直筒裙纸样来绘制半紧身裙纸样的具体操作如图 10－28 所示，沿迈脚方向展开纸样，按照平衡准则，在前侧与后侧展开相同的尺寸。从运动机能性的角度来考虑，裙子的前裙摆需要的运动量要略大些，所以在前、后片展开量中有少许的差量会更好。

与图 10－2 等平面图中下半身外包围对应的各突出部位（前面是腹部前突点、前斜侧面是髂脊骨前点或是大腿前突点、侧面是臀围线或是大腿最大围位处、后面是臀围线等）相比，纸样

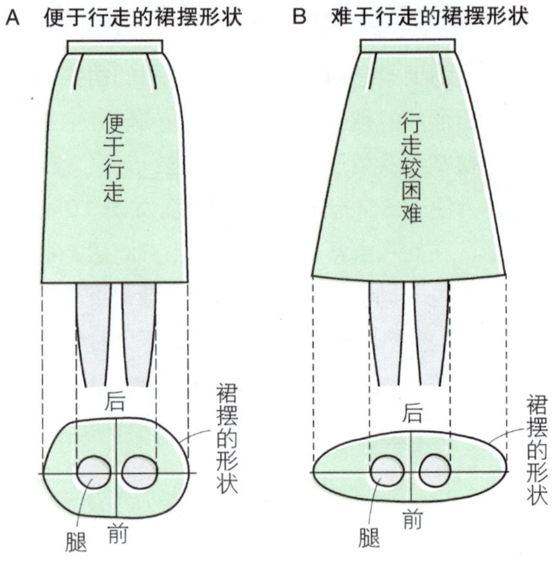

图 10－27 半紧身裙的 HL 及裙摆横断面

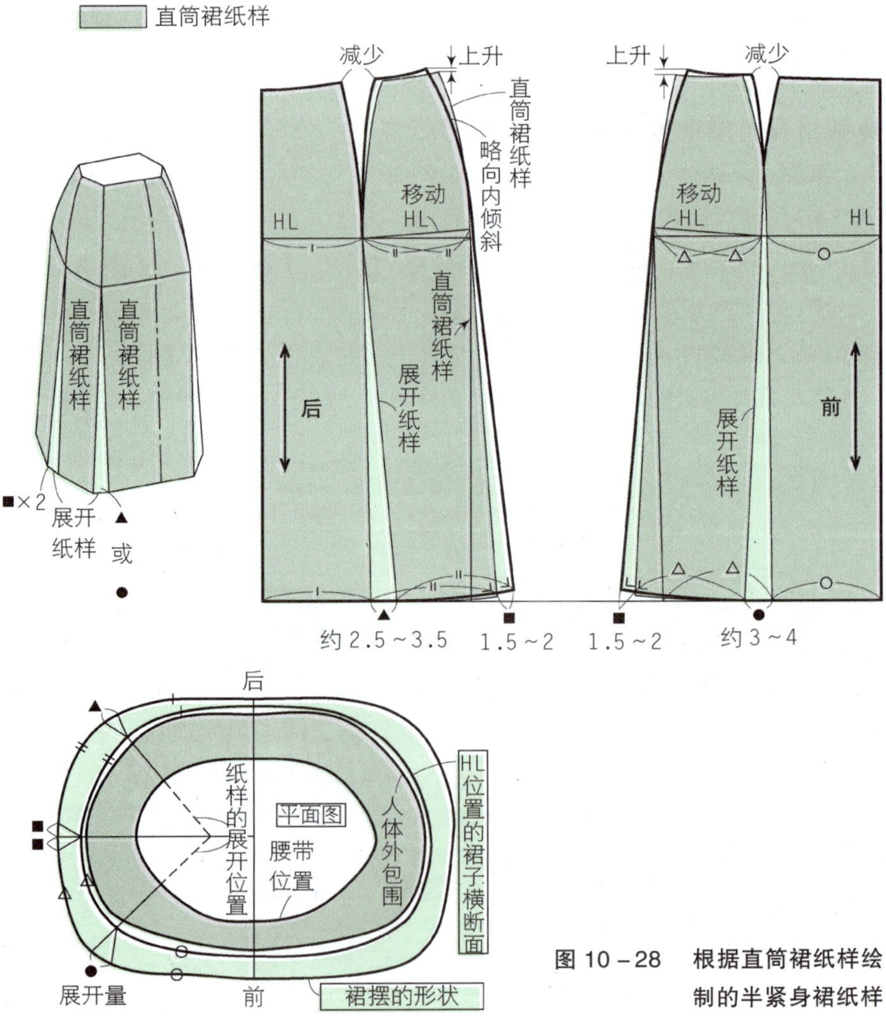

图 10－28 根据直筒裙纸样绘制的半紧身裙纸样

展开的停止点必须处于高一些的位置。如果位置设定较低，纸样叠合展开过程中有可能造成周长不足。图 10－28 的上图显示了该纸样的制图方法，下图是其断面示意图。

●半紧身裙的简便制图法

应用直筒裙纸样的展开结果直接绘制半紧身裙纸样的简便制图方法，如图 10－29 所示。可以直接利用直筒裙纸样在斜侧方向和侧缝的裙摆展开进行制图，同时在前、后各片中将省量的 1/3 留在侧缝，2/3 作为省道。在这种简便方法中，腰线最初设定在图 10－29 中的水平腰线上，以便于测定腰围尺寸和省量等。在根据腰长长度修订腰部曲线前不一定要确定腰围的准确尺寸，但在腰部曲线绘制完成后，需确认除去省量后的纸样完成尺寸，并检查前、后片是否分别含有预定的吃缝量。当腰围尺寸不足时，可以通过减少省量来进行修正。此外，从图 10－28 的纸样展开图中也可以看出，若腰部侧缝上方追加量较多，会超出与其他腰长之间的差数要求，所以必须将超出的这部分量从侧缝的裙摆处去掉。

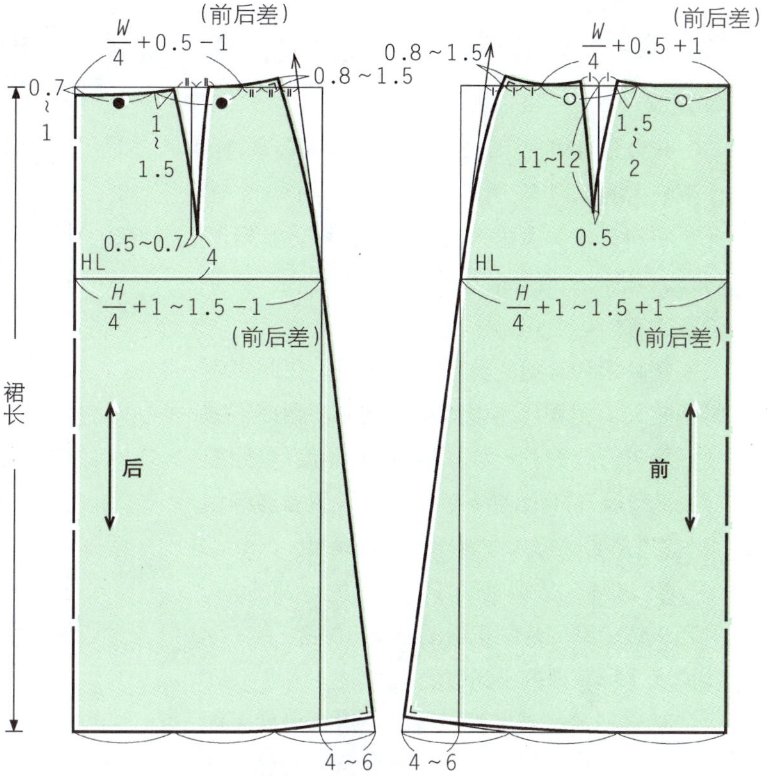

(1)半紧身裙的简便作图法(一个省道)

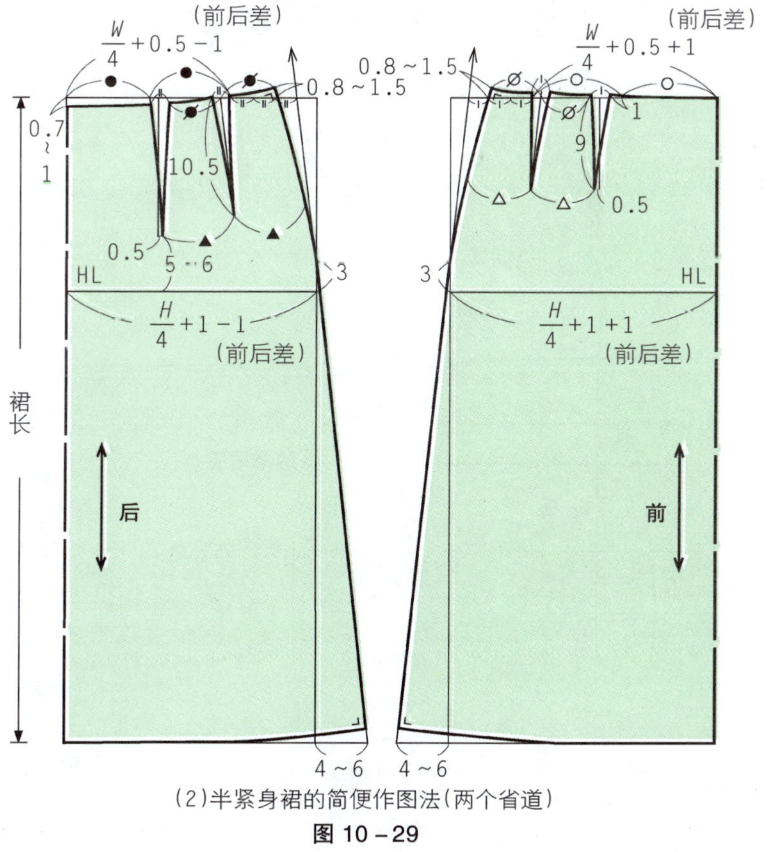

(2)半紧身裙的简便作图法(两个省道)

图 10－29

3. 斜裙、喇叭裙的构成与纸样

●定义

与半紧身裙相比，斜裙的裙摆摆幅较宽，但比喇叭裙的裙摆窄，通常其定义不是很严密。在此，将斜裙定义为裙摆比半紧身裙大，步行时（最大步幅时）裙摆相对展开，同时在腰部需要设置省道的裙子。

喇叭裙和斜裙的界定比较模糊，在此将喇叭裙定义为裙摆比斜裙的摆幅更大，腰部不需要设置省道的裙子。为了掌握裙摆角度（参照图10－32）展开多大，腰部就不需要设置省道等信息，首先需要了解人体腰部的体表角度。

表10－1是根据图10－30的计测方法，利用人体轮廓照片的正面图测量50名20～22岁的女子所获得的平均体表角度。

从这一测量结果可以看出，裙摆角度大约为20°以上的喇叭裙，均可处理为没有腰省构成的纸样。裙摆角度在17°～18°以上的喇叭裙，通常在侧缝线处就需要收省道（有时由于布料特殊或采用斜裁时，15°左右的裙子也可能不

表10－1　体侧线的体表角度

单位：(°)

部位	函数	正面	
		右侧	左侧
a	$\bar{x}$	19.58	17.24
	s	5.60	2.26
b	$\bar{x}$	18.92	16.43
	s	3.76	3.00
c	$\bar{x}$	13.70	15.50
	s	2.66	2.00
d	$\bar{x}$	11.87	11.10
	s	1.94	2.06

注　$\bar{x}$—体表角度平均值；
s—标准差。
$n=50$

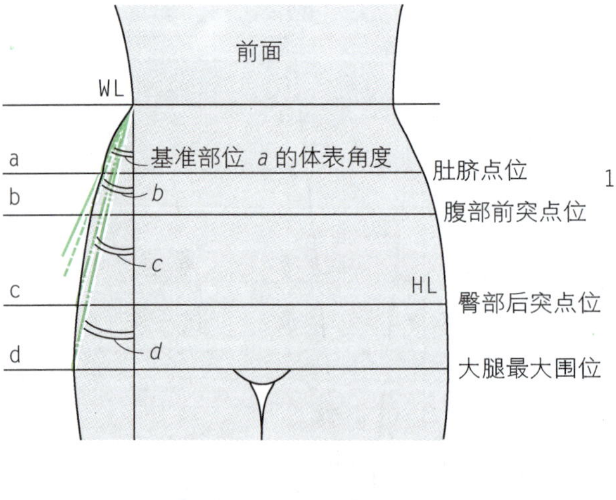

图10－30　体表角度的测量方法

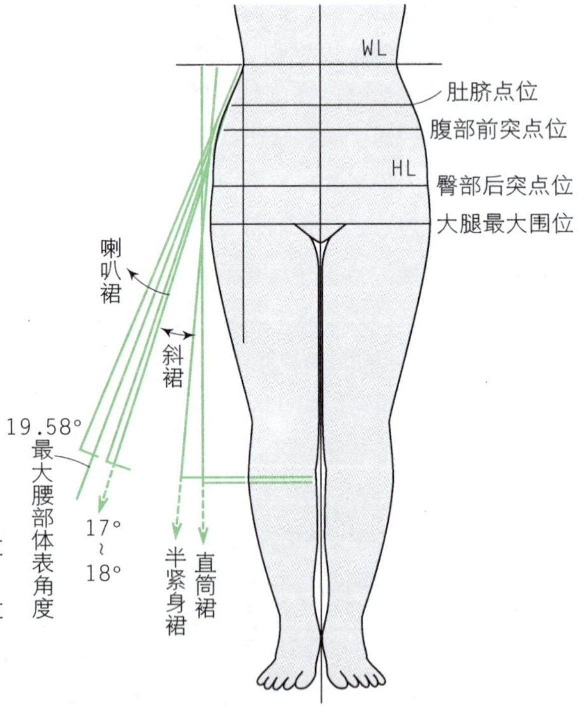

图10－31　直筒裙、半紧身裙、斜裙及喇叭裙的裙摆角度定义

需要收省道)。图 10－31 显示了根据裙摆角度所定义的裙子名称。在喇叭裙的设计构成要素中，裙摆角度是主要构成因素。在人体静立时，由于素材的重量原因使裙子呈下垂状态，裙摆处会出现波浪状形态。

●喇叭裙纸样的制图方法

喇叭裙的形态是明显的圆台型。纸样的制图方法包括以下几种。

①与半紧身裙一样，采用展开直筒裙纸样的方法。

②应用圆台的展开方法，从图形学的角度进行计算。

③应用圆台展开图的简便制图方法。

④利用圆弧等方法。

3.1 ①利用直筒裙纸样的制图方法

在设计过程中，首先设定底摆尺寸，并计算与直筒裙底摆之间存在的尺寸差，与半紧身裙的操作一样，沿直筒裙的裙摆展开纸样。

一般底摆尺寸的设定是根据设计师和纸样师的经验来判断。但这是比较模糊的确定方法，较好的方法如图 10－32 所示，在正面图上绘制喇叭状裙的展开形态，指定裙摆角度，同时计算出底摆尺寸。在明确设计意图的情况下，以此为依据绘制纸样非常重要。

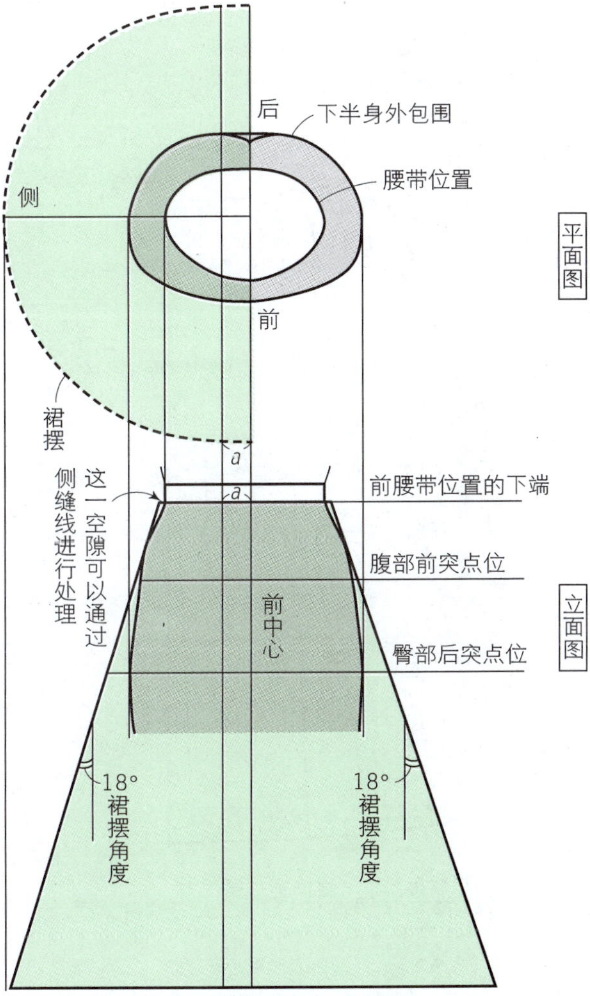

图 10－32　喇叭裙的立面图和平面图

图 10－32 是裙摆角度为 18° 的正面图和平面图的图示。

纸样制图方法如图 10－33 所示，由于裙摆角度较大，可以在纸样两处以上的部位加入展开线，同时在侧缝及前中心处均加入下摆展开量，这样有利于着装时喇叭形态呈现均匀分布。经常会遇到如图 10－34 所示的失败的制图方法，这样完成后的裙子在穿着时，侧缝会紧贴在身上，同时喇叭形也只集中于纸样切开的位置，无法呈现出均衡的美感。

3.2 ②、③应用圆台展开的制图方法

圆台展开的制图方法是将圆台型的斜裙及喇叭裙的形态模型化，利用展开图的制图理论进行简化制图的方法。人体的水平断面形态比圆稍扁平些，是接近于椭圆形的形状，如图 10－35 所示，将代表斜裙或喇叭裙形态的圆台从中央分开，在中间拉开一定的距离后设定为斜裙的立体状态。在下面，首先介绍从图形学的角度来计算展开图的②方法，然后再对简化制图方法③进行论述。

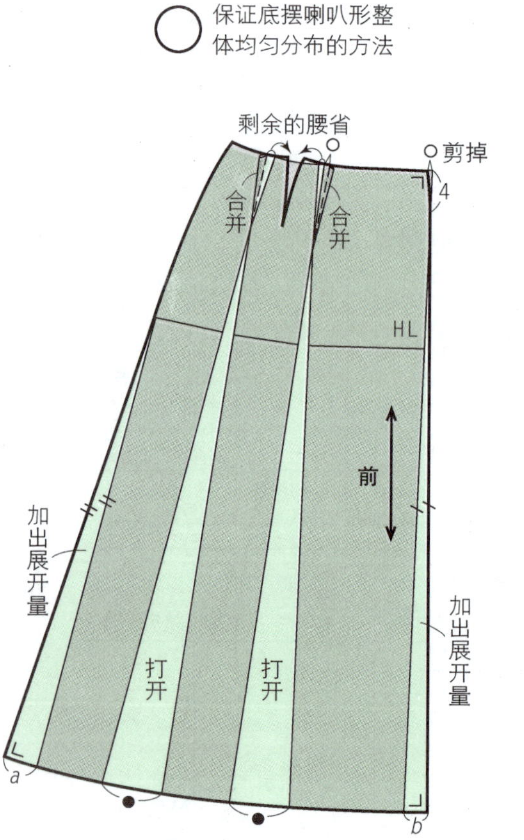

$$\frac{\text{喇叭裙底摆尺寸}-\text{直筒裙底摆尺寸}}{4}\times\frac{1}{3}=\bullet$$

$$a=\bullet\times\frac{3}{5}\qquad b=\bullet\times\frac{2}{5}$$

图 10－33 ①由直筒裙过渡到喇叭裙的纸样剪开操作

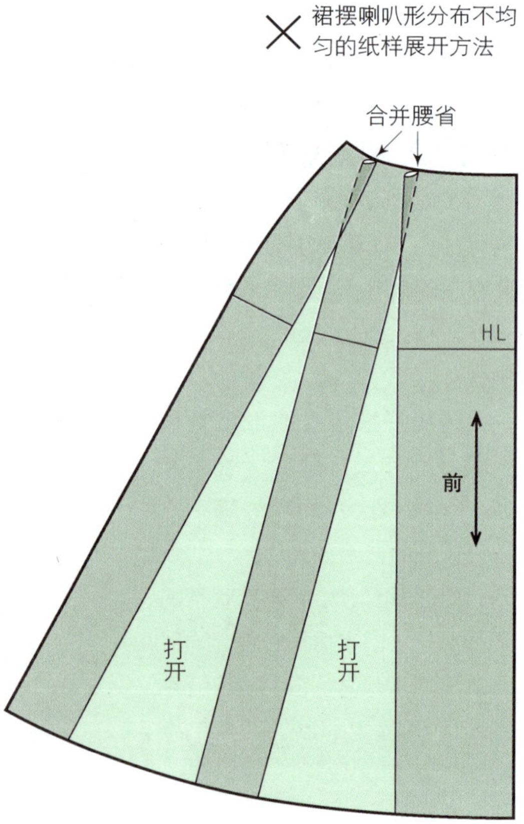

图 10－34 失败的斜裙纸样展开方法

如图 10－36 所示，在人体的立面图（正面图、侧面图）中标记斜裙的裙摆角度（图中为 12°），以此为基础制成平面图。观察正面图和侧面图的半径差（a），这就是相当于图 10－35 所示的圆台从中央需要切开的部分（半身）。当裙摆角度是 18°～20° 或以上时，a 为人体腰围宽度和厚度差值的 1/2（裙摆角度较大时有必要减小 a）。由于将裙子形态假设为圆台型，所以正面图和侧面图采用相同的裙摆角度。

在正面图中，裙摆角度的构成线与人体腰部轮廓的某一段相接触，形成了裙子的外轮廓。这条轮廓线与人体腰部之间的空隙，需要通过收省的方式来处理。根据前面的定义，在产生这个省量的角度范围内的裙子即为斜裙，随着这个侧缝腰省及前、后片腰省的消失，裙子转化为喇叭裙。

观察平面图可以发现，圆台上部的弧线和腰围横断面之间存在着一定的空隙，与直筒裙的处理方法一样，需要作为省量收掉。在这个例子中，前片需要收一个省道，后片圆台上部和腰围的差量较小，仅在侧缝处收省即可。

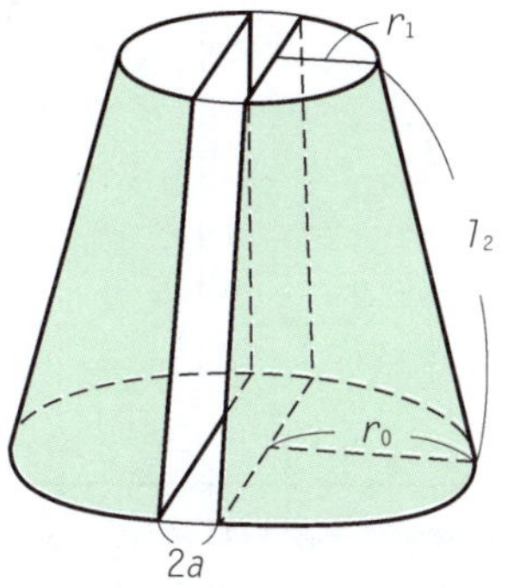

图 10－35　斜裙造型的分析方法

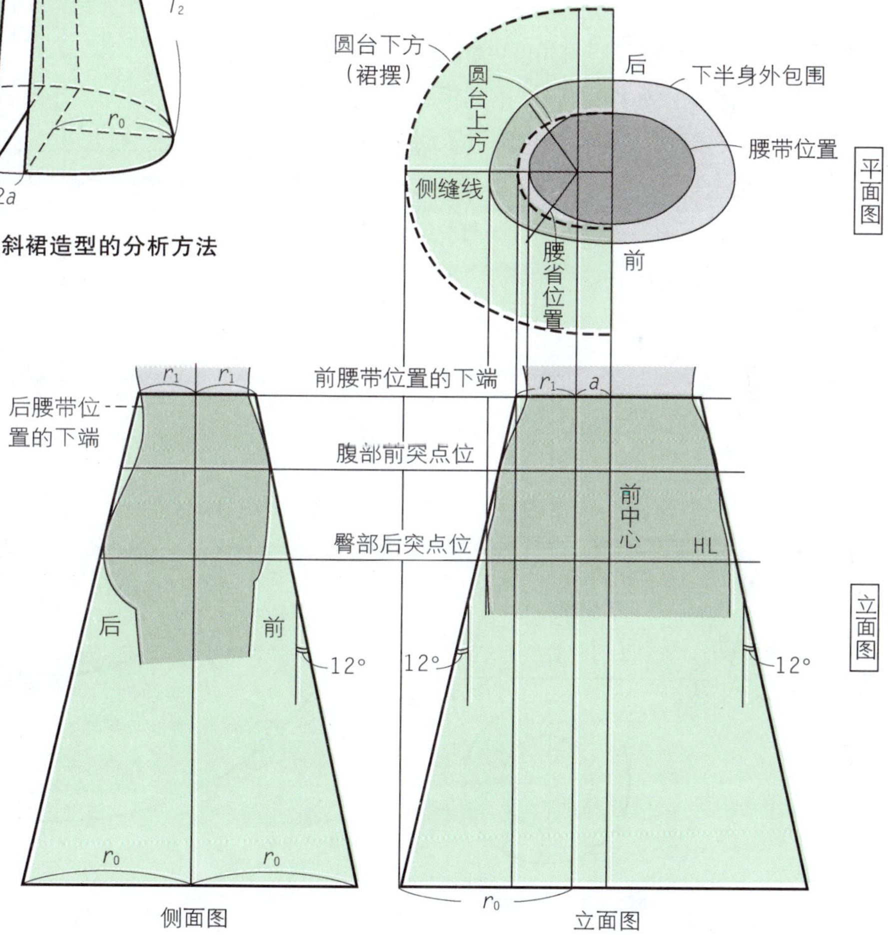

图 10－36　斜裙的立面图、侧面图和平面图

图 10－37 是圆台的展开图。图中显示了与纸样制图相关的右半部分展开图中心角（χ）的计算方法。从图中可以看出，作为喇叭裙纸样制图的构成要素，圆锥的顶角也就是裙摆角度×2与圆台的母线长是必需的。对于②的制图方法来说，根据图 10－36 的制图方法可以算出母线长，圆锥的顶角是裙摆角度的 2 倍，利用这些可以确定展开图的中心角。

在此，利用这一原理讲述更加简便的制图方法③。首先，利用圆台展开方法，从裙摆角度（顶角×1/2）中求出展开图的中心角×1/2，在此基础上再求 1/2 的角度可以作为裙子纸样中侧缝线的倾斜角度，表 10－2 对这一关系进行了说明。从表 10－2 中可以看出，裙摆角度为 12° 时，前、后侧缝线的倾斜角度分别为 18.7°；裙摆角度为 20° 时，侧缝线倾斜角度大约为 31°。

图 10－38 所示为斜裙、喇叭裙的第三种制图方法，以裙摆角度为 18° 为例，显示了利用表 10－2 的角度来制图的简便方法③的操作过程。

利用直角尺，在确定侧缝线倾斜角度的同时确定腰围尺寸并制图。

表 10－2　斜裙、喇叭裙的裙摆角度与纸样侧缝线倾斜角度的关系

α	$180°\times\sin\alpha$ 纸样前、后中心线的夹角(°)	$180°\times\sin\frac{\alpha}{2}$ 纸样侧缝线的倾斜角度(°)
8°	25.1	12.5
10°	31.2	15.6
12°	37.4	18.7
14°	43.5	21.8
16°	49.6	24.8
18°	55.6	27.8
20°	61.6	30.8
30°	90.0	45.0
40°	115.7	58.9
45°	127.3	63.6
50°	137.9	68.9
60°	155.9	77.9
70°	169.1	84.6
80°	177.3	88.6
90°	180.0	90.0

注　α—立面图状态下的裙摆角度。

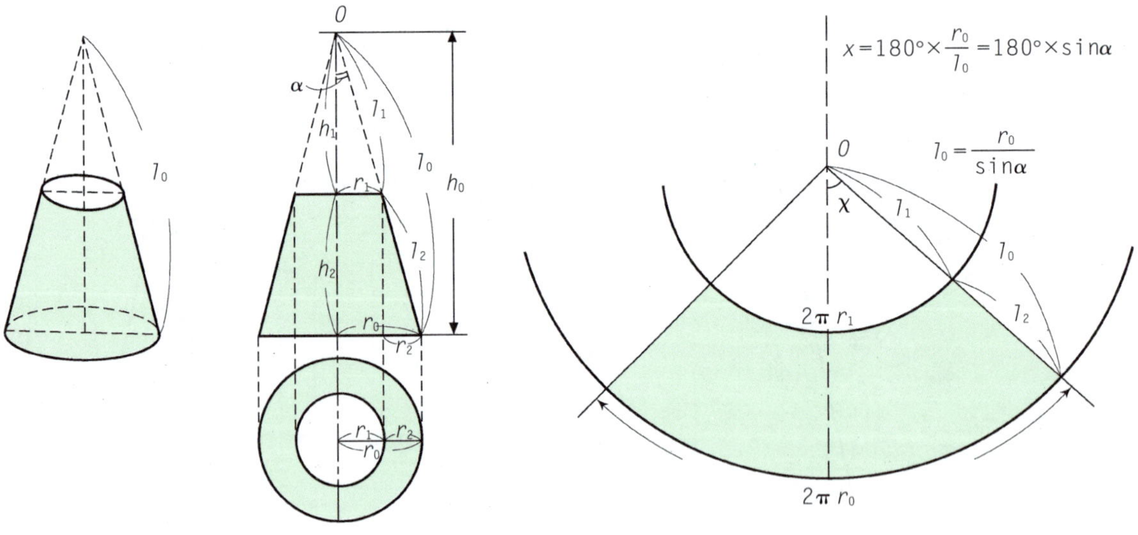

图 10－37　ⓑ圆台展开图

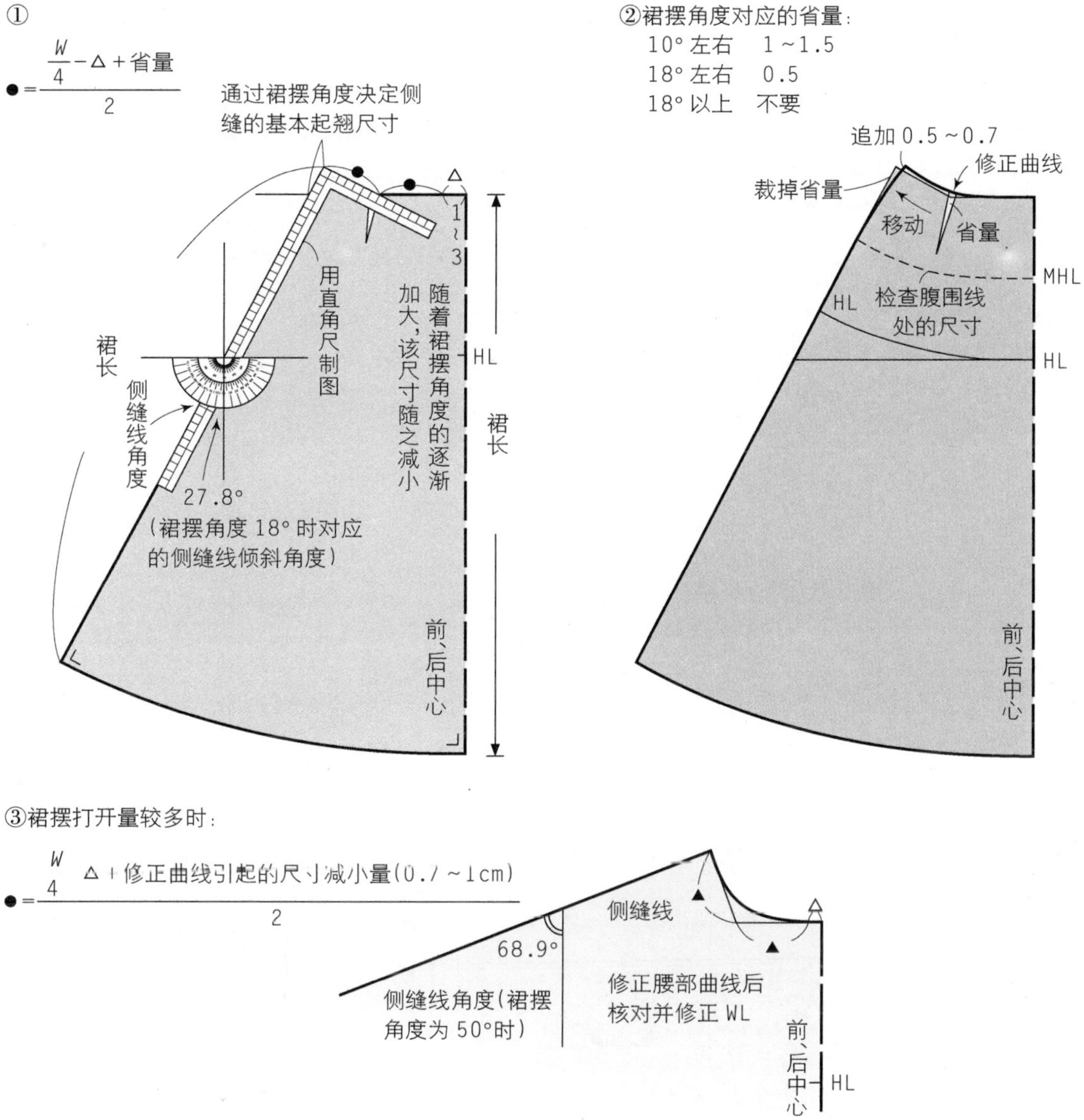

图 10－38　③斜裙、喇叭裙的制图

3.3 ④圆弧剪裁的纸样

被称为全圆剪裁的喇叭裙的下摆非常大，因此对于该类裙子来说，从腰围到臀围没有必要完全贴合人体的复曲面结构，纸样通常采用腰线与裙摆为同心圆的方法来绘制(图 10－39)。

但是对于自然腰线在后身下落的人来说，如图 10－39 所示，裙子的腰线与其纸样一样应修订出腰高的前面、侧面、后面的差会更好些。

当裁剪半圆形喇叭裙时，腰带以下会贴合体表形态，因此需要根据不同的情况在侧缝处收取一定的省量(图 10－40)。

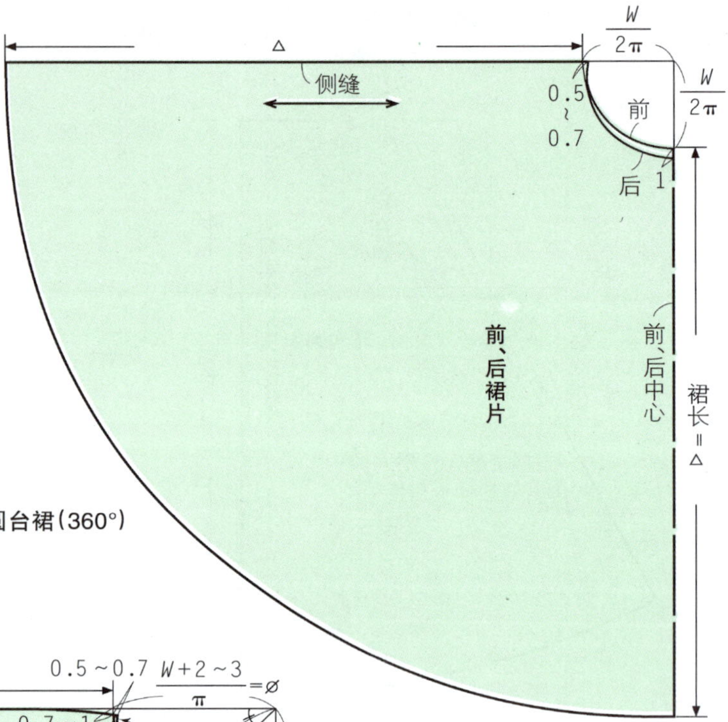

图 10－39　全圆台裙(360°)

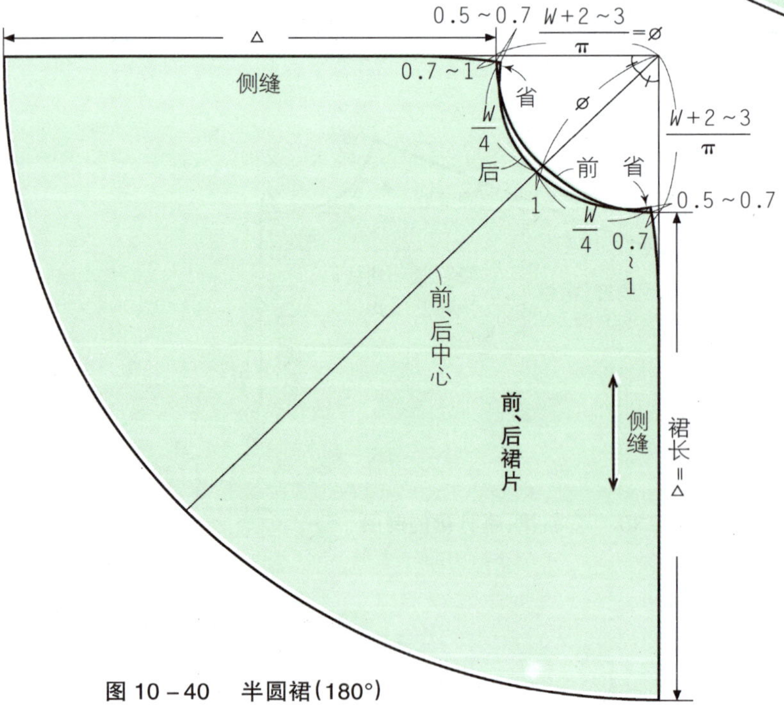

图 10－40　半圆裙(180°)

4. 带分割线的设计与纸样

利用分割线进行款式设计的裙子种类繁多，可以沿纵向加入数条分割线，并利用分割线处理腰省形成多片裙（gored skirt），也可以沿横向加入分割线形成塔式裙（tiered skirt），或沿斜向加入数条螺旋状的分割线进行设计。

图 10－41 所示是利用分割线进行设计的图例。纸样无论在哪种情况下都应以前面讨论的腰省分配（图 10－9）原则为基准来进行处理。下面就基本纸样的设计进行论述。

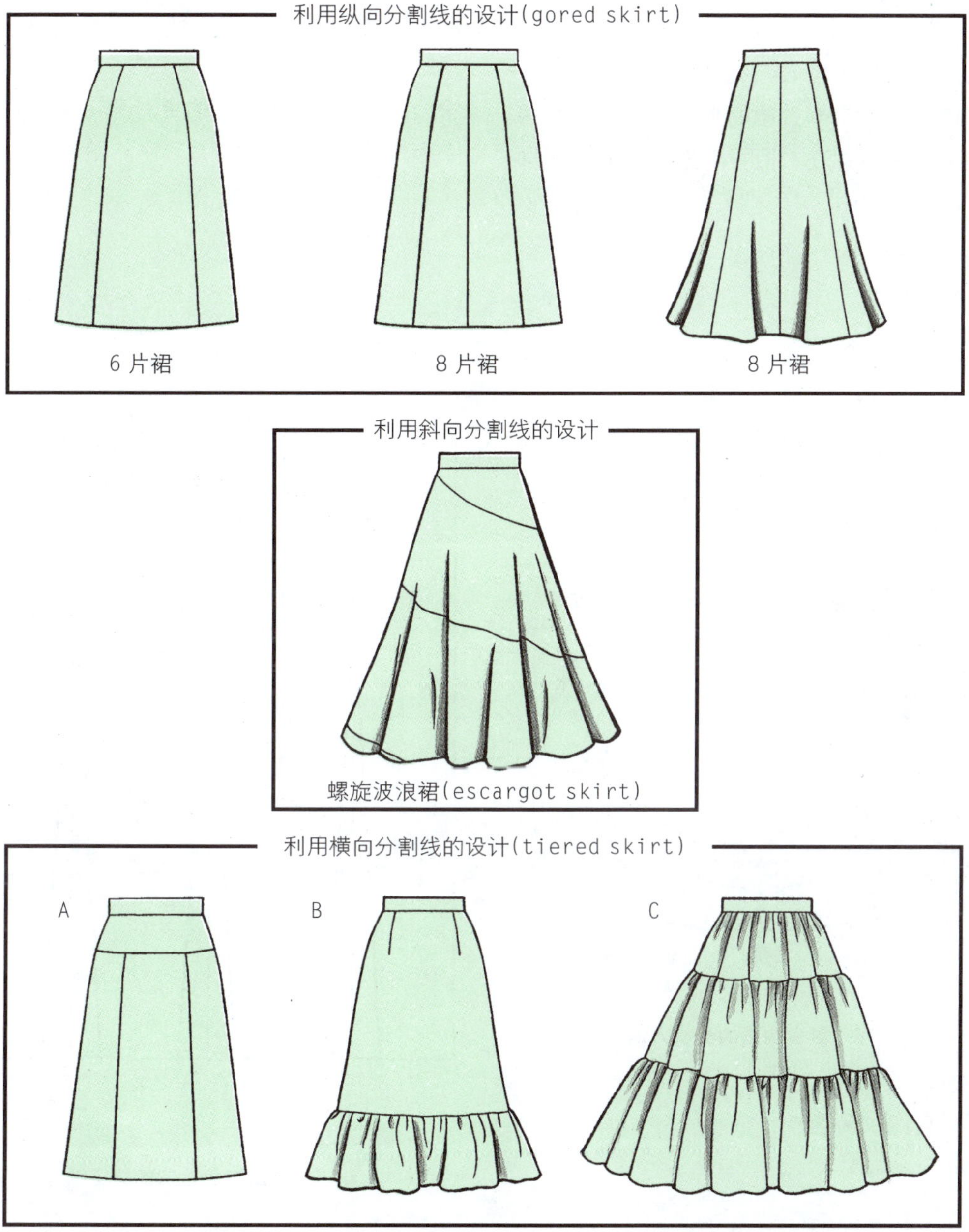

图 10－41　利用分割线的设计

4.1 多片裙

多片裙包括 6 片（six gored）、8 片（eight gored）、10 片（ten gored）等不同构成，由偶数片、形状基本相同（近似于台形）的纸样缝合而成。整体造型大多为半紧身裙和斜裙，如图 10－45 中 8 片裙的示例所示，可以利用缝线加大裙摆，将其塑造成曲线状的钟形（喇叭形），或是塑造成在大腿部以上造型纤细，以下呈鱼尾状展开的鱼尾裙。

图 10－42 是 6 片裙的纸样。臀围线处的松量构成与直筒裙基本相同，理论上，6 片纸样的中央位置为直纱经过，并以此来测定省量。

对于 6 片裙来说，前、后分别由 3 片裙片构成，中心裁片和前侧、后侧裁片的宽度不一定相同，宽度设定需要适合成年人的体型，这一点非常重要。儿童穿的 6 片裙的每一片纸样构成都是相同的。

如平面图（图 10－42a）所示，分割线确定时，前、后中心片的宽度较大，分割线及中间的直纱经过方向指向臀围线上裙子横断面的曲率中心。结果是各个裁片的腰围完成尺寸在前、后中心片较大，侧面的裁片较小。图 10－42b 是

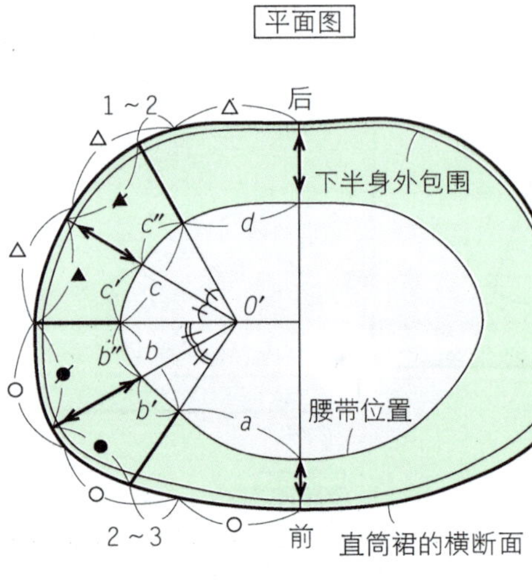

a　裙子腰省构成的分析方法

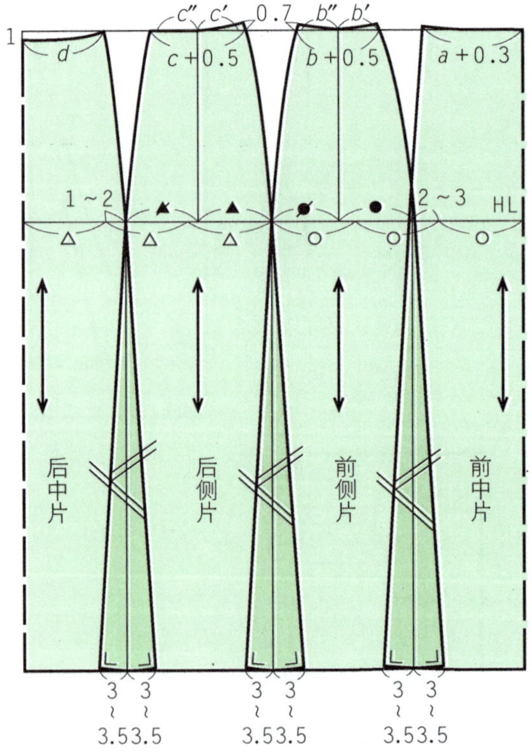

b　根据测定值绘制的裙子纸样

图 10－42　6 片裙纸样的构成分析

根据这一测定值绘制的纸样。

图 10－43 是利用直筒裙纸样绘制 6 片裙的简便方法。

图 10－44 为 8 片裙纸样的构成方法，对于含有 8 片以上裙片的裙子来说，最好将每一片裁片在臀围线处的宽度设计为等宽。但是腰省的构成方法与 6 片裙相同，如裙子基本立体所述，侧缝线处需要放置较多，前、后片处则较少。

总之，无论是 6 片裙还是 8 片裙，虽然纸样构成并不完全相同，但都需要与人体从腰线到臀部的形态相适合。

图 10－45 是 8 片裙纸样的简单制图方法。从臀围线开始向下，8 片纸样是完全相同的，但前、后中心片的腰围完成尺寸则追加了 0.5～0.7cm，侧缝线与之相对应减小了 0.5～0.7cm，以保证裙子从腰围到臀围位置更合体，裙摆如图所示呈钟形。

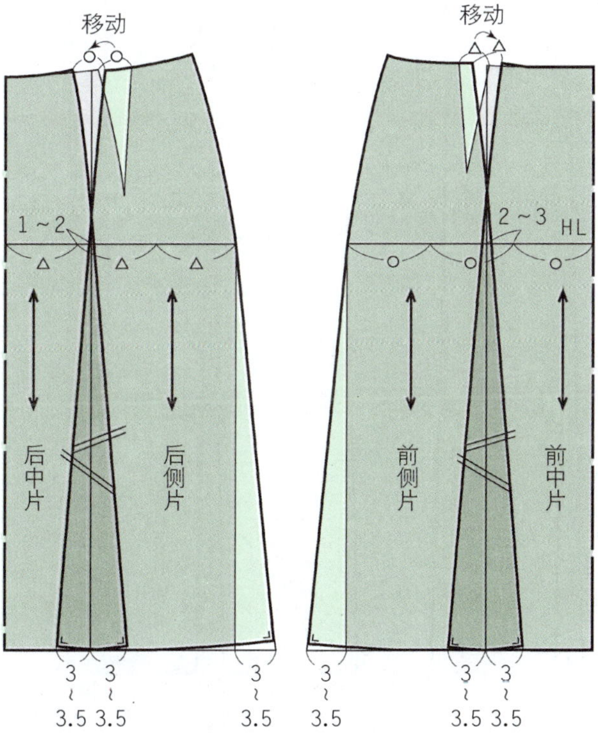

图 10－43　利用直筒裙纸样绘制 6 片裙的简便制图方法

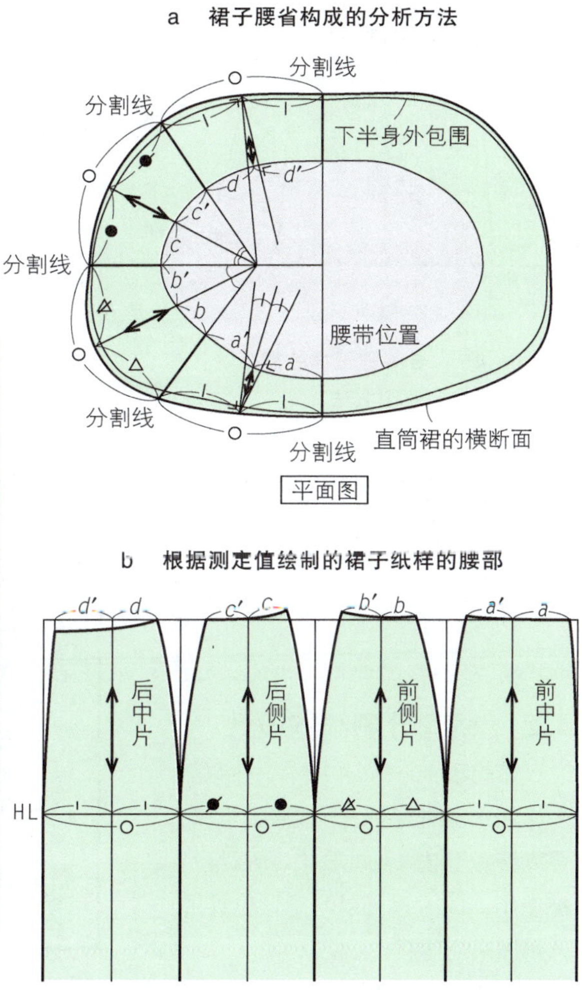

图 10－44　8 片裙纸样的构成方法

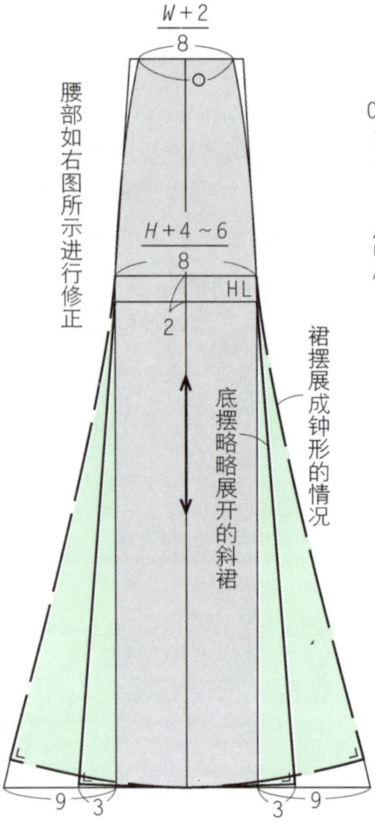

图 10-45　8 片裙纸样的简单制图方法

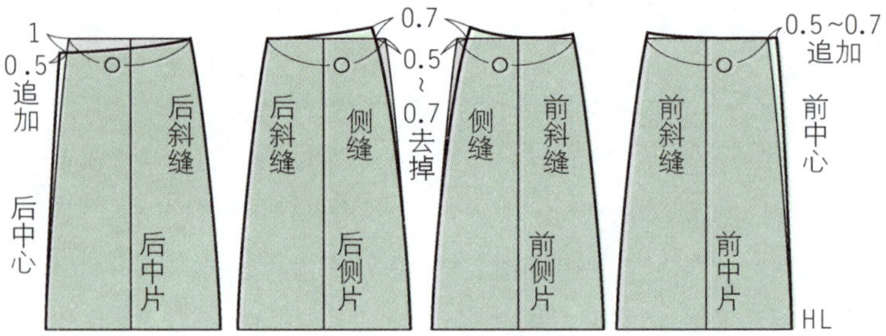

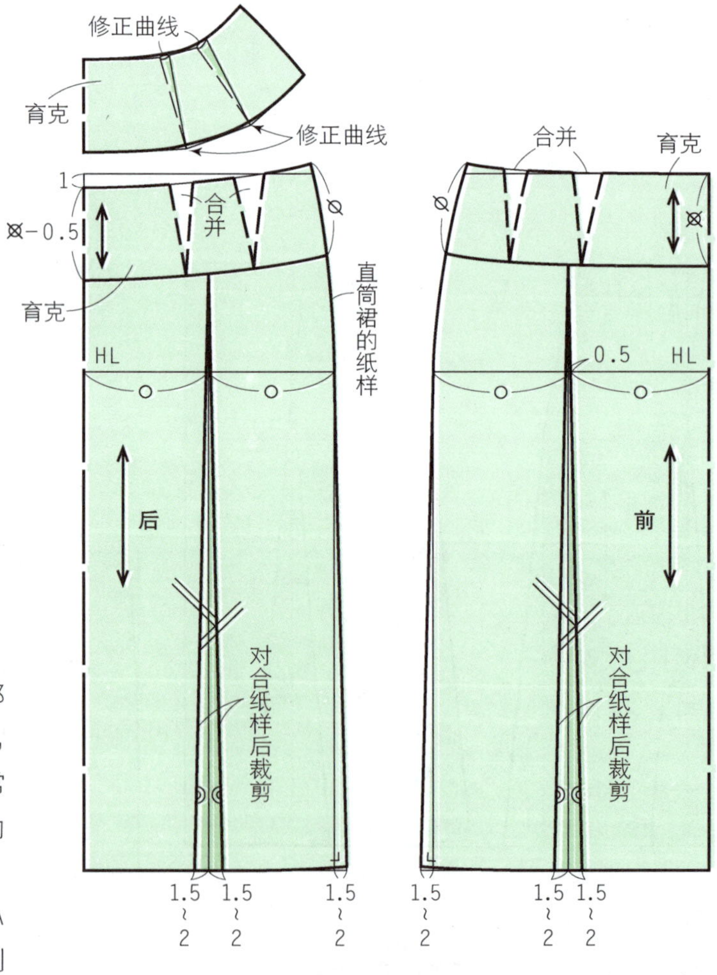

图 10-46　带横向分割线设计的纸样

4.2　横向分割线的设计

如前图 10-41A 所示，在腹部区域加入横向分割线形成腰部育克，可以获得下肢修长的效果，所以经常被使用。同时也可以利用该位置的分割线来处理腰省。

图 10-46 所示为图 10-41A 带横向分割线的半紧身裙纸样，系利用直筒裙纸样绘制而成。

图 10－47 所示是图 10－41B 带横向分割线的碎褶裙纸样，直接采用斜裙纸样绘制，仅在裙摆处追加适当的褶量即可。可以根据款式设计及使用素材的软硬度的不同确定褶量的增减。

图 10－48 所示是图 10－41C 带横向分割线的叠褶裙纸样。根据布料的不同需要改变褶量。该纸样为夏天所用布料的示例。考虑到腰省的分配原则，第一层褶裥在前、后中心线附近会放置得少些，前、后侧面及侧缝处则需要增多。从第二层开始褶裥是等量分配的。

如果各层的高度平均分配，裙摆层会显得较短，因此需要将裙摆层变高。

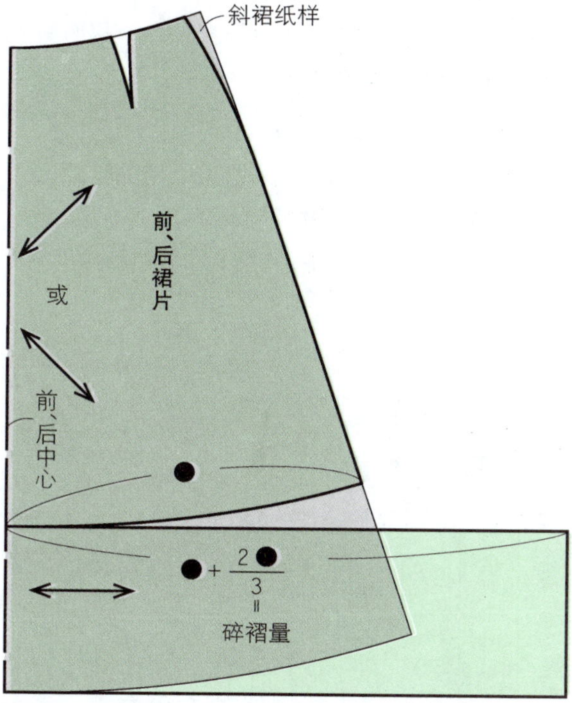

图 10－47　带横向分割线设计的纸样

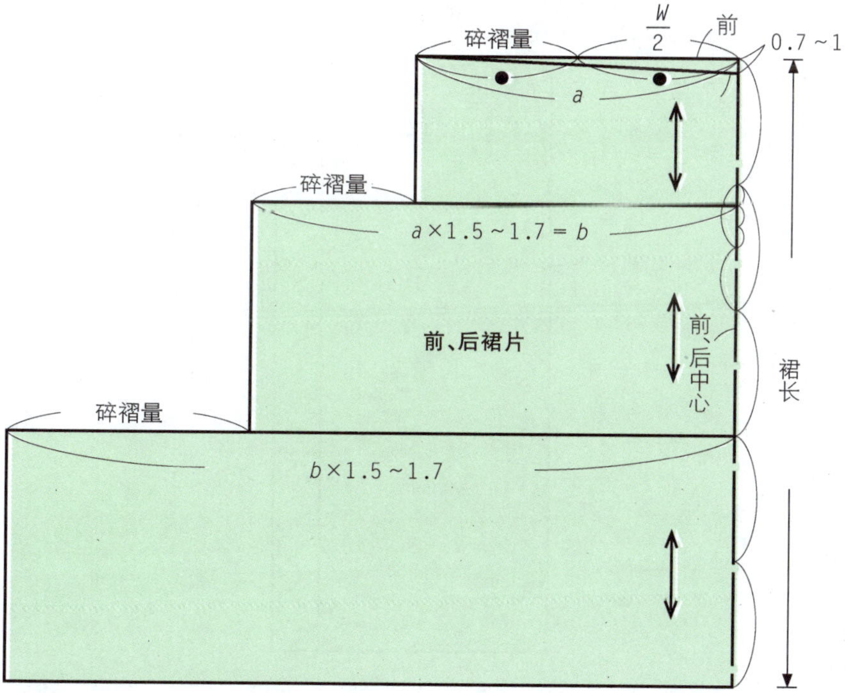

图 10－48　叠褶裙 C 的纸样

5. 褶裥裙纸样

在褶裥裙的款式构成中，有局部加入褶裥的，也有整体加入褶裥的(图 10－49)。

5.1 局部褶裥的设计

●A 款是在直筒裙或半紧身裙纸样的基础上，在前中心处设置褶裥的设计(图 10－50)。

●B 款是在前面设置对称褶裥的设计。在 B 款设计中可以将腰省参照图 10－51 ①或②的方法进行处理。在图 10－51 ①中，其中一个腰省被加入到褶裥中，另一个省道保持原状。省量较少的情况下，可以如图 10－51 ②所示，将省量的一部分转移至侧缝，剩余的部分加入到褶裥设计中。在该款式中，褶裥上部 15cm 左右需要缝合固定，可以将省道加入其

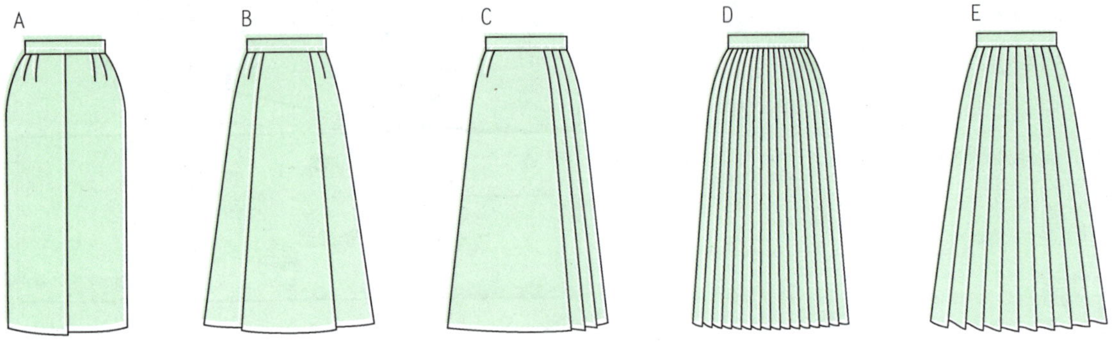

图 10－49　褶裥裙的设计

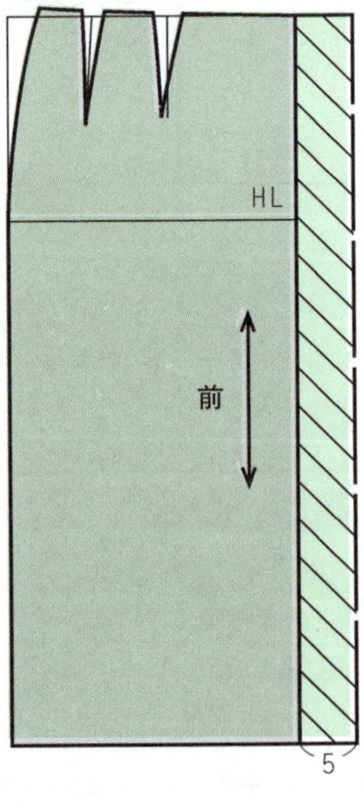

图 10－50　褶裥裙 A 的纸样

中将固缝线变成曲线；在省道较大或褶裥较多的情况下，在褶裥的中间收取省道，效果会更好些。

①加入较少褶量的情况

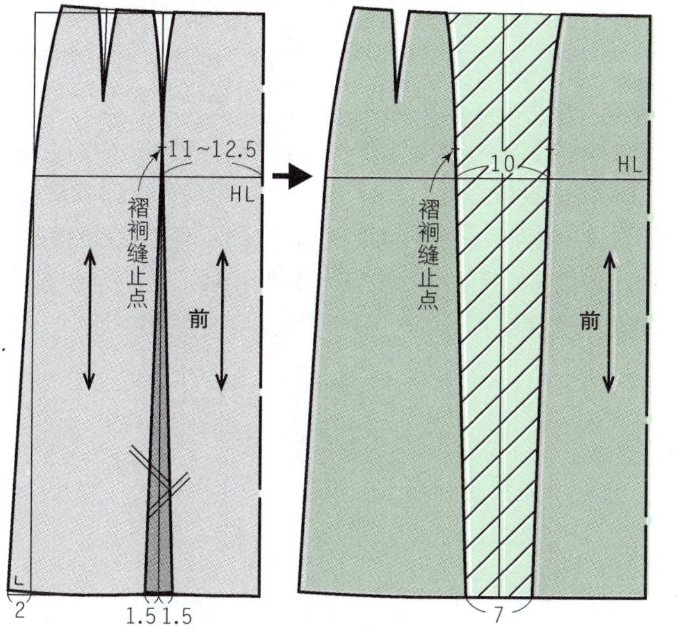

②加入较多褶量的情况

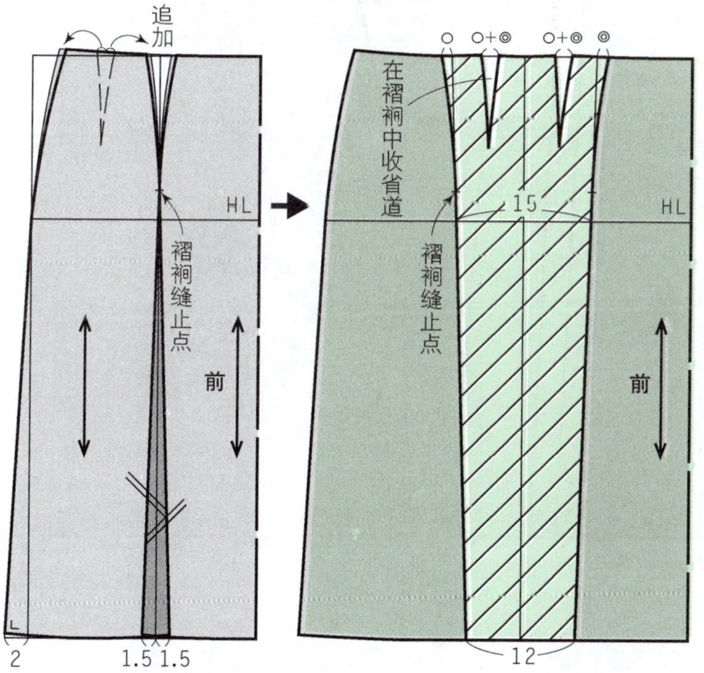

图 10－51　褶裥裙 B 的纸样

●C款是在半紧身裙造型中加入不对称褶裥的设计。纸样如图10－52所示，左前片的褶裥中加入了省量，右前片的省道则需要单独缝合，省量较多的情况下可以设计为两个省道。由于是采用半紧身裙的造型，所以加入褶裥时，在裙摆处稍微展开，效果会更自然。从图示中可以看出，褶裥的宽度和长度从臀围线至裙摆保持不变。由于褶裥呈一定的倾斜度，如放大图所示，褶裥的展开量是在褶线的直角方向上加入的。由于加入褶裥量，左前片的腰线、臀围线以及裙摆线和右前片相比，在侧缝处呈上翘形态，裙片叠褶制作后整体造型会恢复到原有的半紧身裙纸样状态，着装时褶裥会自然下垂。

●D、E款为全褶裥裙设计。D款的总体造型为直筒形，E款则是裙摆微微展开的半紧身裙造型。

在制作全褶裥裙时，可以先绘制纸样，后制作，也可以直接在面料上用划粉画出轮廓线。D款是采用上下同幅面料折叠后形成的全褶裥裙。制作时控制褶裥叠合后尺寸应为臀围尺寸＋(5～6) cm(松量)，腰围则需要根据个体尺寸进行调整。腰围根据面料及款式的不同，可以利用抽碎褶进行处理或是通过在褶裥中加入省量的方法来解决。

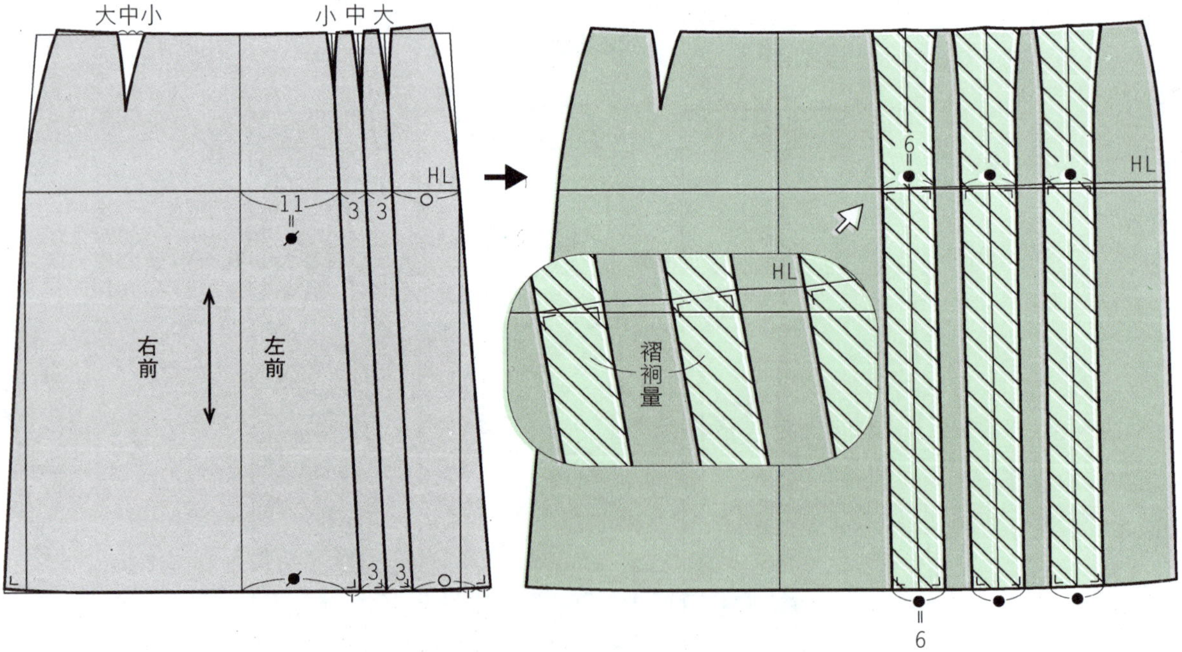

图10－52　褶裥裙C的纸样

图 10－53 所示为褶裥裙 D 款的褶裥宽度计算及其纸样制图（也可以在面料上直接绘制），臀围线和裙摆部位的明裥宽度完全相等。

如果在腰围处将省量平均分配到每一个褶裥里，形成前后、左右相同的曲度会与人体腰部的自然形态不匹配。因此，为了适体，同样需要在前、后中心附近分配少量的省量，在侧缝线附近分配多一些的省量。如图 10－53 所示，参考水平断面重合图上的腰省计算值，在简化的腰线上确定表面裙片的宽度。由于在腰的侧缝处加入了较多的省量，所以侧缝线部位的腰部明裥较窄。对于腰部扁平的体型，尤其需要在斜前侧及侧缝处减小腰部明裥的宽度。也就是说，需要增加这部分的省量分配。

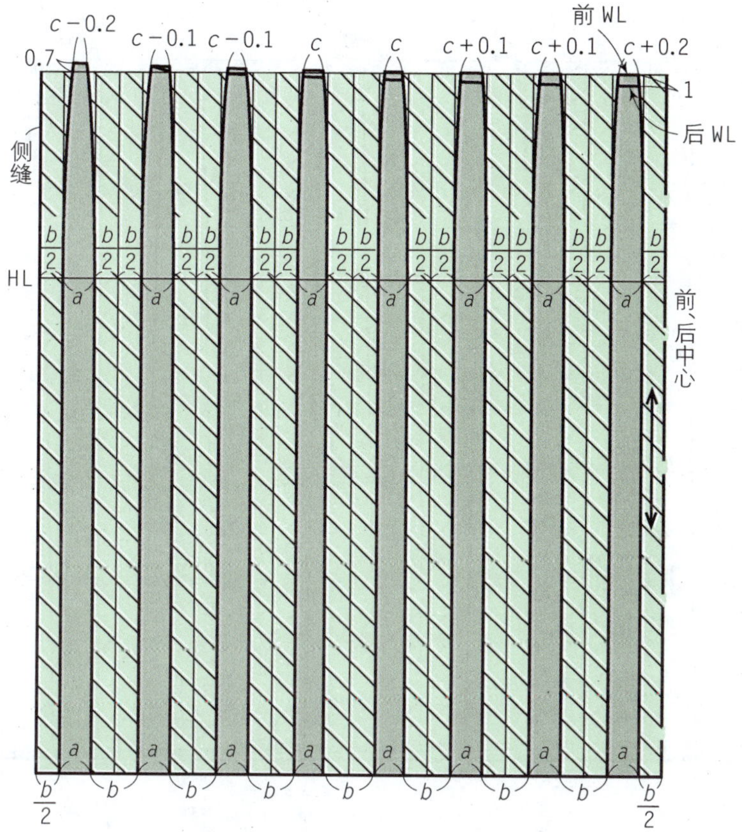

总用布量≒臀围×2.5～3

褶裥数：以 32 个为例

$$a=\frac{H+\text{松量}(5\sim6)}{\text{褶裥数}}=\text{HL 及裙摆处明裥宽度}$$

$$b=\frac{\text{总用布量}-(H+\text{松量})}{\text{褶裥数}}=\text{暗裥的宽度}$$

$$c=\frac{W\text{尺寸}+\text{吃缝量}(2\sim3)}{\text{褶裥数}}=\text{WL 处的基本明裥宽度}$$

图 10－53　褶裥裙 D 的褶裥宽度计算及纸样（做记号）

图 10－54 为褶裥裙 E 的褶裥宽度计算及其纸样制图（也可在面料上直接绘制）。由于总体造型呈半紧身裙状态，所以明裥宽度从臀围线向下至底摆呈直线打开，臀围线以上则顺势延长。此时，应将臀围线位置略微提高，否则腹围线会出现围长不足的现象。

腰线处的表面褶裥宽度处理与 D 款相同，前、后宽度略宽，斜侧及侧缝处宽度稍窄，同时在每一条褶裥中分配省量。图 10－54 中的明裥增减量，是应用省量计测结果的简便处理方法得到的。

叠合褶裥后，D、E 款的腰线完成线在侧缝

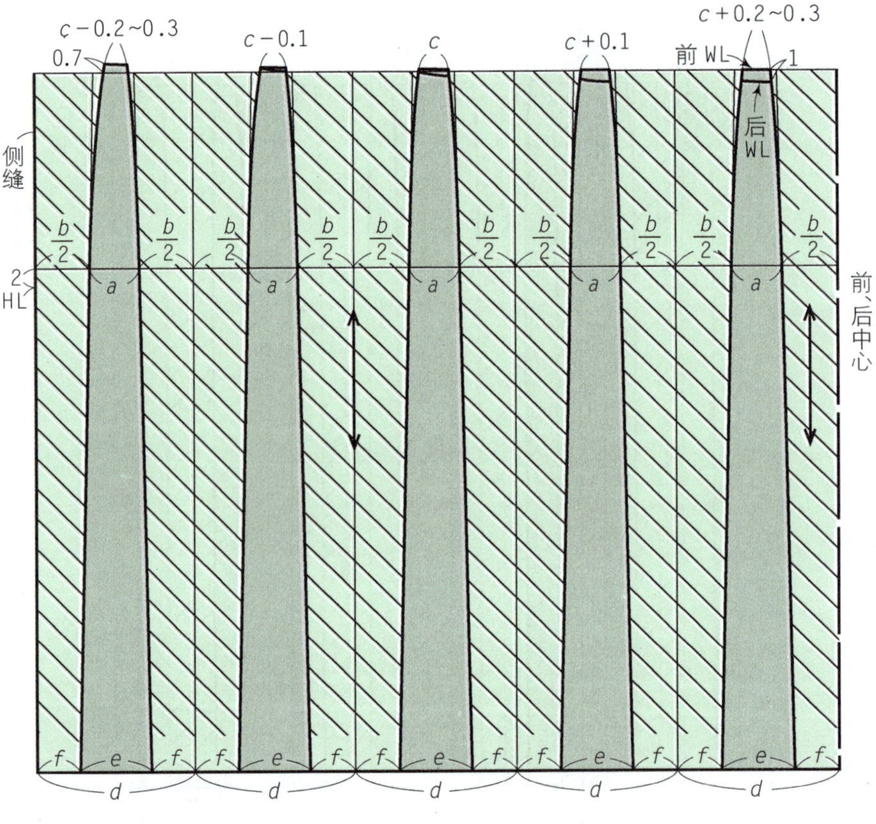

总用布量≒臀围×3

褶裥数：以 20 个为例

$$a=\frac{H+\text{松量}(4\sim6)}{\text{褶裥数}}=\text{明褶宽度}$$

$$b=\frac{\text{总用布量}-(H+\text{松量})}{\text{褶裥数}}=\text{暗裥宽度}$$

$$c=\frac{W+\text{吃缝量}(2\sim3)}{\text{褶裥数}}$$

$$d=a+b=e+2f$$

$$e=a+(0.8\sim1.5)$$

$$f=\frac{b}{2}-\frac{1\sim1.5}{2}$$

图 10－54　褶裥裙 E 的褶裥宽度计算及纸样（做记号）

线处上翘 0.7～1cm，后中心线处下落约 1cm 左右，并修正为圆顺的曲线（图 10－55）。

叠褶量较多或褶裥内加入的腰省较大时，可以通过在褶裥中间缝合省道来构成腰部曲面。叠褶量较少或褶裥内加入的腰省较小时，在绱腰头的过程中，可以将叠褶量或省量转化为吃缝量进行缝制，这是形成褶裙腰部曲面的技术要点。

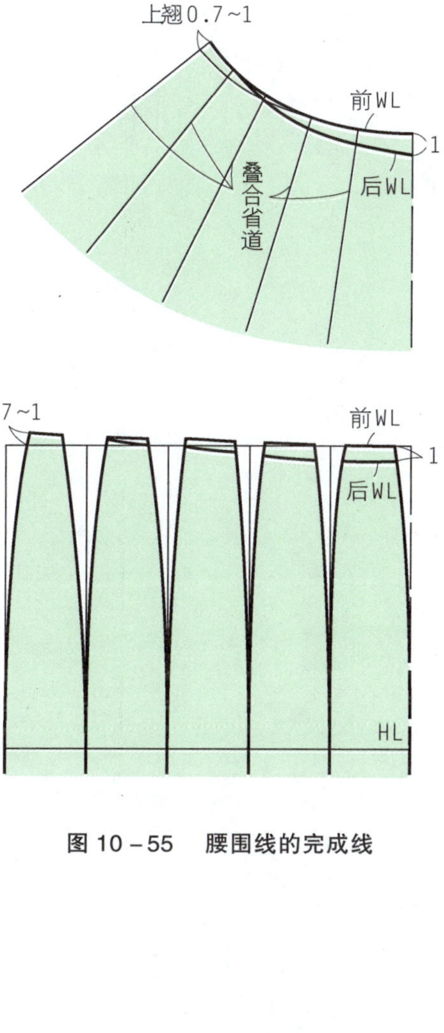

图 10－55　腰围线的完成线

[参考资料]

1　三吉满智子、磯崎明美「若年下半身計測資料」1998 年

2　三吉满智子「腰部体表角度のシルエッターからの計測資料」1983 年

3　三吉满智子「セミフレアスカートの作図について一人体・デザイン・素材の物性から一」

日本図学会学術講演論文集　1987 年

第十一章

领子纸样的制图原理

领子是衣服的一部分，它与衣身领口的弧线相缝合，依据颈部结构进行设计。相对于覆盖脖颈的着装功能来说，领子通常更侧重于设计与形态的分析，更侧重于设计感、表现个人喜好。

本章主要讨论以下四种领型的构成因素、尺寸大小及设计变化：

- 没有翻折线的立领类型
- 领子通过翻折线被分为翻领和底领两部分的衬衫领类型
- 随着领子翻折部分衣身同时也翻转的翻驳领类型
- 底领量很小，相对于脖颈来说，更多地覆盖肩部的平翻领类型

一、领子的设计与分类

与领子缝合的衣身领口弧线，一般设计成与脖颈根部形态基本吻合的结构。在领子设计过程中除了考虑脸部形状外，还必须考虑与颈部、肩部等形态因素(颈部的长度、粗细、围度等尺寸和颈部的倾斜角、肩倾度等)之间的关系，防止发生颈部在伸屈、回转等运动状态下受到领子压迫等现象。此外，领口是在衣服最上方的开口部位，随着户外空气的冷暖变化，在调节衣服内部环境温度时起重要作用。因此，为了符合衣服的穿着目的，领子的设计和纸样制作很重要。

在领子的设计过程中，还需要考虑在穿、脱衣服时，如何便于通过比颈部尺寸大得多的头部。

领子的设计如图 11－2 所示，根据其形态及纸样的构成要素可以分为四种类型。

二、领子及其纸样的构成要素

领子以及装领位置的各部位名称和构成要素，如图 11－1 所示。

领子的具体设计有丰富多样的变化。其构成因素主要包括：衣身装领线的形状和长度、领外口线(若是立领，则为领子上端线)的形状和长度、通过领子翻领线(底领线)形成的底领和翻领(也叫主领)的宽度以及驳头(衣身翻折后形成的领子部分)的形状和宽度等。改变这些面

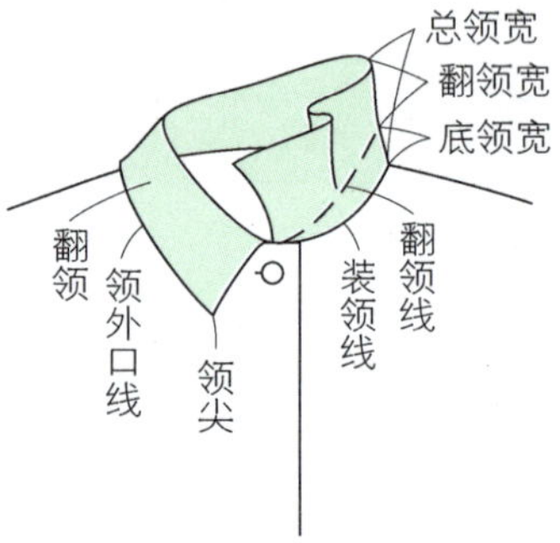

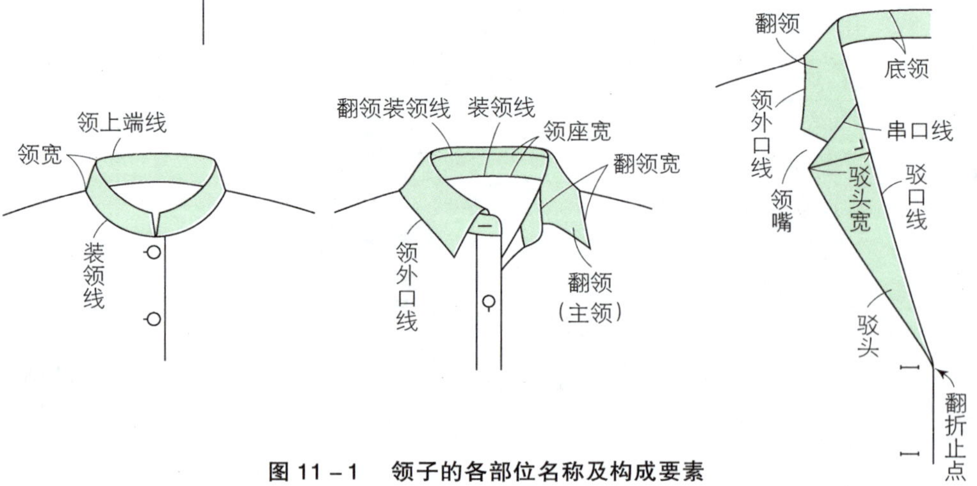

图 11－1　领子的各部位名称及构成要素

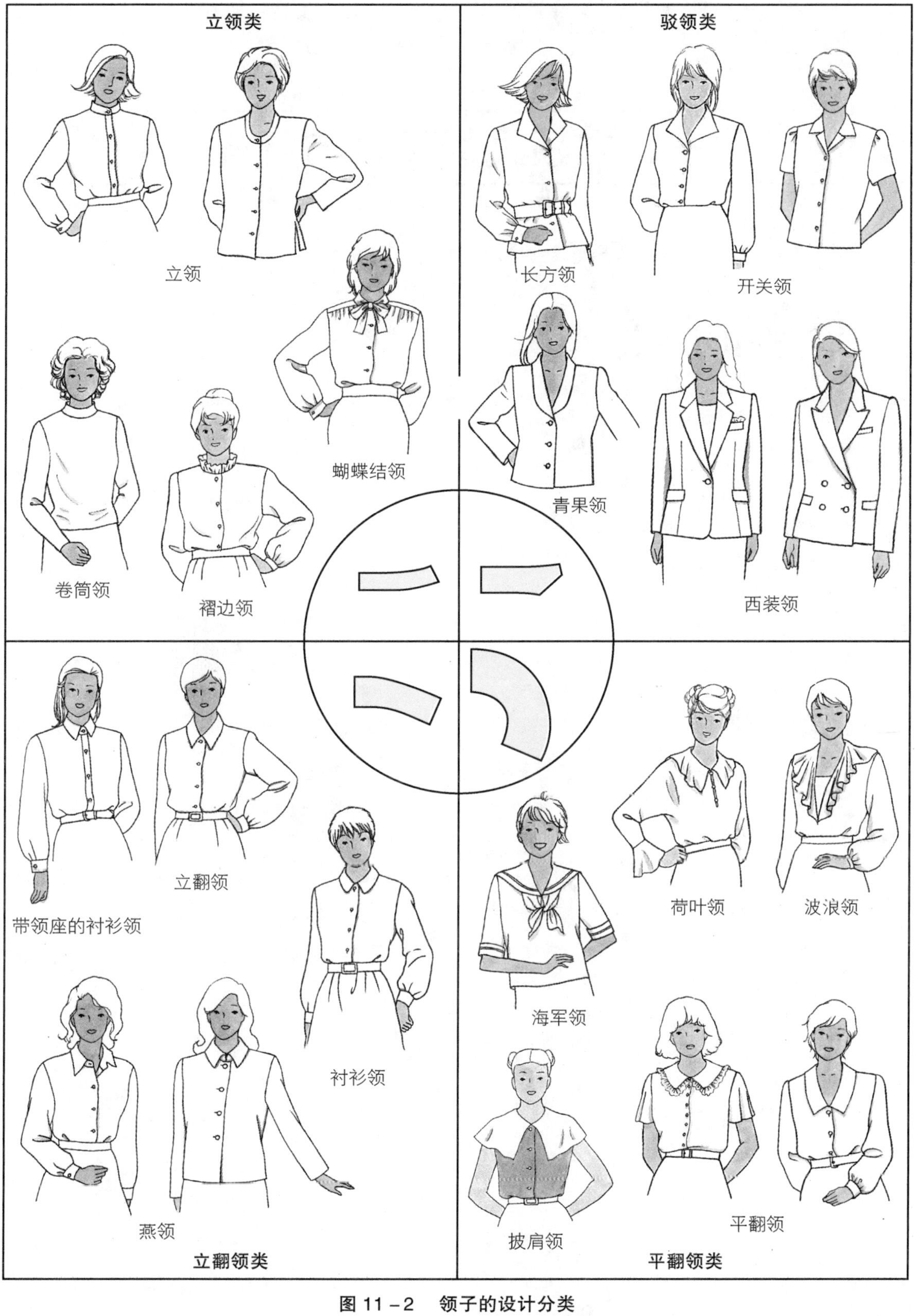

图 11－2　领子的设计分类

的宽度和各条线的长度，就可以设计出各种不同的领型。

下面主要针对四种领型的构成要素及其纸样变化进行论述。

三、立领类的设计与纸样

立领是没有翻领部分的领型。

1. 立领的构成要素

说起领子的起源，最古老的领子设计是用直条形布片围成能让颈部通过的圆圈形态，由此形成最基本的领子——立领。立领的构成如前面领子构成要素中所示，只有领子构成要素中的底领部分，所以它的宽度、装领线的形态、领上端线的长度以及与颈部的贴合程度都会影响领子的设计，由此形成的装领线和上端线的长度差是决定其设计和纸样的重要因素。

2. 直条立领

如果将装领线和上端线同样尺寸的长方形布片（图 11－3）缝合到原型的领口弧线上，如图 11－3a 所示整体领子的上端和颈部之间会有明显的空隙。此外，由于装领线为直线，领子着装后呈稍向后倾斜的状态（尤其是斜方肌发达、颈根形态扁平的体型会更明显）如图 11－3b 所示。因此直条立领的领口修正，如图 11－4 所示，需要将后领口深度稍减小些。

这种类型的领子还包括蝴蝶结领、卷筒领等领型。

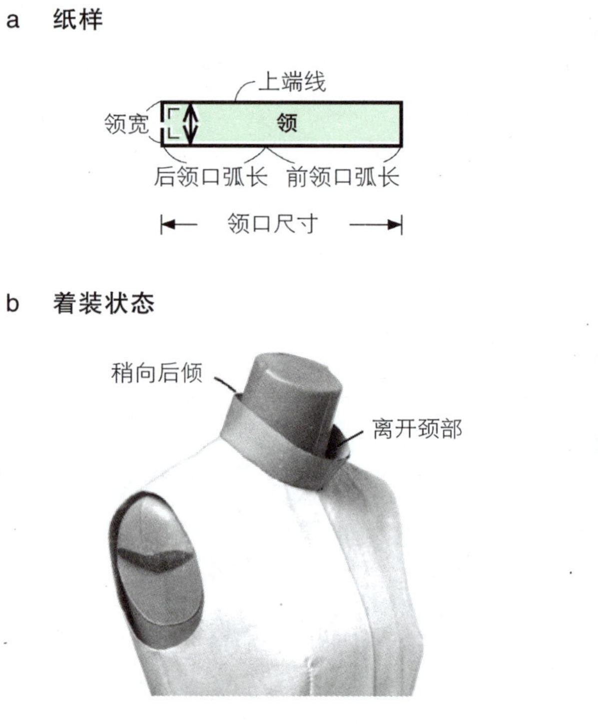

图 11－3 直条式立领

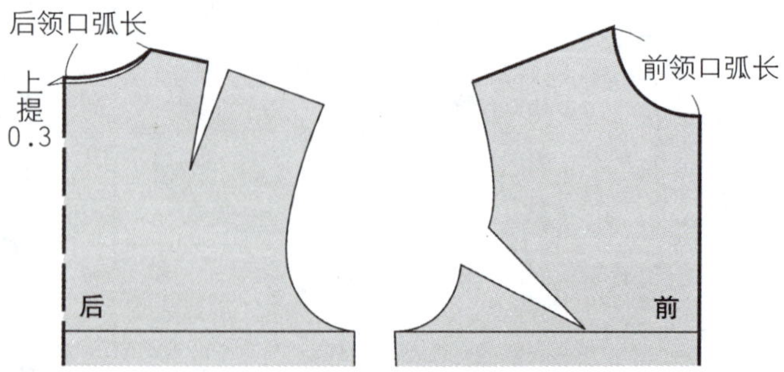

图 11－4 衣身领口的修正图

3. 颈部适体的立领

如图 11－5 所示，将直条立领和颈部之间存在的空隙叠合后，就能形成吻合颈部倾斜形态的立领。一般情况下，被称作立领的领子就是这种状态。

纸样展开图如图 11－6 所示，被叠合后的领子上端线尺寸明显比装领线的尺寸要短，装领前端的 a 点移动到了 a′的位置，装领线变成向上弯曲的曲线。如果直接在原型的领口弧线上设计立领，领起翘量（x）一般为 1.5～2.5cm（图 11－7），然后依据领起翘量（x）绘制与领口弧长相等的装领线。

在领上端线处纸样被叠合的量越大，x 就越大，领子上端和颈部的贴合状态就越紧密。

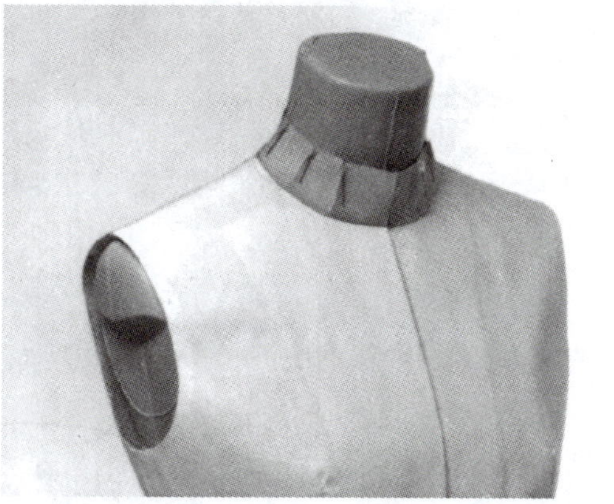

图 11－5　叠合领子与颈部之间的多余空隙

4. 前领口下落的立领

衣身的前领口线设计为下挖时，前中心如图 11－8 所示，领子及衣身的对接线呈现出在同一平面内的转换状态。领口弧线的两款设计举例如图 11－10 所示。图 11－9 为图 11－8 中 A 领的设计纸样，由于前领口下挖量加大，领子展开图中起翘量（x）也随之增加。另外，如图 11－8 中 B 款式，领口大幅度下挖时，衣身和领子对接线的曲度适应性很重要，所以在绘制纸样时，将领子和衣身纸样放在同一图面上制图会简便些。图 11－11 是 B 领的制图实例。

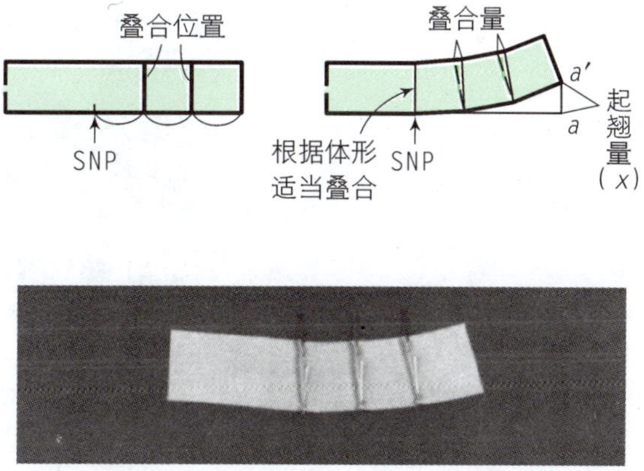

图 11－6　立领的展开图

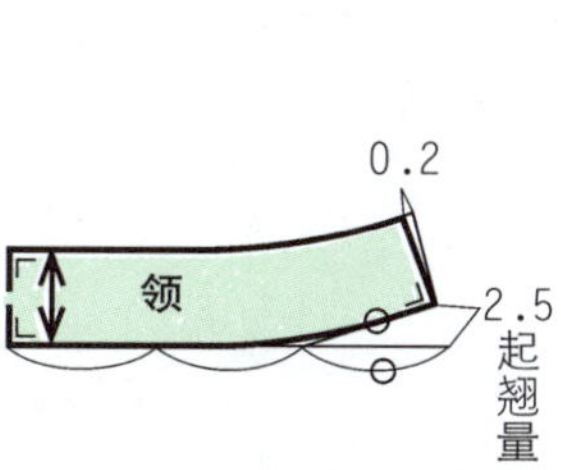

图 11－7　普通立领的制图（起翘量 2.5cm）

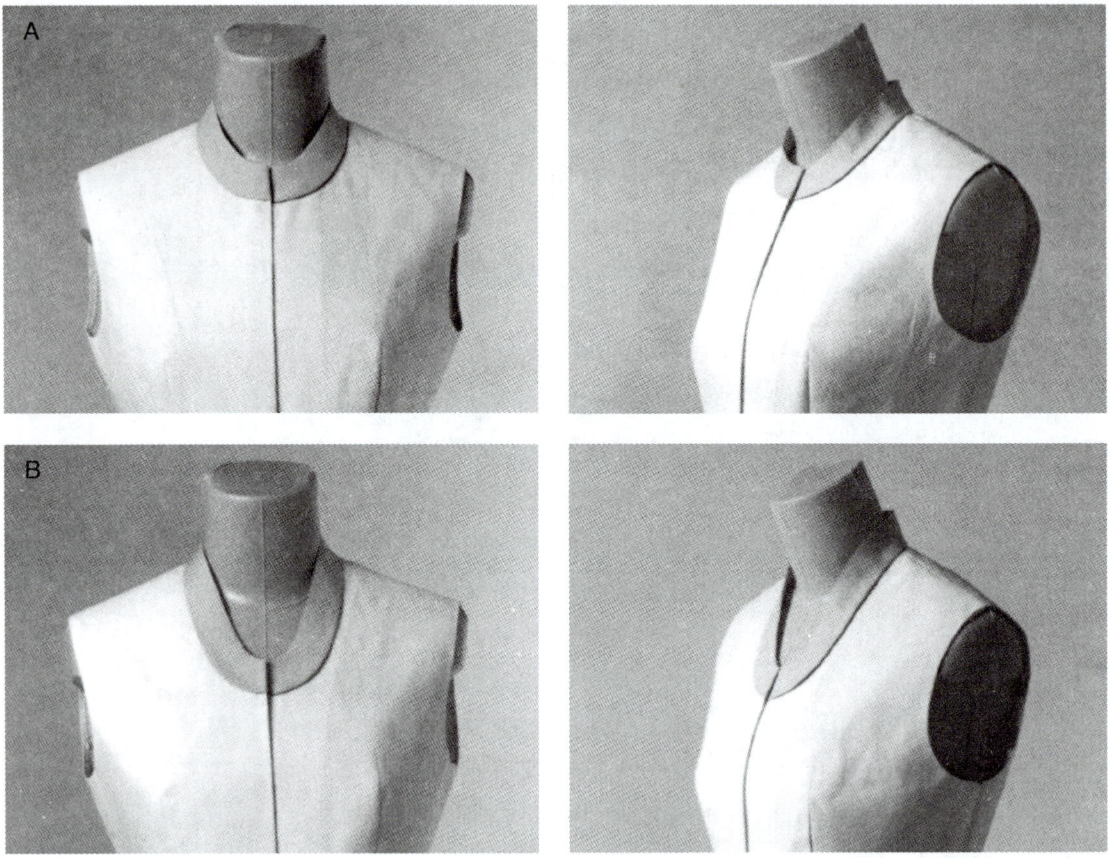

图 11－8　前领口线下挖的立领

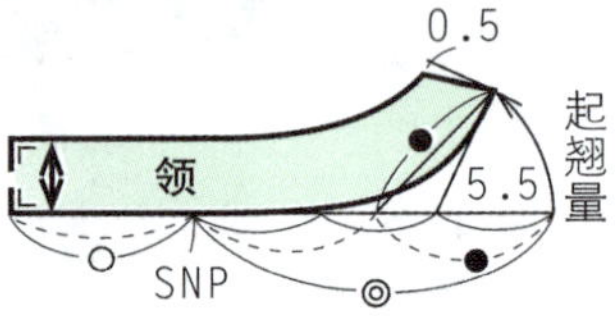

图 11－9　A 款前领口线下挖的立领纸样

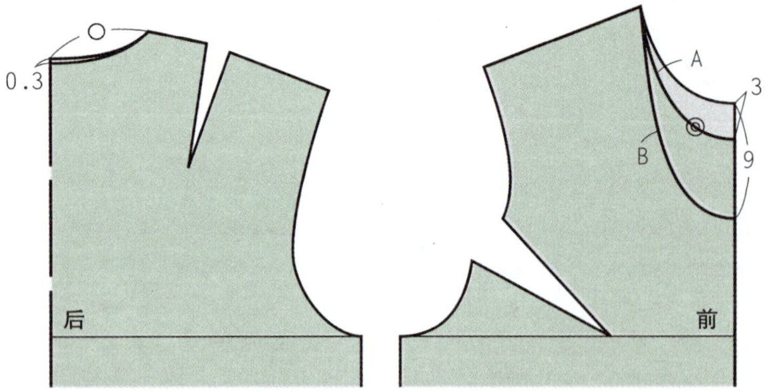

图 11－10　A、B 款前领口线下挖的衣身纸样

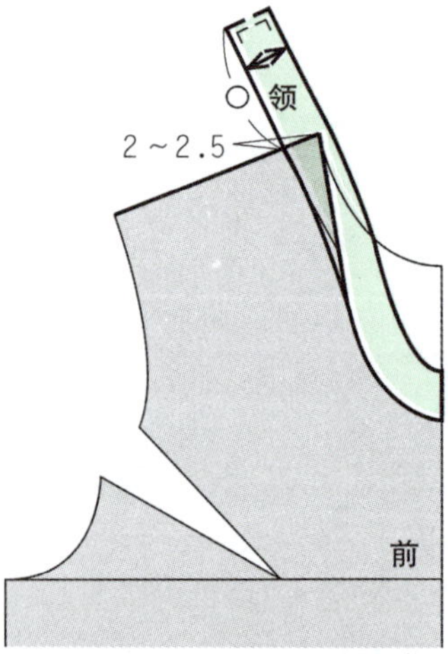

图 11－11　B 款前领口线下挖的立领纸样

四、衬衫领类的设计与纸样

在立领上加出翻领（主领）部分就变成带有领座的衬衫领，这时的领座（底领部分）和翻领是用同一块布组成的。像这样将底领部分沿着颈部立起来，在中部将领子上部翻折过来，装领线设计在原型领口线附近的领子被称为衬衫领。这种类型的领子在前中心处左右分开。

1. 长方形衬衫领纸样

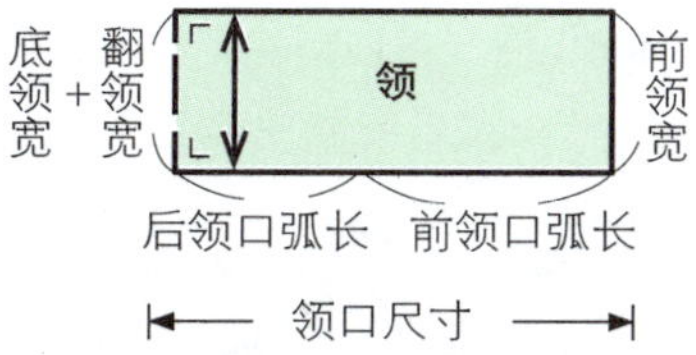

图 11－12　长方形衬衫领纸样

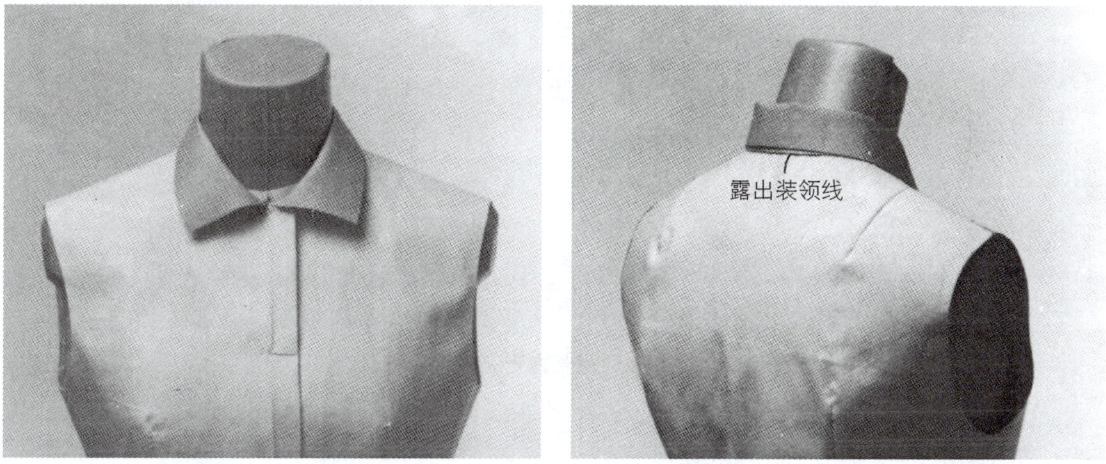

图 11－13　长方形衬衫领的着装图

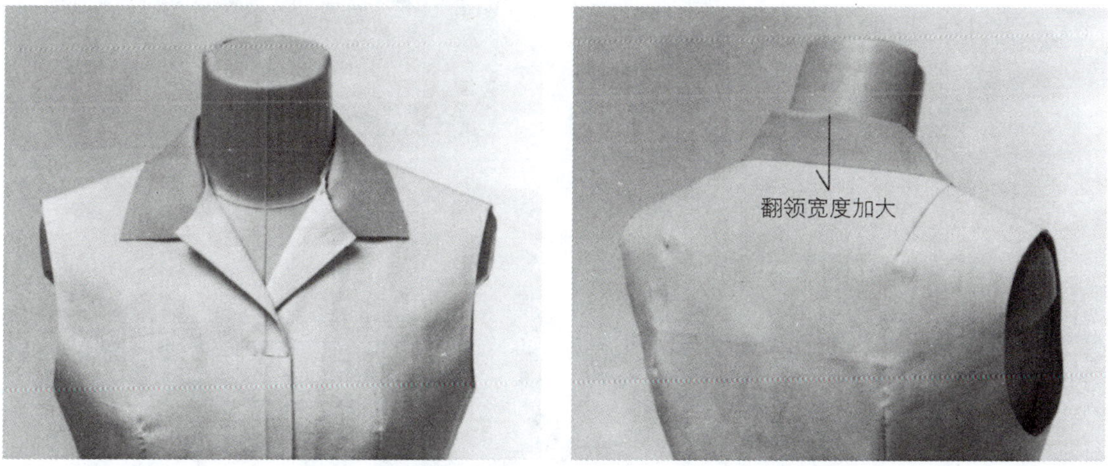

图 11－14　长方形衬衫领前面打开的状态

利用比立领宽度大的长方形面料（图11－12）制作有翻折线的领子时，领子的总体宽度被分为两部分。如图11－13所示领子前端的领尖距离变大，后领部位则露出装领线，这是由于长方形面料的领外口弧长不足引起的，如图11－14（装领为假缝状态）所示，将前领口打开制作成开领，情况得以好转。虽然这种领型在前领口关闭时会在后领露出装领线而显得不美观，但基本上不论是打开还是闭合都能够满足一般着装要求，因此这种长方形领子被经常采用。像这样以两用为前提的衬衫领也被称作两用领。

2. 衬衫领

●衬衫领的构成要素

如图11－15所示，在长方形的翻领部分打

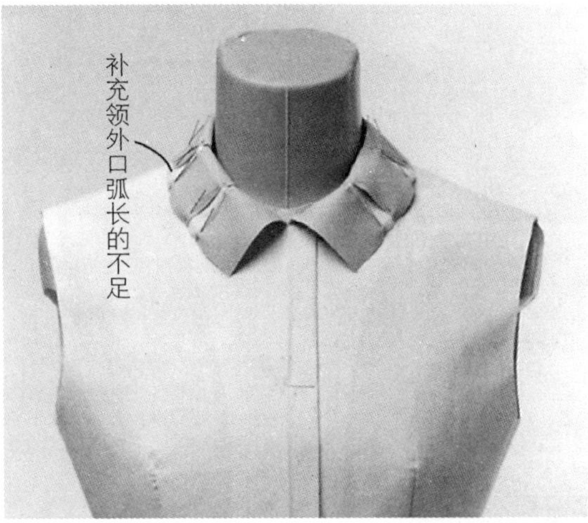

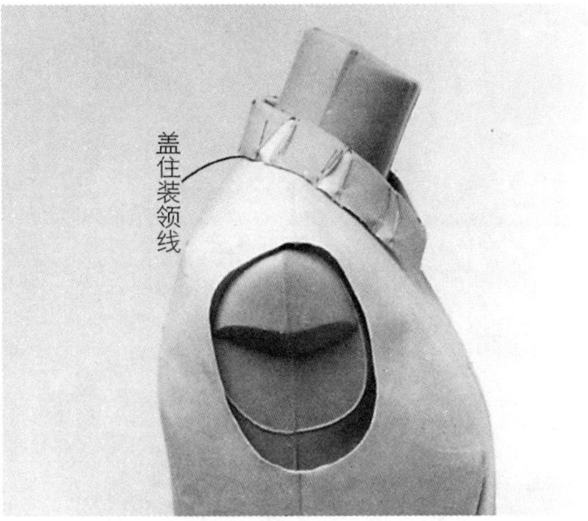

图11－15　利用长方形领制作衬衫领

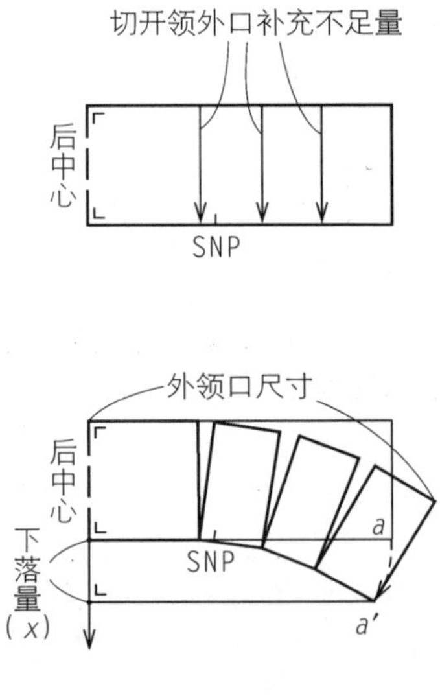

图11－16　衬衫领的展开图

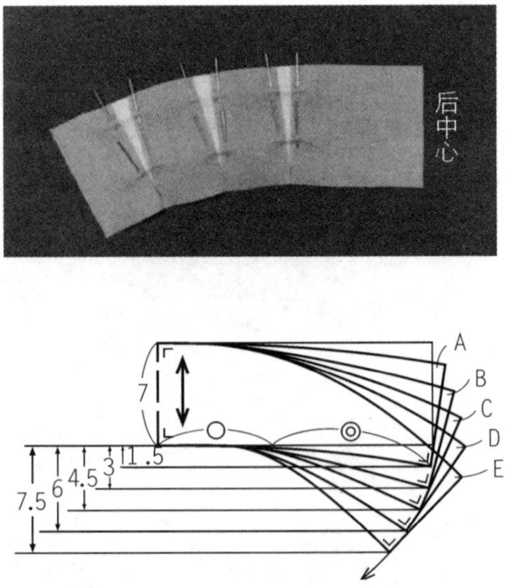

图11－17　衬衫领的实验纸样

剪口以补充领外口弧长的不足，做成覆盖住装领线的领子。这种领外口状态稳定的领子一般叫做衬衫领。纸样展开图(图 11－16)显示长方形的领子变成了扇形，装领前端的点 a 转移到了 a' 位置，装领线呈下弧的曲线。从图 11－16 可以看出随着领外口尺寸打开的越长，后中心的下落量(x)就越大。

●衬衫领制图方法的实验结果

图 11－17 为根据原型领口弧长绘制的领宽为 7cm，不同领下落量(x)的五种领型的纸样。将领子缝合到衣身上后，穿着到平均肩斜的人台上，底领及翻领的宽度变化如图 11－18 所示。但是，着装状态下领尖之间的距离在这种制图方法上没有变化。测定结果如表 11－1 所

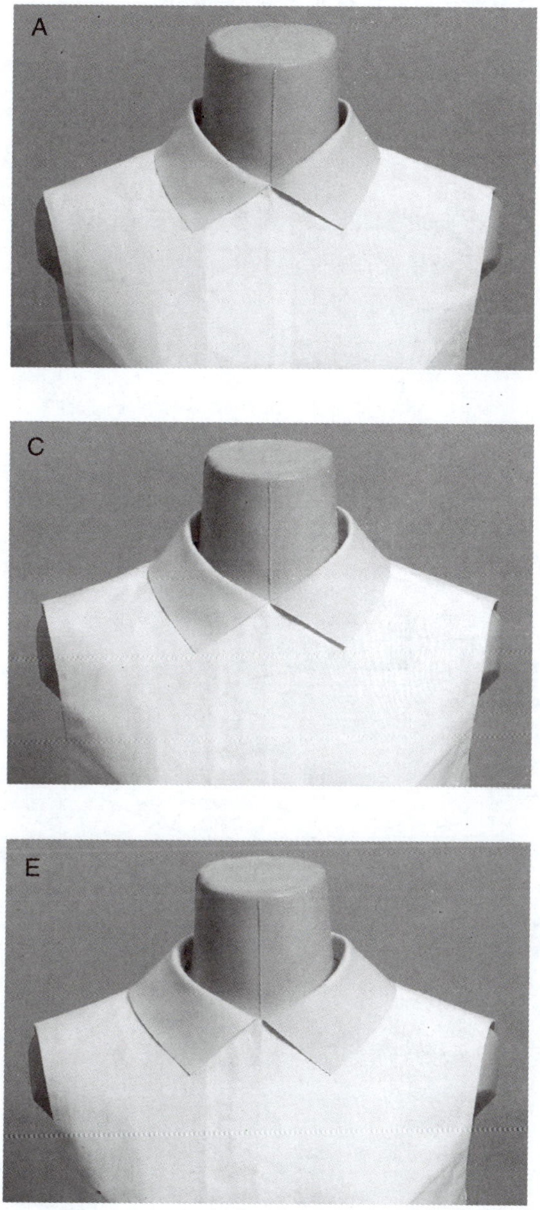

图 11－18　衬衫领的实验(领宽 7cm)

表 11－1　衬衫领的实验结果(领宽 7cm)

单位：cm

款式	下落量(x)	底领的尺寸(y)		领尖至前中的距离
		后中心	肩(右)	
A	1.5	3.2	2.7	5.7
B	3.0	2.9	2.5	5.6
C	4.5	2.8	2.4	5.5
D	6.0	2.6	2.1	5.5
E	7.5	2.4	1.8	5.3

示。结果显示领下落量（x）和后中心领座高度之间的相关关系非常密切，x、y的回归方程式如图11－19所示。利用这个回归方程式，例如若总领宽为7cm，当将领座设定为3cm时，那么$y=3cm$，$3=-0.127x+3.35$，则$x=2.76cm$。也就是说，在制图中当下落量约为2.8cm时，从理论上来说领座应为3cm。使用图中的回归直线，如虚线所示同样可以在图中找出相应的结果。但是需要注意的是面料的伸展度、厚度、着装者的肩倾斜度等因素，都会对领子的最终效果产生一定的影响，肩倾斜度小的平肩状态，x值会稍微变大。

3. 带领座的衬衫领

将前面所述的立领和衬衫领的翻领部分缝合在一起用于男式衬衫，就形成了带领座的衬衫领。图11－20是该种领子的纸样制图方法，将翻折线作成分割线会提高领子与颈部的贴合程度。前面所述的衬衫领翻折线在着装时会呈现出稍离开颈部的状态，同样地，西装领等上衣在着装状态下也并非十分贴合。

这时的领座设计一般比普通立领稍微窄些。为了防止领座的装领线外露，翻领的宽度需要比领座稍宽些，此外与普通衬衫领一样，翻领的外领口弧线也需略加长些。

纸样如图11－20所示，对于起翘量c和下落量d的关系来说，随着d的增大，翻领外口弧线处的松量就越大。当领座宽（a）和翻领宽

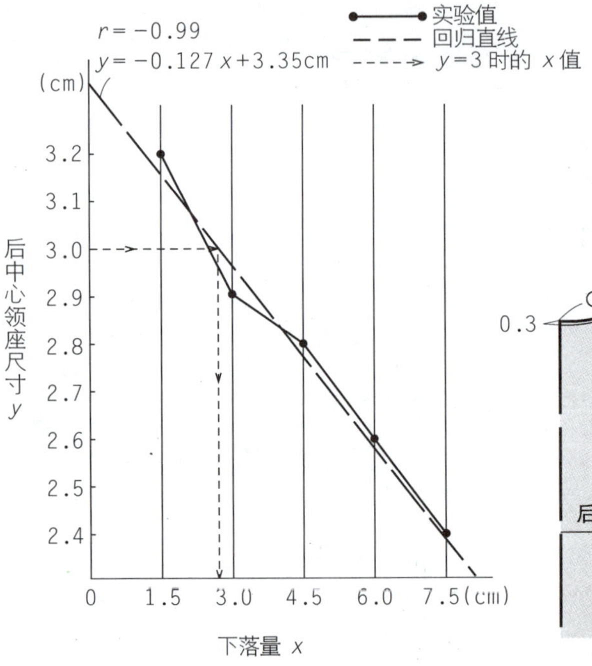

图11－19　下落量（x）与领座宽（y）的关系（领宽为7cm）

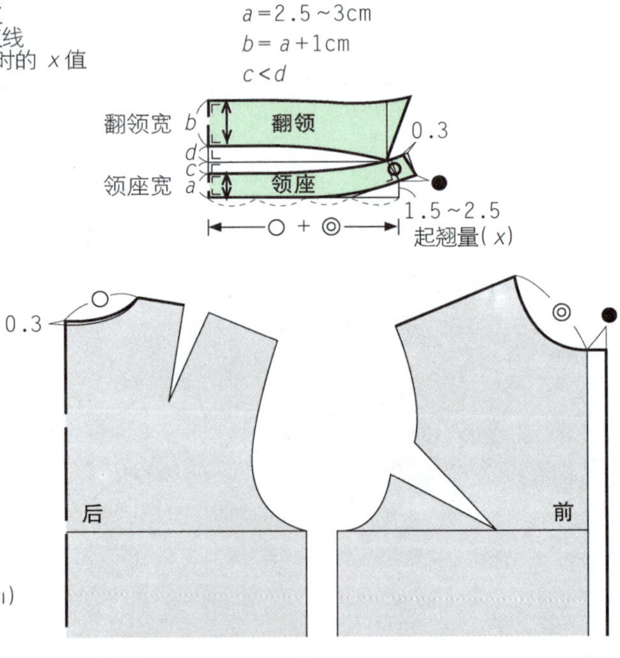

图11－20　带领座的衬衫领纸样

(*b*)之间的差值越大时，*d* 就变得越大。另外，如果领座与衣身领口缝合时前中心下落较大，则领下落量(*x*)也需随之增大。

4. 两用领

衬衫领通常泛指带有翻折线的领子，但领子的形态并没有特别的规定。与之类似，两用领(soutien collar)的名称在日本起源于昭和 20 年代，从昭和 20 年代开始到 30 年代，凡是带有领座和翻领，前领口能够打开的领子通常使用这个名称。现在作为变化领型，多用于男士的雨衣等服装的设计。

这种领看上去似乎与衬衫领属于同一类型，不同之处在于领子翻折线的形态，如图 11－21 所示，两用领的翻折线为直线型。其纸样与衬衫领自然也就不同，需要利用衣身的领口进行制图。制图方法如图 11－22 所示，将装领线沿着前领口的形状做成曲线。由于翻折线是直线的，因此可以解开前纽扣作为开领衬衫的领子穿着，所以也被称为可变领（图 11－23）。

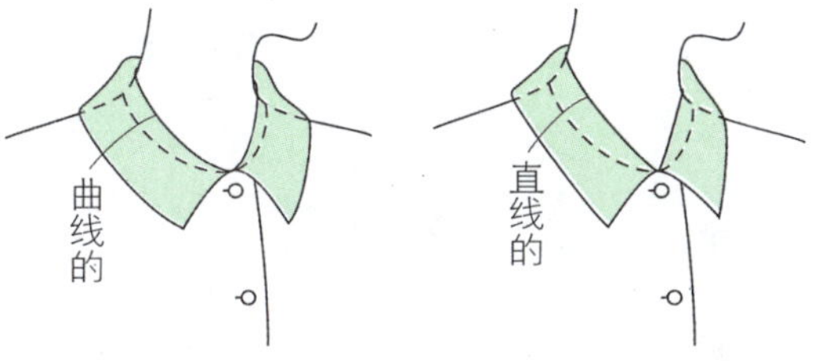

图 11－21　领子翻折线的区别

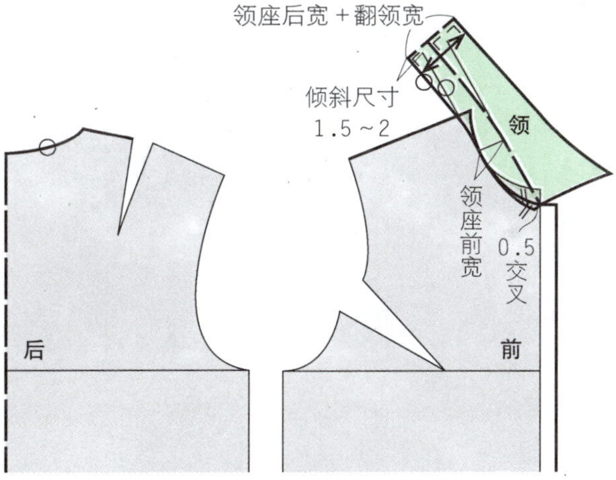

图 11－22　两用领的制图

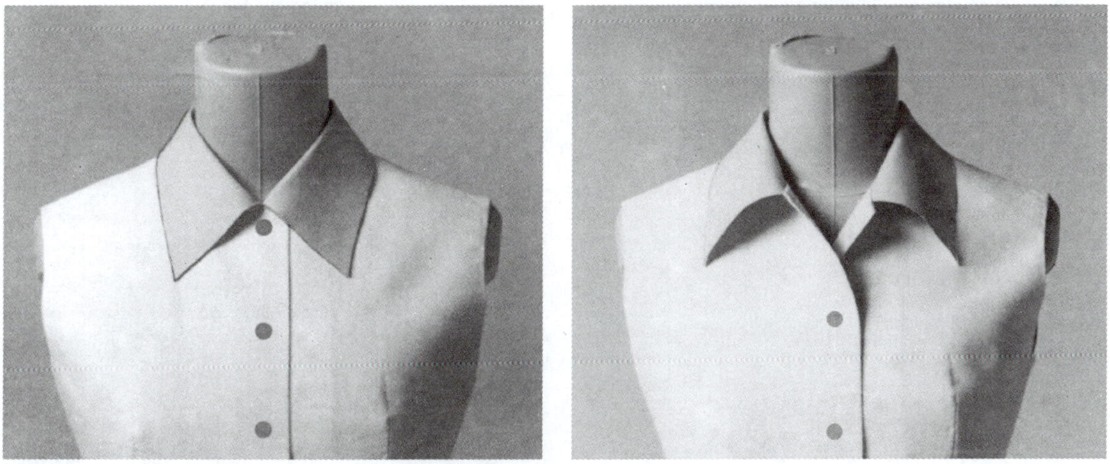

图 11－23　两用领的着装图

五、翻驳领类的设计与纸样

西装领是在领口处绱合独立领片结构的同时，将前衣身的一部分翻折过来作为驳头的领型。

1. 开关领、长方领

开关领是与图 11－12 所示的长方形衬衫领相似的领型。图 11－12 中，闭合前中领口会造成领外口量的不足从而造成结构失当，若将衣身的上部领口打开，领外口弧线长度的不足量便可得到补充，从而成为图 11－14 所示结构合理的开关领。

图 11－24 所示为长方领的纸样，装领线在前端呈弧线状态，以配合领口的造型。

着装状态如图 11－1 所示。

开关领的设计不要拘泥于长方形的领子形状，可以按照图 11－25 的方法，改变领尖的设计形态以及领座和领宽的关系。制图要领说明如下。

决定前领座的尺寸，然后连接至衣身翻折点形成翻折线（驳口线）。此时翻折线和前中心线的交点就是前身 V 形开口的止点，由此可确认设计是否符合要求。后领的倾斜尺寸（即倒伏量）由装领线和领外口的尺寸差来决定，对于宽度一定的底领来说，翻领越宽，倾斜量就越大（参照西装领）。领尖的设计可以自由变换，在该款式中装领绱到前中心为止。

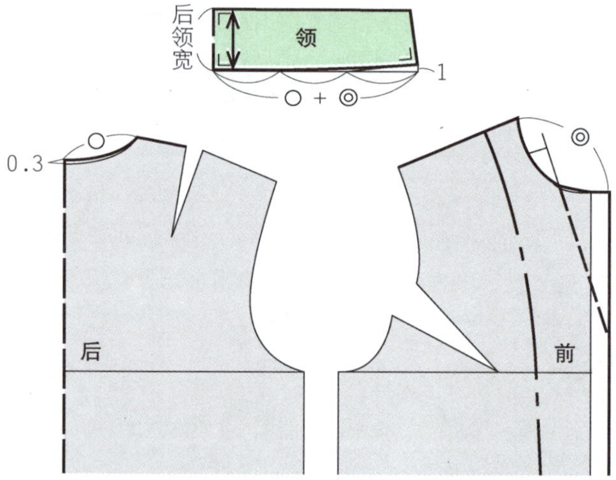

图 11－24　长方领的纸样

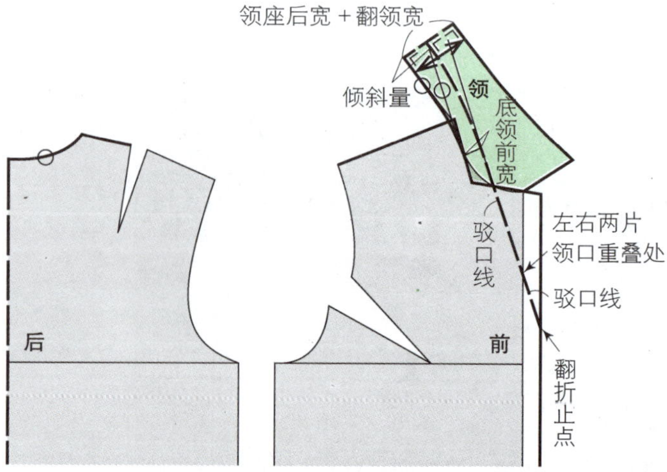

图 11－25　开关领的制图

2. 西装领

2.1 西装领的构成要素

西装领和开关领类似，是由作为衣身一部分的驳头和翻领共同构成的领型。驳头的翻折止点、驳头的领宽、领子的长度、串口线的高度和倾斜（驳头与领子的连接线被称作串口线）、翻领的外领口长度等，都成为设计和纸样的变化要素。

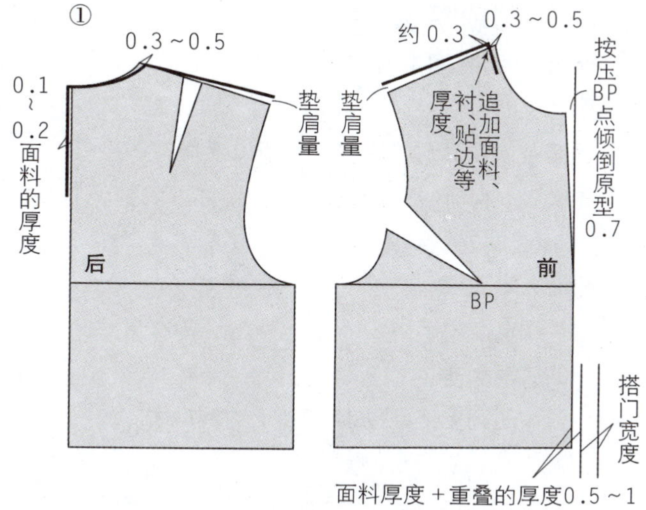

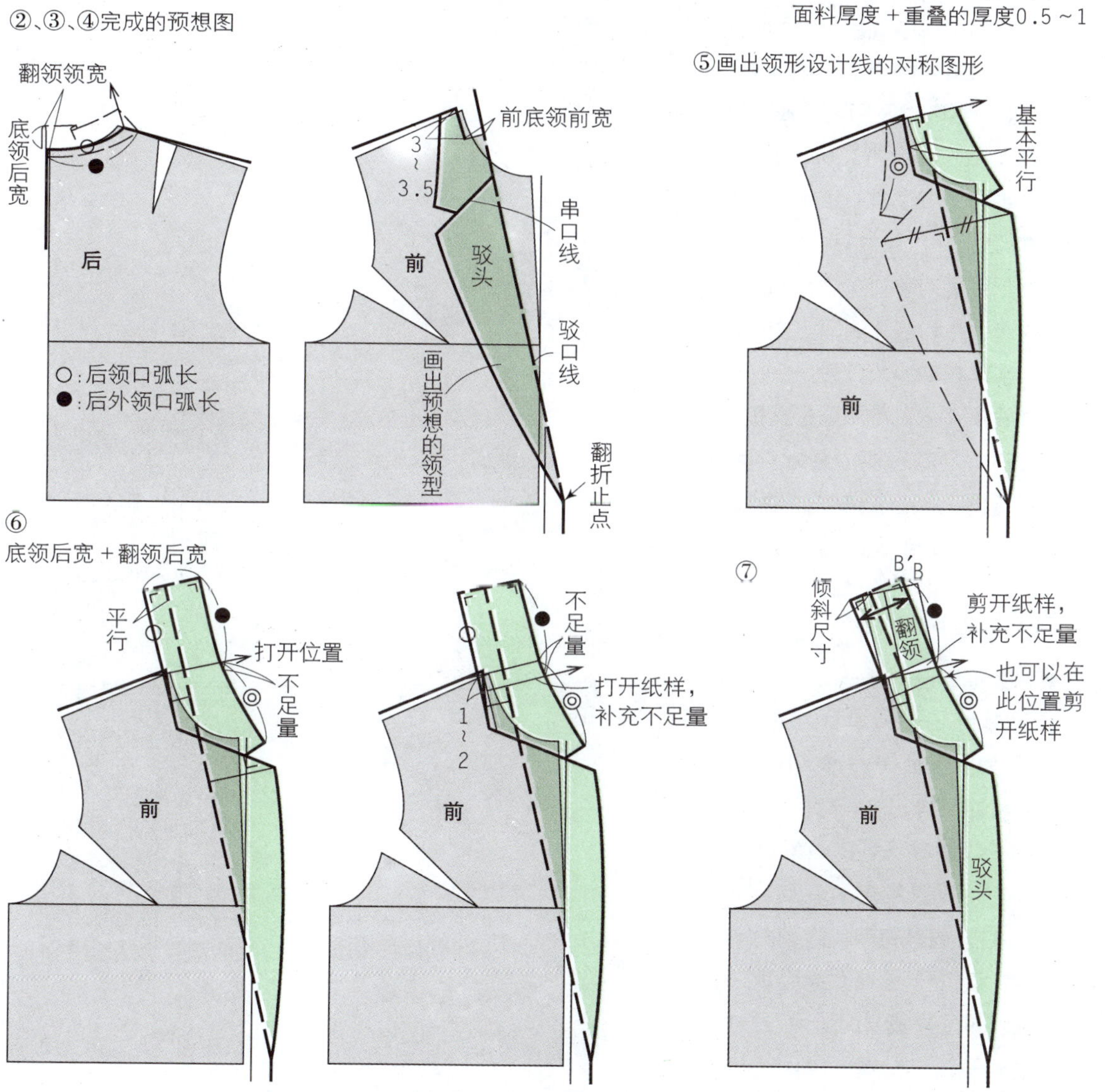

图 11－26　翻驳领的制图

2.1 制图顺序

西装领的制图顺序如下所述（图 11－26）。

①根据西装所用面料的厚度，对领口纸样进行预先修正。在前、后片的颈侧点位置，要考虑领子缝合后的缝头厚度堆积，去掉 0.3～0.5cm。

②从前片颈侧点向下约 3cm 处，确定沿着颈部立起的底领尺寸。

③确定驳头的翻折止点，并连接领子的翻折线。

④根据翻折线在衣身上绘制需要的领型。由于领宽和串口线的高度、倾斜度等容易受到流行和个人喜好的影响，因此设计时需要仔细斟酌。根据驳头及领尖的形状不同，有平驳头和戗驳头之分（图 11－26 为平驳头）。在后片画出新的领口线○（后领口尺寸）和领外口弧线●（后领外口尺寸）。

⑤以翻折线为对称轴绘制对称的领型，画出驳头的造型线和翻领的领尖部分。延长串口线，然后整理衣身的领口线。

⑥针对后领部分，首先延长翻折线，然后在决定前底领位置处与翻折线平行向上加出一条线。在该线上取后领口尺寸，画出后领宽（底领宽、翻领宽）对应的长方形纸样。

⑦根据图 11－26 ④的领子完成预想图测量后领外口弧线的尺寸（●），为了满足（○＋●）领外口线所必需的尺寸，在肩部打开领子纸样。多数情况下可以沿颈侧点打开（在这里大约离颈侧点 0.3～0.5cm），或是将剪切线稍向前移后再少量打开，这样效果会更好。也可以如开关领制图所示，通过倾倒后装领线来完成制图。在预测倒伏量的大小时，确认领外口线的尺寸至关重要。

3. 青果领

青果领在构造上虽属西装领的类型，但在驳头处没有领嘴缺口，采用领面和衣身贴边连在一起的结构来制作。

制图方法是首先在原型基础上绘制西装纸样，与西装领一样，根据底领立起量的多少绘制翻折线（图 11－27）。底领尺寸和翻领尺寸的差值越大，领子的倾斜尺寸（倒伏量）就越大。领面纸样和衣身的贴边纸样是连裁的。

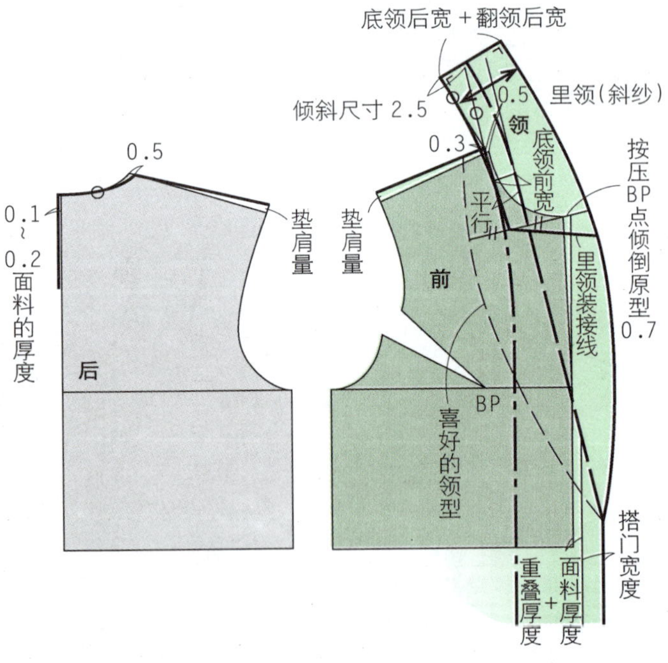

图 11－27　青果领的制图

4. 青果领的变化

青果领可以设计成表面不加串口线的款式，同时领外口线的设计也可以变化多样（图11－28）。与西装领相比,这里列举的青果领看上去更为柔和，所以翻折线不一定设计成直线，也可以是曲线状态。

①图 11－29 是 A 款式的纸样。该款式为肩部贴边较宽的情况。剪下前肩部的贴边,然后如图所示连接到后片贴边连裁。

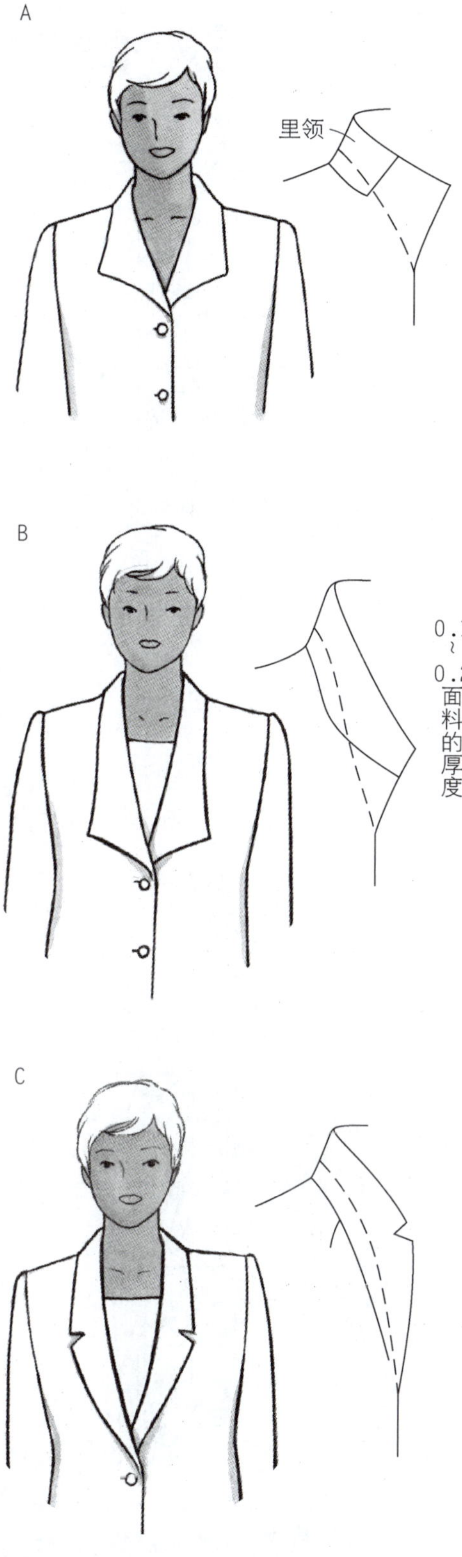

图 11－28　青果领的设计变化

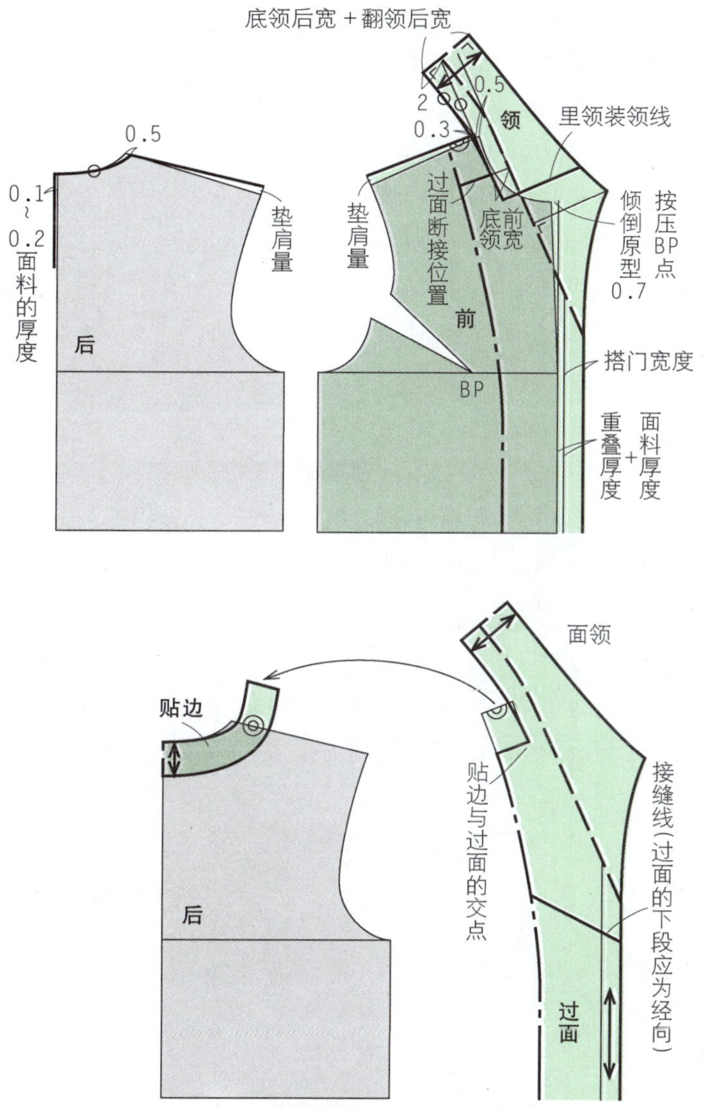

图 11－29　青果领 A 的制图

②图 11－30 为青果领款式 B 的制图。下移里领的串口线位置，然后在装领线中加入省道，从而使翻折线呈曲线状态。

③图 11－31 为青果领款式 C 的制图，是在驳头部位同时处理胸省并形成弧度翻折线的例子。在该情况下，如图 11－31 所示，可以将胸省处理为领口省道，连裁里领，形成柔软的弧度翻折线。B、C 两款式都可以在贴边上不收曲线省道，稍拔开贴边内部，与里布缝合后形成带曲度的翻折线。

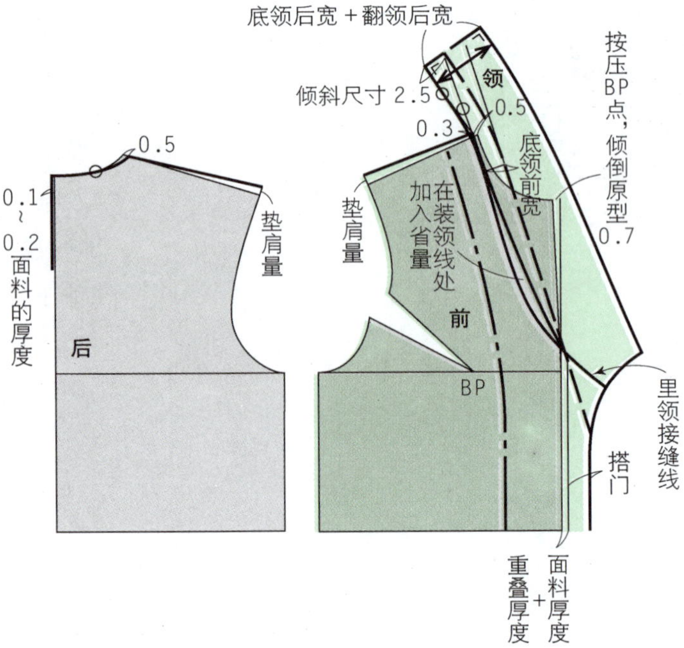

图 11－30　青果领 B 的制图

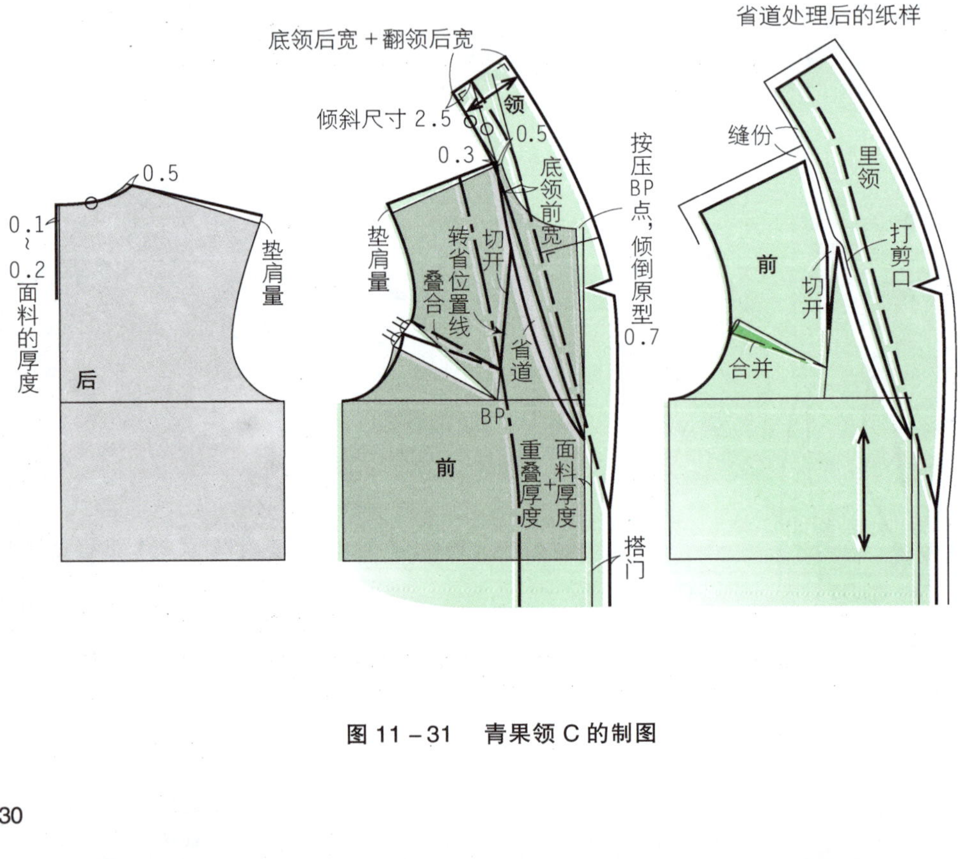

图 11－31　青果领 C 的制图

六、平翻领类的设计与纸样

平领是底领量很少、平铺在肩部的领型。根据领外口线的形状和长度的不同，平翻领也有不同的变化。

与衬衫领的实验纸样(图 11－17)类似，领子下落尺寸(x)越大，平翻领的底领量就越少。在绘制平翻领纸样时，利用衣身纸样的领口弧线来制图，其设计表现性会更好些。

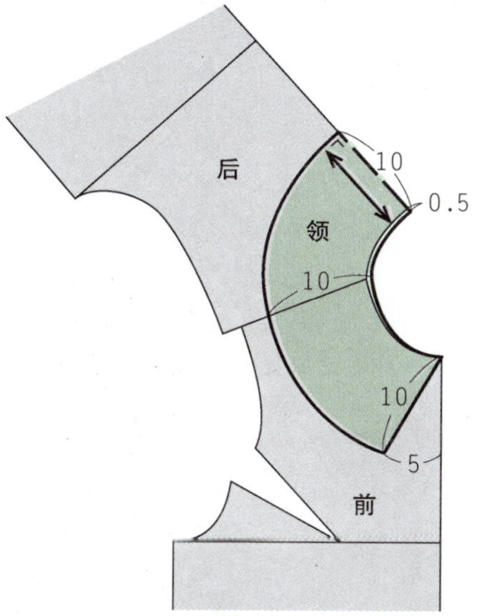

1. 平翻领

●平翻领的构成要素

平翻领 A 如图 11－32 所示，将原型的前、后肩线对合后绘制，领宽为 10cm 的纸样，缝制后穿在人台上。在领子的制图过程中，沿衣身领口弧线向内 0.5cm 形成装领线，再加上面料厚度等因素，衣身的后领中心会形成约 0.5cm 的底领，而前面则几乎没有底领。如果想稍微增加底领，可以如图 11－33 所示缩小领外口弧线的尺寸则为平翻领 B 款。相反，若打开领外口追加领外口线长度，则完全没有底领，领子在外口处呈波浪形为无底领的平翻领 C 款（图 11－34）。

图 11－35 ①是这些领子的展开图，②显示了打开或叠合纸样时的切口位置。

图 11－36 为各类平翻领展开纸样的重合图。从图中可以观察出领外口弧长的长度变化，同时原型的前、后中心线也存在着一定的角度

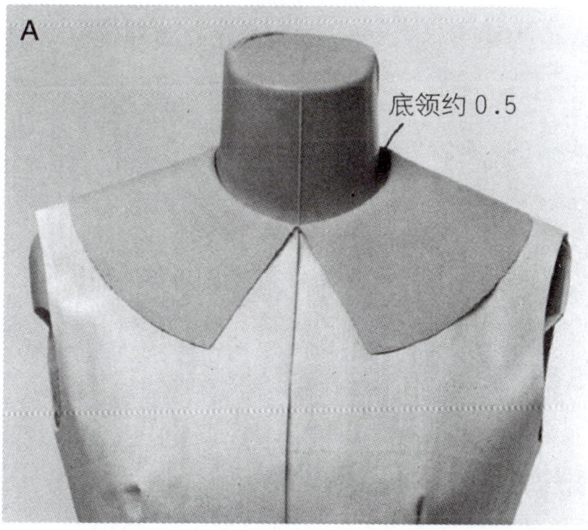

图 11－32 平翻领的纸样和着装图

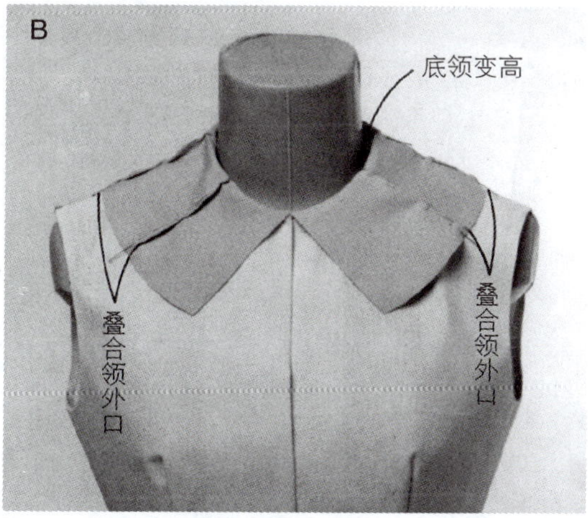

图 11－33 叠合平翻领的领外口线

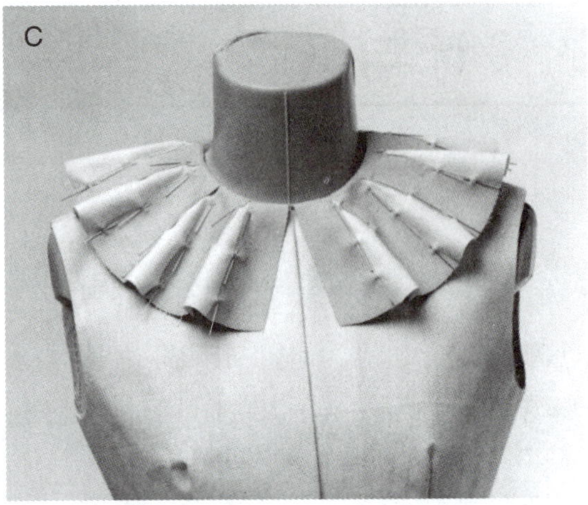

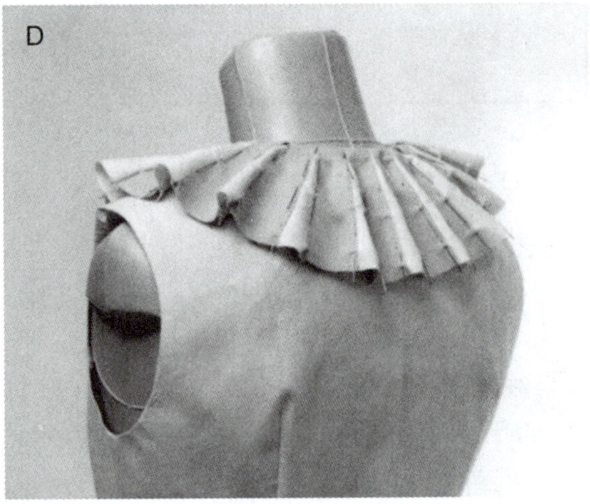

图 11－34　切开平翻领追加领外口线长度

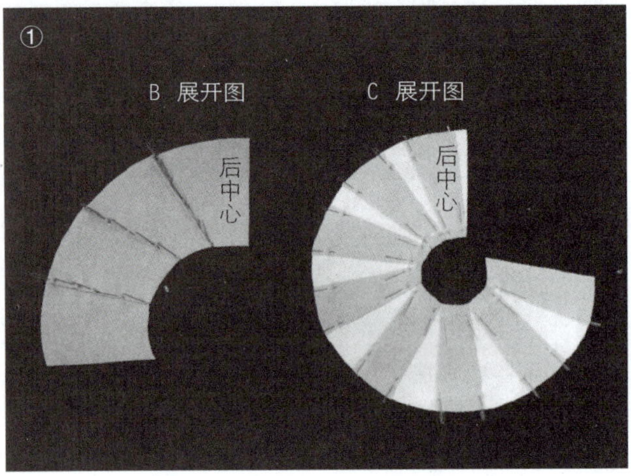

图 11－35　平翻领的展开图

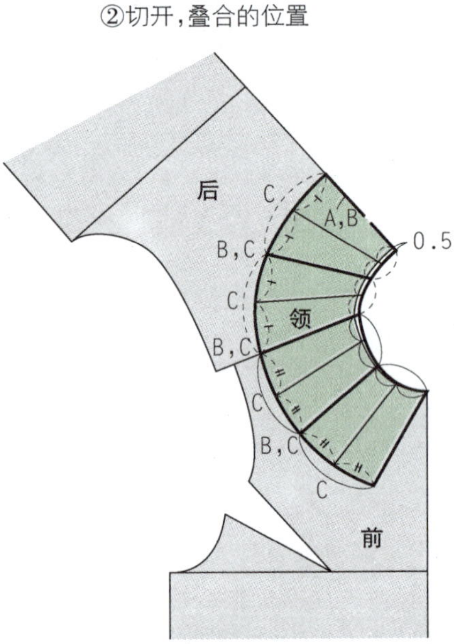

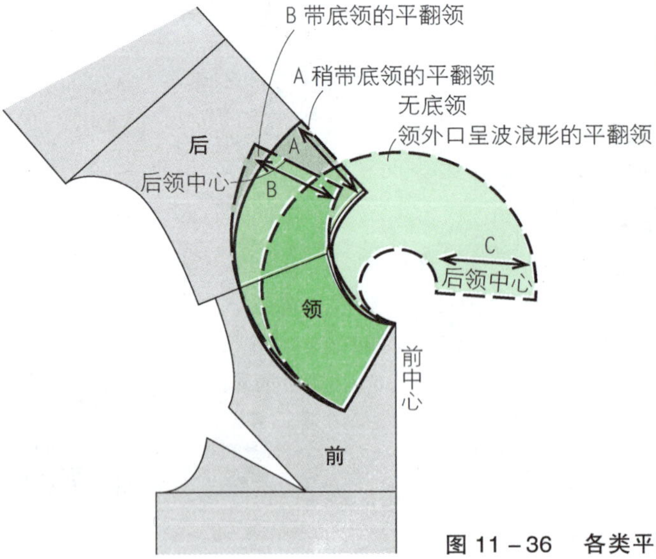

图 11－36　各类平翻领展开纸样的重合图

差值。由此可知，改变领外口弧线的长度就可绘制出不同类型底领的纸样。也就是说，不同平翻领及其纸样的主要构成因素是，装领尺寸和领外口尺寸的差值及领宽。

根据纸样的制成方法，图 11－32 为几乎没有底领的领型，为了形成图 11－33 所示的底领效果，除叠合领裁片以减小领外口尺寸这一方法外，另外还有一种简便的方法可以使平翻领由A 款过渡到 B 款，即预先利用原型前、后衣片肩部重叠的方法来调节减小领外口弧长的尺寸。

因此，理想的制图方法是，掌握底领高度与领外口弧线的长度、原型前后中心线夹角之间的关系。

●平翻领的制图实验结果

图 11－37 共包含了 12 种实验领型的纸样，其中肩头的重叠量分别为 0、1.5cm、3.0cm、4.5cm，领宽为 5cm、7.5cm、10cm。图 11－38 展示了其中 9 种样品，为每种领宽在肩部重叠量分别为 1.5cm(B)、3.0cm(C)、4.5cm(D)时的不同着装图。从这些着装图上可以看出底领的高度是不一样的。

表 11－2 为实验中得到的后领中心以及颈侧点位置底领尺寸的测定结果。

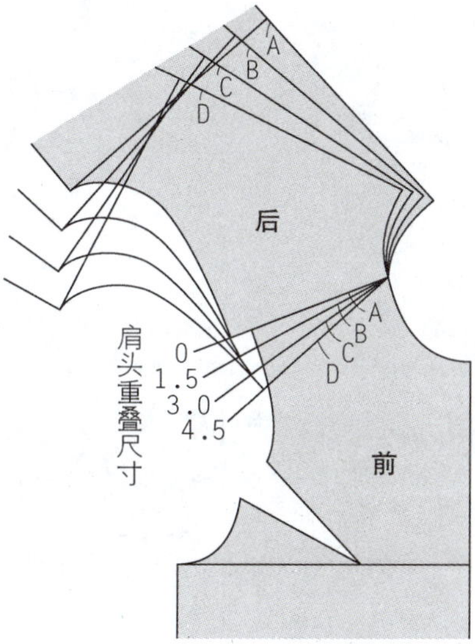

衣身纸样

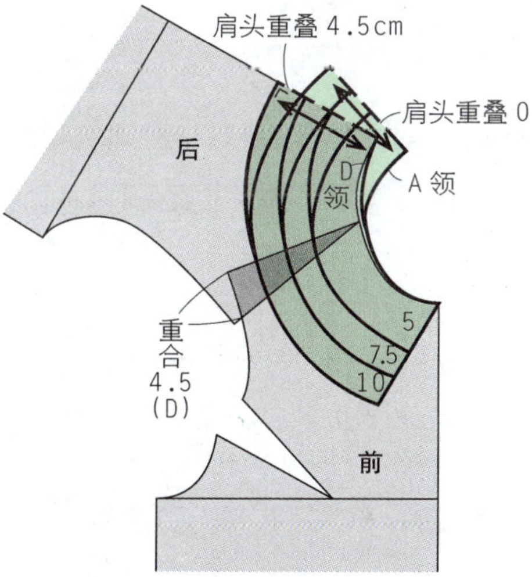

领型纸样 2 种、6 例

图 11－37　平翻领的实际纸样

表 11－2　平翻领的实验结果　　单位：cm

领宽		重叠尺寸(x)		底领尺寸(y)		领尖至前中的距离
		肩点	领外口线	后中心	肩	
5	A	0	0	0.3	0.05	2.5
	B	1.5	0.6	0.65	0.4	2.55
	C	3.0	1.2	0.8	0.65	2.7
	D	4.5	1.9	0.9	0.75	2.9
7.5	A	0	0	0.4	0	3.7
	B	1.5	0.9	0.65	0.5	3.8
	C	3.0	1.85	0.85	0.6	4.2
	D	4.5	2.8	0.95	0.8	4.8
10	A	0	0	0.55	0.35	5.0
	B	1.5	1.2	0.75	0.45	5.25
	C	3.0	2.5	1.0	0.70	5.7
	D	4.5	3.8	1.15	0.95	6.05

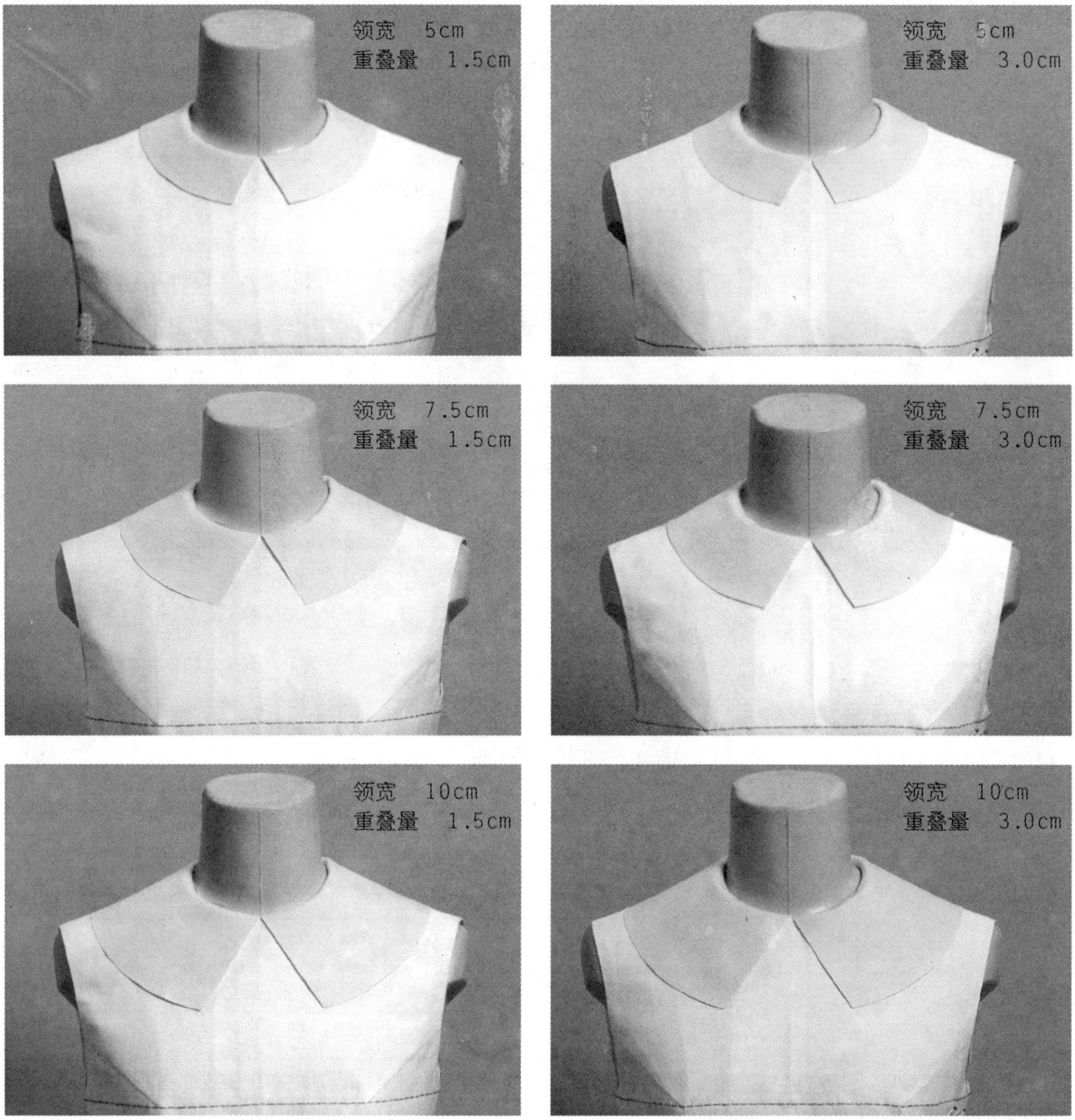

图 11－38　平翻领实验着装图

图 11－39 显示了利用实验数值形成的回归线。

在两个示图中，纵轴都代表底领尺寸，图 11－39a 的横轴代表衣身在肩头的重叠尺寸，图 11－39b 的横轴为领外口弧线位置处的衣身重叠尺寸。

从图 11－39a 显示的结果可知，肩头的重叠尺寸虽然相同，但是当领宽超过 7.5cm 时，底领尺寸就会出现明显的差值变化。另外从图 11－39b 可以看出，如果领外口弧线位置的衣身重叠尺寸相同，即使领宽不同，其底领的尺寸也几乎是一致的。

图 11－40 为实验结果的回归线。图 11－40a、b 两图中，纵轴都表示底领尺寸，横

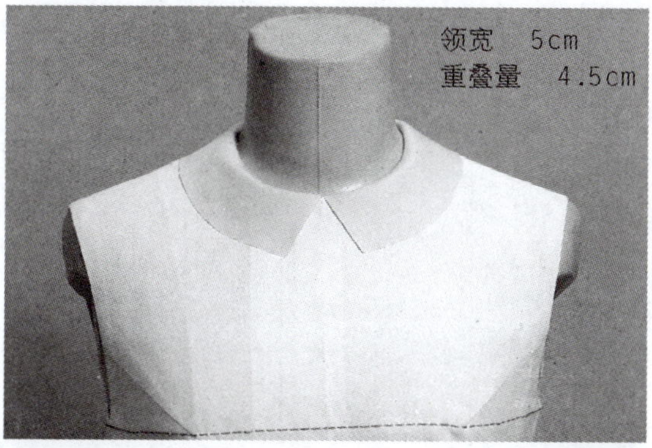

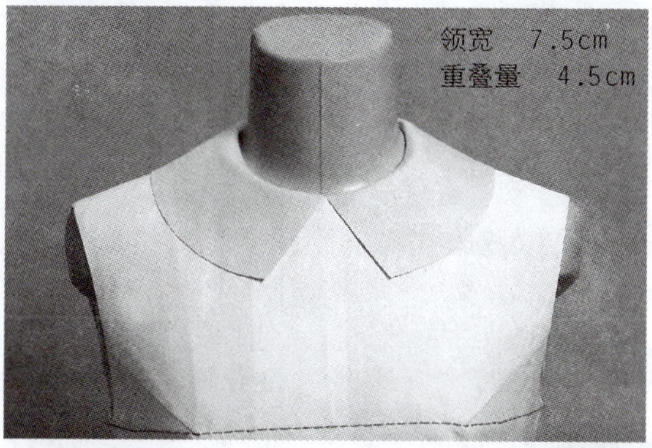

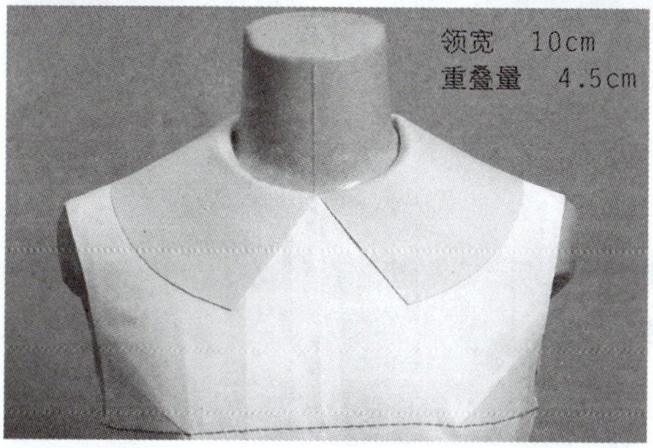

轴和图11－39含义一样。图11－40a中，三条回归线是分开的。所以根据肩头的重叠尺寸利用回归式计算底领时，必须使用不同领宽对应的回归式。在图11－40b中，不同领宽的三条回归线极其接近。

实验结果显示，底领尺寸与肩头重叠量、领外口弧线在肩线处的交叉重叠量之间的相关系数都大于0.9，因此在设计指定的底领尺寸时，可以利用回归式通过 x（领外口弧线在肩线处的交叉重叠量或是肩头处的重叠量）来预测 y（底领尺寸），也可以指定 y，反之算出 x 对应的肩头或是领外口弧线处肩头的重叠量。尤其是如果利用领外口弧线处的重叠尺寸进行计算时，不论领子的宽窄如何变化，得到的底领尺寸都较相近；反之也可以通过设定底领来求得制图时领外口弧线处衣身所需的重叠量。由于图11－40b中三条回归线很接近，因此三种实验值可以用一条回归线来表示（图中有示），这样就可以根据领外口弧线处的重叠尺寸来求出后领中心处的底领尺寸。表11－3为结果一览表。值得注意的是由于该实验是利用坯布来制作的，同时使用的是平均肩倾斜度的人台，因此，如果使用面料有所变化或是着装者的肩倾斜度不同时，需要作一定的增减调节。

表11－3 领外口弧线在肩线处的交叉重叠量与底领后中心的关系（根据回归式的计算结果）

单位：cm

后中心的底领尺寸	领外口弧线在肩线处的交叉重叠量
0.5	0.16
0.6	0.58
0.7	1.21
0.8	1.74
0.9	2.26
1.0	2.79

a　底领后中心尺寸与肩头重叠量的关系

b　底领后中心尺寸与领外口重叠量的关系

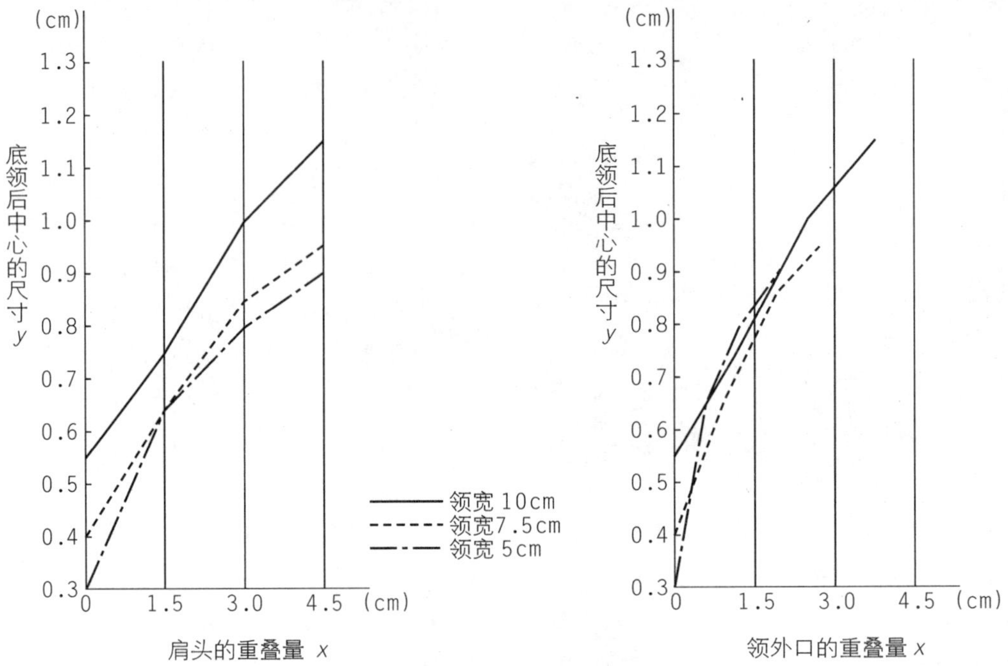

图 11－39　平翻领的实验结果

a　底领后中心尺寸与肩头重叠量的关系

b　底领后中心尺寸与领外口重叠量的关系

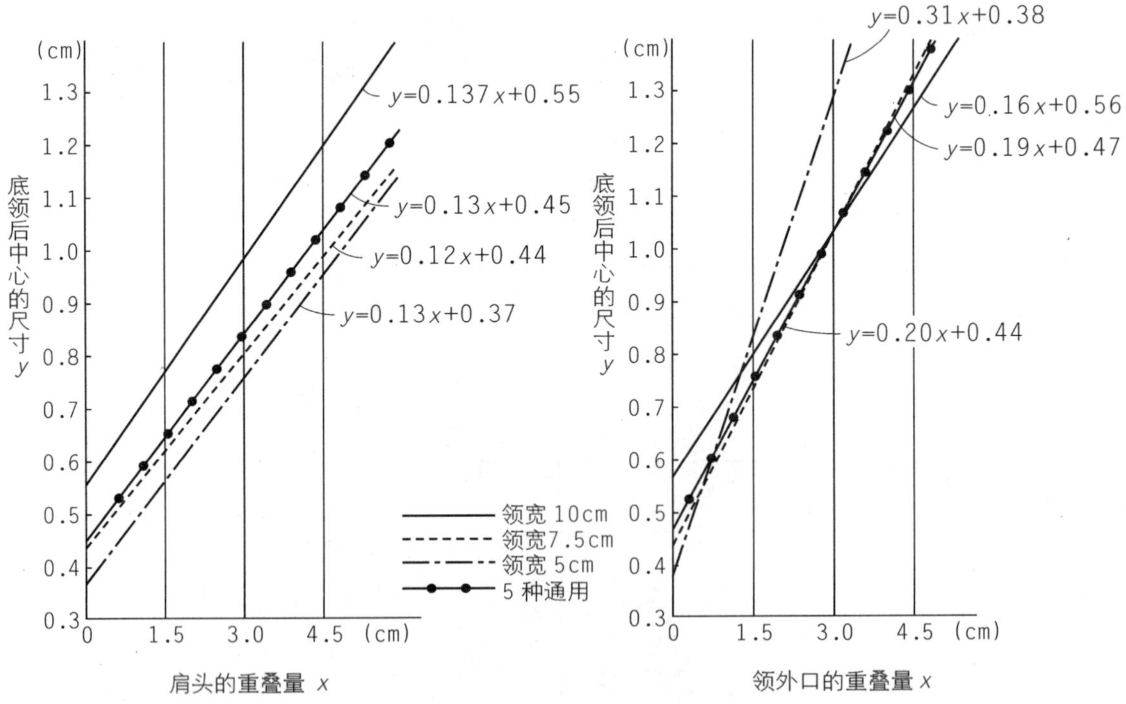

图 11－40　平翻领的实验结果(回归分析)

2. 其他平翻领

底领较低的三种平翻领款式及其纸样设计如下所示：

- ●前领口下挖的平翻领纸样，见图 11－41。
- ●海军领纸样，见图 11－42。
- ●披肩领纸样，见图 11－43。

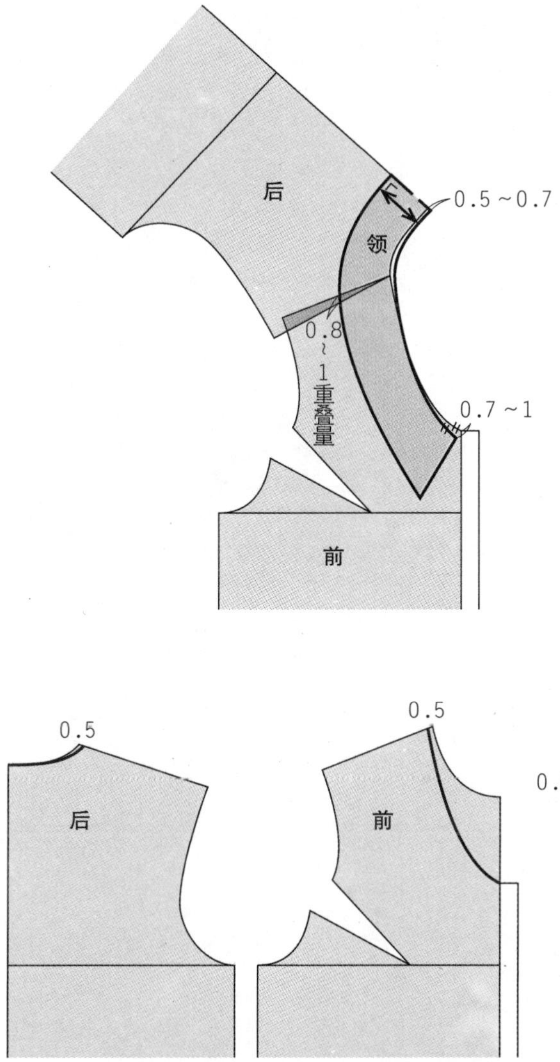

图 11 41　前领口下挖的平翻领纸样制图

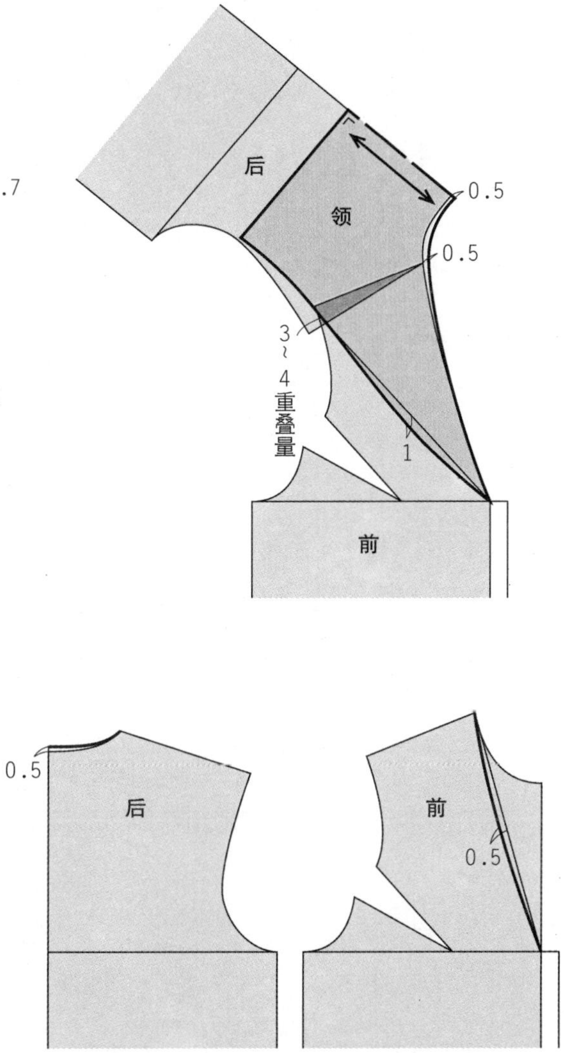

图 11－42　海军领的制图

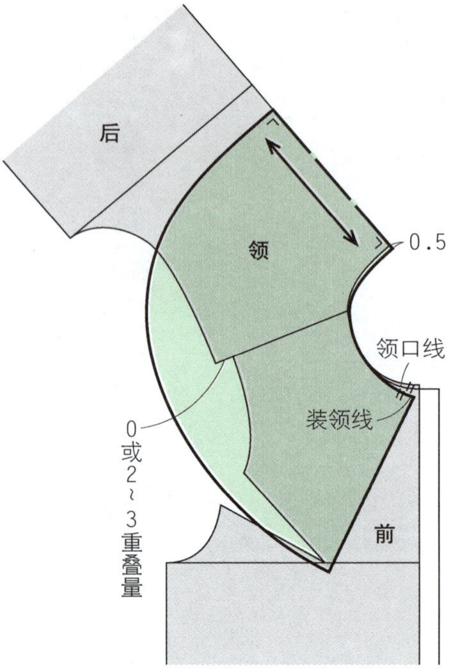

图 11－43　披肩领的纸样

参考文献

東京芸術大学美術解剖教室編『美術解剖図譜』人間と技術社　1975 年

日本人間工学会衣服部会編『被服と人体』人間と技術社　1970 年

日本人間工学会衣服部会編『新編被服と人体』日本出版サービス　1981 年

森於菟他『解剖学Ⅰ』金原出版　1971 年

鈴木正根他『モアレトポグラフィ計測法』富士写真光機

小川安朗『体系被服学』光生館　1971 年

藤田恒太郎『生体観察』南山堂　1967 年

古川文雄『人体系統解剖学』南山堂　1987 年

R・B・ヨハンセン『着装の歴史 ―人間と衣服の相関―』文化出版局　1979 年

中尾喜保『被服のためのキネジオロジィ』人間と技術社　1973 年

芝祐順他『統計用語辞典』新曜社　1995 年

「成人女子の人体計測データ」人間生活工学研究センター　1997 年

三吉満智子他「東京地区成人女子人体計測値の分布と年齢による変化の考察」
文化女子大学研究紀要　第 28 集　1997 年

三吉満智子「パターンメーキングの要因 ―特に素材の物性の影響について（中）―」
衣生活　Vol.21　No. 2　1978 年

三吉満智子「パターンメーキングの要因Ⅳ ―運動時の体型変化とパターンの関係（中）―」
衣生活　Vol.24　No. 2　1981 年

三吉満智子「パターンメーキングの要因Ⅳ ―運動時の体型変化とパターンの関係（下）―」
衣生活　Vol.24　No. 3　1981 年

三吉満智子「人体腕付根周辺の形態と袖のパターン作図について」
文化女子大学研究紀要　第 8 集　1977 年

三吉満智子、大塚洋子「成人女子用上半身原型作図法に関する研究　第 2 報」
日本家政学会誌　Vol.46　No. 2　1995 年

译者的话

在翻译本书和统稿的过程中，几个画面一直在脑中交错闪现，淡淡的却很强烈。

画面一：1998年离开东京回北京前去向三吉老师告别。老师站在办公室的门口，一直叮嘱我回北京后要努力啊，挥动的手与老师渐远的身影在自己的记忆中逐渐变为淡紫色的轮廓，但鼓励的声音仿佛依然在耳边。

画面二：2000年三吉老师到北京服装学院讲学，介绍新文化式原型及其应用。老师当时已是73岁高龄，充满激情的讲解，渊博的知识，谦和、认真的态度，赢得了阵阵的掌声。

画面三：2000年与老师一起去西安参观兵马俑。面对真实而遥远的场景，在探索历史的凝重中，老师的脸上呈现出学者的严谨和对文化的尊崇。

……

终于在键盘上敲入了最后一个翻译文字，此时的心情复杂而愉悦。这本《服装造型学 理论篇》是老师与文化女子大学第一被服构成研究室的同事们几十年的研究心血。文化式原型及其应用理论并非是在一朝一夕之间形成的，它是在大量基础实验和应用研究的基础上演变而来的。希望服装界的朋友和读者们在阅读本书的过程中，不仅可以从中获得先进的服装造型学的知识，还可以从中体会日本学者严谨认真的科研态度和治学精神。

一直希望这本书可以翻译好后及早地与大家见面，但由于个人的原因一拖再拖，实在抱歉。在此，要感谢出版社相关人员对译者工作给予的大力支持以及我的同事黄海桥、段笑娟等在翻译此书的过程中给予的大力协助。由于译者水平有限，文中不妥之处敬请指正。

在大家的共同努力下，《服装造型学 理论篇》的译本终于可以与读者见面了。在写此文的过程中，耳边仿佛还可以听到楼道里传来的急促的奔跑声，那是第一被服构成研究室的女老师们正在努力地工作……希望我们大家可以在阅读和学习这本书的过程中共勉。

郑　嵘

2005年10月17日